THE CAT ENCYCLOPEDIA

고양이 백과사전

THE

고양이 백과사전

CAT

ENCYCLOPEDIA

DK

지식의날개

ORIGINAL TITLE: THE CAT ENCYCLOPEDIA: THE DEFINITIVE VISUAL GUIDE

옮긴이 이규원

한국과학기술원(KAIST) 생명과학과 학사
서울대학교 의과대학 인문의학교실 박사
現 대학강사, 연구자, 번역가, 고양이 사진가

한국어판 감수 서강문

서울대학교 수의과대학 박사
前 서울대학교 동물병원장
現 서울대학교 수의과대학 교수, 세계수의안과협회 회장

DK 고양이 백과사전
-영국 DK 출판사가 만든 고양이 가이드북의 결정판-

초판 1쇄 펴낸날 | 2019년 9월 30일
초판 3쇄 펴낸날 | 2022년 9월 30일

펴낸이 | 류수노
출판위원장 | 백삼균
기획 · 편집 | 박혜원

펴낸곳 | (사)한국방송통신대학교출판문화원
출판등록 1982년 6월 7일 제1-491호
주소 03088 서울시 종로구 이화장길 54
전화 1644-1232
팩스 02-742-0956
http://press.knou.ac.kr

ISBN 978-89-20-99241-4 04490
ISBN 978-89-20-99242-1 (세트)

이 도서의 국립중앙도서관 출판예정도서목록(CIP)은 서지정보유통지원시스템 홈페이지(http://seoji.nl.go.kr)와 국가자료공동목록시스템(http://www.nl.go.kr/kolisnet)에서 이용하실 수 있습니다. (CIP제어번호: CIP2019021433)

책값은 뒤표지에 있습니다.
잘못 만들어진 책은 바꿔드립니다.

For the curious

www.dk.com

CONTENTS

1 고양이 입문

전 세계의 고양잇과 동물 **8**
고양이란 무엇인가 **10**
야생고양이에서 집고양이로 **14**
집고양이의 확산 **18**
길고양이 **20**

2 고양이와 문화

고양이와 종교 **24**
신화와 미신 **26**
민속과 동화 **28**
고양이와 문학 **30**
고양이와 미술 **32**
고양이와 엔터테인먼트 **38**

3 고양이 생물학

뇌와 신경계 **42**
고양이의 감각 **44**
골격과 체형 **48**
피부와 털 **50**
근육과 운동 **54**
심장과 폐 **58**
소화와 생식 **60**
면역계 **62**
품종의 이해 **64**
고양이의 선택 **66**

4 품종 카탈로그

단모종(쇼트헤어) 71
장모종(롱헤어) 185

5 고양이 기르기

맞이할 준비 256
실내 생활 258
외출 260
필수 용품 262
처음 며칠 264
첫 건강 검진 268
음식과 급식 270
고양이 다루기 274
털 손질과 위생 276
고양이 이해하기 280
고양이 사회화시키기 282
놀이의 중요성 284
고양이 훈련시키기 288
문제 행동 290
책임 있는 번식 292
유전성 질환 296
건강한 고양이 298
질병의 징후 300
건강과 보살핌 302
고령의 고양이 308

용어 해설 310
찾아보기 312
감사의 말 319

CHAPTER 1

고양이 입문

전 세계의 고양잇과 동물

우아하고 건장하고 종잡을 수 없는 고양잇과 동물은 표효하는 큰 사자부터 가르릉거리는 작은 집고양이까지 다양한 모습으로 존재한다. 이들은 건조한 사막에서도 열대밀림에서도 성공적으로 적응하여 살아가는 최고의 사냥꾼이다.

고양잇과 동물은 식육목(食肉目)에 속하는 포식자다. 모든 육식동물과 마찬가지로 다른 동물을 몰래 추적하고 포획하여 먹으며, 이에 적합한 큰 송곳니와 강력한 턱 근육을 갖고 있다.

고양잇과에는 37종의 동물이 있다. 집어넣을 수 있는 발톱, 뭉툭하고 납작한 얼굴, 예민한 청각, 밤에도 사냥할 수 있는 큰 눈을 가진다는 점에서 모두 비슷하다. 탁 트인 곳에 사는 종은 엷은 갈색을 띠는 경향이 있고, 삼림지대에 사는 종은 화려한 무늬를 갖는데 이는 사냥감의 시선을 분산시켜 사냥을 더욱 용이하게 한다.

고양잇과는 크게 표범아과(Pantherinae)와 고양이아과(Felinae)로 나뉜다. 표범아과(대형 고양잇과 동물)는 포효할 수 있지만 소형 고양잇과 동물은 가르릉거릴 수만 있다는(아래쪽 박스 참조) 추정에 따라 오랫동안 구별되어왔다. 최근 과학자들은 유전학적 증거를 통해 고양이아과 동물들 간의 관계를 더 잘 이해하게 되면서 그것들을 다시 7개의 그룹 또는 계통으로 세분화했다.

야생 고양이는 널리 퍼져 다양한 서식지에서 발견되므로 진화의 측면에서는 성공적이라 할 수 있지만, 현재 대부분의 종이 멸종 위기에 처하거나 멸종 위협을 받고 있다. 반면 집고양이는 전 세계적으로 약 6억 마리가 있을 것으로 추산된다.

고양잇과 동물의 세계
이 지도는 고양이아과 7종의 분포를 나타낸다. 각각은 최근 해부학적 및 유전학적 분석을 통해 드러난 일곱 가지 계통을 대표한다.

퓨마(Puma)
Puma concolor

퓨마는 퓨마 계통의 3종 가운데 하나이며, 나머지 2종은 남아메리카에 서식하는 재규어런디와 아프리카 및 아시아에 서식하는 치타다. 매우 다양한 환경 조건에서 살아남을 수 있어 지리적으로 광범위한 지역에서뿐만 아니라 표고 4,000미터의 고지에서도 발견된다. 단, 번성하려면 사슴 같은 큰 먹이를 포식해야 한다.

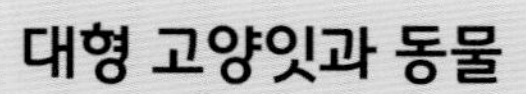

대형 고양잇과 동물

표범아과, 즉 대형 고양잇과 동물에는 사자, 표범, 호랑이, 눈표범, 구름무늬표범 2종, 재규어 등 7종이 있다. 사자와 표범이 가장 널리 분포하며 아프리카와 아시아에 서식한다. 호랑이, 눈표범 및 구름무늬표범은 아시아에만 있다. 아메리카대륙에서 발견되는 유일한 대형 고양잇과 동물은 재규어다. 흔히 포효하는 동물로 일컬어지지만 사자를 비롯한 몇몇 종만이 포효할 수 있다. 후두에 있는 성대가 소형 고양잇과 동물의 것보다 더 복잡하고 유연하기 때문에 가능한 것이다(p.59).

오실롯(Ocelot)
Leopardus pardalis

오실롯 계통에는 7종이 있다. 모두 호랑고양이속(*Leopardus*)에 속하며 중남미에 서식한다. 그중 한 부류는 더 북쪽으로 뻗어나가 미국 텍사스주 남서부에까지 이른다. 오실롯은 주로 땅바닥에 사는 설치류를 먹는데, 밤에 사냥감이 지나가기를 조용히 기다렸다가 잡는다.

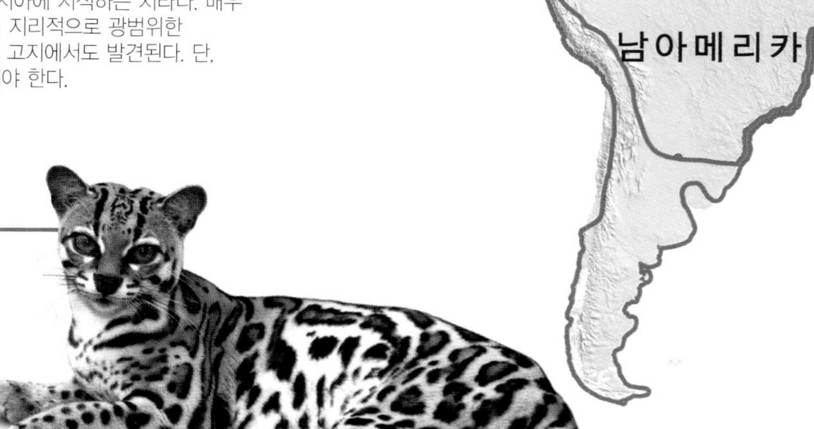

유라시안 스라소니(Eurasian Lynx)
Lynx lynx

스라소니 계통은 3종의 스라소니와 보브캣으로 이루어진다. 유라시안스라소니는 유라시아 대륙 대부분에 분포하고 이베리아스라소니는 스페인과 포르투갈에, 캐나다스라소니와 보브캣은 북미 전체에 서식한다. 터프트가 난 귀와 짧은 꼬리가 특징적이며 토끼와 산토끼를 먹지만 유라시안스라소니는 알프스산양 같은 작은 유제동물(有蹄動物)을 먹는다.

분포

- 퓨마 *Puma concolor*
- 오실롯 *Leopardus pardalis*
- 유라시안 스라소니 *Lynx lynx*
- 카라칼 *Caracal caracal*
- 마블살쾡이 *Pardofelis marmorata*
- 표범살쾡이 *Prionailurus bengalensis*
- 살쾡이 *Felis silvestris*

살쾡이(Wildcat)
들고양이(*Felis silvestris*)

집고양이 계통은 살쾡이와 4종의 고양이속(*Felis*)을 포함한다. 아프리카나 유라시아에 서식하는데, 살쾡이만이 서유럽까지 퍼져 있다. 여러 아종이 있으며 크기, 털의 색깔 및 무늬가 각각 다르다. 살쾡이는 다른 소형 고양잇과 동물처럼 주로 설치류를 먹지만 포획할 수 있다면 토끼, 파충류, 양서류도 먹는다.

표범살쾡이(Leopard cat)
Prionailurus bengalensis

표범살쾡이는 이 그룹에 속한 5종의 아시아 고양잇과 동물 중 하나로 가장 널리 분포하고 가장 흔하며 해발 3,000미터 이하의 삼림지대에 서식한다. 집고양이보다 작기 때문에 설치류, 새, 파충류, 양서류, 무척추동물 등 여러 작은 동물을 잡아먹는다.

마블살쾡이(Marbled cat)
Pardofelis marmorata

마블살쾡이는 역시 이 그룹에 속하는 베이살쾡이와 아시아황금고양이와 마찬가지로 숲에 서식한다. 나무를 잘 타 대개 새를 포식하지만 설치류도 잡아먹는다. 크기는 집고양이와 비슷하며 매우 긴 꼬리로 균형을 잡으면서 나무 사이를 이동한다.

카라칼(Caracal)
Caracal caracal

아프리카와 서아시아의 건조한 삼림지대, 사바나, 표고 2,500미터 이하 산악지대에 서식하는 카라칼은 카라칼 그룹의 3종 가운데 가장 널리 분포하고, 나머지 2종인 서벌과 아프리카황금고양이는 아프리카에만 산다. 카라칼은 귀의 긴 터프트와 빨간색 혹은 엷은 갈색 털이 특징적이다. 주로 작은 포유류를 먹지만 새를 잡기도 한다.

고양이란 무엇인가

고양이의 조상은 오늘날의 고양잇과 동물에 비해 훨씬 더 다양했다. 처음으로 뚜렷한 그룹을 이룬 것은 대형 고양잇과 동물이었다. 소형 고양잇과 동물 그룹은 그보다는 늦었지만 놀라운 속도로 퍼져나갔다. 집고양이 그룹은 계통수에 가장 최근 추가되었다.

고양잇과를 포함하는 육식동물의 조상은 곤충을 잡아먹었으며 현대의 나무두더지와 비슷했다고 생각된다. 백악기 후기부터 6500만 년 넘게 살아왔다. 키몰레스테스(*Cimolestes*)라 불리는 이 동물은 가위처럼 자를 수 있는 이빨을 가졌다고 여겨지는데, 이는 살과 뼈를 가르는 데 필수적이기 때문에 곤충 대신 고기를 먹을 수 있게 되었다. 이 작은 동물로부터 2개의 육식성 포유류 그룹, 즉 크레오돈트(육치류)와 미아시드(Miacids)가 진화했지만 지금은 모두 멸종되었다. 먼저 출현한 육치류는 가장 오래된 육식동물로 이후의 육식동물과 동일한 생태적 지위를 점했다. 나중에 출현한 미아시드 그룹으로부터 '진정한' 육식동물이, 그리고 마침내 고양잇과 동물이 생겨났다.

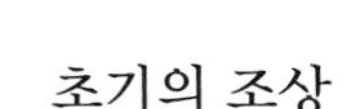

초기의 조상

미아시드는 5580만 년 전부터 3390만 년 전까지, 즉 에오세에 살았던 포유류다. 족제비와 비슷한 작은 동물은 대부분 나무 위에서 지냈고, 고양이나 개에 가까운 동물은 지상에서 더 많은 시간을 보냈다. 미아시드는 4800만 년 전에 출현한 최초의 '진정한' 육식동물로 진화하고 2개의 그룹으로

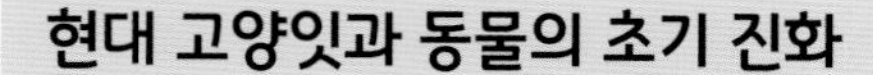

현대 고양잇과 동물의 초기 진화

이 계통도는 초기 육식성 포유류가 어떻게 식충동물로부터 파생되고, 현대의 고양잇과 동물로 진화하게 될 육식동물의 조상(비버래빈)을 낳았는지 보여준다. 지질학적 연표와 함께 각 그룹이 언제 출현했는지 또 언제까지 살았고 멸종했는지 알 수 있다. 예컨대 크레오돈트는 팔레오세 후기에 탄생하고 마이오세 중기에서 후기에 걸쳐 멸종했다. 미아시드보다 훨씬 더 오래 산 것이다. 현존하는 고양잇과 동물은 여기서는 하나의 선으로 표시되어 있다 — 현대 고양잇과 동물의 그룹과 그룹 간 관계에 관해서는 12쪽에 상세히 설명되어 있다.

크레오돈트
키몰레스테스
미아시드
님라비드
프로아일루루스
비버래빈
펠리포르미스
검치호랑이
슈다일루루스
현대 고양잇과 동물

키몰레스테스 (*Cimolestes*)
이 식충성 포유류는 가로로 평평하고 가위처럼 움직이는 어금니를 가진 최초의 동물이다. 이 이빨은 나중에 식육목의 트레이드마크인 열육치(裂肉齒)가 되었다.

미아시드(Miacids)
이 그룹에는 개와 비슷한 육식동물(이 도표에는 없음)의 특징을 가진 종과 고양이와 비슷하고 비버래빈으로 파생되는 종이 있기 때문에 중요하다.

크레오돈트(Creodonts)
크레오돈트는 한때 육식동물의 조상으로 생각되었지만 현재는 다르게 진화했다고 알려져 있다. 육식동물이 갖는 결합된 수근골이 없고 열육치에도 차이가 있다.

비버래빈(Viverravines)
오늘날 비버래빈은 4개의 육식동물 그룹, 즉 하이에나, 몽구스, 사향고양이 및 제넷고양이, 그리고 고양이로 이루어진다. 화석 기록이 불충분하여 고양잇과 동물(고양이아목)과 님라비드의 관계는 불분명하다(점선으로 표시). 여기서는 '진정한' 고양잇과 동물과 나란히 진화한 것으로 나타난다.

슈다일루루스(*Pseudailurus*)
집고양이보다 그리 크지 않은 종도 있었고 퓨마만큼 크고 큰 송곳니를 가진 종도 있었다. 아마도 후자로부터 검치호랑이가 탄생한 것 같다.

현대 고양잇과 동물(Modern cats)
펠리스 아티카(*Felis attica*)는 약 340만 년 전 출현했다. 작고 스라소니와 비슷한 이 동물이 펠리스 루넨시스(*F. lunensis*)와 마눌(*F. manul*) 같은 현대의 고양이속을 낳았다고 여겨진다.

백악기 후기 9960만–6650만 년 전
팔레오세 6650만–5580만 년 전
에오세 5580만–3390만 년 전
올리고세 3390만–2303만 년 전
마이오세 2303만–533만 2천 년 전
플라이오세 533만 2천–180만 6천 년 전
플라이스토세 180만 6천–1만 1700년 전
홀로세 1만 1700년 전–현재

님라비드

'의사 검치호랑이'로도 알려져 있는 님라비드(Nimravids)는 고양이와 비슷한 포유류로 현대 고양잇과 동물의 조상과 같은 시기에 살았다. 오그릴 수 있는 발톱을 갖지만 두개골 모양이 '진정한' 고양이와 다르다. 약 3600만 년 전 에오세에 처음 출현했는데, 당시 북미와 유라시아 대륙 대부분이 삼림지대였다. 마이오세에 기후가 건조해짐에 따라 삼림이 초원으로 바뀌었고 님라비드의 수도 감소했다. 약 500만 년 전 마이오세 후기에 절멸했다.

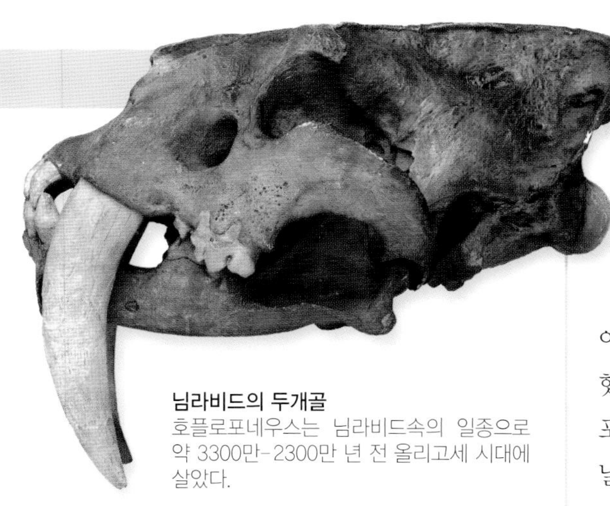

님라비드의 두개골
호플로포네우스는 님라비드속의 일종으로 약 3300만-2300만 년 전 올리고세 시대에 살았다.

나뉘었다. 그 하나인 유럽, 아시아, 아프리카 대륙의 비버래빈(viverravine)은 나중에 님라비드, 즉 '의사(擬似)' 검치호랑이(위의 박스 참조)와 고양이와 비슷한 육식동물(하이에나, 사향고양이, 몽구스 등)을 낳았다. 다른 하나인 아메리카 대륙의 미아신(miacine)은 늑대와 곰 등 개와 비슷한 육식동물을 낳았다.

최초의 고양잇과 동물

현대 고양잇과 동물의 최초 조상 중 하나로 여겨지는 육식성 포유류 프로아일루루스('고양잇과 동물 이전'이라는 뜻)는 3400만-2300만 년 전 올리고세에 현재의 유라시아 대륙에 출현했다. 프로아일루루스에 관해서는 거의 알려진 것이 없지만, 화석을 통해 집고양이보다 그리 크지 않으며 짧은 다리, 긴 몸통과 꼬리, 적어도 부분적으로 오그릴 수 있는 발톱을 가졌고 나무타기에 능숙하여 나무 사이로 사냥감을 쫓았을 것이라 생각된다.

약 2000만 년 전 프로아일루루스 혹은 그와 매우 비슷한 다른 종으로부터 최초의 고양잇과 동물로 여겨지는 슈다일루루스(*Pseudailurus*, '가짜 고양잇과 동물')가 태어났다. 지상 활동이 조상보다 더 활발했던 슈다일루루스는 길고 유연한 등을 가졌고 앞다리보다 뒷다리가 더 길었다. 이 초기 고양잇과 동물은 두 가지 이유에서 중요하다. 첫째, 3개의 고양잇과 그룹을 탄생시켰다. 현재 존재하는 두 그룹, 즉 대형 고양잇과 동물을 포함하는 표범아과와 소형 야생 고양이 및 집고양이를 포함하는 고양이아과, 그리고 지금은 멸종된 검치호랑이(마카이로두스아과)다. 둘째, 슈다일루루스는 당시 알래스카와 시베리아를 잇고 있었던 베링 육교를 건너 현재의 북미로 이주한 최초의 고양잇과 동물이다.

더 따뜻해지고 건조해진 마이오세(올리고세에 뒤이은 2300만-530만 년 전의 시대)에는 환경의 변화가 슈다일루루스의 자손에게 유리하게 작용했다. 삼림이 감소하고 초원 같은 개방된 서식지가 증가하면서 유제동물이 다양화되었고 유제동물을 사냥하는 고양잇과 동물 역시 다양화되었다.

검치호랑이

원시 고양잇과 동물의 조상인 키몰레스테스가 출현한 백악기 후기 이후, 검치형 육식동물이 세 번에 걸쳐 세 가지 육식동물 그룹으로 탄생했다. 크레오돈트, 님라비드, 그리고 스밀로돈을 포함한 검치호랑이 순이다. 이 중 어느 것도 오늘날 살고 있는 고양잇과 동물의 직접적 조상이라 여겨지지 않는다.

검치호랑이는 마이오세 초기에 출현하여 약 1만 1천 년 전까지 살았다. 따라서 초기 인류에게도 알려져 있었을 것이다. 뒤쪽으로 굽은 인상적인 송곳니가 위턱에 있었고 긴 것은 15센티미터나 되었기 때문에 입이 닫혀 있어도 아래턱 옆으로 돌출되었다. 이 이빨을 효과적으로 활용하기 위해 검치호랑이는 입을 약 120도 각도까지 크게 벌릴 수 있었다. 그 '검'은 너무 커서 다른 이빨보다 쉽게 부러졌지만, 가장자리가 톱니 모양이라 질긴 가죽을 자르거나 고깃덩어리를 끊을 수 있었다.

검치호랑이가 왜 멸종했는지는 알 수 없다. 먹

크게 벌어지는 입
크기가 사자 정도인 스밀로돈은 북미에 서식한 검치호랑이다. 들소나 매머드 같은 크고 느린 동물을 사냥했지만 1만 년 전에 절멸했다.

이의 감소 때문에 절멸했다고 생각하는 연구자도 있지만 이를 반박할 증거도 있다. 새로 진화한 표범이나 치타와 경쟁할 수 없었기 때문이라는 설도 있다. 분명 새로운 고양잇과 동물은 더 민첩했고 잘 부러지지 않는 이빨을 갖고 있었다.

분화 과정

고양잇과 동물은 육식동물 중에서도 가장 뛰어난 사냥꾼이며 해부학적으로도 최적화되어 있다. 자신보다 큰 먹이의 숨통을 끊을 수 있는 종도 있다. 크고 위엄 있고 빠르고 사나운 표범 계통의 대형 고양잇과 동물은 적어도 1080만 년 전에 출현했다. 이후 베이살쾡이 계통이 940만 년 전 아프리카에, 이어 카라칼 계통이 850만 년 전 역시 아프리카에 등장했다. 약 800만 년 전 탄생한 오실롯 계통은 파나마 육교가 형성되었을 때 남미로 건너갔다. 마찬가지로 북중미의 소형 고양잇과 동물(현재는 화석으로만 남아 있다)이 남미로 이동하여 다양화되었다. 현재 남미에 서식하는 10종의 고양잇과 동물 가운데 9종이 오실롯 계통인데, 염색체수가 38개인 보통 고양잇과 동물과 달리 36개(18쌍)의 염색체를 갖고 있다.

스라소니 계통과 퓨마 계통은 각각 720만 년 전, 670만 년 전에 진화했으며, 서로 다른 대륙에서 유래한 종들이 포함되어 있어 여러 차례 이동이 있었음을 짐작케 한다. 퓨마 계통으로 북미에서 탄생한 치타는 현재 서식하는 아시아 및 아프리카로 이동했다. 표범살쾡이 계통과 집고양이 계통은 고양잇과에 가장 최근 추가되었고 모두 유라시아 대륙에만 서식한다. 현재의 고양이속에 속하는 최초의 종은 약 250만 년 전 플라이오세에 출현한 펠리스 루넨시스라 생각된다. 그로부터 태어난 들고양이(*Felis sylvestris*)는 약 2만 5천 년 전에 생겨난 유럽 혈통이 가장 오래되었고, 지속적으로 먹이를 잡을 수 있는 적합한 서식지라면 어디든 이동했다. 아프리카들고양이(*Felis silvestris lybica*)가 약 2만 년 전 확립되었고 약 8천 년 전 이로부터 집고양이가 탄생했다.

동굴사자

유럽동굴사자(*Panthera spelaea*)는 역사상 가장 큰 고양잇과 동물이었을 것이다. 현재의 사자보다 25% 더 큰 이 가공할 사냥꾼은 어깨까지의 키가 1.25미터나 되었다. 당시 가장 흔한 포식자 중 하나였으며 비교적 긴 다리로 말, 사슴, 기타 대형 유제동물을 따라잡았다. 동굴사자는 약 40만 년 전 유럽에 출현하여 마지막 빙하기가 끝날 때쯤인 약 1만 2천 년 전까지 살았다. 북미에도 비슷한 대형 고양잇과 동물이 있었는데, 베링 육교를 통해 알래스카로 건너간 유럽동굴사자의 자손으로 생각된다.

고양잇과

소형 및 중형 고양잇과 동물(고양이아과)은 지질학적 관점에서 보면 겨우 320만 년 만에 급속도로 다양화되었다. 대형 고양잇과 동물인 표범 계통은 그보다 적어도 140만 년 일찍 분화했다. 최근 유전학적 분석을 통해 고양이아과가 아래 도표처럼 일곱 가지 그룹으로 나뉜다는 것이 밝혀졌다. 가장 최근 진화한 집고양이와 표범살쾡이가 제일 위에 있고, 가장 먼저 분화한 베이살쾡이는 표범 계통 바로 위에 있다. 집고양이와 표범살쾡이 계통은 아래의 어떤 계통들보다도 서로 밀접한 관계에 있다. 집고양이 계통선의 꺾인 부분은 340만 년 전 펠리스 아티카가 출현하여 그로부터 집고양이를 포함한 현재의 고양이속이 진화했음을 나타낸다.

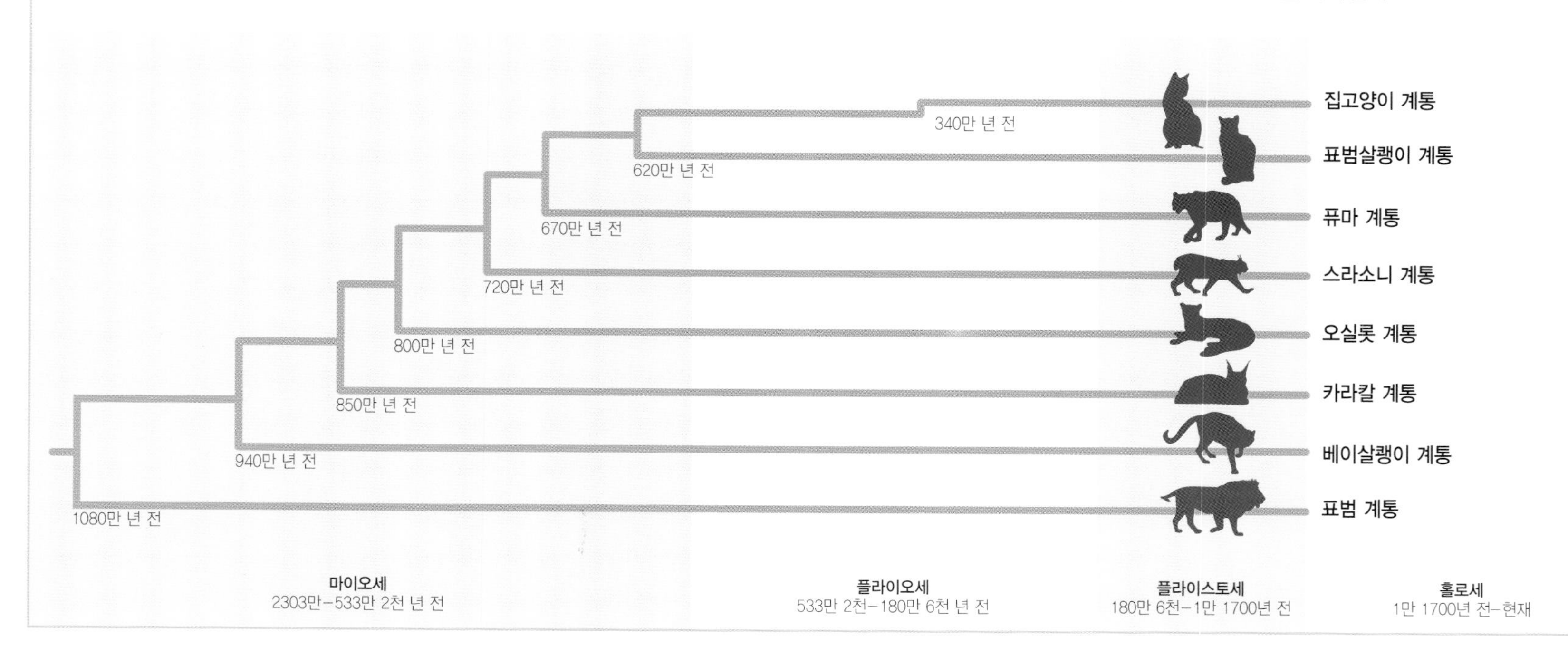

고양이의 조상
사냥을 위해 풀밭에 웅크리고 있는 이 아프리카들고양이(*Felis silvestris lybica*)는 집고양이와 지금은 멸종한 그 조상을 잇는 마지막 고리다.

야생고양이에서 집고양이로

고양이의 가축화 과정은 예속이 아니라 인간과 고양이 서로 간의 필요에 따른 것이다. 고양이가 설치류를 잡는 능력은 초기 농업사회에 유익했으며, 고양이는 독립성을 유지한 채 보호받고 주거지를 얻을 수 있었다.

인간과 고양이의 관계는 몇 천 년 전에 시작되었지만 고양이의 가축화는 다른 동물의 경우에 비해 다소 임의적인 과정을 거쳤다. 예컨대 인간은 말, 소, 개의 사육이 실용성 면에서 도움이 된다는 것을 기꺼이 인정했다. 최상의 개체를 선택하고 특정 형질을 위해 신중히 번식시킴으로써 목적에 맞게 개량하고 훨씬 더 유용하게 만들 수 있었다. 야생고양이가 처음으로 인간 세계에 돌아다녔을 때 — 인간 거주지 가까이 사는 것이 적합했으므로 — 유해동물 사냥꾼으로서의 가치는 입증되었지만, 그것을 제외하면 소중한 자산으로 인정받지는 못했다.

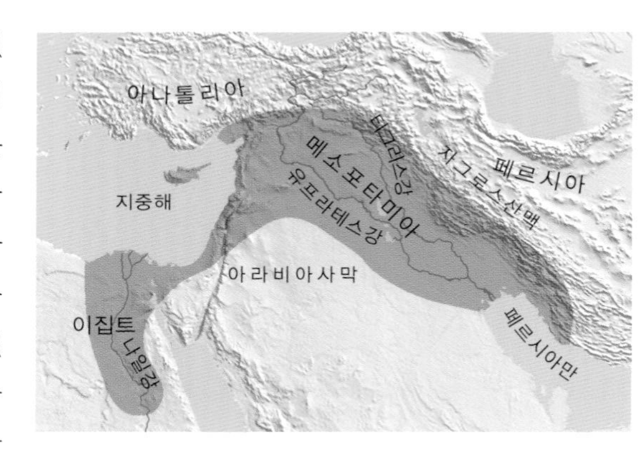

가축화의 기원
고양이의 가축화는 비옥한 초승달 지대, 즉 나일강에서 페르시아만까지 둥글게 펼쳐진 고대 지역에 기원을 둔다고 여겨진다. 이 지역은 모든 집고양이의 조상인 아프리카들고양이의 서식지 일부이기도 했다.

고양이는 식용육의 공급원으로서 적당하지 않았으며, 길들여 쉽게 다룰 수는 있어도 명령에 복종하거나 요구사항을 실행하도록 훈련시킬 수는 없었다. 초기 역사에서 특정한 자질을 의도한 선별, 또는 행동이나 외관의 '개량'을 시도한 흔적은 없다. 인간을 더 쉽게 신뢰하고 인간과 공유하는 지붕 아래서 새끼를 기르는 것이 안전하다고 느낀 고양이가 스스로 선택한 결과 최초의 집고양이가 탄생한 것 같다.

최초의 연결

고양이와 인간의 동거를 보여주는 가장 오래된 증거가 약 4천 년 전 고대 이집트 사회에 있었다는 것이 극히 최근까지 일치된 의견이었지만, 지난 몇 년 간의 발견은 고양이와 인간 사이에 훨씬 더 오래된 연결 고리가 있음을 시사한다.

2000년대 초, 키프로스의 신석기 시대 부락을 발굴하던 고고학자들이 고양이의 완전한 유골이 인골 옆에 남아 있는 매장지를 우연히 발견했다. 석기와 공예품 같은 다양한 귀중품이 함께 묻혀 있었던 것으로 보아 그 사람이 매장될 때 어떤 의식이 거행된 것 같다. 연구자들은 생후 8개월로 추정되는 그 고양이에게 어떤 특별한 의미가 있어서 의도적으로 살해당해 묻혔을 것이라고 결론지

얼룩무늬의 고양이

가족의 구성원
고대 이집트 하급 관리 네바문의 무덤 벽화(기원전 1350년경)에 얼룩고양이가 나일강 습지에서 사냥하는 모습이 그려져 있다. 이 시대에 이집트에서는 고양이가 가정의 애완동물로서 확고히 자리 잡고 있었다.

었다. 정말 그렇다면 지위의 상징으로든 애완동물로든 인간이 고양이를 길렀다는 증거는 기원전 7500년까지 크게 거슬러 올라가게 된다. 키프로스의 고양이는 집고양이의 조상인 아프리카들고양이(*Felis silvestris lybica*)와 비슷한데(p.9 및 pp.12-13), 만약 이 종에 속한다면 키프로스 섬의 토종이 아니라 누군가가 데려온 것이 된다.

또 최근 고고학자들은 중국 중앙부에 위치한 5천 년 전의 경작지 부락에서 소형 고양잇과 동물의 뼈를 발굴했다. 그 뼈를 상세히 분석한 결과 곡물을 먹는 설치류를 먹이로 삼았다는 것이 밝혀졌다. 우연인지 아니면 길러진 것인지 확증할 수는 없지만 인간사회와 어떤 관련이 있었던 것은 분명하다.

이러한 새로운 발견들은 매력적이지만 고양이의 가축화가 원래 생각했던 것보다 더 오래되었다는 결정적인 증거가 될 수는 없다. 하지만 고양이의 가축화가 여러 시행착오를 거쳐 진행되었을 가능성은 크다.

대형 고양잇과 동물의 가축화

대형 고양잇과 동물 중에서는 유일하게 치타만이 어느 정도 가축화될 수 있었다. 고대 이집트인과 아시리아인 모두 치타를 길들여 사냥에 이용했고, 몇 세기 후 인도의 무굴 황제도 마찬가지였다. 이 아름다운 동물은 인간에 익숙해지면 놀랄 만큼 다루기 쉬워진다. 옛날 사냥꾼은 치타에게 목걸이와 줄을 채우고 사냥이 끝나면 돌아오도록 훈련시켰다. 하지만 치타를 기르는 사람들 사이에서조차 치타가 애완동물로서 퍼지는 일은 없었다. 극히 최근까지도 치타의 번식행위를 이해하지 못했기 때문에 사육하면서 성공적으로 번식시키는 데 실패한 것이 원인일 것이다. 늘 대체할 동물이 야생에서 공급되었으므로 여러 세대를 거쳐 인간에게 길러지는 가정용 애완동물이 갖는 성질이 발달될 수 없었다.

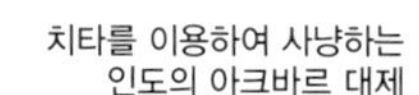
치타를 이용하여 사냥하는
인도의 아크바르 대제

집 안으로

고양이가 집 안 생활에 첫발을 내디딘 것은 인간의 활동이 수렵채집에서 농경으로 전환되는 시기였을 것이다. 작물을 재배하면 곡물을 저장해야 하는데, 곡물 저장고는 새로운 음식의 보고로서 설치류 떼를 대량으로 끌어들였다. 그 결과 그 지역의 야생고양이는 쉽게 잡을 수 있는 먹이를 무진장 공급받게 되었다.

현재의 집고양이가 기원을 두는 곳은 바로 비옥한 초승달 지대로 알려진 농업의 발생지, 즉 나일 계곡에서 지중해 동부로, 다시 남쪽으로 페르시아만까지 펼쳐지는 풍요로운 농업지대다(p.14 지도 참조). 기원전 2000년 이전, 고대 이집트인이 나일강 기슭을 따라 알려진 가장 오래된 농업사회를 확립했을 때, 그 지역의 아프리카들고양이는 훌륭한 보금자리가 마련되었음을 알아챘을 것이다.

비옥한 초승달 지대의 농업사회에 머물기 시작한 고양이 대부분은 작고 얼룩무늬가 있어 오늘날의 애완용 고양이와 매우 비슷했을 것이다. 처음에는 불청객이었지만 농부들은 현지의 설치류를 포획하는 데 도움이 된다는 것을 깨닫기 시작했다. 인간이 고양이를 곡물 저장고에 살도록 먹다 남은 음식으로 유혹했다는 것이 통설이다. 이후 점점 더 사회화된 고양이가 집 안으로 들어가게 된 과정은 쉽게 상상할 수 있다.

고양이는 대형 포식자를 비롯한 야생의 위험에서 보호받으며 왕성하게 번식할 수 있었고 새끼가 다 자랄 때까지 살아남을 가능성도 커졌다. 인간의 가정환경에서 태어나 아주 어릴 때부터 사람 손을 탄 고양이는 별 어려움 없이 애완동물로서 가정에 편입되었을 것이다.

고대 이집트 문명의 번영과 더불어 이집트 고양이의 지위도 높아졌는데, 집에서 쥐를 잡는 고양이에서 신성한 우상으로까지 승격되었다는 것이 회화, 조각, 그리고 미라화된 유해에 잘 기록되어 있다(pp.24-25). 그러나 고양이가 기원전 500년 전 비옥한 초승달 지대를 벗어나 널리 퍼지기 시작할 때까지(pp.18-19), 고양이를 가축으로 여기는 경향은 이 지역에만 국한되어 있었다.

고양이의 매력
야생에서 온 고양이는 인간에 대한 불신이 없어져 결국 인간 거주지 근처에 정주하게 되었다. 애완동물 및 놀이 상대로서의 매력은 가정으로 들어오는 데 큰 도움이 되었을 것이다.

들고양이 새끼들

이 어린 인도사막고양이는 얼룩무늬 집고양이와 닮았지만 완전히 야생종이다. 중앙아시아에서 인도 북동부에 걸쳐 분포한다.

집고양이의 확산

고양이는 북아프리카와 지중해 동부에서 유래했지만 지금은 세계시민이 되었다. 고양이에게 국경은 의미가 없고 초기 집고양이 중 일부는 스스로 이동했지만, 대부분은 인간에게 이끌려 다녔다. 오스트레일리아처럼 야생종이 출현하지 않았던 곳에서도 집고양이는 새로운 보금자리를 수월하게 받아들였다.

집고양이는 2천 년 넘게 거의 이집트 내에만 있었다(pp.14-15). 이집트에서는 고양이가 너무 숭배되어 타국으로의 반출이 원칙적으로는 엄격히 금지되었다. 하지만 독립심이 매우 강한 특성상 가축화되었거나 적어도 반쯤 길들여졌더라도 다른 지역으로 가버리는 일이 있었을 것이다. 지중해의 교역로를 따라 배회하다가 그리스, 현재의 이라크, 그리고 유럽에까지 도달했을 것으로 생각된다.

이집트 밖으로

집고양이가 세계여행을 처음으로 시작한 것은 약 2500년 전으로 추정된다. 이때 비옥한 초승달 지대, 특히 이집트 밖으로 나오는 주된 경로는 페니키아인의 선박을 통해서였다. 선원 및 식민지 개척자의 나라인 페니키아는 지중해 동부에서 몇 세기 동안 해상무역을 지배했는데, 이 시기보다 훨씬 더 일찍부터 가축화 여부와 관계없이 고양이를 수송하기 시작했을 것으로 추정된다.

고대 이집트의 고양이는 귀중한 상품이었다. 페니키아인은 물물교환이나 밀수 혹은 밀항을 통해 입수한 고양이를 선박에 실어 스페인, 이탈리아 그리고 지중해 섬들로 데려가 교역했다. 이후 실크로드의 개통으로 아시아와 유럽이 연결되자 고양이는 무역상에 의해 동서로 퍼져나갔다. 고대 이집트인 스스로 중국 황제나 당시 북아프리카에서 점점 세력이 커지던 로마인에게 고급 선물로 고양이를 보냈을지도 모른다.

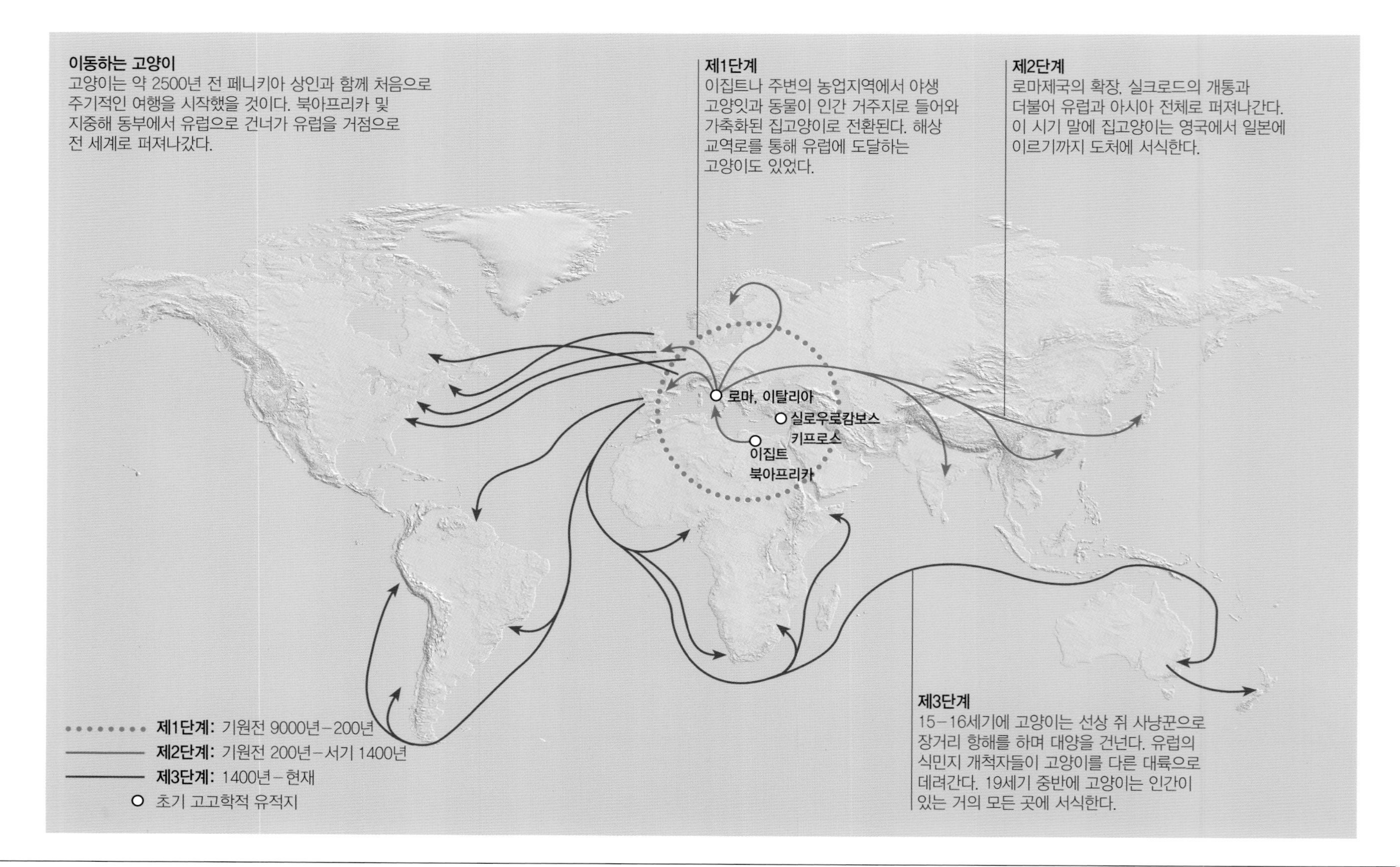

배에 탄 고양이

고양이들은 대체로 선박 여행을 통해 현재의 서식지에 자리 잡게 되었다. 처음으로 이집트를 떠났을 때부터 상인, 개척자, 모험가를 태운 배에 올라 먼 거리를 이동했다. 때로는 거래 품목으로서 운반되었지만 대개는 유해동물의 통제를 위한 것이었다. 인간이 새로운 땅에 상륙할 때마다 고양이도 함께 내렸다. 배에 고양이를 태우는 전통은 오늘날 민간 항해사들 사이에서만 이어지고 있다. 아래 사진은 1940년대 영국 군함 '워스파이트(HMS Warspite)'에 탄 고양이 '스트리피(Stripey)'다. 현재는 상선이나 해군함선에 고양이의 승선이 허용되지 않는다.

집고양이는 로마에 도착한 이후 로마제국의 확장과 더불어 훨씬 더 먼 서유럽 전역으로 확산되었다. 로마제국 말기에는 영국으로도 퍼져 이후 수백 년간 인간과 평화롭게 공존했지만, 중세가 되면서 총애를 잃게 된다(pp. 24-27).

신세계로

15세기 유럽에서 시작된 대항해시대의 개막으로 신대륙의 발견과 식민지화를 위한 항해에 동반하여 집고양이도 처음으로 대서양을 건넜다. 설치류의 피해를 줄이려고 범선에 태웠는데, 아메리카 대륙까지는 항로가 길었으므로 많은 새끼가 태어났다. 기항지에 도착하면 급증한 고양이 가족들이 배에서 뛰어내리거나 그 지역에서 거래되었을 것이고, 개척자를 따라 신세계에 발을 들인 고양이도 있었을 것이다.

고양이는 식민지 개척자와 함께 죄수를 수송하는 배에 타 반대 방향인 오스트레일리아로도 향했다. 오스트레일리아에 최초로 도착한 고양이는 17세기 중반 네덜란드의 난파선에서 살아남은 고양이라는 진위를 알 수 없는 이야기도 있다.

돌연변이의 이동
미국 동부 해안가에 흔한 다지증 고양이는 17세기 영국의 청교도 개척자가 대서양을 건너 보스턴으로 데려온 고양이의 자손일지도 모른다.

국제적 고양이의 등장

19세기 중반에 집고양이는 전 세계의 거의 모든 지역에서 볼 수 있게 되었고 분명한 타입으로 다양화되었다. 유럽과 미국에서는 샴 고양이나 터키시 앙고라처럼 이국적인 고양이가 수입되어 큰 관심을 끌었고, 농가의 쥐 잡는 고양이나 애완동물로 당연시되었던 고양이를 새로운 시각에서 보기 시작했다. 고대 이집트 시대 이후 거의 처음으로 고양이는 소중한 재산이자 지위의 상징이 되어갔다.

취향이 비슷한 고양이 주인들이 캣클럽을 만들어 그들이 좋아하는 것에 열광하고 각 타입의 장점을 논의하기 시작했다. 이 '캣 팬시어(cat fancier)'들 — 처음에는 '캣 팬시'로 알려졌다 — 은 쇼를 조직하여 엄밀한 사양에 맞는 질 높은 고양이를 만들어내기 위한 끝없는 경쟁을 낳았다.

혈통 있는 고양이의 신중한 번식과 품종 기준의 극치는 고양이가 국제적으로 이동하는 새로운 국면을 촉발시켰다. 20세기 중반부터 전 세계를 돌아다니는 것이 용이해졌기 때문에 고양이 애호가뿐 아니라 일반 관광객도 터키시 반이나 재패니즈 밥테일처럼 낯선 곳에서 수 세기에 걸쳐 만들어진 '새로운' 품종을 볼 수 있었다. 그러한 고양이가 영국과 미국에 들어와 열광적으로 번식되고 대서양을 횡단하여 교환되었다. 원산국 내에서도 빈번히 이동되어 특정 지역의 무명에 가까운 품종이 전국적인 인기를 얻고 데번 렉스나 메인 쿤처럼 국제적 지명도가 높아지기도 했다.

21세기에도 이국적인 품종이 차례로 유행하여 여전히 대서양을 횡단하고 있다. 또한 진기한 품종끼리 교배되어 더 많은 변종이 만들어졌다. 이 가운데 어떤 품종이 원산국 밖에서 알려지면(모든 품종이 그렇지는 않다) 전 세계적 이주가 이어진다. 최근에는 본래의 야생고양이 모습으로 되돌리기 위해 4천 년 전 처음으로 애완동물이 된 고양잇과 동물과 다르지 않은 얼룩고양이를 만들어내기도 한다. 집고양이는 긴 여행 끝에 다시 출발점으로 돌아왔다고 할 수 있을 것이다.

대서양을 횡단한 고양이
고양이가 국경을 넘은 결과 탄생하게 된 엘프(묘)는 캐나다에서 유래하고 네덜란드에서 발달된 헤어리스 스핑크스와 아메리칸 컬의 교잡종이다.

길고양이

집고양이의 자손으로 인간과의 접촉이 거의 또는 완전히 없거나 어떤 이유로 집을 잃은 애완용 고양이를 '길고양이'라고 부른다. 길고양이는 야생 상태에서 살지만 진짜 야생종 들고양이와는 관계가 없다.

고양이는 임기응변의 재주가 있어서 길을 잃거나 주인에게 버려져도 한번 야생으로 돌아가면 어떻게든 스스로 살아남는다. 대부분 고도로 발달된 사냥 본능을 바탕으로 새나 설치류 같은 작은 먹이로 연명하고, 많은 경우 쓰레기를 뒤지거나 고양이를 좋아하는 사람이 주는 음식을 받아먹으며 살아간다. 이런 고양이들은 보통 사람을 경계하지만 가정에서 생활한 경험이 있기 때문에 다시 되돌아갈 수 있는 경우도 있다.

야생에서 태어난 길고양이 성묘를 길들이는 것은 불가능하지는 않지만 어렵다. 새끼 길고양이의 경우 아주 어릴 때 구조되었다면 인내심과 시간을 들여 사회화시킬 수도 있다. 하지만 생후 몇 주만 지나도 인간에 대한 불신이 생기며 이미 극복할 수 없는 단계에 접어들었을지도 모른다.

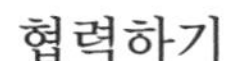

협력하기

대다수의 집고양이는 단독으로 길러져 음식, 영역, 거처를 둘러싼 경쟁을 분개하거나 두려워한다. 그러나 한집에서 같이 사는 2마리 이상의 고양이들은 특히 한배에서 태어났다면 친해질 수 있다. 적대행위 없이 서로 무관심하게 지내는 것이 최선인 고양이들도 있다. 길고양이 사이에서는 훨씬 높은 사교성이 나타난다. 식량 공급이 부족하고 불확실하기 때문에 한 구역의 길고양이들이 쓰레기장, 고양이 복지단체가 설치한 공급소, 쥐가 들끓는 빈 건물 등 동일한 장소에 모이는 경향이 있다. 이 고양이들은 부득이하게 서로를 받아들이고 공격을 최소화하면서 공급원을 공유한다.

몇 마리의 길고양이가 거처를 발견하면 무리가 만들어지고, 몇 년이 지나면 여러 세대의 고양이가 수십 마리에 이르기도 한다. 중성화되지 않은 암컷에게는 거세되지 않은 수컷이 모여들고 빈번히 교미하여 암컷 1마리가 1년간 두 차례 이상 새끼를 낳는다.

형성된 무리는 보통 유대관계가 맺어진 암컷들을 중심으로 하는 완전한 모계사회를 이룬다. 암컷 고양이들은 출산 장소를 공유하고 서로 협력하여 새끼들을 기르며 어미 고양이 1마리가 사냥하러 나가면 교대로 가족을 지키는 모습이 관찰된다. 암컷 길고양이들은 결속하여 수컷의 습격을 물리친다고도 알려져 있다. 수컷은 암컷을 다시 발정시키려고 새끼들을 몰살하려 하기 때문에 끊임없는 위협이 된다.

길고양이 무리가 확장됨에 따라 내부의 역학

유적 사이에서
길고양이가 현재 터키 서부에 있는 고대 이오니아의 도시 에페수스를 배경으로 앉아 있다. 이와 같은 관광 명소에서는 음식 조각을 얻어먹을 수 있기 때문에 길고양이 무리가 잘 모인다.

배고픈 일상 속 잠깐의 포식
그리스 항구의 부둣가에 줄지어 있는 이 고양이들은 낚싯배에서 나오는 생선 토막과 관광객이 주거나 남기는 음식으로 여름에는 잘 지내는 것 같지만 겨울이 되면 삶이 훨씬 힘겨워진다.

농장의 안식처
외양간에 사는 길고양이는 가정의 애완동물은 아니지만 쉴 만한 작은 공간과 인간의 배려에 의지해 살아간다. 기본적인 보살핌만 제공해도 오래 머무르면서 설치류를 잡는 데 도움을 준다.

관계도 변한다. 강한 수컷이 약한 라이벌을 쫓아내면 쫓겨난 수컷은 무리 주변을 서성이거나, 독립하여 더 마음에 드는 영역을 찾아 나선다. 가끔 무리 내에서 태어난 수컷이 단지 친밀감 때문에 받아들여지는 경우는 있지만, 외부의 수컷이 무리에 끼어들려고 하면 대부분은 격렬히 거부당한다.

무리의 관리

길고양이 무리에서의 삶은 힘겹고 짧다. 보살핌을 받는 애완용 고양이는 보통 10년 이상 살지만 길고양이는 3-4년 넘게 살면 다행일 정도다. 질병에 걸리기 쉽고, 또 급속히 퍼진다. 영양이 불충분하고, 무리가 커질수록 각자에게 돌아가는 식량은 줄어든다. 거듭되는 출산으로 약해진 암컷은 특히 취약하며 아픈 새끼들을 남기고 죽기도 한다. 교통사고나 수컷끼리의 싸움으로 상처를 입고 감염되어도(pp.304-305) 치료를 받지 못한다.

현재 대부분의 국가에서 인도적인 이유로, 그리고 환경문제 방지를 위해 길고양이 무리를 관리하는 정책을 펴고 있다. 대대적인 박멸보다 더 나은 대안으로서, 많은 고양이 보호단체나 동물복지협회가 3단계 프로그램을 실시하고 있다. 상처내지 않고 포획하여 중성화시킨(식별을 위해 귀에 표시를 한다) 후에 무리로 돌려보내는 것이다. 안타깝지만 이는 일시적인 해결에 불과하다. 길고양이의 수가 당분간은 줄어들겠지만 결국 중성화되지 않은 고양이가 무리에 합류하면 번식 가능한 한 쌍만 있어도 1년 내에 무리의 수가 원래대로 돌아온다.

위험에 처한 앵무새

길고양이는 전 세계에 약 1억 마리가 있는 것으로 추정된다. 환경보호 활동가는 길고양이 무리가 지역의 야생생물에 미칠 영향을 염려한다. 특히 섬은 위험성이 높은 환경이다. 예컨대 고양이가 땅에 둥지를 짓는 새를 사냥하여 멸종으로 이끌 수 있기 때문이다. 뉴질랜드의 희귀한 고유종으로 날지 못하는 앵무새인 카카포(올빼미앵무새)는 고양이나 페럿 등 외부에서 들여온 포식자 때문에 거의 몰살당했다. 얼마 남지 않은 새들은 고양이가 전혀 없는 섬에서 보호받고 있지만 여전히 멸종 위험이 매우 높다.

중성화 프로그램
길고양이가 진정제를 맞고 수술 준비에 들어가는 동안 수의사가 중성화되었다는 표시로 고양이 귀 끝부분을 살짝 자르기 위해 귀의 털을 밀고 있다. 고양이는 회복 후 자신의 무리로 돌아갈 것이다.

외양간 고양이

시골에서는 농부나 지주들이 길고양이를 환영하기도 한다. 길고양이들이 외양간, 곳간, 사료창고에 모여드는 설치류를 잘 잡아주는데, 사람의 손은 그다지 많이 안 가기 때문이다. 이를 이용하여 보호해온 길고양이를 농부에게 제공하는 고양이 입양센터도 있다. 이러한 프로그램은 관리만 제대로 되면 규모가 너무 커졌거나 건강상 이유로 이동시켜야 하는 길고양이 무리의 문제를 만족스럽게 해결할 수 있다. 비록 애완동물로 간주되지는 않지만 '입양'하는 사람은 최소한의 보금자리를 제공하고 사냥으로 잡은 먹이를 보충할 소량의 사료를 매일 공급하며 필요할 때 수의사의 진찰을 받게 하는 데 동의해야 한다.

CHAPTER 2

고양이와 문화

고양이와 종교

숭배를 하든 비방을 하든 아니면 무시를 하든, 신앙은 고양이에게 별로 도움이 되지 않았다. 고양이가 성스러운 동물로 여겨져 신들 사이에 위치한 적도 있었지만 수백만 마리의 고양이가 제물이 되어 죽기도 했다. 기독교의 등장으로 고양이는 훨씬 더 위험에 빠졌다. 악마숭배와 연결되면서 중세 유럽의 고양이는 교회의 박해로 거의 멸종되다시피 했다.

이집트의 여신

고양이와 종교의 관계를 보여주는 가장 오래된 기록은 수천 년 전 고대 이집트까지 거슬러 올라간다. 기원전 1500년경 고양이 여신 바스테트(바스트라고도 알려져 있다)에 대한 숭배가 강해지기 시작했다. 바스테트는 원래 사자 여신으로 숭배되었지만 더 온화한 모습으로 바뀌자 큰 인기를 끌었고, 특히 여성들 사이에서 열렬히 신봉되었다. 바스테트의 조각상은 주로 고양이의 머리를 가진 여성으로 나타났는데 한 무리의 작은 고양이나 새끼고양이에게 둘러싸인 모습으로 표현되기도 했다. 고대 이집트인이 고양이를 극단적으로 숭상한 것은 바스테트 추종에 기원을 두는 것으로 여겨진다. 기르던 고양이가 죽으면 사치스러운 상복을 입었고, 부유한 집에서는 죽은 고양이를 미라로 만들고 장식한 뒤 공들여 만든 석관에 넣어 묻었다. 실수로라도 고양이를 죽인 자는 처형을 각오해야 했다.

역설적으로 그러한 숭배도 종교상의 이유로 고양이를 대량 학살하는 것을 막지 못했다. 고대 이집트 유적지에서 고양이를 상징하는 수많은 작은 조각품과 함께 거대한 고양이 무덤이 발굴되었는데, 거기에는 미라화된 수십 만 마리의 고양이가 묻혀 있었다. 그중 일부를 X선으로 분석한 결과 새끼고양이 정도로 어렸고 목이 부러져 죽었다는 것이 밝혀졌다. 분명 애완동물이 아니라 의도적 학살의 피해자였다. 다양한 연구를 통해 나온 결론은, 사원의 성직자가 고양이를 제물로 삼아 죽인 뒤 미라로 만들어 순례자에게 헌납품으로 팔기 위해 키웠다는 것이다.

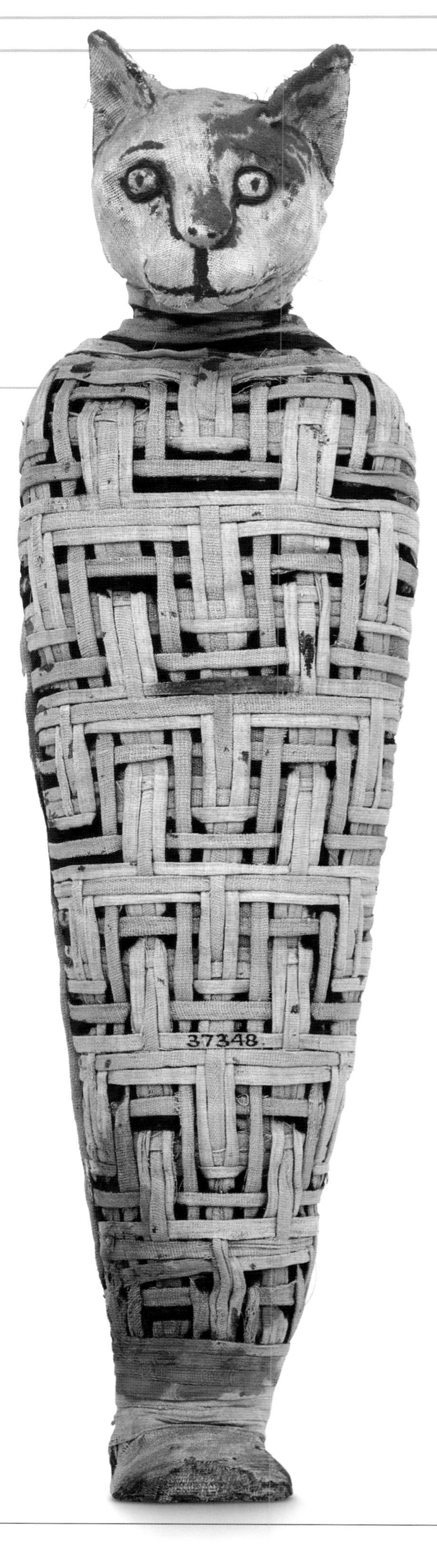

1세기 무렵 미라화된 고양이
아마포로 복잡하게 싸고 머리에 가면을 씌워 보존시킨 고양이의 사체는 고대 이집트 사원에서 고양이 여신 바스테트에게 바치는 공물로서 많이 팔렸다.

성스러운 우상

고대 이집트만큼 고양이가 높은 종교적 지위를 가진 곳은 없었지만, 어떤 신앙체계에서는 부수적인 역할을 하기도 했다. 북유럽 신화

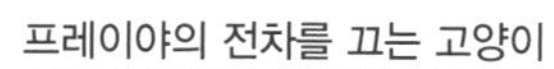

프레이야의 전차를 끄는 고양이
사랑과 풍요를 상징하는 북유럽 신화의 여신 프레이야는 특히 고양이에게 특별한 애착을 느꼈다. 현대의 고양이 브리더는 프레이야의 전차를 끄는 강인한 한 쌍의 고양이와 노르웨이숲고양이(pp.222-223)를 즐겨 관련시킨다.

〈사자와의 산책〉
영국 후기 빅토리아기에 윌리엄 블레이크 리치몬드가 그린 이 작품에서는 로마 신화의 사랑의 여신 비너스가 사자 암수 한 쌍과 산책하고 있다. 그녀가 지나가는 곳은 겨울에서 봄으로 바뀐다.

의 여신 프레이야는 고양이를 사랑했고 거대한 회색 고양이 2마리가 끄는 전차를 천둥의 신 토르에게 선물받아 몰았다. 고대 로마인은 고양이를 소중히 여겨 동물로서는 유일하게 신전에 들여보냈고, 가정과 안전을 상징하는 집의 수호신으로서 특별히 대우하기도 했다.

아메리카 대륙에서는, 콜럼버스의 대륙 발견 이전에 집고양이는 없었지만 몇몇 신들은 대형 고양잇과 동물과 관련되어 있었다. 마야인과 잉카인은 모두 재규어의 형상을 한 신들을 숭배했다. 오늘날 주요 종교에서 고양이가 성스러운 우상으로 나타나는 일은 흔치 않다. 한 예외로서, 어린이의 수호신으로 숭앙받는 힌두교의 여신 샤스티는 흔히 고양이를 탄 모습으로 묘사된다. 불교의 어떤 종파에서는 득도한 자의 영혼이 사후 고양이의 몸에 들어간다고 믿고 있으며, 절의 수호자로서 흰 고양이를 기르는 오랜 전통도 있다.

페루의 퓨마
퓨마를 그린 이 금공예품은 100년에서 800년 사이에 번영한 페루 모체 문명에서 종교적인 의의를 갖는다. 퓨마 신은 아메리카 대륙의 초기 문화에 공통적으로 나타난다.

기독교에 의한 박해

다른 동물들과 달리 고양이는 선으로든 악으로든 기독교 성경에 전혀 등장하지 않는다. 고양이와 기독교의 긍정적인 관계를 보여주는 드문 예로 7세기에 브뤼셀 인근 베네딕트회 수도회의 수녀원장이었던 성녀 제르트루다를 들 수 있다. 그녀는 고양이의 수호성인으로 알려져 있으며, 고양이를 안고 있거나 쥐에게 둘러싸인 모습으로 묘사되기도 한다. 당시는 유해동물로 홍역을 치르던 시대였지만 제르트루다의 수도원은 고양이 덕택에 기적적으로 쥐가 없는 것으로 유명했다는 증거도 있다. 또 다른 행복한 관계로, 예수가 태어날 때 고양이 1마리가 자신의 새끼들과 마구간에 있었는데 성모 마리아가 쓰다듬자 이마에 'M'자가 생겼다는 전설이 있다. 'M'자는 얼룩고양이에게 나타나는 전형적인 무늬다.

기록에 의해 입증되었듯이 기독교 교회가 몇 세기에 걸쳐 갖고 있던 고양이에 대한 편견은 적어도 부분적으로는 이교도적 신앙의 흔적을 없애려는 결정에 따라 추진되었을 것이다. 교회의 권위자는 고양이, 특히 마녀라 간주된 사람이 키우는 고양이(pp.26-27)를 악마의 대리인으로 보아 돌을 던지고 고문하고 목매달아 죽이고 태워 죽이는 등 잔학 행위를 일삼았다. 고양이 학대는 중세에 정점에 달했지만 놀랍게도 근대까지 이어졌다.

이슬람교의 축복

역사적으로 종교와의 관련성을 생각했을 때 고양이를 가장 환대한 것은 이슬람 문화였다. 동물을 친절하게 배려하는 것은 이슬람교의 가르침 가운데 중요한 부분이다. 7세기에 계시를 받아 성서《코란》을 탄생시킨 예언자 무함마드는 스스로 모범을 보였다. 자신의 애완동물을 잘 보살피고 소중히 여겼다는 기록이 많이 남아 있다. 이슬람교에서는 얼룩고양이 이마에 있는 'M'자 무늬가 예언자의 손에 닿아 생겼다고 한다.

사원의 거주자
많은 불교 사원이 길고양이로 가득하다. 사진 속 고양이는 태국 파타야 근처의 사원 왓프라야이에 자리를 잡았다. 이러한 동물들은 승려에게 극진한 대우를 받으며 음식과 보금자리를 제공받는다.

신화와 미신

고양이는 불가사의한 동물이며 독특한 마력이 있다고 한다. 옛날 사람들에게 그 마력은 현실적이었고, 오늘날 주인에게 즐거움과 호기심을 불러일으키는 성질과 행동을 한때는 섬뜩하고 해로운 것으로 받아들이기도 했다. 고양이에 관한 많은 신화와 미신은 널리 퍼져 오랫동안 지속되었으며 그중에는 현대까지 이어지는 것도 있다. 검은 고양이가 불길하다는(혹은 행운을 가져온다는) 속설은 거의 모든 나라에 존재한다.

마녀의 심부름꾼

밤에 배회하며 눈 깜빡할 사이에 나타났다 사라지는 고양이는 오랫동안 유령이나 악령이 깃든 초자연적 존재로 여겨져 왔다. 고양이, 특히 검은 고양이를 악의 힘과 결부시키는 생각은 중세 내내 널리 퍼져 18세기까지 지속되었다. 고양이를 기르는 수많은 노파가 억울하게 마녀의 혐의를 받았다. 모든 마녀는 작은 동물의 모습을 하고 있는 악마의 '심부름꾼'을 거느린다고 믿었는데, 그 동물이란 두꺼비나 토끼, 올빼미이기도 했지만 대체로 고양이였다. 더 두려운 것은 마녀가 동물로 변장하고 있을지도 모르기 때문에 낯선 고양이가 있는 곳에서는 입을 조심해야 한다는 것이었다. 당시 유럽에서 마술을 부린다고 고발당한 사람은 고문당하며 재판을 받고, 유죄로 판결될 경우에는 산 채로 태워졌는데, 수백만 마리의 고양이 또한 마찬가지로 끔찍한 운명을 겪었다.

나쁜 평판
중세 유럽에서 고양이는 변장한 마녀 혹은 마녀를 시중드는 요사스러운 동물로 인식되었다. 고양이에 대한 공포와 불신은 대량 학살로 이어졌다.

행운의 상징

검은 — 어떤 문화에서는 흰 — 고양이를 행운이나 불행의 징조로 여기는 미신은 세계 도처에서 놀랄 만큼 끈질겼다. 그러한 미신은 대부분 모순적이고 국가나 지역에 따라 다르며 복잡한 관습을 낳기도 한다. 예를 들면, 검은 고양이를 어떻게 마주쳤는지가 중요한데, 길을 갈 때 앞에서 고양이가 왼쪽에서 오른쪽으로 지나갔는지 그 반대인지에 따라 행운의 날이 되기도 하고 불운의 날이 되기도 하는 것이다. 그리고 고양이가 다가오면 행운을 가져오지만 반대 방향으로 가버리면 불행을 부른다고도 한다.

유럽 일부와 미국에서 미신을 믿는 사람에게 검은 고양이는 여전히 불길하게 받아들여진다. 미국의 많은 보호센터에서는 검은 고양이를 맡아줄 사람을 찾기 힘들다고 한다. 영국에서는 검은 고양이가 행운을 가져온다고 믿기 때문에 이를 이용한 장식품이 결혼식 기념품으로 인기가 높다. 일본에서도 검은 고양이는 행운을 의미하지만, 많은 사랑을 받는 여러 색깔의 장식물 마네키네코 — '손짓해 부르는' 고양이 — 에 미치지는 못한다. 인형 같은 얼굴을 하고 한쪽 발을 들고 있는 이 도자기 고양이 조각상은 기념품점에 가득하며 손님을 환영하기 위해 가게 출입구에 많이 놓여 있다. 전설에 따르면 원래 마네키네코는 사찰에 살던 고양이로 지나가는 영주를 불러들여 폭풍우를 피하게 했다고 한다.

행운의 손짓
행운의 고양이 마네키네코 조각상은 일본에서 쉽게 볼 수 있다. 고양이가 오른발을 들고 있으면 행운을 가져오고, 왼발이면 방문자를 환영하거나 고객을 불러들인다고 한다.

놀라운 마력

고양이와 날씨를 연결하는 신화도 많다. 고양이가 가구를 할퀴면 폭풍이 오고 재채기를 하거나 귀 뒤를 씻으면 비가 온다고 믿었다. 이러한 이야기는 항상 날씨를 관찰해야 하고 오랫동안 미신을 신봉해왔던 뱃사람에게서 비롯되었을 것이다. 전통적으로 뱃사람은 폭풍우를 피하기 위해 고양이를 배에 태웠다. 일본의 뱃사람은 삼색 얼룩고양이가 폭풍우를 미리 경고해준다고 생각했다. 배에 탄 고양이는 주의를 기울이지 않으면 골칫거리로 변할 수도 있다. 고양이의 이름을 부르지 않는 것이 관례였으며 이를 어기면 문제가 생기며, 고양이가 배에서 떨어지는 최악의 경우에는 돌풍이 와서 침몰할 것이라고 믿는 풍습이 있었다.

고양이에게는 9개의 목숨이 있다는 속담은 적어도 16세기부터 있었다. 1595년, 윌리엄 셰익스피어는 이 속담이 충분히 알려져 있다고 생각하여 《로미오와 줄리엣》에서 머큐시오의 재담에 사용했고, 당시 그 생각은 신빙성이 있다고 받아들여졌다. 높은 곳에서 떨어져도 공중에서 몸을 돌려 바로 세우는 빠른 반사작용과 민첩성 때문에

마력이 있는 그림
한때 중국에서는 귀중한 누에를 수호하기 위해 고양이를 이용하는 관습이 있었다. 마력을 지닌 어떤 것을 그린 그림, 특히 이처럼 행운의 삼색 얼룩고양이를 그린 것이 효과가 있었다고 믿었다.

곤경에서 벗어나는 비범한 능력이 있는 것처럼 보인다. 이 때문에 더 옛날 사람들은 고양이가 죽어도 다시 새로운 삶을 시작할 수 있는 초자연적인 힘이 있다고 믿었을 것이다.

고양이는 인간에게 길들여진 이후에도 상당 기간 이미지 문제를 겪어왔지만, 때로는 수호신으로 인식되기도 했다. 하지만 이것이 고양이에게 꼭 이롭지만은 않았다. 유럽 전역의 오래된 건물에서 미라화된 고양이가 발견되었는데, 쥐가 퇴치될 것이라는 믿음 때문에 벽 안에 갇혔던 것이다. 또 유럽과 동남아시아에서 고양이는 풍작 기원을 위해 산 채로 밭에 묻혔다. 또 다른 예로, 중국에서는 농부가 고양이, 혹은 마력이 있는 고양이 그림을 누에고치의 수호신으로 이용했다. 벼농사를 짓는 지역에서는 집집마다 고양이를 바구니에 넣고 다니면서 물을 뿌려 비를 기원하는 오랜 전통이 있었다.

성 카독과 고양이
유럽에는 악마가 다리를 만들어 처음 건너는 사람을 죽인다는 오랜 전설이 여럿 있다. 이 그림에는 웨일스의 성 카독(Cadoc)이 악마에게 인간보다 먼저 다리를 건넌 고양이를 넘겨주며 음모를 저지하는 모습이 묘사되어 있다.

민속과 동화

전통 설화에 등장하는 고양이는 어느 곳에서는 영리하고 유익하게 묘사되지만, 다른 곳에서는 교활하고 비열하게 그려지는 등 그 내용이 다양하다. 고양이를 어떻게 묘사했는지 살펴보면 세대별로 그리고 국가별로 일반적인 집고양이의 성격이 어떻게 이해되고 또 오해되었는지 알 수 있다. 고양이와 쥐의 테마는 특히 널리 퍼져 다양한 문화에서 전설이나 이야기에 등장하며 오랫동안 이어져왔다.

보편적 진리

고양이에 관한 초기의 이야기는 고대 그리스의 노예 이솝(기원전 620?-560)이 지었다고 알려진 200여 편의 우화 가운데 등장한다. 이 이야기들은 대체로 보편적 진리를 담아내고 있으며 〈비너스와 고양이〉에서는 인간의 본성을 바꿀 수 없다는 것을 강조한다. 젊은 남자에게 환심을 사기 위해 필사적인 고양이는 사랑의 여신 비너스에게 자신을 아름다운 소녀로 변신시켜달라고 애원한다. 그 소원이 이루어져 둘은 결혼하지만, 결혼식 후에 신부는 자신이 인간이라는 것을 잊고 쥐를 덮친다. 이에 격분한 비너스는 소녀를 다시 고양이로 돌려놓는다. '고양이 목에 방울 달기'라는 속담 — 위험한 임무를 맡는 것 — 은 또 다른 이솝 우화 〈회의하는 쥐들〉에 기인한다. 이 이야기의 교훈은, 늙은 쥐가 지적하듯 위험한 모험을 제안하는 것은 쉬워도 그것을 수행할 사람을 찾는 것은 어렵다는 것이다.

《이솝 우화》에 등장하는 고양이
어린이들을 위해 간단한 운문 형식으로 쓰인 1887년판 《이솝 우화》에는 고양이가 등장하는 유명한 이야기, 〈비너스와 고양이〉와 〈회의하는 쥐들〉이 포함되어 있다. 영향력 있는 영국의 삽화가 월터 크레인(Walter Crane, 1845-1915)이 판화를 제작했다.

고양이의 동료들

독일의 학자이자 작가인 야코프와 빌헬름 그림 형제가 19세기 초에 수집하고 개작한 민간 설화에도 고양이는 자주 등장한다. 《고양이와 쥐의 공동생활》에서 고양이와 쥐는 함께 살기 시작한다. 쥐가 집안일을 하는 동안 탐욕스런 고양이는 정교한 속임수로 겨울 식량을 다 먹어치운다. "다 없어졌어."라고 울부짖던 쥐가 뒤늦게 눈치를 챘을 때 그 또한 잡아먹힌다. "그것이 세상 이치다." 하지만 고양이, 당나귀, 개, 수탉이 협력하는 그림 형제의 다른 이야기 《브레멘 음악대》는 상호 존중에 기초한다. 자신들의 목소리로 음악을 만드는 4마리의 동료는 함께 소란을 일으켜 — 또한 발톱, 이빨, 발을 이용하여 — 도둑 무리를 쫓아내고 편안한 집을 차지한다. 19세기 말까지만 해도 고양이는 주로 쥐를 잡기 위해 길러졌기 때문에 수많은 옛이야기에 고양이와 쥐가 함께 등장하는 것은 드문 일이 아니다. 유럽, 아프리카, 중동 등 다양한 지역에서 고양이가 쥐를 앞지르는(그리고 가끔 쥐에게 뒤처지는) 내용의 전통 설화가 존재한다.

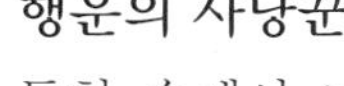

행운의 사냥꾼

동화 속에서 고양이는 또한 사람을 잘 속인다. 《장화 신은 고양이》의 고양이는 간교한 사기꾼이다. 원래 샤를 페로(Charles Perrault)가 쓴 오래된 프랑스 이야기(*Le Chat Botté*)로 1679년에 처

음악 동료
그림 형제의 《브레멘 음악대》에 등장하는 네 친구 가운데 하나인 고양이가 브레멘 시 청사 밖에 놓인 동상에 등이 활처럼 휜 모습으로 나타나 있다. 조각가 게르하르트 마르크스(Gerhard Marcks)가 제작한 이 랜드마크는 1953년에 설치되었다.

음 출판된 《장화 신은 고양이》는 영국에서 크리스마스 동화극으로 오랫동안 인기를 끌었다.

또 다른 인기 동화극은 14세기 중반에 태어나 여러 차례 런던 시장을 지낸 실존 인물 딕 휘팅턴(Dick Whittington)의 이야기다. 휘팅턴이 고양이를 길렀다는 기록은 없지만 이야기 속에서는 쥐를 퇴치하는 용맹한 고양이를 길러 부와 명성을 얻었다. 런던 하이게이트 힐의 고양이 동상이 위치한 곳이 바로 좌절한 딕이 집으로 터벅터벅 걸어가면서 교회의 종소리를 들은 곳이라 추정된다. 그 종소리 덕분에 딕은 재기할 수 있었다.

다른 고양이 이야기들

고양이가 어떻게 그리고 왜 지금의 모습을 하고 지금처럼 행동하게 되었는지를 설명하는 매력적인 고양이 전설도 있다. 고양이의 기원에 관해서는 '노아의 방주' 이야기에서 설명된다. 노아가 방주에 들끓는 쥐를 없애달라고 신에게 빌었을 때 신이 사자에게 재채기를 시키자 그 콧구멍에서 최초의 고양이가 튀어나왔다. 맹크스 고양이(pp.164-165)가 방주에 늦게 도착한 탓에 노아가 세차게 닫은 문에 끼어 꼬리를 잃었다는 또 다른 방주 전설도 있다.

장화 신은 고양이의 우표
장화 신은 고양이의 모험담이 실린 우표가 1997년 프랑스에서 발행되었다. 그림은 19세기에 출간된 서적에서 귀스타브 도레(Gustav Doré)의 삽화를 따온 것이다.

샴(현재의 태국)의 우화에는 샴 고양이의 꼬리에 관한 이야기가 있다. 한때 많은 샴 고양이가 사시였고 꼬리가 독특하게 구부러져 있었는데 이러한 특징은 바람직하지 않다고 하여 품종 개량을 통해 제거되었다. 그 이야기에 따르면, 왕을 위해 금으로 된 술잔을 지키던 샴 고양이가 그 보물을 꼬리로 꽉 움켜잡고 오래 지켜본 나머지 꼬리가 휘고 사시가 되었다고 한다.

유대인 전통 설화는 고양이와 개의 관계가 왜 나빠졌는지 설명한다. 태초에 처음으로 만들어진 고양이와 개는 시절이 좋을 때는 친구였다. 그러나 겨울이 오자 고양이는 아담의 집에 머물렀고 이기적이게도 개와 함께 사는 것을 거부했다. 그들의 다툼에 화가 난 아담은 고양이와 개가 다시는 사이좋게 지내지 않으리라고 예견했다.

휘팅턴의 고양이
19세기 중반에 출판된 딕 휘팅턴 이야기의 삽화에서, 딕이 선보인 고양이의 쥐 잡는 기술을 보고 바르바리(Barbary)의 왕과 왕비가 놀라고 있다.

고양이와 문학

일반적으로 고양이는 성인문학에서는 그리 눈에 띄는 존재가 아니지만
아동문학에서는 중요한 역할로 등장하는 경우가 많다.
이야기 속 고양이는 다른 동물보다 유독 더 사실적으로 묘사되곤 한다.
판타지 소설에서조차 고양이는 대번에 고양이라는 것을 알 수 있도록 묘사된다.
작품에 고양이를 등장시키는 작가는 종종 자신의 고양이에게서 영감을 얻는다.

고전문학에 등장하는 고양이

고양이를 다룬 많은 이야기와 시가 오랜 세월 동안 수없이 번역되고 판을 거듭해도 여전히 매력을 잃지 않고 고전으로 받아들여졌다. 루이스 캐럴이 쓴 불멸의 작품 《이상한 나라의 앨리스》(1865)에 등장하는 체셔 고양이(Cheshire Cat)는 문학사상 가장 유명한 고양이 중 하나다. 입이 귀에 걸릴 정도로 히죽거리는 다소 기분 나쁜 고양이가 마음대로 나타나고 사라질 때마다 앨리스는 '상당한 현기증'을 느낀다. "체셔 고양이처럼 (공연히) 히죽히죽 웃다"라는 유명한 표현은 캐럴이 만들어낸 것이 아니라 앨리스의 탄생 반세기 이전에 이미 존재했다. 속편 《거울 나라의 앨리스》(1871)에서 — 정상적인 — 고양이들의 역할은 그리 중요하지 않으며 말썽꾸러기 검은 고양이는 위험한 모험으로 비난받는다.

비어트릭스 포터(Beatrix Potter)의 이야기에 등장하는 고양이들은 영국 레이크지구에 위치한 작가의 농가 안팎에 살았던 고양이들을 바탕으로 하는데, 그들의 성격은 그녀가 아는 아이들에게서 힌트를 얻은 것 같다. 《톰 키튼 이야기》(1907)에서 톰과 여동생들은 가장 소중한 옷을 망가뜨려 망신을 당한다. 그런데 톰은 《새뮤얼 위스커스 이야기》(1908)에서 훨씬 더 안 좋은 대접을 받는데, 밀가루로 뒤덮이고는 '돌돌 말린 푸딩'이 되어 쥐 한 쌍의 저녁식사가 될 운명이었다. 포터의 이야기에 나오는 고양이들의 이름 — 특히 톰(Tom), 타비타(Tabitha), 모펫(Moppet), 심프킨(Simpkin)(《글로스터의 재봉사》(1903)에 등장), 그리고 무능한 가게 주인 진저(Ginger) 등 — 은

히죽히죽 웃는 체셔 고양이
존 테니얼(John Tenniel)이 그린 《이상한 나라의 앨리스》의 불후의 삽화에서 앨리스는 '체셔 야옹이'와 혼란스러운 대화를 나눈다. 자신이 미쳤다고 선언하며 히죽히죽 웃는 이 고양이는 아동문학에 등장하는 훌륭한 아이콘 중 하나다.

수많은 애완 고양이에게 붙여졌다. 러디어드 키플링(Rudyard Kipling)의 《그저 그런 이야기》(1902)의 〈혼자 다니는 고양이〉에 등장하는 고양이는 근사하고 타산적이고 냉정하다. '마음대로 꼬리를 흔들며 혼자 다니는' 이 고양이는 인간 가족을 교묘하게 설득하여 난롯가 옆자리를 받는다. 이미 길들여진 개, 말, 소와 달리 그 고양이는 친구도 하인도 부양자도 없지만, 계약을 이행할 줄 알고 독립적으로 살아간다.

영국과 미국에서 거의 고전의 반열에 오른 바버라 슬레이(Barbara Sleigh)의 《카보넬(*Carbonel*)》(1955)은 마녀에게 자신의 왕국을 빼앗긴 고양이 왕자의 이야기다. 고양이 왕자인 카보넬은 오만하고 성미가 까다롭다. 이야기에는 그가 왕좌를 되찾도록 도와주는 두 명의 아이가 등장하는데 이들은 숱한 싸움과 마법에 연루되면서 카보넬의 성격에 불만을 품게 된다. 슬레이는 이후 두 편의 속편을 냈지만 인기를 끌지는 못했다.

사악한 거인
불가코프의 풍자소설 《거장과 마르가리타》에 등장하는, 두 발로 활보하는 거대한 검은 고양이 베헤모스는 악마의 부하 가운데서도 그리 존경받지 못한다. 베헤모스라는 이름은 《구약성서》 욥기에 나오는 괴물에서 유래한다.

헤밍웨이의 고양이
작가이자 고양이 애호가인 어니스트 헤밍웨이는 플로리다주 키웨스트에 있는 자신의 집에서 다지증 고양이를 길렀다. 그 고양이의 자손 40-50마리가 현재 헤밍웨이 박물관 근처에 살고 있으며 그 중 많은 고양이가 역시 다지증이다.

테오도르 가이젤(Theodor Giesel)이 닥터 수스(Dr. Seuss)라는 필명으로 쓴 유쾌한 동화 《모자 쓴 고양이》는 수많은 아이들이 그 책을 통해 읽는 법을 배웠을 정도로 유명하다. 1950년대 미국에서 처음 출간되어 지금까지도 인기를 끄는 이 작품에는 우스꽝스럽게 스카프를 하고 긴 줄무늬 모자를 쓴 말라빠진 고양이가 의인화되어 등장한다. 크리스마스 파티의 사회자 같은 고양이가 간결하고 빠른 운에 맞춰 자신의 업적을 이야기하고 집안을 난장판으로 만들어 비 오는 날 두 아이를 즐겁게 해준다.

악마와 탐정

성인 독자를 위한 작품에 고양이가 주인공으로 나오는 경우는 드물다. 그 적은 사례 가운데 가장 끔찍한 고양이는 미하일 불가코프의 혼란스럽고 재치 있는 풍자소설 《거장과 마르가리타》(사후 1967년에 출판)에 등장하는 거대하고 흉포하고 총기를 소유한 베헤모스일 것이다. 공포물 중에서는 에드거 앨런 포의 단편 《검은 고양이》(1843)를 능가하는 작품은 거의 없다. 자신을 살해한 술 취한 주인 앞에 죽은 고양이가 출몰한다.

고양이가 등장하는 탐정소설이 하나의 장르로서 최근 수십 년간 큰 인기를 얻었다. 막연히 '고양이 미스터리'라 알려진 시리즈물이 전통적인 범죄소설과 나란히 서점의 서가를 가득 채우고 있는데, 대부분 영리한 고양이 파트너가 있는 소도시의 아마추어 탐정 이야기다.

고양이와 시

소설가보다는 시인이 더 고양이에게서 영감을 찾아왔다. 토머스 그레이는 〈금붕어 어항에 빠져 익사한 총애하는 고양이에 부치는 시〉(1748)를 통해 애완 고양이의 죽음을 애도했고, 존 키츠는 〈고양이에게 바치는 소네트〉(1818?)에서 천식에 시달리는 늙은 타락자에게 경의를 표했으며, 윌리엄 워즈워스(1770-1850)는 나뭇잎과 노는 새끼고양이를 보고 시를 지었다. 이들보다 더 많이 인용되는 것은 에드워드 리어의 난센스 시 〈올빼미와 새끼고양이〉(1871)다. T. S. 엘리엇의 《지혜로운 고양이가 되기 위한 지침서》(1939)에도 가장 매력적인 근대의 고양이 시가 수록되어 있다. 엘리엇도 리어처럼 어린이를 위한 시를 썼지만, 통찰력 있고 재미있는 고양이의 성격 묘사는 연령에 관계없이 즐길 수 있다.

작가의 뮤즈

엘리엇을 포함한 많은 작가가 고독한 집필활동의 벗으로 고양이를 길렀다. 《영어사전》(1755)으로 유명한 새뮤얼 존슨 박사가 좋아했던 고양이 호지(Hodge)는 런던에 있는 존슨의 집 밖에 조각상으로 남아 있다. 찰스 디킨스(Charles Dickens, 1812-1870)의 소설에서 고양이는 고약한 등장인물의 동료로 잘 나오지만, 정작 그는 몹시 그리운 애완 고양이의 발을 박제로 만들어 책상 위에 둘 정도로 고양이 애호가였다. 어니스트 헤밍웨이(1899-1961)는 발가락이 6개인 스노볼(Snowball)의 발을 박제로 만들지는 않았지만, 스노볼의 자손들은 현재는 박물관이 된 플로리다주 키웨스트(Key West)의 집에 여전히 살며 관광객의 관심을 끌고 있다.

존슨 박사의 '호지'
새뮤얼 존슨 박사가 좋아했던 고양이 호지의 동상이 런던의 조용한 구역에 있는 주인집 밖에 자리잡고 있다. 평소처럼 발 밑에는 먹다 남은 굴 껍질이 뿌려져 있다.

고양이와 미술

고대 이집트 시대부터 고양이는 상징미술과 종교미술에 간간히 등장했지만, 집고양이로 그려지기 시작한 것은 18세기 이후부터다. 오랜 기간, 서양의 화가들은 규정하기 힘든 고양이의 성질을 소묘와 회화로 포착하고자 고투했지만 대부분 실패했다. 고양이의 있는 그대로의 모습을 표현하는 데 먼저 성공한 것은 동양미술이었다. 현대미술에서 고양이의 해석은 예술가의 상상력만큼이나 폭넓다.

사악한 것과 연관되어(p. 26) 중세 유럽에서 가장 인기 없는 동물 중 하나였던 고양이는 근대 초기까지 유럽 미술에 제대로 등장하지 못했다. 초기에 표현된 고양이의 모습은, 드물지만 중세 교회와 성당의 조각품에 드러나는데, 회랑 근처나 의자 뒤 판자에서 쥐를 잡아먹는 모습으로 표현된다. 중세의 가장 아름다운 고양이 그림은 실존하는 동물과 상상 속의 동물을 묘사한 우화집에서 찾아볼 수 있다. 이 책은 박물학을 위한 중세판 도감이 아니라, 도덕을 가르치기 위해 쓰인 것이었다. 또한 중세의 시편(찬송가를 모은 책)과 기도서의 여백 삽화에도 고양이가 등장한다.

르네상스 시대의 고양이 묘사

르네상스의 거장들은 가끔씩 고양이를 작품의 부차적인 요소로 포함시켰다. 네덜란드의 화가 히에로니무스 보스(Hieronymus Bosch, 1450?-1516)가 그린 세 폭 제단화 〈세속적인 쾌락의 동산〉에는 그림을 가득 채우는 우의적 장면 가운데 얼룩고양이가 쥐를 입으로 물어 옮기는 모습이 보인다. 보스의 다른 작품 〈성 안토니우스의 유혹〉에서는 고양이가 장막 밑에서 나와 물고기를 붙잡고 있다. 크게 벌린 입과 길고 뾰족한 귀 때문에 고양이보다는 작은 악마에 가까워 보인다.

레오나르도 다빈치(1452-1519)는 동물이 움직이는 방식에 매료되어 작은 용을 포함한 여러 동물을 그린 종이에 고양이가 놀고 싸우고 씻고 몰래 다가가고 자는 모습을 스케치했다. 그는 또한 습작으로 보이는 〈성모자〉 소묘에 고양이를 넣기도 했다. 여기서 아기 예수는 성모 마리아의 무릎에 앉아 도망가려고 발버둥치는 고양이를 움켜잡고 있다.

중세의 종교화에 등장하는 고양이는 — 주로 의자 다리 뒤나 테이블 밑에 숨어 있다 — 대개 욕정, 기만, 이단 같은 죄악의 상징으로 해석된다. 그러나 현대적 관점에서 보면 단지 고양이가 일상의 자연스러운 한 부분이었기 때문에 그려진 것이라 생각하지 않을 수 없다. 특별히 애정 어린 시선을 받지는 못했을지라도 손쉽게 모델이 될 수는 있었다. 베네치아의 파올로 베로네세

르네상스 미술에 등장한 고양이
도메니코 디 바르톨로의 프레스코화 〈병자 간호〉(1440?)는 전형적인 르네상스 회화로, 고양이는 큰 비중을 차지하지 않는다. 이 그림에서 개와 고양이는 당장이라도 싸울 것 같지만, 시에나에 있는 산타 마리아 델라 스칼라 병원의 의사와 환자 모두 이를 무시한다.

일본의 목판화
일본의 가장 유명한 화가 중 한 명인 우타가와 구니요시(1798-1861)는 아름답게 채색된 판화에 자주 고양이를 등장시켰다. 현대에 이르기까지 일본의 화가는 고양이의 특징을 표현하는 데 탁월한 능력을 보여주었다.

〈고양이의 점심〉
극진한 대접을 받고 있는 이 고양이는 유명한 로코코 화가 장 오노레 프라고나르의 처제인 마르그리트 제라르(Marguerite Gerard, 1761-1837)가 그린 것이다. 털 하나하나까지 표현했지만 당대의 다른 화가와 마찬가지로 고양이에게 생명력을 불어넣지는 못했다.

(Paolo Veronese, 1528-1588)가 예수의 기적에 기초하여 그린 〈가나의 혼인잔치〉에서 항아리에 붙어 장난치는 고양이는 사악하기보다는 그저 놀기 좋아하는 것처럼 보인다.

동반자 고양이(반려묘)

18세기에 고양이는 단순한 유해동물 사냥꾼보다는 애완동물에 가까워지기 시작했다. 묘사의 대상으로서는 개나 말에 훨씬 미치지 못했지만, 잉글랜드에서는 당대 주요 화가에게 미약하나마 관심을 받았다. 윌리엄 호가스(William Hogarth, 1697-1764)는 자신의 초상화 〈그레이엄가의 아이들〉에 얼룩고양이를 포함시켰고, 런던의 거리 풍경을 담은 작품에는 가로등 기둥에 꼬리가 매달려 내기에 동원된 고양이 2마리를 그렸는데 당시는 그러한 잔학 행위가 공공연히 받아들여졌다. 전원 풍경을 즐겨 그린 조지 몰랜드(George Morland, 1763-1804)는 영양상태가 좋아 보이는 자신의 고양이를 그렸고, 동물화의 거장 조지 스터브스(George Stubbs, 1724-1806)의 새끼고양이 그림은 21세기에도 복제품 수요가 크다. 프랑스에서는 상류층에서 인기를 구가한 장 오노레 프라고나르(Jean-Honoré Fragonard, 1732-1806)가 젊은 여성의 초상화에 장식물로서 고양이를 사용하기도 했다.

18세기에는 무명 화가들의 특별할 것 없는 초상화에도 고양이가 많이 등장했다. 대개는 아이들의 놀이 상대였지만 유머러스하게 연출된 장면에서는 인형의 복장을 하거나 춤을 추는 수모를 겪기도 했다. 오늘날의 앙고라 고양이처럼 복슬복슬하고 새하얀 고양이가 큰 인기를 누린 것 같다. 그런데 그러한 그림 대부분은 고양이의 털과 생김새는 잘 묘사되어 있지만 특유의 미묘한 성격과 움직임은 드러나지 않는다. 이상할 정도로 정적이며, 우아하지도 아름답지도 않다.

보스의 고양이
우의적 장면으로 가득한 〈세속적인 쾌락의 동산〉(1500?)의 한 구석에서 쥐를 물고 달아나는 고양이는 히에로니무스 보스가 창조한 광란의 공상 세계에 작지만 눈에 띄는 일상적인 터치를 가미한다.

동양적 표현

동양미술에서는 수 세기 전부터 고양이가 중요하게 다루어졌다. 서양에서 고양이가 혐오와 불신의 대상이었던 시대에 아시아에서는 타 지역과 달리 고양이가 극진한 대접을 받았고 서양에 비해 훨씬 일찍부터 공감과 이해를 바탕으로 묘사되기 시작했다. 특히 18-19세기 일본의 화가들은 고양이를 표현한 회화와 판화를 많이 남겼다.

사실적 표현
만족스러워 보이는 이 살찐 얼룩고양이는 소박하지만 매우 사실적으로 나타나 있다. 아시아의 화가가 그린 매력적인 고양이 회화의 한 예로 19세기 중반의 작품이다.

비단이나 종이에 가벼운 터치로 그려진 수채화 혹은 목판화에서 고양이들은 꽃 한복판에서 놀고 앞발로 장난감을 찬다. 아름다운 여성이 장난기 가득한 고양이를 쓰다듬거나 야단치는 모습도 보인다. 자고 있든 깨어 있든 매우 사실적인 모습으로 그려졌으며, 같은 시기 유럽 미술에서는 찾아볼 수 없는 고양이 본연의 활발함과 신비로움이 훌륭하게 표현되어 있다.

〈3마리의 고양이〉(1913)
표현주의 화가 프란츠 마르크의 작품으로, 고양이의 강렬한 기하학적 선과 선명한 색상이 배경에도 이어져 분리할 수 없는 전체를 이루고 있다. 대담하고 인상적인 이 그림은 끝없이 변화하는 고양이의 형태와 운동을 놀랍도록 잘 묘사하고 있다.

인상파의 고양이

19세기 중엽부터 예술가들은 고양이를 다르게 보기 시작하여 털이나 수염보다는 성격에 주목하고 생명력 있는 모습을 표현하게 되었다. 프랑스 인상주의 운동의 가장 유명한 화가 중 한 명인 피에르 오귀스트 르누아르(1841-1919)는 뛰어난 고양이 회화를 몇 작품 남겼다. 그가 그린 고양이 대부분은 〈잠자는 고양이〉의 얼룩고양이처럼 졸려 보이지만 모든 고양이에게 보이는 침착성이 그대로 전해진다. 인상주의와 사실주의 양쪽의 요소를 작품에 담고 있는 프랑스 화가 에두아르 마네(1832-1883)는 자신의 고양이를 회화에 등장시켰다. 예컨대 그의 부인을 그린 〈고양이를 안고 있는 여인〉에서 편안히 있는 고양이는 소중히 다뤄지는 전형적인 모습을 보여준다. 하지만 1863년에 처음 공개되어 대중을 분개시킨 〈올랭피아〉에 등장하는 검은 고양이는 전혀 다르게 묘사되어 있다. 벌거벗고 누워 있는 매춘부의 발 밑에 등을 구부리고 불안하게 서 있는 모습은 고양이가 욕정의 상징인 시대로의 회귀를 시사한다.

1890년대에 들어 후기인상주의 운동이 탄력을 받는 가운데 화가들은 여전히 고양이의 매력과 성격에 이끌렸다. 해석은 서로 크게 달랐지만, 통통한 아기가 황갈색과 흰색 무늬의 고양이와 놀고 있는 폴 고갱(1846-1903)의 〈미미와 고양이〉처럼 틀에 박힌 유명한 작품들도 있다. 앙리 루소(1844-1910)는 이국적인 환상의 정글에 사는 날카로운 눈빛의 사자와 호랑이 등 주로 대형 고양잇과 동물을 묘사했지만, 〈얼룩고양이〉와 〈피에르 로티의 초상〉의 무심해 보이는 애완 고양이처럼 더 가정적인 고양이도 그렸다.

현대미술에 나타난 고양이

20세기 초에는 고양이를 묘사하는 스타일에 훨씬 더 극적인 변화가 생긴다. 피에르 보나르(1867-1947)의 〈흰 고양이〉에는 편안함을 주는 가정적인 느낌이 없다. 이 익살스럽고 기묘한 생명체는 마치 기둥처럼 지나치게 긴 다리를 쭉 펴서 몸을 구부리고 눈을 찌푸려 불길한 눈매를 하고 있다. 독일의 표현주의 화가 프란츠 마르크(1880-1916)는 강렬한 파랑, 노랑, 빨강과 굴곡진 기하학적 형상만을 이용하여 고양이의 형태와 움직임을 멋지게 포착했다. 파블로 피카소(1881-1973)는 고양이를 사랑하여 그의 작품에 반복적으로 등장시켰는데, 고양이의 사냥 본능을 새를 갈기갈기 찢는 모습으로 섬뜩하게 표현했다. 사냥하는 고양이는 다른 현대 화가들도 탐구해온 테마다. 파울 클레(1879-1940)는 〈고양이와 새〉에서 마치 새를 생각하고 있는 듯 캔버스 밖을 노려보는 고양이를 그렸다.

1960년대 팝아트의 선구자 앤디 워홀(1928-1987)은 열렬한 고양이 애호가로 많은 고양이(모두 '샘'이라 불렸다)를 길렀다. 그도 밝은 색상을 좋아했으며, 사진을 기반으로 작업한 다양한 색조의 고양이 시리즈는 오늘날에도 큰 인기를 끌고 있다.

현대미술에 등장하는 모든 고양이가 양식화되었거나 색다른 것은 아니지만, 교란적인 문맥으로 등장하는 것도 있다. 예컨대 프랑스의 화가 발튀스(1908-2001)의 작품에서 사춘기 소녀들 주변에 늘어져 있거나 어슬렁거리는 아주 평범한 고양이는 에로틱한 분위기를 높이는 효과를 낸다. 또한 발튀스는 자화상 〈고양이 왕〉에서 자신을 거만하게 구부정히 서 있는 젊은 남자로 나타냈는데, 그의 다리 근처에서 육중한 얼룩고양이

〈피에르 로티의 초상〉(1891)
독학으로 그림을 배운 앙리 루소의 독특한 스타일은 프랑스의 작가 피에르 로티와 그의 반려묘의 개성을 거리낌 없이 완벽하게 포착한다.

〈검은 고양이〉(1896)
테오필 스탱랑의 이 광고는 홍보하고자 하는 파리의 나이트클럽 및 살롱의 외설적인 분위기를 정확히 담아내고 있다. 포스터 미술로서 검은 고양이의 이미지는 21세기에도 여전히 매력적이다.

가 알랑거리고 바로 옆에는 사자 조련사의 채찍이 놓여 있다. 하지만 루치안 프로이트(1922-2011)의 〈소녀와 고양이〉만큼 불안하게 만드는 고양이 회화도 없을 것이다. 프로이트의 첫 번째 부인 키티 가르만을 모델로 한 그 초상화 속 소녀는 긴장해서 경직되어 있고, 자신이 저항하지 않는 새끼고양이의 목을 조르고 있다는 것을 알지 못하는 듯 멍한 눈으로 어딘가를 응시한다.

그러한 도발적인 이미지들에 비하면, 데이비드 호크니(1937-)의 〈클라크 부부와 퍼시〉에서 임시로 '퍼시'라는 이름을 부여받은 흰 고양이가 클라크 씨의 무릎 위에 앉아 있는 모습은 정상적인 상황에 있는 것 같아 안심이 된다.

포스터 아이콘

고양이를 그린 회화 및 소묘는 결코 주류 예술에만 한정되지는 않았다. 고양이는 포스터나 카드처럼 수명이 짧은 그림의 소재로도 사랑받아왔다. 빅토리아시대 후기에 왕성하게 고양이를 그린 대중 예술가로 루이스 웨인(1860-1939)이 있다. 그가 카드, 책, 잡지용으로 제작한 재미있고 기발한 고양이 및 새끼고양이의 그림은 그 수가 방대하고 여전히 많은 수집가들이 찾고 있다. 웨인의 가장 잘 알려진 작품에 등장하는 고양이는 의인화되어 옷을 입고 게임을 하며 인간처럼 사회생활을 즐긴다.

스위스 출신의 화가 테오필 스탱랑(1859-1923)도 한 세기 넘게 인기를 얻고 있다. 그는 주로 고양이를 그렸으며, 정교하고 사실주의적인 스케치를 남기기도 했지만 포스터 미술로 가장 유명하다. 스탱랑이 19세기 파리의 나이트클럽 겸 예술가 살롱의 광고로 제작한 아르누보 작품 〈검은 고양이〉는 가방, 엽서, 티셔츠 등에도 많이 쓰여 친숙하다.

21세기의 뮤즈

고양이는 21세기에도 예술가의 뮤즈로서 활약하고 있다. 회화, 인쇄물, 사진, 영상 등에서 저속하게, 섬뜩하게, 기발하게, 혹은 양식화된 형태로 나타난다. 주요 미술관에서는 모든 시대의 '고양이 예술'을 한데 모아 전시한다. 큰 비용을 들이지 않고도 동물 초상화가에게 의뢰하여 자신이 좋아하는 고양이를 원하는 스타일의 그림으로 남길 수 있고, 디지털 작업을 통해 유명한 회화에 고양이를 합성하여 즐길 수도 있다. 거대하게 살찐 황갈색 고양이를 합성하여 더욱 유명해진 명작은 레오나르도의 〈모나리자〉와 보티첼리의 〈비너스의 탄생〉에서 살바도르 달리의 〈꿈〉에 이르기까지 다양하며, 특히 달리의 작품에서 으르렁대며 뛰어오르던 호랑이는 훨씬 온순해진 모습으로 등장한다.

스튜디오 모델

빅토리아시대의 화가 에드윈 롱의 작품 〈신들과 그들의 창조자들〉(1878)에서 고대 이집트의 조각가가 불안해하는 고양이를 모델로 고양이 여신 바스테트 상을 만들고 있다.

고양이와 엔터테인먼트

고양이는 매력적이지만 엔터테인먼트 세계에서는 개와 달리 슈퍼스타가 되지 못했다. 그것은 고양이가 개보다 훨씬 비협조적이기 때문이다. 그럼에도 고양이의 독특한 성격과 기호는 풍자만화에 영감의 원천을 제공하고, 시각적인 매력은 마케팅 전략에서 빼놓을 수 없다. 최근 인터넷에서 고양이의 사진과 동영상이 인기를 끌면서 21세기의 고양이는 새로운 전성기를 누리고 있다.

고양이와 영화

명령에 따르는 것은 고양이의 본성에 맞지 않으며, 고양이가 최선을 다하는 것은 단지 고양이로 사는 것뿐이다. 영화 제작자는 이러한 재능을 이용할 기회를 놓치지 않았고, 많은 배우가 잠깐 보이기만 해도 주의를 끄는 고양이와 함께 출연했다. 〈티파니에서 아침을〉(1961)에서 오드리 헵번이 연기하는 매춘부 홀리 골라이틀리의 인상적인 황갈색 수고양이가 전형적인 예다. 최근에는 영화 〈해리 포터〉 시리즈에 조연으로 등장하는 또 다른 황갈색 고양이 — 복슬복슬한 들창코 크룩섕크스 — 가 큰 인기를 얻었다. 〈해리 포터와 아즈카반의 죄수〉(2004)에 처음으로 나왔는데, 사실은 고양이 2마리가 연기한 것이다. 보통 고양이 배우들은 한 역을 나눠서 연기하는데, 많게는 4-5마리의 고양이가 맡기도 한다.

영화에서 흔히 보이는 상투적인 설정은 고양이와 악당의 조합이다. 〈007 두 번 산다〉(1967)와 〈007 다이아몬드는 영원히〉(1971)를 포함한 〈제임스 본드〉 시리즈의 주 캐릭터인 가학적 살인범 에른스트 블로펠트는 흰색의 아름다운 페르시안 고양이를 안고서 세계 정복을 지휘한다. 고양이-악당 테마는 패러디 첩보 영화인 〈오스틴 파워〉 시리즈(1997, 1999, 2002)에서 패러디되어 털 없는 스핑크스 비글스워스 씨(화나게 해서는 안 된다)가 과대망상증 환자이자 똑같이 대머리인 이블 박사의 애완 고양이로 등장한다.

만화영화 캐릭터

실제 고양이 스타는 드물지만 만화영화에 나오는 많은 고양이가 스타의 지위를 얻었다. 그 원조인 고양이 펠릭스는 특이한 작은 캐릭터로 1920년대 무성 애니메이션으로 유명해졌고 지금도 만화책과 텔레비전에서는 여전히 인기를 누리고 있다. 펠릭스에 이어 등장한 우스꽝스러운 흑백 무늬 고양이 실베스터는 1930년대부터 1960년대 후반까지 워너 브라더스가 제작한 단편 애니메이션 시리즈 〈루니 툰〉의 캐릭터다. 부푼 구레나룻과 혀짤배기소리가 특징인 실베스터는 카나리아인 트위티 파이를 잡으려 애쓰지만 헛수고다. 마찬가지로 불운한 고양이 톰은 1940년부터 2000년대까지 방영된 〈톰과 제리〉의 무수한 에피소드에서 생쥐 제리에게 항상 허를 찔린다. 만화영화 속 고양이 중 가장 유명한 것은 〈레이디와 트램프〉(1955)에 등장하는 짓궂은 샴 고양이 한 쌍

이름 없는 고양이
영화 〈티파니에서 아침을〉에서 홀리 골라이틀리(오드리 헵번)와 우연히 동거하게 되는 길고양이는 이름이 없다. 실제 '오렌지'라 불리는 이 사랑스러운 황갈색 고양이는 베테랑 배우로서 많은 배역을 맡았다.

미녀와 야수
〈제임스 본드〉 시리즈 최악의 악당 에른스트 스타브로 블로펠트(〈007 다이아몬드는 영원히〉에서는 찰스 그레이가 연기했다)는 광기 어린 냉혹한 살인마지만 고양이 애호가이기도 했다. 그의 트레이드마크는 매혹적인 흰 페르시안 고양이다.

일 것이다. 소란 피우는 장면에서 아무렇지도 않게 거실을 엉망으로 만들고는 스패니얼 레이디에게 책임을 떠넘긴다. 정치적이고 성적인 내용 때문에 성인을 대상으로 하지만 크게 흥행한 〈고양이 프리츠〉(1972)는 자유롭게 살아가는 뉴욕 고양이에 관해 어둡게 그린 코미디 만화영화다. 〈장화 신은 고양이〉(2011)는 오래된 동화(pp. 28-29)를 현대적으로 재영상화한 것으로 모험가 고양이가 험프티 덤프티와 《잭과 콩나무》의 잭 등 다른 동화의 캐릭터들과 조우한다.

극장의 고양이

고양이는 영화뿐 아니라 극장 무대에서도 주연을 맡는 일은 드물었다. 하지만 토니상을 수상한 앤드루 로이드 웨버의 뮤지컬 〈캣츠〉에서 배우들이 생생하게 표현해낸 고양이는 1981년 런던에서 초연된 이래 관객의 넋을 빼앗아왔다. T. S. 엘리엇의 《지혜로운 고양이가 되기 위한 지침서》(p.31)를 기반으로 제작된 이 뮤지컬은 전 세계를 돌며 극찬을 받았다.

다른 의미에서 '극장 고양이'는 긴 전통을 갖는다. 한때는 거의 모든 주요 극장에 쥐 잡는 고양이가 상주했다. 이 고양이들은 배우와 직원에게 사랑받으며 객석에 뿌려진 쓰레기 때문에 모여든 쥐의 수를 억제하는 데 도움을 주었다. 공연 중 표연히 무대 위에 올라 각광을 받으며 털을 손질했다거나 소품실을 아수라장으로 만들었다거나 하는 이야기도 많이 있다. 오늘날 유해동물은 다른 방식으로 통제되기 때문에 무대에 접근하는 극장 고양이는 상상조차 할 수 없다.

비교적 최근에 개발된 고양이 쇼비즈니스로 많은 논란을 낳고 있는 '고양이 서커스'가 미국과 모스크바에서 특별한 인기를 얻고 있다. 러시아의 한 대형 회사는 약 120마리의 고양이를 훈련시켜 곡에 재주를 부리도록 한다. 다양한 테마에 따른 화려한 서커스 연기에는 줄타기, 흔들 목마 타기, 공 위에서 균형 잡기 등이 포함된다. 고양이에게 오락을 위해 공연시키는 것은 아무리 인간적으로 취급할지라도 상당한 윤리적 논란을 불러일으킨다.

발레에 등장하는 고양이

유연한 몸과 우아한 몸놀림에도 불구하고 고양이는 고전 및 현대 발레에 거의 등장하지 않았다. 드문 예로, 차이콥스키의 〈잠자는 숲 속의 미녀〉(1890년 초연) 마지막 장에 다른 동화 캐릭터와 함께 출연하는 고양이 2마리를 들 수 있다. 잠에서 깨어난 오로라 공주의 결혼 축하연에서 장화 신은 고양이와 흰 고양이가 함께 파드되(pas de deux)를 춘다. 《이상한 나라의 앨리스》(2011)에서 무대 위아래를 오싹하게 오가는 체셔 고양이는 춤추는 역할이 아니다 — 머리와 몸통 부분들이 연결되지 않은 채 각각 따로 조종된다.

검은 고양이 브랜드
검은 고양이는 폭죽의 브랜드 이미지로는 의외의 선택으로 비쳐질지도 모르지만 — 대부분의 고양이는 폭죽 터지는 소리를 무서워한다 — 행운의 상징으로서 효과가 있어 보인다. 이 제조사는 세계적으로 가장 크고 성공한 폭죽회사 중 하나다.

콤비
만화영화 사상 가장 유명한 고양이-쥐 콤비인 톰과 제리는 1940년대부터 난장판을 벌이며 재치를 겨루느라 바쁘지만 잠깐씩 우정도 보여준다.

광고 모델

고양이는 한 세기 이전부터 광고 선전에 이용되었다. 일찍이 1904년에는 검은 고양이가 담배의 브랜드 이미지로 사용되었다. 지금도 2마리의 거대한 검은 고양이 조각상이 런던에 있는 담배 회사 옛 공장 입구에 자리잡고 있다. 모든 품종의 고양이가 애완동물 사료의 라벨에 등장하며, 안락함을 드러내는 훌륭한 이미지를 제공하기 때문에 푹신한 카펫, 호화로운 가구, 난방 장치 등을 홍보하는 데 자연스럽게 선택된다. 패션 화보에서는 나긋나긋한 순혈 품종의 고양이가 품격과 세련미의 전형으로서, 유명 브랜드의 향수, 의복, 액세서리를 광고하는 우아한 모델을 완벽히 보조한다.

인터넷 고양이

21세기에는 인터넷에 고양이의 사진과 동영상이 급증하는 현상이 나타나고 있다. 특이하고 재미있는 고양이 영상 게시의 열풍으로 시작된 것이 특히 미국에서 대형 비즈니스로 변모했다. 특정 동영상은 입소문이 나고, 건반을 '연주하는' 고양이처럼 특히 인상적인 고양이는 하루아침에 유명해진다. 열성 팬을 거느리게 되며 경우에 따라서는 광고 계약, 방송 출연, 수익성 행사 등으로 거액을 벌어들이기도 한다. 단편 애니메이션 〈사이먼의 고양이〉(2008년에 첫 게시)도 인터넷에서 엄청난 인기를 끌고 있다. 이 애니메이션은 주인의 관심을 끌려는 애완 고양이에게 농락당하는 주인의 시련을 소재로 하고 있다.

CHAPTER 3

고양이 생물학

뇌와 신경계

고양이의 몸을 제어하고 조절하는 신경계는 임펄스, 즉 전기신호를 전달하는 신경세포(뉴런)와 그 섬유로 이루어져 있다. 뇌는 눈과 귀 등의 감각기관을 통해 받아들인 자극과 체내로부터의 정보를 분석해 근육 활동을 자극하거나 화학전달물질을 분비시켜 반응을 일으킨다. 화학전달물질은 호르몬이라 불리며 몸의 화학작용을 변화시킬 수 있다.

고양이 뇌의 해부학적 구조는 다른 포유류와 비슷하다. 가장 큰 부분인 대뇌는 행동, 학습, 기억, 그리고 감각정보의 해석을 관장한다. 대뇌는 2개의 대뇌반구로 나뉘고 그 각각은 고유의 기능을 갖는 뇌엽으로 이루어진다. 뇌의 뒤쪽에 있는 소뇌는 몸통과 팔다리의 운동을 미세하게 조정한다. 뇌 내의 다른 구조로는 송과체(솔방울샘), 시상하부, 그리고 내분비계의 일부이기도 한 뇌하수체가 있다. 뇌간(뇌줄기)은 뇌를 척주 내부를 지나는 척수와 연결한다.

대뇌피질의 주름

고양이 뇌의 무게는 약 30g까지 나가는데, 전체 몸무게의 1%에도 미치지 못한다. 인간의 뇌(몸무게의 2%), 심지어 개의 뇌(1.2%)에 비해서도 작은 편이다. 또한 집고양이의 뇌는 가장 가까운 친척인 들고양이의 뇌보다도 약 25% 작다. 이처럼 크기가 작은 것은, 광범위한 사냥 영역을 파악하는 데 쓰이는 뇌의 부위가, 먹이 대부분을 인간에게 의존하게 된 집고양이에게는 더 이상 필요 없기 때문이다. 고양이의 대뇌는 개에 비해 바깥층(피질)의 주름이 더 많다. 이러한 주름은 뉴런 세포체를 포함하는 대뇌피질의 양을 크게 증가시켜 두개골의 한정된 공간에 더욱 많은 세포가 들어찰 수 있게 한다. 고양이의 대뇌피질에는 약 3억 개의 뉴런이 들어 있는데, 이는 개의 2배에 가깝다. 대뇌피질의 많은 주름은 뇌의 정보처리 능력 및 인간이 지능이라고 생각하는 것의 향상과 연관된다.

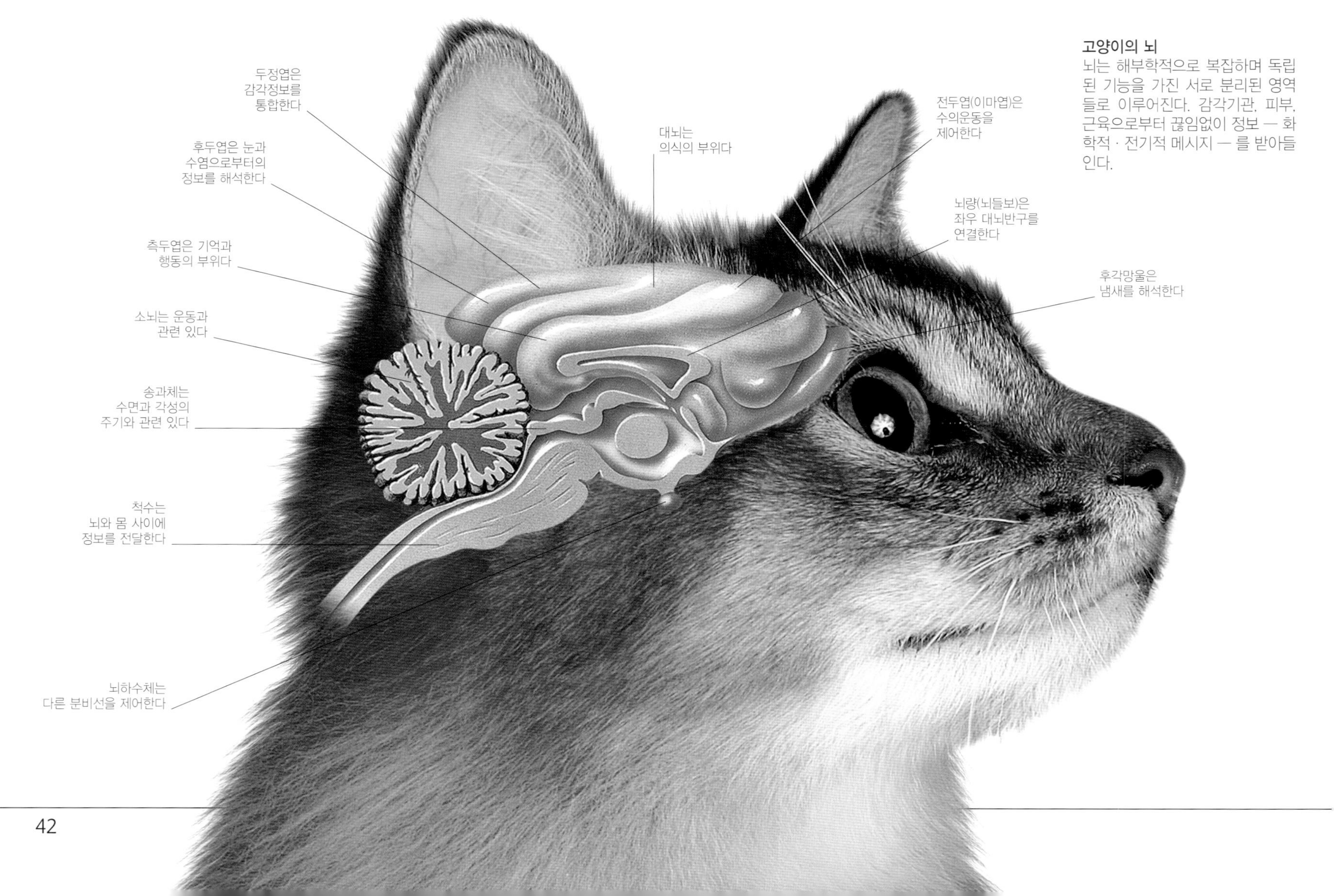

고양이의 뇌
뇌는 해부학적으로 복잡하며 독립된 기능을 가진 서로 분리된 영역들로 이루어진다. 감각기관, 피부, 근육으로부터 끊임없이 정보 — 화학적·전기적 메시지 — 를 받아들인다.

고도로 발달된 영역

감각정보의 해석에 관여하는 뇌의 영역은 고양이에게 특히 잘 발달되어 있다. 예컨대 눈으로부터 정보를 받는 시각피질은 인간의 뇌보다 면적당 더 많은 뉴런을 포함한다. 시각은 사냥할 때 가장 중요한 감각이다. 발을 움직이고 잡는 것을 제어하는 영역도 복잡하여 놀랄 만큼 비상한 발놀림이 가능하다. 따라서 먹이나 장난감 같은 대상을 붙잡고 다룰 때 거의 인간의 손처럼 작용할 수 있다. 이러한 기능, 그리고 몰래 접근하기, 덮치기, 물기를 비롯한 기타 사냥 행동은 고양이의 뇌에 내장되어 있는 것처럼 보인다. 새끼고양이는 형제와 놀 때 본능적으로 사냥을 연습하기 시작하는데, 야생의 사냥감에 접근할 수 없는 집고양이는 장난감을 대상으로 포식 기술을 연마할 것이다.

고양이의 뇌에는 방향 판단 능력이 장착되어 있다. 뇌의 전두부 영역에는 지구의 자장에 민감한 철염(iron salts)이 포함되어 있어 자신의 영역을 파악하는 데 도움이 된다. 몇몇 고양이가 몇백 킬로미터 떨어진 곳에서 집까지 돌아오는 것도 이러한 나침반 덕분일 수 있다.

또 고양이의 뇌에는 태양의 이동을 통해 그 날의 시각을 인식하는 체내 시계가 있어 이로부터 매일 언제 나타나야 밥을 먹을 수 있는지 금방 알게 된다.

말초신경
피부, 근육 및 기타 체내 조직에서 뻗는 신경섬유가 분석을 위해 전기신호를 중추신경계로 보낸다. 그러면 중추신경계는 지시와 함께 신호를 되돌려 보낸다.

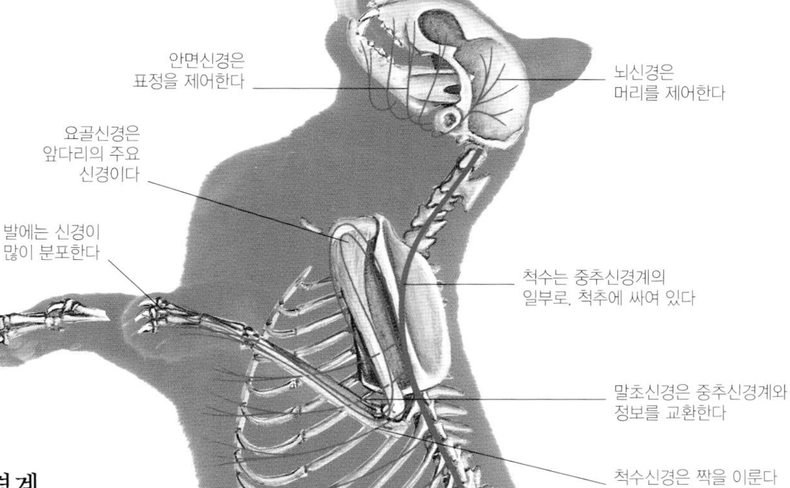

중추신경계와 말초신경계

뇌와 (신경섬유 다발을 포함하는) 척수를 합쳐서 중추신경계(CNS)라 부르고, 신경계의 나머지 부분 — 중추신경계로부터 분기하는 신경섬유 및 신경절이라 불리는 세포의 집단 — 은 말초신경계(PNS)라고 부른다. 말초신경계는 중추신경계를 팔다리 및 신체 기관과 연결한다. 말초신경계의 신경섬유는 분석을 위해 전기신호를 중추신경계로 전달하는 것과, 신호를 반대 방향으로 보내 신체의 변화를 일으키는 것이 있다. 말초신경계의 일부는 예컨대 불쾌감을 드러내기 위해 꼬리를 흔들거나 쥐를 덮치는 행위를 일으키는 신경처럼 수의적, 즉 의식적으로 제어된다. 말초신경계의 다른 부분은 심장 박동이나 소화의 조절과 같은 체내 과정에 불수의적, 무의식적으로 영향을 미친다.

호르몬

신경계는 내분비계와 긴밀하게 작동한다. 뇌하수체에서 만들어지는 호르몬은 물질대사, 스트레스 반응, 성적 행위를 조절하는 호르몬을 비롯한 다른 많은 호르몬의 생산을 제어한다.

바이오피드백
고양이가 잠재적으로 위험한 냄새를 감지하면 일련의 호르몬 반응이 일어나 투쟁-도피 반응을 할 준비가 된다. 위험이 사라지면 코르티솔이라는 호르몬이 분비되어 — 바이오피드백 회로를 통해 — 처음에 그 반응을 촉발한 호르몬을 억제한다.

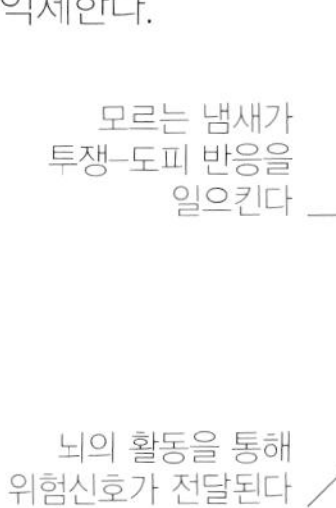

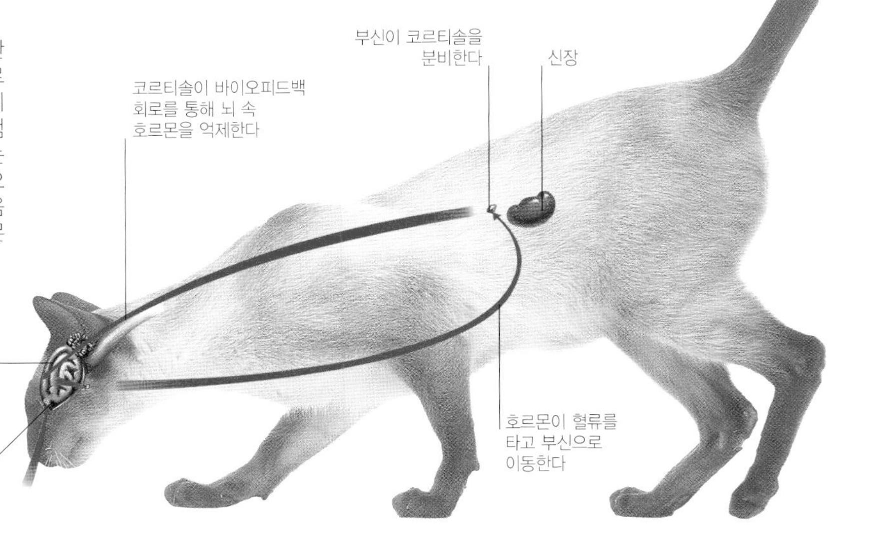

선잠 자는 고양이
잠을 많이 자는 것이 고양이의 특징인데 하루 16시간까지 자기도 한다. 자는 시간의 약 70% 동안 뇌는 계속 소리와 냄새를 감지하기 때문에 위험해지거나 사냥감이 나타나면 바로 움직일 수 있다.

고양이의 감각

인간과 마찬가지로 고양이도 시각, 청각, 후각, 미각, 촉각 등 다섯 가지 감각에 의존하여 주위를 파악한다. 이 감각들이 정보를 모아 신경을 통해 뇌로 보내 해석이 이루어진다. 고양이의 감각은 가축화 이전 수백만 년 동안 야생의 삶에 맞춰 진화해왔고, 그 결과 여전히 뛰어난 야간 시력과 놀라운 청각 및 후각을 갖춘 야행성 사냥꾼의 면모를 갖추고 있다.

시각

고양이의 큰 눈은 주요 사냥감인 쥐가 가장 활발하게 활동하는 밤에 위력을 발휘한다. 고양이의 망막에서는 25:1의 비율로 간상체 — 희미한 빛 속에서 명암을 식별하는 광수용체 — 가 추상체보다 많다(인간의 경우 4:1). 고양이에게는 색채 감각이 있지만 야간 시력만큼 중요하지는 않다. 파랑과 노랑은 볼 수 있지만, 빨강과 초록은 회색으로 보이는 것 같다. 햇빛 속에서는 동공이 세로로 가느다랗게 축소되어 강한 빛으로부터 눈을 보호한다.

고양이의 시각은 인간에 비해 훨씬 덜 선명하다. 그처럼 큰 눈으로 초점을 맞추는 것은 힘이 들고 일반적으로 원시라서 눈으로부터 약 30cm 이내에 있는 것은 또렷이 볼 수 없다. 움직임을 감지하는 데에 훨씬 더 순응되어 있는 것이다. 많은 포식자들과 마찬가지로 고양이의 눈도 앞을 향해 있다. 전체 시야 범위는 약 200°로 좌우 시야의 140°가 겹쳐진다. 이러한 겹쳐짐 덕분에 양안시가 생겨 심도를 파악하고 거리를 정확히 판단할 수 있는데 이는 성공적인 사냥에 필수적이다.

뛰어난 감각
고양이는 감각이 뛰어난 것으로 유명하다. 어둠 속을 보는 눈, 인간에게는 안 들리는 고음을 포착하는 귀, 강력한 후각, 칠흑 같은 어둠 속에서 갈 곳을 감지하는 수염을 갖고 있다.

청각

고양이는 40-65,000Hz의 소리를 들을 수 있는 뛰어난 청각을 갖고 있다. 인간이 들을 수 있는 소리(최대 20,000Hz)보다 2옥타브 높으며 초음파 영역에까지 달한다. 이처럼 넓은 가청 영역은 다른 고양이나 적의 울음소리, 설치류가 바스락

야간 시력

어두운 곳에서 고양이의 동공은 인간의 팽창된 동공의 3배까지 확대되어 아주 희미한 빛도 눈으로 받아들인다. 망막 뒤에 '타페툼 루키둠(휘판)'이라 불리는 반사층이 있기 때문에 야간 시력이 더욱 향상된다. 망막이 포착하지 못한 빛은 타페툼에 튕겨져 다시 망막을 지남으로써 눈의 감도가 최대 40%까지 올라가는 것이다.

어둠 속 빛나는 눈
밤에 광원이 고양이의 눈을 비추면 타페툼이 밝은 금색 혹은 녹색의 원반처럼 보인다.

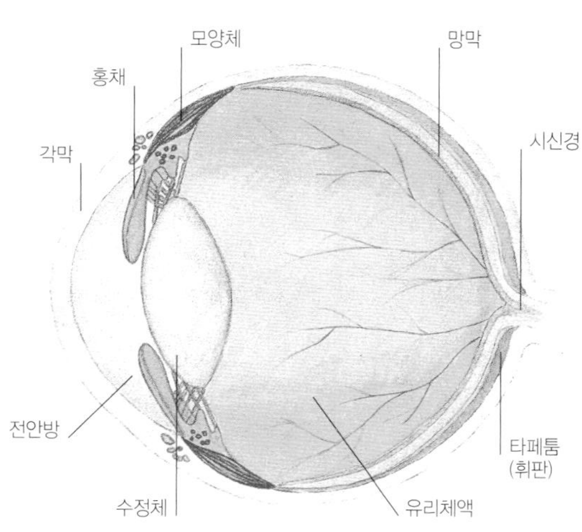

눈과 시각
고양이 눈은 빛을 투과시키는 투명한 젤리를 채운 공과 같다. 광선은 각막과 수정체에 의해 초점이 잡혀 빛에 민감한 망막에 상을 맺는다.

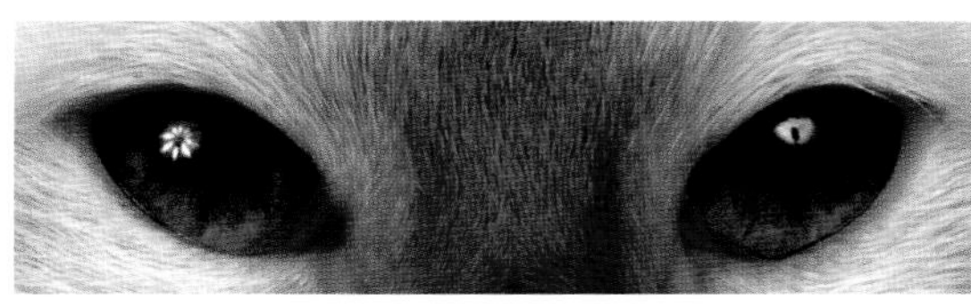
아몬드 모양의 파란빛 눈

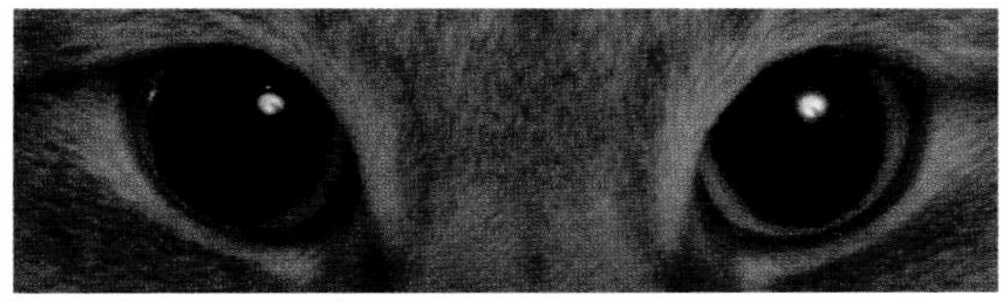
눈꼬리가 올라간 초록빛 눈

둥근 금빛 눈

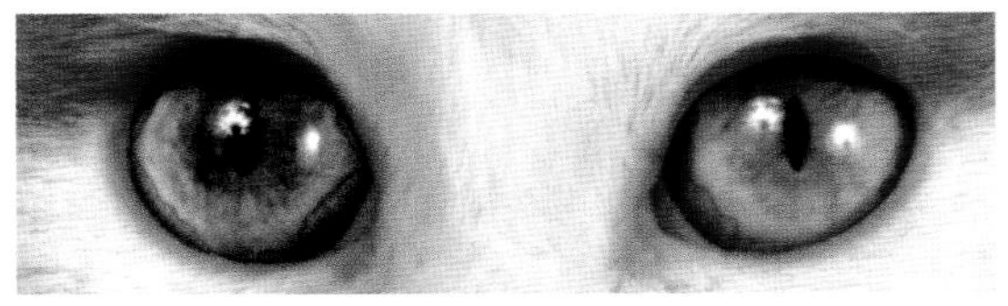
둥글고 좌우 색이 다른 눈

눈의 색과 모양
고양이 눈의 색조에는 주황색, 녹색, 파란색이 있다. 좌우 눈의 색이 다른 고양이도 있다. 눈의 모양은 둥근 것에서 눈꼬리가 올라간 것까지 다양하며 동양의 품종 가운데는 눈꼬리가 심하게 올라간 것도 있다.

끝이 둥글다

끝이 뾰족하다

접혀 있다

말려 있다

귀의 모양
고양이의 귀는 대개 쫑긋하고 그 끝이 뾰족하거나 둥글다. 아메리칸 컬이나 스코티시 폴드 등 일부 품종은 돌연변이 때문에 귀의 모양이 특이하다.

거리는 소리와 찍찍 우는 소리 등 고양이에게 중요한 모든 소리를 커버한다. 고양이는 귀의 바깥 부분인 귓바퀴를 좌우 따로 180°까지 회전시켜 음원의 위치를 파악할 수 있다. 귓바퀴는 소리가 나는 곳의 높이를 판단할 수 있도록 되어 있어 나무를 타는 동물에게 매우 유용하다.

내이(속귀)는 평형기관인 전정기관을 포함한다. 방향 및 속력의 변화를 감지하여 낙하할 때 똑바로 착지하도록 돕는다(pp.54-55). 또한 고양이는 귀를 이용하여 기분을 나타낸다. 예컨대 뒤로 돌려 납작하게 만들었다면 화가 났거나 두려운 것이다. 큰 소리에 극도로 민감한데, 이는 인간의 10배 정도다. 그래서 시끄러운 환경을 싫어하고 불꽃놀이처럼 요란한 소리를 들으면 불안해한다.

후각과 미각

고양이는 강력한 후각을 갖는데, 개만큼은 아니지만 인간보다는 훨씬 예민하다. 냄새를 포착하는 비강 내 감각막이 인간에 비해 5배나 크다. 고양이들은 냄새를 통해 서로를 알아보고, 사냥감을 쫓는 데도 이용한다. 또한 소변, 대변, 분비선에서 나는 냄새로 영역을 표시하여 다른 고양이에게 가까이 오지 못하도록 경고하거나 성적 상태를 알린다. 후각은 미각과 밀접히 연관된다. 보통 음식을 먹기 전에 냄새를 맡아 먹을 수 있는 것인지 확인한다. 혀의 표면에 있는 미뢰는 음식물 속의 쓴맛, 신맛, 짠맛을 내는 화학물질에 반응한다. 고양이는 단맛도 인식할 수 있지만 완전한 육식동물이기 때문에 당분은 거의 필요로 하지 않는다.

고양이는 입천장에 서골비기관(야콥슨기관)이라 불리는 감각기관이 있다. 이를 이용하여 입을 벌리고 얼굴을 찡그려 냄새를 맡는 '플레멘 반응'을 일으키는데, 보통 다른 고양이가 남긴 성적인 냄새를 맡을 때 반응한다.

촉각

고양이 몸에서 털이 없는 부분 — 코, 발볼록살(육구), 혀 — 과 수염은 촉각에 매우 민감하다. 전문용어로 강모(剛毛, vibrissae)라 불리는 수염은 털이 피부에 깊숙이 박혀 변형된 것이다. 코의 양옆에 나 있는 수염이 가장 눈에 띄지만 뺨, 눈 위쪽, 앞발 뒤쪽에도 짧은 수염이 있다. 수염은 어둠 속에서 길을 찾고, 가까워서 초점을 잡을 수 없는 물체를 '볼' 수 있도록 돕는다. 머리에 난 수염은 틈의 너비가 통과할 수 있는 정도인지 판단하는 데 도움이 된다.

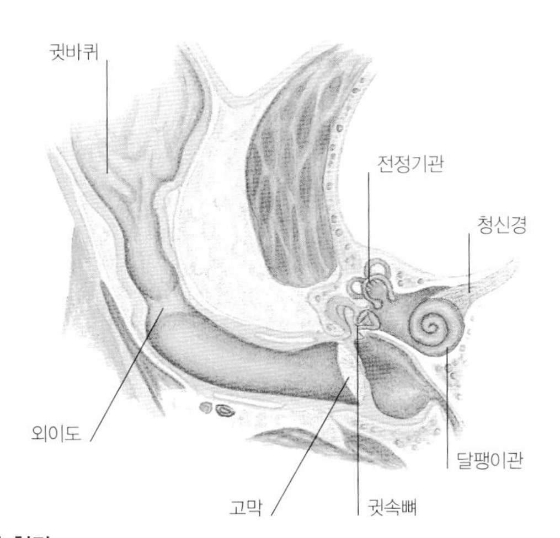

귀와 청각
외이도로 들어간 소리는 고막과 귓속뼈를 거쳐 달팽이관으로 이동한다. 달팽이관에서는 신경임펄스가 촉발되어 뇌로 보내진다.

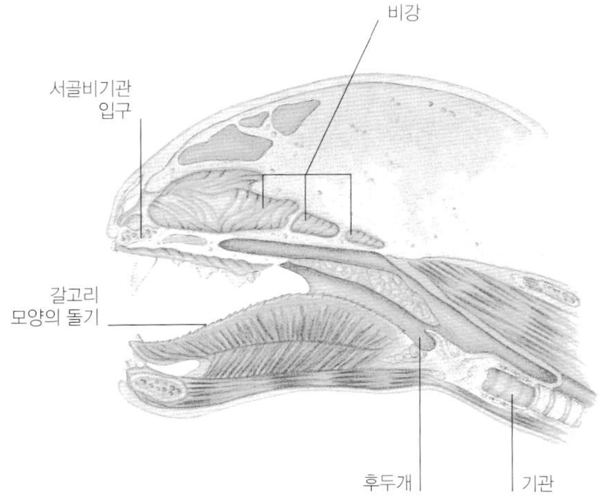

미각과 후각
음식물 속의 화학물질은 혀의 돌기에 있는 미뢰가 감지한다. 냄새 분자는 비강 내 후막 및 서골비기관에서 포착된다.

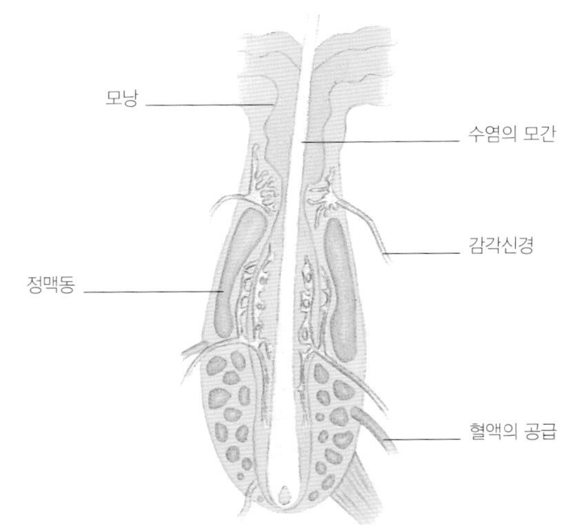

수염과 촉각
수염이 물체에 닿으면 수염이 깊숙이 박혀 있고 혈액 캡슐(정맥동)로 둘러싸인 근부가 감각신경말단을 통해 뇌로 정보를 보낸다.

예리한 감각

고양이는 유능한 사냥꾼으로서의 조건이 잘 갖춰져 있다. 뛰어난 야간 시력, 강력한 후각, 예민한 청각, 민감한 수염을 통해 사냥감의 위치를 매우 정확하게 파악할 수 있다.

골격과 체형

고양이의 골격은 가볍지만 튼튼하여 빠르고 민첩한 움직임에 적합하다.
두개골은 포식동물의 특징을 갖고 있고, 다리는 습격과 급가속에 적합하게 되어 있다.
척추가 유연하고 다리를 이용해 방향을 쉽게 바꿀 수 있어
몸 대부분의 부위를 발이나 혀, 이빨로 다듬을 수 있다.
체형은 품종에 따라 약간씩 다른데 개만큼 다양하지는 않다.

골격

고양이의 골격은 다른 포유류와 마찬가지로 관절로 연결된 뼈의 집합으로 다양한 움직임을 가능하게 하며 육식동물의 생활양식에 적합하게 바뀌어왔다. 골격은 뼈를 움직이게 하는 근육의 뼈대를 제공하고 고양이 특유의 체형을 유지시킨다. 또 심장이나 폐를 비롯한 연약한 내부기관을 보호하는 기능도 있다.

두개골에는 뇌가 들어 있고, 특히 사냥감의 효과적 감지를 위한 감각기관인 눈, 귀, 코가 붙어 있다. 안와는 매우 크고 뒤쪽을 향해 열려 있어 두개골에 붙어 있는 강력한 턱 근육이 바로 뒤에 위치한다. 고양이의 머리는 180° 회전하여 등을 다듬을 수 있다. 설골은 목구멍에서 혀와 후두를 지탱하며, 가르릉거리는 것과 관련이 있다고 생각된다(p.59).

고양이는 거의 모든 포유류와 마찬가지로 7개의 경추를 갖고 있다. 몸체 크기에 비해 등이 길고 13개의 흉추에 늑골이 붙어 있다. 척추골의 수와 구조는 척추의 유연성을 높인다. 연골질의 추간판이 있는 척추 사이의 공간이 커서 인접한 뼈들이 느슨하게 연결되기 때문에 유연해지는 것이다. 척추의 연장인 꼬리는 대부분의 품종에서 약 23개의 뼈로 구성되며 기어오를 때 균형 잡는 것을 돕는다. 가슴 부위에서 척추와 연결된 흉곽은 심장, 폐, 위, 간, 신장을 보호한다.

쇄골이 매우 작고 견갑골은 근육과 인대로만 지탱되기 때문에 고양이의 앞다리는 '떠 있는' 상태다. 이 때문에 어깨가 움직이는 범위가 매우 넓고, 좁은 틈도 머리만 들어가면 쉽게 통과할 수 있다. 모든 육식동물과 마찬가지로 수근골(손목뼈) 3개가 융합되어 주상월상골(scapholunar bone)을 이룬다. 이는 기어오르는 데 적응한 것

고양이의 골격
고양이의 골격은 가볍고 촘촘하고 매우 유연한데 특히 목, 척추, 어깨, 앞다리 부위에서 그러하다. 튼튼한 뒷다리는 속력을 내는 데 적합하다.

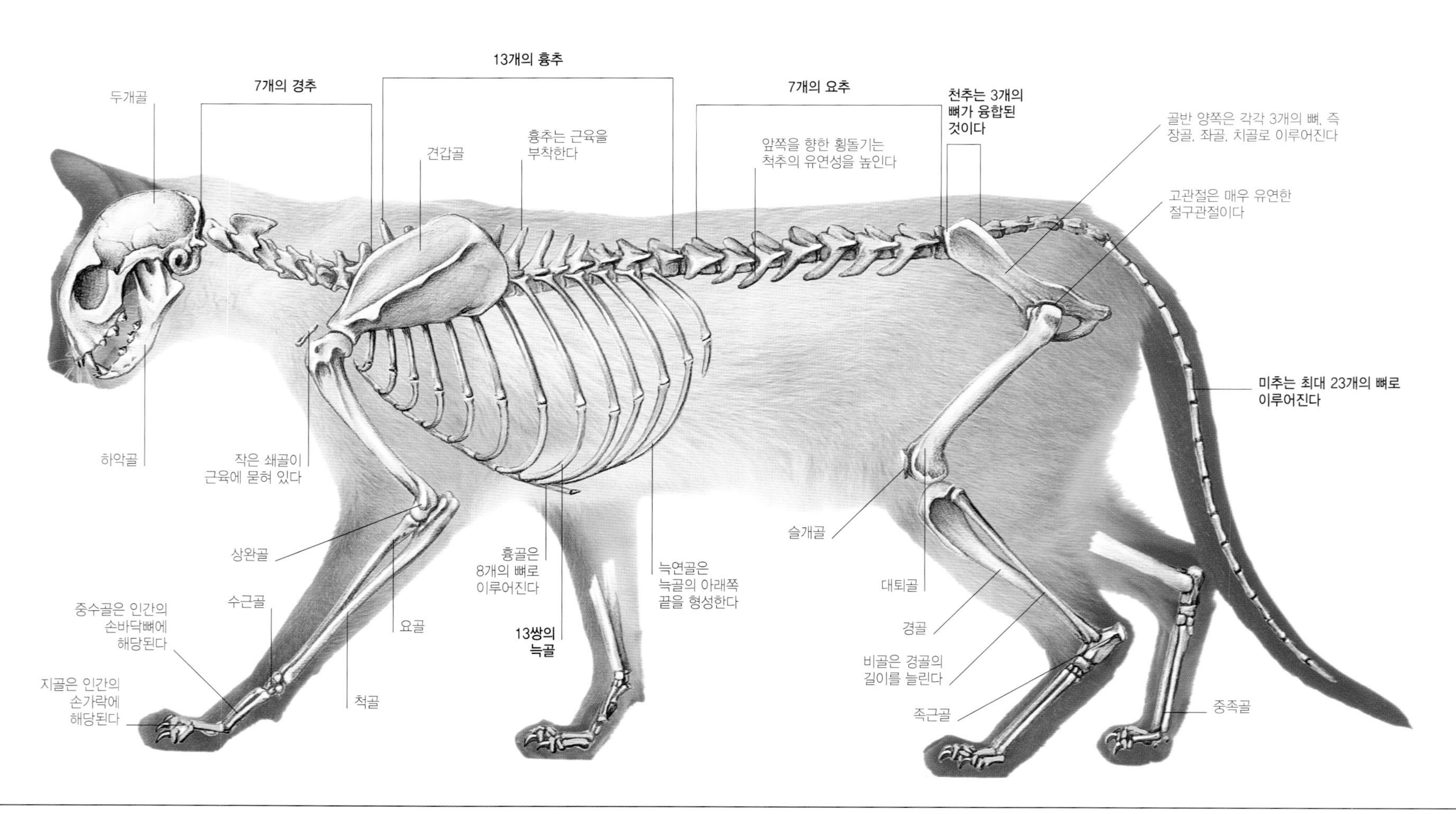

두개골

집고양이의 두개골은 폭이 넓고 코는 짧다. 29개의 뼈로 이루어지며 고양이가 성장함에 따라 하나로 합쳐진다. 안와는 매우 크고 앞을 향해 있는데 이를 통해 사냥감을 공격할 때 거리를 정확히 판단할 수 있다. 하악골은 표범과 사자 같은 대형 고양잇과 동물에 비해 작다. 경첩관절을 통해 두개골과 연결되고 수직방향으로의 운동이 제한되며 강한 교근에 의해 제어된다. 교근의 깨무는 힘이 강하기 때문에 발버둥치는 먹이를 계속 물고 있을 수 있다.

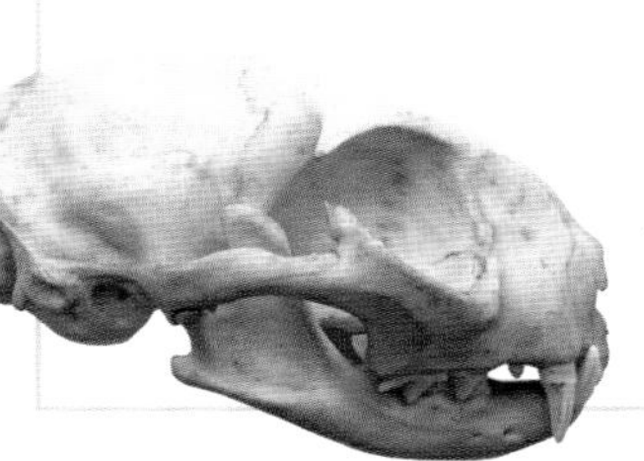

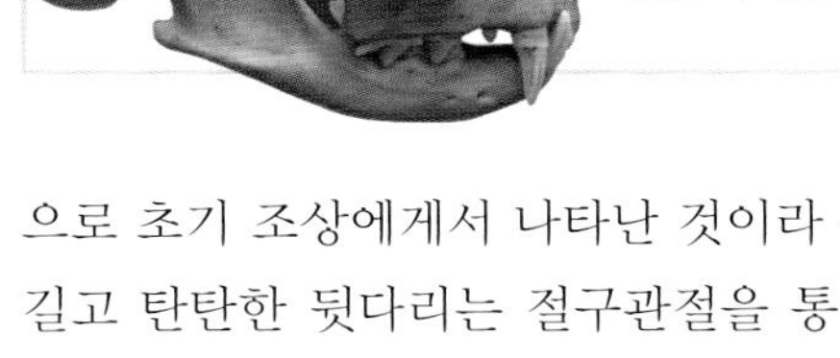

으로 초기 조상에게서 나타난 것이라 생각된다. 길고 탄탄한 뒷다리는 절구관절을 통해 골반과 연결되며 달리거나 목표물을 덮칠 때 추진력을 제공한다.

체형

고양이들도 품종에 따라 체형에 차이가 있지만, 품종에 따라 체형과 크기에 차이가 많이 나는 개와 비교하면 균일한 편이라고 할 수 있다. 개가 사냥이나 목축 등 다양한 목적에 동원된 반면, 고양이는 유해동물 포획에만 이용된 것이 그 원인 중 하나다. 또 다른 원인으로는 고양이의 크기를 조절하는 유전자의 조작이 쉽지 않다는 것이다. 하지만 꼬리가 없는 맹크스(pp.164-165)와 다리가 짧은 먼치킨(pp.150-151, 233) 같은 예외도 있다. 싱가푸라(p.86)처럼 크기가 작은 고양이는 성묘의 무게가 2-4kg, 하이랜더(p.158)처럼 큰 고양이는 4.5-11kg 정도다. 반면 개의 경우에는 성견의 무게가 1-79kg으로 폭이 매우 크다.

새로운 교잡종 가운데 비교적 큰 고양이는 야생고양이 유전자의 영향을 받은 것으로 생각된다. 예컨대 사바나(pp.146-147)는 서벌 고양이와 집고양이, 쵸시(p.149)는 정글살쾡이와 집고양이의 이종교배로 탄생했다. 집고양이의 머리(위 그림)와 몸통(아래 그림)에는 어느 정도 다양성이 있다. 샴(pp.104-109)과 같은 동양 품종은 체구가 날씬하고 구불구불하며, 가늘고 긴 다리와 꼬리, V자형의 머리를 갖는 경향이 있다. 브리티시 쇼트헤어(pp.118-119)와 같은 서양 품종은 몸이 다부지고 근육질이며, 비교적 짧은 다리, 굵은 꼬리, 둥근 머리를 가진다. 물론 랙돌(p.216)처럼 이 두 극단 사이에 위치하는 품종도 많고, 머리와 몸통의 형태도 다양한 방식으로 결합될 수 있다. 체형은 지역의 기후에 따라서도 서로 다른 경향을 보인다.

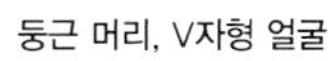

둥근 머리, V자형 얼굴

긴 머리, V자형 얼굴

둥근 머리, 납작한 얼굴 (전면)

둥근 머리, 납작한 얼굴 (측면)

머리의 형태
대부분의 고양이는 야생의 선조를 닮아 둥근 머리와 V자형 얼굴을 하고 있다. 하지만 길쭉한 V자형 머리를 가진 품종이나 둥글고 납작한 '인형 얼굴'을 가진 품종도 있다.

체형
동양 품종은 따뜻한 기후에 적합한 날씬한 체형을 갖는 경향이 있다. 단위 부피당 표면적 비율이 커서 몸을 식히는 데 알맞다. 서양 품종은 체형이 다부진 경향이 있고 온화한 기후에 적합하다. 단위 부피당 표면적 비율이 낮아 체온을 유지하는 데 알맞다. 이 두 극단 사이의 체형을 가진 품종도 있다.

날씬하고 탄탄한 체형

중간 체형

코비 체형

꼬리의 형태
대부분의 고양이는 꼬리가 길고, 이를 균형을 잡거나 소통을 하는 데 이용한다. 맹크스와 밥테일(pp.161-163)을 비롯한 몇몇 품종은 꼬리가 짧고 뭉툭하거나 아예 없다. 아메리칸 링테일(p.167)은 유일하게 꼬리가 말려 있다.

긴 꼬리

말린 꼬리(링테일)

짧은 꼬리(밥테일)

피부와 털

심장이나 간과 마찬가지로 하나의 기관인 피부는 고양이의 몸 중에서 가장 큰 기관으로, 몸을 감싸서 주변 환경으로부터의 위험과 질병으로부터 보호한다. 피부에서 자라나는 부드러운 털은 여러 종류로 구성되는데 이것도 몸을 보호하는 역할을 한다. 집고양이의 선조는 단모였지만, 선택적 교배를 통해 비단 같은 장모에서 거의 무모에 이르기까지 다양한 유형의 털이 생겨났다.

고양이의 피부는 많은 역할을 한다. 병원체를 막는 장벽의 기능도 하고, 방수층을 형성하여 체액의 유출을 방지하기도 한다. 피부의 혈관은 체온 조절을 돕고, 피부에서 만들어지는 비타민 D는 뼈의 건강에 필수적이다. 고양이는 유연한 움직임을 돕는 느슨한 피부를 갖는다. 이러한 느슨함은 싸울 때도 도움이 되는데, 피부를 잡혀도 어느 정도 몸을 돌려 스스로 방어할 수 있기 때문이다.

2층 구조

피부는 2개의 층, 즉 표피라 불리는 바깥층과 진피라 불리는 안층을 갖는다. 표피는 주로 케라틴이라 불리는 단단한 단백질과 내수성 화학물질을 포함하는 납작한 죽은 세포의 층들로 구성된다. 털과 발톱도 대체로 케라틴으로 이루어진다. 표피의 가장 안쪽에 있는 기저층은 두께가 겨우 세포 4개 정도이고 살아 있는 세포들로 구성된다. 이 세포들은 반복해서 분열함으로써 표면에서 끊임없이 떨어져나가는 바깥층을 보충한다. 표피에는 병원체와 싸우는 면역세포도 존재한다.

안쪽에 있는 진피는 더욱 복잡하다. 결합조직, 모낭, 근육, 혈관, 피부기름샘, 땀샘이 포함되어 있고, 뜨거움, 차가움, 가벼운 접촉, 압력, 고통을 감지하는 신경말단이 무수히 많이 분포한다. 고양이는 피부를 식히기 위해 땀을 생산하지 않는다. 대신 땀샘에서 유분이 있는 분비물을 생산하여 피부와 털의 상태를 조절하고 보호한다. 고양이의 피부에는 색소가 있으며 — 털이 흰 부분을 제외하고 — 그로부터 자라나는 털과 조금 연하긴 하지만 동일한 색깔을 띤다. 피부의 샘은 또한 냄새를 방출하는데, 이는 고양이들 사이의 의사소통에 불가결한 요소다(p.281).

털의 유형

고양이의 털에는 솜털(down hair), 까끄라기털(awn hair), 보호털(guard hair), 감각모(sensory hair) 등 네 종류가 있다. 솜털은 푹신하고 짧고 가늘며 단열 효과가 있다. 까끄라기털은 길이가 중간 정도이고 끝이 굵으며 온기를 제공하고 보

피부의 구조
고양이 피부와 털의 단면도. 바깥쪽에서 보호 역할을 하는 표피는 죽은 단단한 세포로 구성되며, 안쪽의 진피에는 혈관, 신경, 샘, 그리고 털을 만드는 모낭이 많이 있다.

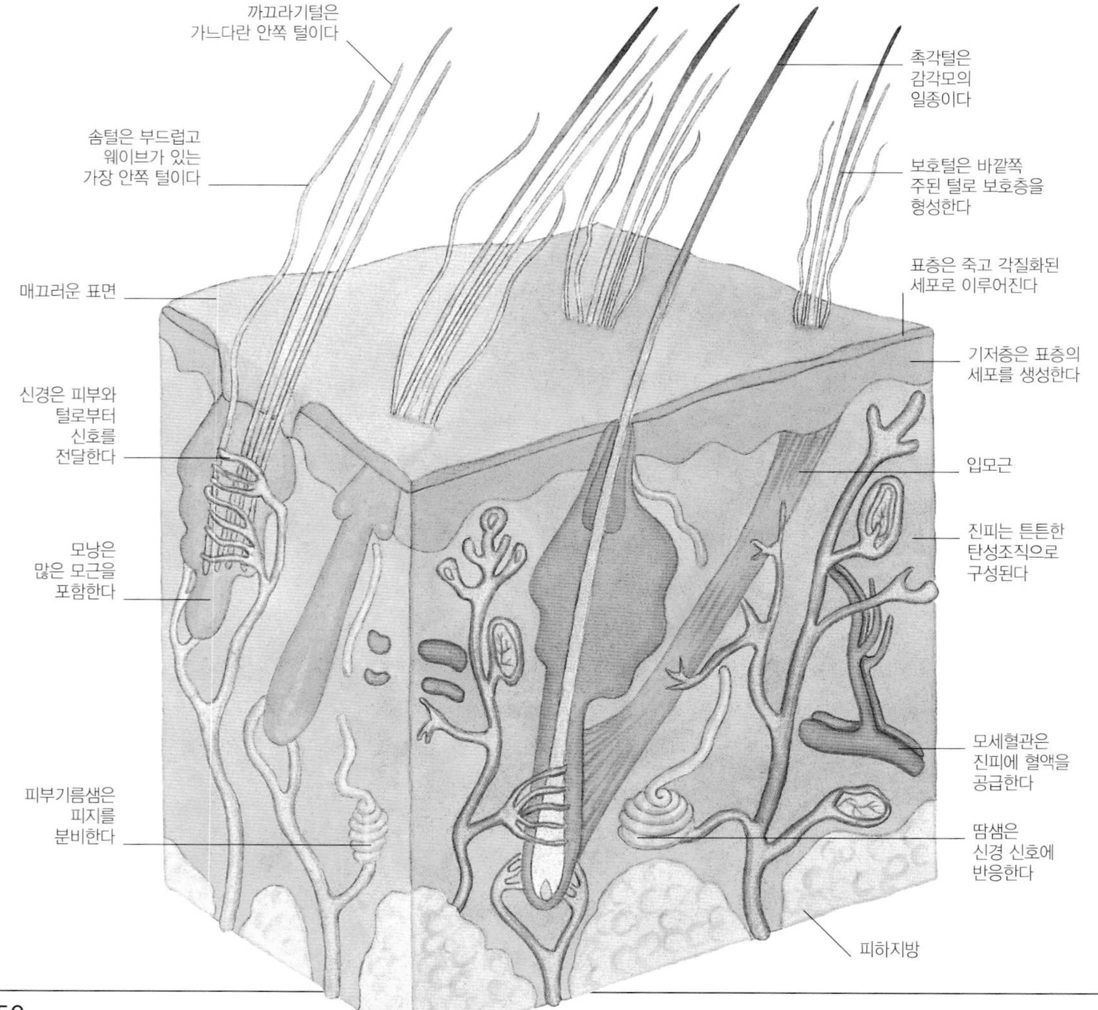

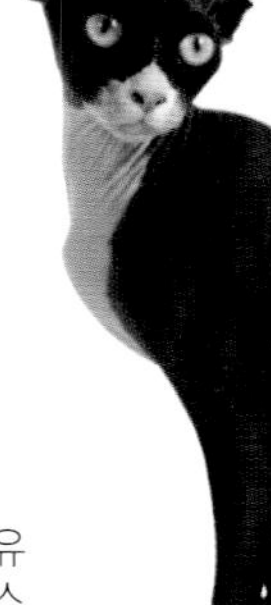

털의 유형
고양이는 대부분 단모지만 다른 유형의 털을 가진 고양이도 있다. 스핑크스와 같은 헤어리스 품종은 털이 거의 없고, 단상모변이종(렉스)은 말려 있으며, 장모 품종은 길이가 12cm에 이르는 것도 있다.

헤어리스

냄새를 통한 의사소통
고양이는 아주 뛰어난 후각을 갖고 있다. 피부기름샘에서 생산되는 냄새를 피부에 배게 함으로써 다른 고양이들과 직접 만나지 않고도 의사소통이 가능하다. 페로몬이라는 화학물질을 포함하는 냄새를 통해 적과 친구, 서로 다른 영역, 다른 고양이의 성적 상태 등을 식별할 수 있다.

호 역할을 한다. 보호털은 바깥쪽 털을 형성하고 비바람으로부터 보호해준다. 또한 곧고 끝으로 갈수록 가늘어지며 이 세 유형 중 가장 굵고 길다. 등, 흉부, 복부에 밀집해 있다.

수염은 머리, 목, 앞다리에 난 굵고 긴 감각모로, 어두운 곳에서 탐색하거나 가까운 물체를 감지하는 데 도움이 된다(p.45). 또 다른 감각모인 촉각털은 털 전체에 산재해 있으며 수염과 비슷한 기능을 한다.

고양이는 복합적인 모낭을 갖는다. 하나의 모낭에서 단 하나의 보호털을 포함한 많은 털이 자라난다. 이 때문에 털이 빽빽하게 덮여 있는데, 피부 1㎟당 200개나 되는 털이 분포한다. 털 자체는 케라틴이 포함된 세포의 잔해인 박편이 겹쳐져 만들어진다. 각 모낭에 있는 피부기름샘은 유분을 생성해 털의 방수처리와 조절을 가능케 하고, 작은 근육은 화났을 때나 흥분했을 때 털을 곤두세워 적에게 더 크고 위력 있게 보이게 한다.

감각모는 모든 유형의 털 가운데 수가 가장 적다. 다른 유형의 비율은 대략 솜털 100개당 까끄라기털 30개, 보호털 2개 정도다. 하지만 선택적 교배를 통해 이 비율 및 털의 길이가 변하여 다양한 털이 생겨났다. 예컨대 메인 쿤(pp.214-215)의 장모는 까끄라기털을 포함하지 않고, 코니시 렉스(pp.176-177)는 보호털이 없고 말려 있는 솜털 및 까끄라기털만 있으며, 털이 없는 것처럼 보이는 스핑크스(pp.168-169)는 솜털로 얇게 덮여 있지만 수염이 없다.

털의 무늬와 색상은 매우 다양하다(pp.52-53). 색상은 멜라닌 색소의 두 가지 유형인 유멜라닌(검은색과 갈색)과 페오멜라닌(빨간색, 주황색, 노란색)에 의해 생성된다. 흰 털을 제외한 모든 색상은 모간에 있는 이 두 색소의 양에 따라 결정된다.

털 색상의 이해

고양이 털의 색상은 모근을 따라 색소가 균등히 분배된 단색(솔리드)에서 색소가 없는 흰색에 이르기까지 다양하다. 단색은 색소의 밀도에 따라 색상이 달라진다. 예컨대 검은색이 희석되면 블루가 된다. 각 털의 끝부분에만 색깔이 있다면 팁트(tipped), 셰이디드(shaded), 또는 스모크(smoke)가 된다(p.52). 틱트(ticked, 얼룩) 모간에는 어두운 띠와 밝은 띠가 교차로 나타나 '아구티'라 불리는 색상이 만들어진다.

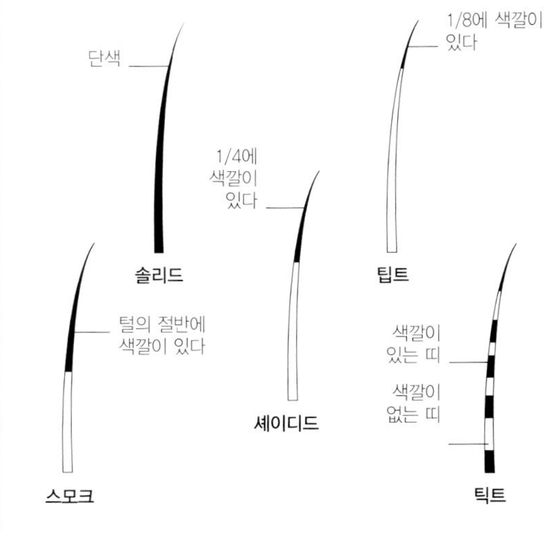

단모

말린 털

장모

솔리드(solid, 단색)

검은색과 빨간색, 그리고 이들이 희석되어 만들어진 블루와 크림색은 전통적으로 브리티시 쇼트헤어나 메인 쿤과 같은 유럽 및 미국 품종에서 나타났기 때문에 서양의 색으로 알려져 있다. 샴이나 페르시안처럼 유럽보다 동쪽 지역의 품종에서 나타나는 색깔은 동양의 색으로 알려져 있다. 초콜릿(흑갈색)과 시나몬(황갈색), 그리고 이들이 희석되어 만들어진 라일락(연보라, 엷은 브라운)과 폰(엷은 황갈색)이 해당된다. 지금은 모든 색깔이 전 세계적으로 나타난다.

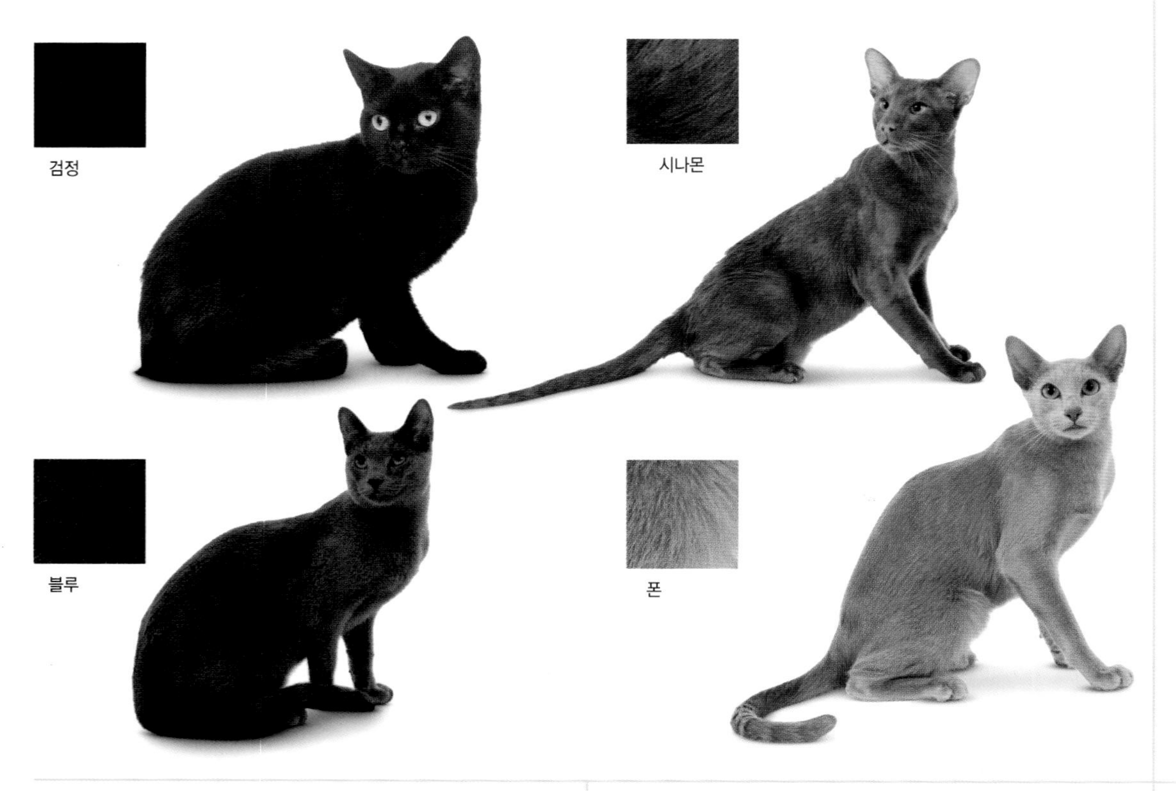

팁트(tipped)

각 털의 끝부분이 진한 색깔을 띠는 것을 티핑, 친칠라, 또는 셸이라고 한다. 색소가 없는 부분은 보통 흰색이거나 은색이지만 노랗거나 불그스름한 속털이 나타나기도 한다.

셰이디드(shaded)

각 털의 위쪽 1/4 부분이 색깔을 띤다. 털이 가지런히 누워 있는 등 쪽이 더 진하다. 고양이가 움직일 때 잔물결이 이는 효과가 나타난다. 셰이디드 부분이 빨간색이거나 크림색인 것을 '카메오'라고 한다.

스모크(smoked)

모간의 위쪽 절반이 색깔을 띠는 것을 스모크라고 한다. 흔히 솔리드로 보일 수 있지만 고양이가 움직이면 색이 엷은 뿌리가 드러나면서 '반짝이는' 것처럼 보인다.

틱트(ticked)

틱트는 모간에 색깔을 띠는 부분과 그렇지 않은 부분이 교차로 나타난다. 털끝은 항상 색깔을 띤다. 아구티로도 알려져 있으며 위장하는 데 적합하기 때문에 많은 들고양이와 다른 포유류에게서도 나타난다.

파티컬러(particolours)

파티컬러 고양이는 털에 두 가지 이상의 색깔이 나타난다. 2색 및 3색 고양이가 포함되며 단모든 장모든 많은 품종에서 볼 수 있다. 흰색 얼룩이 있는 토티(오른쪽 참조)와 태비(오른쪽 아래 참조)도 포함된다. 흰색 비율이 높은 토티의 무늬는 '토티 앤드 화이트' 또는 '캘리코'라고 한다.

파티컬러 브리티시 쇼트헤어

파티컬러 랙돌

토티컬러(tortie colours)

토터셸 혹은 토티 털은 검은색(또는 초콜릿이나 시나몬)과 빨간색의 얼룩이 섞여 있거나 따로 나타난다. 블루, 라일락, 크림색 섞인 폰 등 엷은 색도 나타난다. 빨간색이나 크림색 얼룩이 있는 경우에는 항상 어느 정도 태비 무늬가 보이며, 다른 색의 얼룩도 태비인 것은 토티 태비로 알려져 있다. 토티 고양이는 거의 대부분 암컷이다.

아시안 토티

브리티시 쇼트헤어 토티

포인티드(pointed)

사지를 비롯한 몸의 말단 부분의 색이 짙고 몸통의 색이 엷은 것은 포인티드라 불린다. 샴과 페르시안 컬러포인트의 무늬는 색소 생성에 관여하는 열에 민감한 효소에 의해 조절된다. 이 효소는 온도가 낮은 말단 부분에서만 작용하기 때문에 그 부분의 색이 짙어진다. 터키시 반의 포인티드 털은 머리와 꼬리 부분만 색이 짙은데, 이는 화이트 스포팅의 한 형태다.

솔리드 포인티드 샴

터키시 반

화이트 스포팅(white spotting)

고양이 털의 흰 반점은 유색 털의 생산을 억제하는 우성 유전자에 의해 생긴다. 그 결과 파티컬러가 탄생한다(위쪽 참조). 반점은 하나의 작은 영역에만 있는 것부터 거의 전체가 흰 것까지 다양하다.

화이트 스포티드 메인 쿤

흰 턱받이를 하고 흰 벙어리장갑을 낀 잡종 쇼트헤어

태비(tabby)

소용돌이, 줄무늬, 혹은 검은색, 갈색, 은색, 또는 빨간색 단색의 반점이 엷은 틱트 영역과 섞이면 태비가 된다. 스포티드, 클래식(얼룩이나 소용돌이), 매커럴(고등어 줄무늬), 틱트 등 네 가지의 주요 무늬가 있다.

스포티드

매커럴

클래식

틱트

근육과 운동

**고양이의 유연한 골격에는 약 500개의 근육이 붙어 있다.
고양이는 이 근육들을 이용하여 다양한 걸음걸이(이동 패턴)를 만들어내고,
작은 설치류와 새를 잡는 탄탄한 몸매의 사냥꾼에 어울리는 우아한 동작을 취한다.
고양이의 근육은 사냥감을 뒤쫓거나 위기를 벗어나기 위해 순간적으로 속력을 높이는 것뿐만 아니라
사냥감을 덮치기 전에 거의 감지할 수 없을 정도로 민첩하게 움직이는 데도 적합하다.**

고양이는 근육이 있어 움직이고 먹고 숨쉬고 온몸에 혈액을 보낼 수 있다. 고양이를 비롯한 척추동물의 근육에는 세 가지 종류가 있다. 심근은 심장에만 있으며 끊임없이 혈액을 내보내는 역할을 한다. 평활근은 혈관과 소화관 등 수많은 체내 구조의 벽을 이룬다. 골격근은 힘줄에 의해 뼈에 붙어 있으며 다리, 꼬리, 눈, 귀 등 각 부위를 움직이고 자세를 유지하게 한다. 골격근은 현미경으로 보이는 모양 때문에 횡문근 혹은 가로무늬근이라 불리며, 보통 관절에 걸쳐 서로 반대되는 역할을 하는 한 쌍으로 작용하기 때문에 — 한쪽은 수축하고 다른 한쪽은 이완한다 — 몸의 각 부위를 굽히고 펼 수 있게 한다.

횡문근
골격근은 신경계에 의해 통제되며 눈이나 혀 같은 부위 및 뼈를 움직이거나 자세를 유지하도록 돕는다. 가동관절에 걸쳐서 쌍이나 그룹을 이루어 작용한다.

근섬유의 종류

근섬유조직은 근섬유라 불리는 긴 근세포의 다발로 이루어진다. 근섬유는 얼마나 빨리 일하고 지치는가에 따라 세 가지 종류로 나뉜다. 가장 일반적인 '빨리 움직이고 피로해지는(속근)' 섬유는 급속히 수축하고 지치며, 전력질주나 도약과 같은 순발력이 필요한 활동에 쓰인다. 덜 일반적인 '빨리 움직이고 피로에 강한' 섬유는 비슷한 작용을 하지만 천천히 지치며, 개처럼 지구력이 강한 사냥꾼의 근육에 많이 있다. 고양이는 전력질주

집어넣을 수 있는 발톱

고양이는 발가락 끝에 있는 날카롭게 휜 발톱을 사용하여 싸우거나 방어하거나 움켜쥐거나 기어오르며, 냄새 표시를 남기기 위해 긁는다. 보통은 살로 이루어진 보호용 칼집에 들어 있지만, 이를 드러낼 때는 발가락의 굴근을 수축시켜 발가락 끝의 두 뼈 사이에 있는 힘줄과 인대를 팽팽하게 함으로써 발톱을 밀어낸다.

드러난 발톱
사용하지 않을 때는 집어넣어 손상을 막고 날카로움을 유지한다. 발가락의 인대와 힘줄이 팽팽해지면 발톱이 튀어나온다.

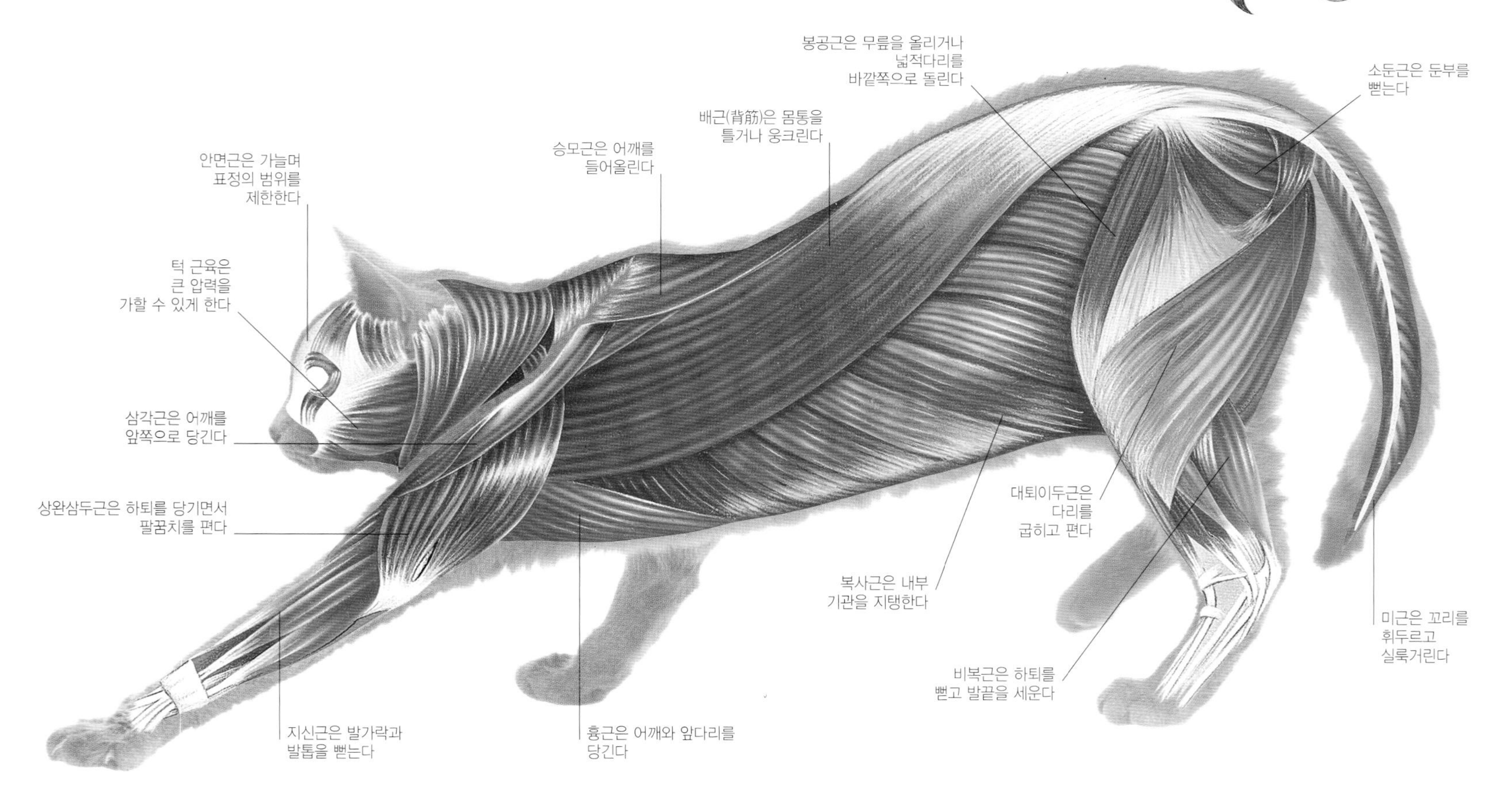

하고 나면 멈추고 헐떡거리며 몸을 식혀야 한다. '느리게 움직이는' 섬유는 더디게 수축하고 지치며, 사냥감을 몰래 뒤쫓거나 덮치기 전에 들키지 않도록 꼼짝 않고 있을 때처럼 정확하게 움직여야 할 때 쓰인다.

걸음걸이

고양이는 발 전체로 걷는 인간과 달리 발가락으로만 걷는다. 이러한 고양이의 이동 방식을 지행(趾行)이라고 하는데, 빠르고 조용히 움직이는 데 적합하다. 걷기, 빨리 걷기, 달리기 등 모든 걸음걸이에서 앞쪽으로 추진하는 힘은 뒷다리의 강력한 근육에서 생긴다.

고양이가 걸을 때 사지는 오른쪽 뒷다리, 오른쪽 앞다리, 왼쪽 뒷다리, 왼쪽 앞다리 순으로 움직인다. 앞다리는 안쪽으로 흔들려 몸통 아래 거의 일직선을 이루며 교대로 착지한다. 뒷다리도 안쪽으로 흔들리지만 앞다리만큼은 아니다. 이러한 걸음걸이로 나뭇가지나 좁은 울타리 위를 쉽고 자신 있게 걷는다. 이때 꼬리를 높이 치켜세워 균형을 잡는다.

속도를 높여 빨리 걸으면 왼쪽 뒷다리와 오른쪽 앞다리처럼 대각선 방향에 있는 다리가 함께 움직인다.

떠 있는 앞다리(pp.48-49)는 보폭을 넓혀 기동성을 높인다. 달릴 때는 도약이 연속적으로 이루어진다. 양 뒷다리가 동시에 지면을 밀어내면 공중에 떠 있는 양 앞다리가 먼저 착지하고 이어서 양 뒷다리가 착지한다. 멈출 때는 앞다리가 브레이크의 역할을 한다.

고양이는 순간적으로 가속하는 데 적응되어 있다. 시속 48km로 달릴 수 있는 집고양이도 있다. 그에 비해 인간의 달리기 속도는 최고 시속 44.72km다. 고양이는 지구력이 좋은 사냥꾼이 아니다. 뒷다리의 근육은 강력하지만 빨리 지친다. 따라서 사냥감을 몰래 뒤쫓는 것을 선호하며, 오랫동안 움직이지 않고 기다리다가 절호의 순간에 덮친다.

유연성

고도로 유연한 몸과 근육계는 또 다른 다양한 움직임을 가능하게 한다. 유연한 척추로 인해 몸을 뻗을 때(혹은 위협받았을 때처럼 더 크게 보이려고 할 때) 아치형으로 구부리고, 잘 때는 둥글게 감을 수 있다. 유연성은 털을 다듬을 때도 유용하다 — 고양이의 발과 혀는 거의 모든 부위에 닿을 수 있다. 강력한 뒷다리 근육으로 정지 상태에서 2m 높이까지 뛰어오를 수 있고, 공중에서 몸을 비틀어 안전하게 착지할 수 있다. 이러한 움직임은 공중으로 달아나려는 새를 잡는 데 유용하다.

나무를 오를 때 쭉 뻗은 앞다리와 발톱은 아이젠(등산 용구) 같은 역할을 하고, 뒷다리는 나무 위로 나아가게 하는 힘을 제공한다. 그러나 내려가는 것은 꽤 골치 아픈 문제다. 앞으로 구부러진 발톱으로 나무껍질을 붙들 수 있도록 뒤쪽으로 긁으면서 내려오다가 머리를 돌려 1m 높이 지점에서 뛰어내리거나 그대로 바닥까지 도달한다. 대부분의 고양이는 물에 젖는 것을 좋아하지 않지만, 참고 헤엄치며 개헤엄과 비슷하게 발로 저어 나아간다.

유연한 몸
고양이의 다부진 근육계 및 뼈의 구조는 스핑크스(pp.168-169)와 이 밤비노(pp.154-155) 같은 헤어리스 품종에게서 쉽게 드러난다.

정향반사(정위반사)

고양이는 발을 헛디뎌 나무에서 떨어져도 착지하기 전에 몸을 돌려 위치를 바로잡는 타고난 능력이 있다. 내이에 있는, 평형과 관계된 전정기관이 0.1초 내에 잘못된 방향임을 감지한다. 반사반응에 따라 먼저 머리를 돌려 아래쪽을 보고, 앞다리와 후반신도 차례로 비틀어 돌리며, 등을 활처럼 구부린다. 부드러운 발볼록살과 유연한 관절은 착지할 때 충격을 흡수한다.

안전하게 착지하기
고양이는 높은 곳에서 떨어질 때 정향반사로 인해 본능적으로 몸을 돌려 안전한 자세로 착지한다. 유연한 몸은 따로 밀어낼 것이 없어도 공중에서 자세를 바로잡는다.

높은 곳을 향해

고양이는 작지만 매우 유연한 몸 안에 커다란 근력을 소유하고 있다. 아주 어릴 때도 민첩하고 우아하게 움직임을 조정할 수 있다.

심장과 폐

심장과 폐는 기도와 혈액을 통해 몸을 구성하는 모든 세포에 산소를 보내는 역할을 한다. 대기의 약 21%를 차지하는 산소는 세포 내에서 포도당 등의 영양물질과 반응하여 에너지를 방출시키고, 이 에너지는 세포 내 생화학적 반응을 작동시킨다. 공기는 후두를 통해 폐를 드나드는데, 후두는 가르릉거리는 것을 포함한 발성의 원천이다.

호흡기계는 기도와 폐로 구성되어 있다. 고양이가 코를 통해 들이쉰 공기는 비강에서 습기를 띠고 기관을 거쳐 기관지라 불리는 2개의 기도를 따라 양쪽 폐로 들어간다. 폐에서 기관지는 세기관지라 불리는 더 작은 관으로 나뉘며, 그 끝에는 폐포라 불리는 작은 공기주머니가 있다. 기체 교환은 바로 이 폐포에서 이루어진다. 산소는 수많은 폐포의 얇은 벽을 가로질러 모세혈관이라 불리는 작은 혈관으로 확산되고 그곳에서 적혈구로 흡수된다. 노폐물인 이산화탄소는 반대 방향으로 혈액에서 폐포로 들어가 내쉬어진다.

고양이는 움직이지 않을 때 1분에 20-30번 호흡한다. 운동을 할 때는 근육이 더 많은 산소를 필요로 하기 때문에 더 많이 호흡한다. 늑골 사이의 근육과 횡격막이라 불리는 흉곽 아래의 근육이 운동함으로써 호흡이 일어난다.

순환기계

순환기계는 심장과 혈관으로 구성된다. 고양이의 심장은 4개의 방이 있는 호두 크기의 펌프로, 지치지 않는 특별한 심근으로 이루어진다. 활동 정도에 따라 1분에 140-220회 뛰는데, 움직이지 않을 때의 심박동은 분당 140-180회로 인간의 2배에 가깝다. 심장은 2개의 분리된 순환로를 따라 온몸에 혈액을 공급한다. 폐순환에서는 신선하지 않은, 즉 탈산소화되어 산소가 적은 혈액이 폐로 운반되어 산소를 얻는다. 산소를 공급받아 신선해진 혈액은 심장으로 돌아와 체순환을 통해 온몸의 기관 및 조직으로 보내진다.

동맥에는 수축·팽창하는 근육으로 이루어진 벽이 있으며 심장이 박동할 때마다 산소가 풍부한 선홍색 혈액이 밀려든다. 이 때문에 맥박이 생겨나 몸의 여러 곳에서 느껴진다. 산소가 적어 어

혈액형

고양이의 혈액형 체계 중 가장 중요한 것은 A, B, AB의 세 유형으로 이루어진다. 각 유형의 비율은 품종과 지역에 따라 다르다. A형이 단연 가장 흔하다. 샴(pp.104-109)을 비롯한 몇몇 품종은 A형밖에 없다. 대부분의 품종에서 B형의 비율은 비교적 낮지만 데번 렉스(pp.178-179) 같은 일부 품종에서는 25-50%에 달한다. AB형은 모든 품종에서 드물게 나타난다.

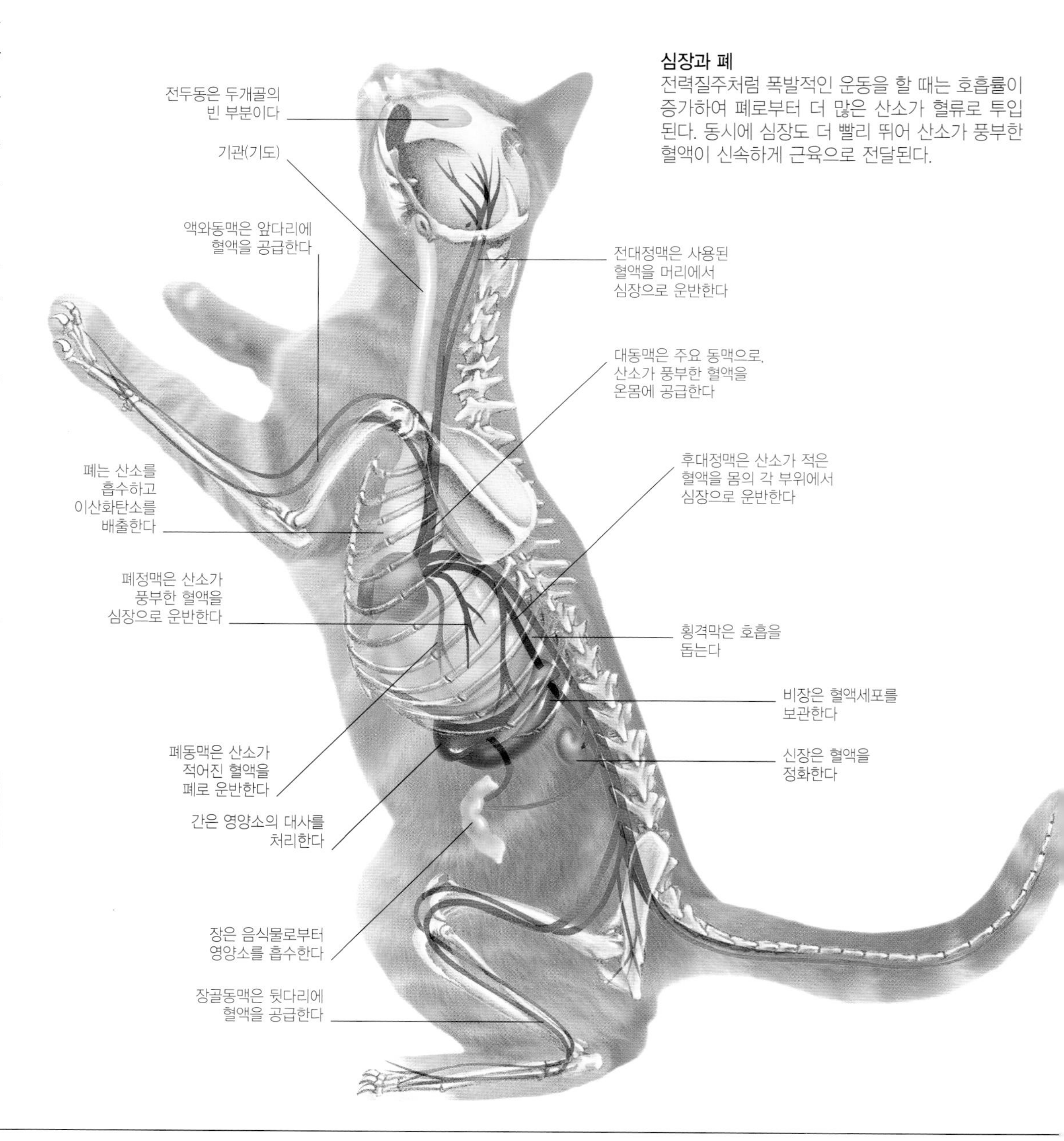

심장과 폐
전력질주처럼 폭발적인 운동을 할 때는 호흡률이 증가하여 폐로부터 더 많은 산소가 혈류로 투입된다. 동시에 심장도 더 빨리 뛰어 산소가 풍부한 혈액이 신속하게 근육으로 전달된다.

폐의 내부
들이쉰 산소는 폐의 깊은 곳으로 들어가 폐포라 불리는 작은 공기주머니에 도달하여 혈액으로 흡수된다. 이산화탄소는 반대 방향으로 이동한다. 고양이 폐포의 전체 표면적은 약 20㎡다.

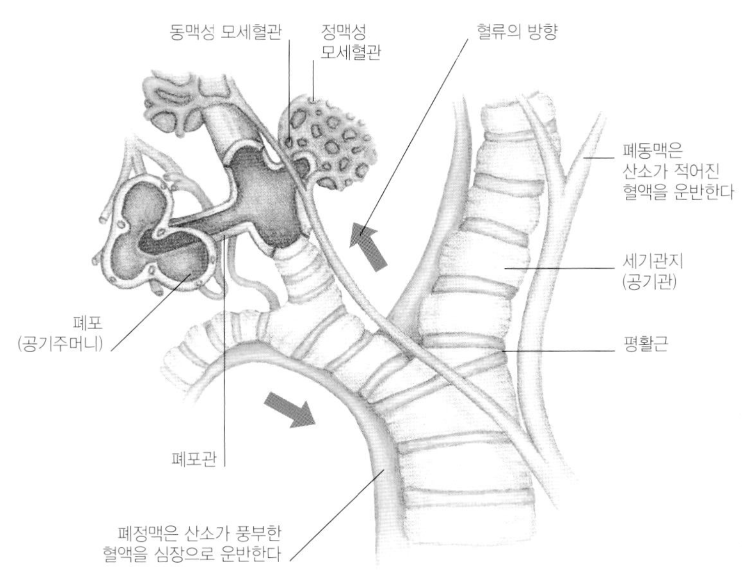

대동맥은 체내에서 가장 큰 동맥이다
폐동맥
폐정맥
전대정맥
좌심방의 벽은 좌심실의 벽보다 얇다
우심방
방실판막은 혈류를 제어한다
우심실이 수축하여 산소가 적어진 혈액이 폐동맥을 통해 밀려나온다
좌심실이 수축하여 산소가 풍부한 혈액이 대동맥을 통해 밀려나온다
심실중격이 좌우 심실을 분리한다
두꺼운 심근이 강력하게 수축한다
지방질 침착물

심장의 방
온몸에서 산소가 적어진 혈액은 오른쪽 위의 방, 즉 우심방으로 들어가고, 오른쪽 아래의 방, 즉 우심실을 통과한 뒤 폐로 운반되어 산소를 얻는다. 폐에서 산소가 풍부해진 혈액은 좌심방으로 들어가 좌심실을 지나고 대동맥을 통해 몸 전체로 내보내진다.

두운 빛을 띠는 혈액은 벽이 얇은 정맥을 통해 심장으로 돌아오는데, 정맥에는 판막이 있어 혈액이 한 방향으로만 흐른다. 동맥과 정맥 사이에는 모세혈관이 그물처럼 뻗어 있다. 이를 통해 혈액 속의 산소와 포도당 등의 분자가 주위의 세포와 조직으로 확산된다. 이산화탄소 등의 노폐물은 반대 방향으로 확산된다.

고양이의 뇌는 몸무게의 0.9%에 불과하지만 혈류를 최대 20%까지 공급받는다. 쉬고 있는 근육은 혈류의 40%를 받지만 순발력을 발휘할 때는 90%까지 급증할 수 있다.

몸무게가 5kg 정도 되는 평균 크기의 고양이는 약 330ml의 혈액을 가진다. 혈액량의 약 54%를 차지하는 혈장은 포도당 등의 영양분자, 염분, 노폐물, 호르몬, 기타 화학물질을 운반하는 묽은 액체다. 46%를 차지하는 적혈구는 양면이 오목한 원반 모양으로, 폐에서 얻은 산소를 운반한다. 나머지 1%에는 감염균과 싸우는 백혈구와, 상처 부위의 혈액 응고를 돕는 혈소판이 포함된다.

발성 과정

가르릉거리는 소리는 혈액을 심장으로 운반하는 대정맥에서 혈액의 난류로 인해 발생한다고 생각된 적이 있었다. 하지만 최근의 연구에 따르면, 목의 안쪽과 기관을 연결하는 후두에서 나는 소리다. 후두의 점막이 안쪽으로 접혀 이루어진 한 쌍의 성대는 내쉰 공기가 통과할 때 진동함으로써 야옹거리거나 날카로운 소리를 내는 등의 발성을 일으킨다. 그런데 가르릉거리는 동안에는 성대를 제어하는 근육이 진동하여 성대가 반복적으로 서로 부딪히게 된다. 숨을 들이쉬고 내쉴 때 후두를 통과하는 공기가 초당 25번 소리를 이어서 만들어내는데, 이것이 가르릉거리는 소리다. 보브캣, 쿠거, 치타 등 다른 고양잇과 동물도 역시 가르릉거릴 수 있다. 사자나 호랑이 같은 표범속의 대형 고양잇과 동물은 후두가 크기 때문에 가르릉거리기보다는 으르렁거린다. 성대의 주름이 진동하여 소리를 내지만 설골 때문에 음조가 낮아지고 포효의 울림이 증가된다.

가르릉거리기

우리는 고양이가 리드미컬하게 가르릉거릴 때 만족하고 있다고 여긴다 — 그리고 많은 경우 그것은 고양이가 행복감을 느낀다는 신호다. 그러나 불안할 때나 출산할 때, 혹은 다쳤을 때도 가르릉거릴 수 있다. 새끼 고양이는 생후 약 일주일 후(눈이 떠지기 전) 가르릉거리는 것을 배우기 때문에 생물학자들은 새끼가 젖을 먹을 때 어미에게 움직이지 말라는 신호로 발전되었다고 믿는다. 어미 역시 새끼를 안심시키려고 가르릉거리기도 한다.

고양이는 또한 다급히 '갈구하는' 가르릉 소리를 내기도 하는데, 먹이를 달라고 조를 때 사용한다. 이 소리는 음조가 낮은 보통의 가르릉거리는 소리와 고주파의 야옹거리는 소리가 섞인 것이다. 야옹거리는 소리의 요소를 분석하면 아기 울음소리와 비슷하다는 것을 알 수 있다. 끈질기게 요구하는 고양이에게 결국 먹이를 주게 되는 이유일 것이다.

나이 든 고양이가 가르릉거리는 것은 공격하지 않겠다거나 약하다는 것, 또는 털을 다듬어주는 고양이가 상대에게 가만히 있으라는 요구를 전달하는 것일 수 있다.

고양이를 쓰다듬으면 가르릉거릴 수 있다.

소화와 생식

**육식동물인 고양이의 소화기계는 쥐 같은 작은 동물을 섭취하기에 알맞게 진화해왔다.
고양이는 사냥감을 죽이고 찢기 위한 날카로운 이빨과
고기를 소화시키기 위한 비교적 짧은 장을 가지고 있다.
신장은 혈액을 정화하고 노폐물을 몸 밖으로 배출한다.
암고양이는 젖을 뗀 새끼에게 먹일 것이 풍부한 봄과 여름에 출산하는 경향이 있다.**

고양이는 모든 육식동물 가운데 먹이가 가장 한정적인 편에 속한다. 특정 비타민, 지방산, 아미노산, 그리고 고기에만 있는 타우린이 포함된 먹이여야 한다. 이러한 영양소와 타우린은 생존에 필수적이지만 체내에서 합성되지 않고 식물 등 다른 음식물에서는 구할 수 없다.

고기는 식물질과 달리 장에서 쉽게 분해된다. 그래서 육식동물인 고양이는 양이나 말 같은 초식동물에 비해 짧고 단순한 소화관을 갖고 있다.

소화

집고양이의 소화관은 야생의 선조에 비해 조금 더 길다. 이는 수천 년 전 인간과 처음으로 어울리게 되고 난 이후부터 먹이 속에 포함된 식물질이 증가하였고(아마도 육류와 곡물이 모두 포함된 인간의 음식 찌꺼기를 뒤졌기 때문일 것이다) 이에 따라 고양이의 소화기계가 적응해왔다는 것을 시사한다.

고양이는 적게 자주 먹는다. 먹이를 먹고 배변하기까지는 약 20시간이 걸린다. 소화의 첫 번째 단계는 입안에서 이빨을 이용하여 먹이를 물리적으로 분해하는 것이다. 입안에서 분비되는 침으로 매끄러워진 음식물은 삼켜진 뒤 식도를 통해 위로 옮겨지고, 위에서는 추가적인 물리적 소화와 더불어 효소에 의한 화학적 분해가 일어난다. 위산은 삼킨 뼈까지 부드럽게 할 정도로 강력하다. (소화되지 못한 뼈, 털, 깃털 등은 보통 나중에 게워낸다.)

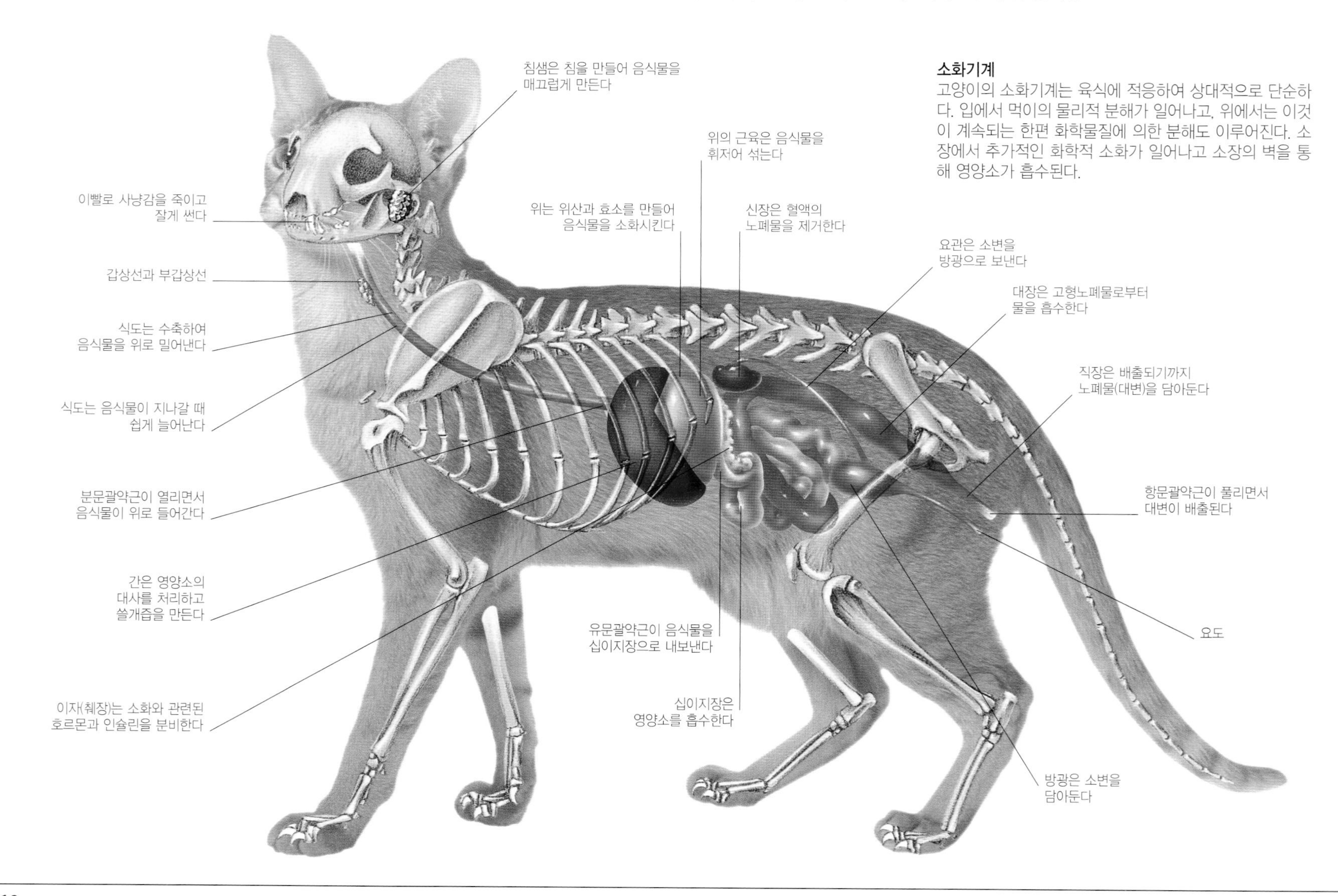

소화기계
고양이의 소화기계는 육식에 적응하여 상대적으로 단순하다. 입에서 먹이의 물리적 분해가 일어나고, 위에서는 이것이 계속되는 한편 화학물질에 의한 분해도 이루어진다. 소장에서 추가적인 화학적 소화가 일어나고 소장의 벽을 통해 영양소가 흡수된다.

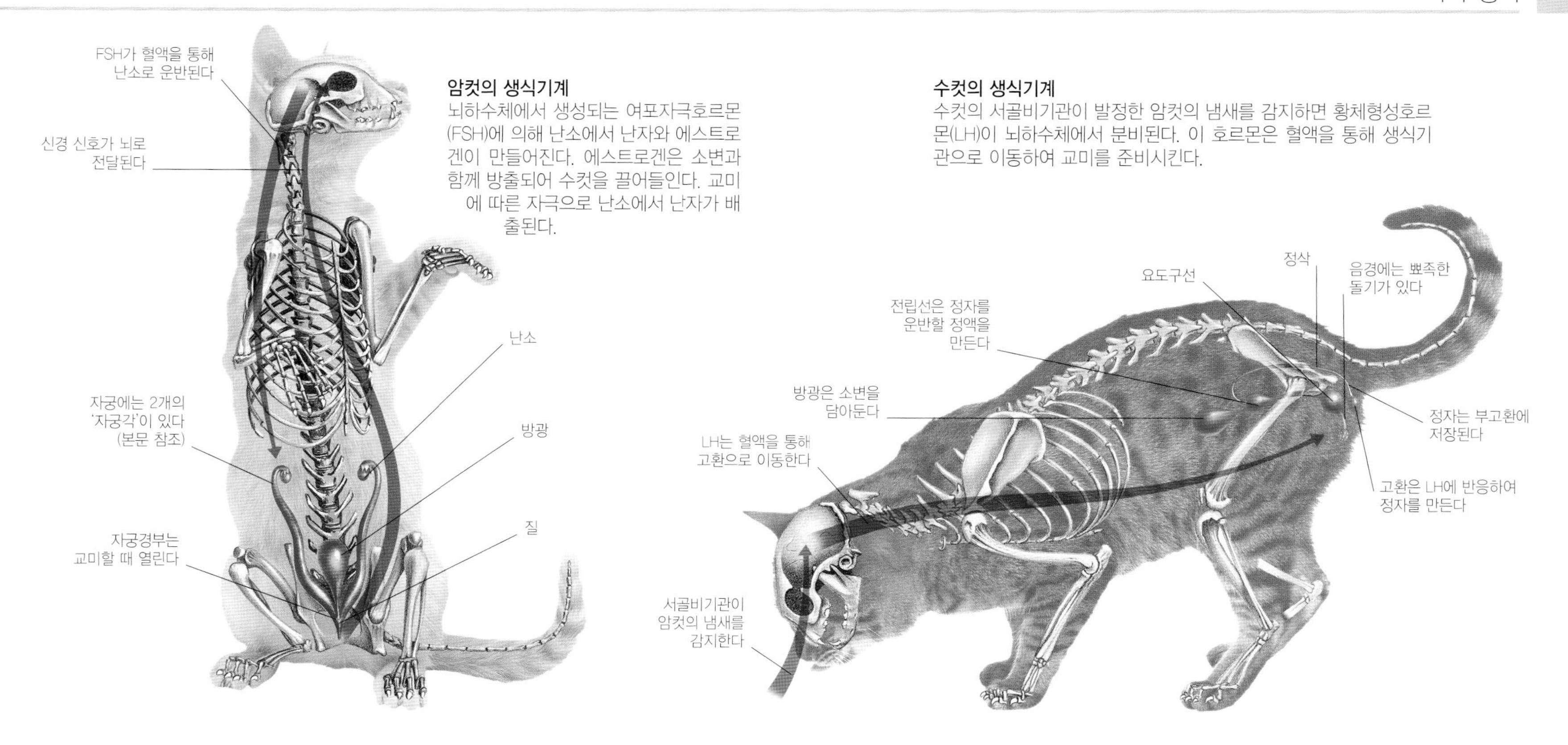

암컷의 생식기계
뇌하수체에서 생성되는 여포자극호르몬(FSH)에 의해 난소에서 난자와 에스트로겐이 만들어진다. 에스트로겐은 소변과 함께 방출되어 수컷을 끌어들인다. 교미에 따른 자극으로 난소에서 난자가 배출된다.

수컷의 생식기계
수컷의 서골비기관이 발정한 암컷의 냄새를 감지하면 황체형성호르몬(LH)이 뇌하수체에서 분비된다. 이 호르몬은 혈액을 통해 생식기관으로 이동하여 교미를 준비시킨다.

부분적으로 소화된 음식물은 위에서 나와 유문괄약근을 통해 소장의 첫 번째 부분인 십이지장 속으로 들어간다. 십이지장에서는 대부분의 화학적 소화 과정이 진행된다. 간에서 생성되어 쓸개에 저장된 쓸개즙과 이자에서 분비된 효소가 이 작은 고리 모양의 장으로 들어가 지방, 단백질, 탄수화물을 소화시키는 데 사용된다. 이때 분해된 영양소는 소장의 벽을 따라 혈액에 흡수되고 간에서 물질대사를 통해 유용한 분자가 된다. 물은 대장에서 흡수되고 노폐물은 항문을 통해 체외로 배출된다.

노폐물의 배출

분변 외에 간에서 나오는 노폐물은 신장에서 처리된다. 신장의 주된 역할은 요산을 비롯한 잠재적으로 해로운 대사 폐기물을 제거하여 혈액을 정화하는 것이다. 또한 체액의 조성 및 용량도 조절한다. 노폐물은 물에 녹아 소변이 되어 신장에서 빠져나온다. 소변은 양쪽 신장에서 뻗은 좁은 요관을 통해 방광에 담긴다. 이 풍선 모양의 기관은 소변을 최대 100ml까지 채울 수 있으며 소변은 요도를 통해 체외로 배출된다. 중성화되지 않은 고양이는 심한 냄새의 소변으로 영역을 표시하거나 성적 상태를 알린다.

이빨

새끼고양이는 26개의 유치를 갖는다. 유치는 생후 2주가 되기 전에 나서 생후 14주 정도가 되면 빠지기 시작한다. 영구치는 30개다.

턱 앞쪽에 있는 작은 앞니로 사냥감을 물고 송곳니로 척수를 끊어 죽인다. 고양이는 잘 씹지 못하며 어금니로 음식물을 잘게 썰어 삼킨다.

열육치(위턱의 맨 뒤 앞어금니와 아래턱의 뒤어금니)는 가위처럼 음식물을 자르는 데 특히 효과적이다. 작은 돌기로 덮여 있는 거친 혀는 사냥감의 뼈에서 고기를 걸러낼 수 있게 한다.

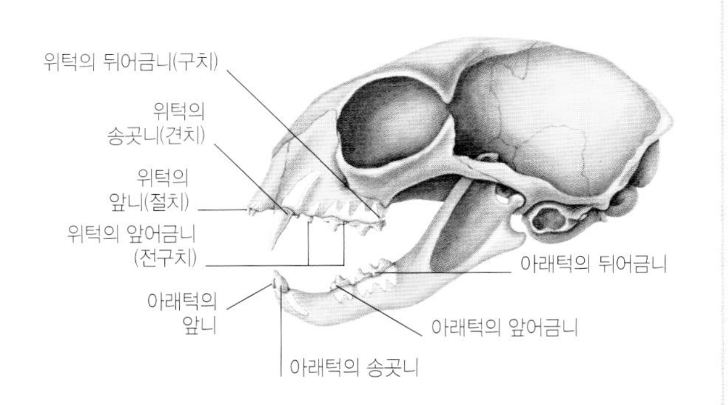

이빨을 깨끗이
고양이의 이빨은 사냥감을 먹을 때 그 뼈에 문질러지면서 자연히 닦인다. 주인이 주기적으로 이빨을 닦아주지 않으면 썩기 쉽다.

생식

고양이는 보통 생후 6-9개월 사이에 성적으로 성숙하는데, 몇몇 오리엔탈 품종은 이보다 빠른 경우가 있다. 봄이 되면 일조 시간이 증가함에 따라 중성화되지 않은 암고양이에게 호르몬의 변화가 생겨 교미할 짝을 찾게 된다. 이것이 '발정이 났다'거나 '암내를 낸다'는 상태다. 거세되지 않은 수컷을 유혹하는 냄새를 풍기며 목소리로 신호를 보내기도 한다. 교미는 암컷에게 고통스럽다. 수컷의 음경에는 120-150개의 뾰족한 돌기가 뒤쪽 방향으로 나 있어서 빼낼 때 질에 상처를 입히기 때문에 암컷은 크게 울부짖으며 달려든다. 하지만 암컷이 발정기에 몇 차례나, 그리고 여러 수컷과 교미하는 것을 보면 고통이 오래가지는 않는 것 같다.

그 고통은 첫 교미 후 약 25-35시간 후에 배란을 유발한다. 배란된 난자는 자궁에 있는 2개의 '자궁각'(위의 그림 참조)을 따라 이동한다. 이때 발정은 누그러지는데, 만일 임신되지 않았다면 2주가 지난 후에 다시 발정기에 들어간다. 교미가 성공적이었다면 약 63일의 임신 기간을 거쳐 새끼를 출산하는데, 평균 3-5마리, 많게는 10마리까지도 낳을 수 있다.

면역계

고양이는 세균, 바이러스 및 기타 병원체에 감염될 위험에 노출되어 있다. 따라서 건강을 지키기 위한 강력한 면역계를 갖추고 있는데, 보호 기능을 하는 백혈구는 '외부' 침입자를 인식하면 신속히 파괴하여 증식을 막는다. 가끔 면역계가 부적절하게 반응하여 알레르기나 자가면역질환을 일으키는 일도 있다. 이러한 면역계는 나이가 들수록 기능이 약해진다.

출생 시의 보호

갓 태어난 새끼고양이는 면역계가 완전히 발달되지 않아 감염의 위험이 높다. 하지만 모유, 특히 어미가 출산 후 처음으로 만들어낸 젖을 통해 도움을 받는다. 걸쭉하고 노란 이 유즙(초유)은 출산 후 약 72시간 동안만 만들어지는데, 항체가 풍부하다. 어미는 새끼에게 이 초유를 먹여 감염으로부터 새끼를 보호한다. 이러한 보호는 8-10주간 지속되며 그 무렵부터 새끼는 항체를 스스로 만들 수 있게 된다. 최근의 연구에 따르면, 새끼고양이가 생후 첫 18시간을 살아남는 데 초유가 결정적인 역할을 한다. 그 시간 동안 항체가 장의 벽을 가로질러 혈액에 흡수된다. 이후에는 어미로부터 받은 항체를 흡수할 수 없게 된다.

감염에의 노출
밖에서 사는 고양이는 다른 고양이와의 접촉을 통해 기생충이 옮을 수 있기 때문에 실내에서 사는 고양이보다 감염의 위험이 더 높다. 독극물을 삼키거나 다른 동물의 공격을 받거나 교통사고를 당할 위험에도 노출되어 있다.

고양이의 면역계

면역계에는 감염으로부터 보호하는 모든 것이 포함된다. 몸의 표면 — 피부와 점막 — 은 병원체에 대한 물리적 장벽의 역할을 한다. 강한 위산은 입이나 코를 통해 들어온 많은 세균을 죽인다. 상처 부위로 들어온 세균은 면역계의 주요소인 백혈구의 공격을 받는다. 골수에서 생성된 수많은 백혈구는 혈류와 림프계에 분포해 있다. 림프계란 각 기관으로부터 림프라 불리는 액체를 모으고 내보내는 관이 그물처럼 몸 전체에 퍼져 있는 것이다. 림프관에는 백혈구로 가득한 작은 림프절이 산재해 있다. 이 림프절은 림프를 여과하고, 여기에 걸린 세균을 백혈구가 공격한다. 편도선, 흉선, 비장, 그리고 소장 내벽도 림프계의 일부다.

백혈구는 각기 다른 역할을 하는 여러 유형으로 나뉘며, 박테리아, 바이러스, 균류, 원생동물, 기생충 등의 병원체와 그것들이 만들어내는 유해한 화학물질(독소)을 식별하고 공격한다. 백혈구의 유형은 다음과 같다.

- 호중구: 상처 등 감염 부위에서 박테리아와 균류를 에워싸고 파괴한다.
- T세포(T림프구): B세포(B림프구)를 통제하고 바이러스 감염세포 및 종양세포를 공격하는 등 다양한 역할을 담당한다.
- B세포(B림프구): 병원체에 붙어 무력화시키는, 항체라 불리는 단백질을 생산한다.
- 호산구: 기생충을 공격하고 알레르기반응에도 관여한다.
- 대식세포: 다른 백혈구가 검출한 병원체를 에워싸고 소화시킨다.

알레르기, 자가면역, 면역결핍

고양이도 알레르기를 겪을 수 있으며 피부 가려움증(계속 긁으면 빨개진다), 재채기, 천식으로 인한 쌕쌕거림, 구토, 설사, 복부팽창을 비롯한 다양한 증상이 나타난다. 알레르기는 보통 면역계가 무해한 이물질에 대해 과잉 반응을 보여 히스타민 같은 염증성 화학물질을 분비하면서 발생한다. 알레르기를 일으키는 흔한 요인으로는 벼룩에 물리는 것, 음식물 — 대개 소고기, 돼지고기, 닭고기 등에 포함된 단백질 — , 꽃가루 등 부유 입자, 울이나 세제 같은 물질과의 접촉을 들 수 있다. 알레르기를 치료하는 확실한 방법은 유발 물질을 제거하는 것이지만, 정확한 원인을 찾는 것이 어려운 경우가 있다. 수의사는 피부 가려움증을 완화시키는 항히스타민제를 처방할 수도

스트레스

고양이는 쉽게 스트레스를 받는다. 새로운 애완동물의 출현이나 아기의 탄생, 심지어는 가구 재배치와 같은 집안의 변화가 스트레스의 원인이 되기도 한다. 스트레스를 받으면 에피네프린(아드레날린)과 코르티솔(p.43) 등의 호르몬이 분비된다. 이러한 호르몬은 단기적으로 주의력과 기력을 높이지만, 장기화되면 면역계를 약화시켜 감염 및 암에 대한 저항력과 병후 회복력을 떨어뜨린다.

다른 고양이나 동물과 싸워 많이 흥분하게 되면 엔도르핀이라는 화학물질이 뇌에서 분비된다. 이때 엔도르핀은 이빨과 발톱에 의한 상처의 통증을 완화시키는 자연적 진통제로서 보호적인 역할을 수행한다.

있다. 만일 벼룩이 원인이라면 벼룩을 박멸해야 한다.

자가면역질환은 면역계가 과잉 반응을 일으켜 자신의 조직을 공격하면서 발생한다. 고양이에게는 드물지만 천포창으로 알려진 피부병과 다발성 질환인 전신홍반성루푸스(SLE) 등이 있다. 나이가 들면 면역계의 기능이 저하될 수도 있다. 어떤 감염증에 걸리면 면역계의 세포가 공격받아 다른 감염 및 암에 취약해지기도 한다. 그 병원체에는 특정 T세포를 공격하는 고양이면역결핍바이러스(FIV)와 백혈병을 일으키는 고양이백혈병바이러스(FeLV)가 포함된다.

백신 접종

몇몇 감염증은 접종을 통해 예방할 수 있다. 백신 접종을 하면 특정 미생물에 대한 항체의 생산이 촉발되어 그 질병의 증상을 겪지 않고 면역을 형성할 수 있다. 예를 들면, 영국에서는 고양이감염성장염, 고양이헤르페스바이러스, 고양이칼리시바이러스에 대한 예방 접종이 가능하다.

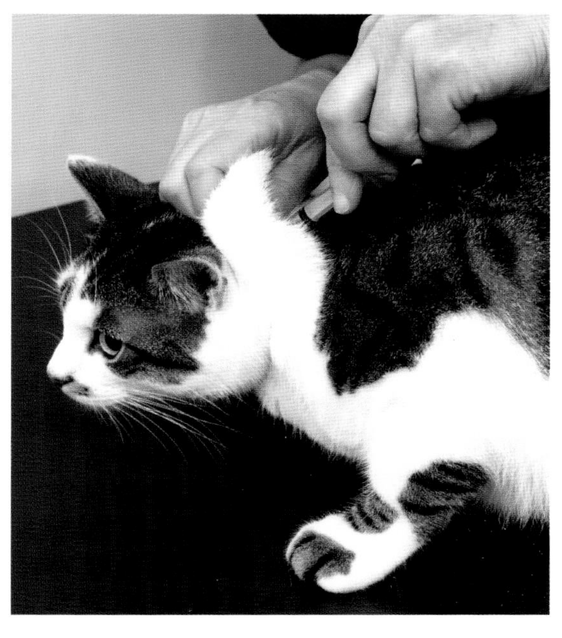

예방 접종
지역과 생활 방식(예를 들어 지내는 곳이 실내인지 실외인지)에 따라 어떤 백신 접종이 적합한지 수의사가 권고할 것이다. 최초의 접종은 새끼고양이일 때 실시해야 하며 생애에 걸쳐 해마다 접종할 필요가 있다.

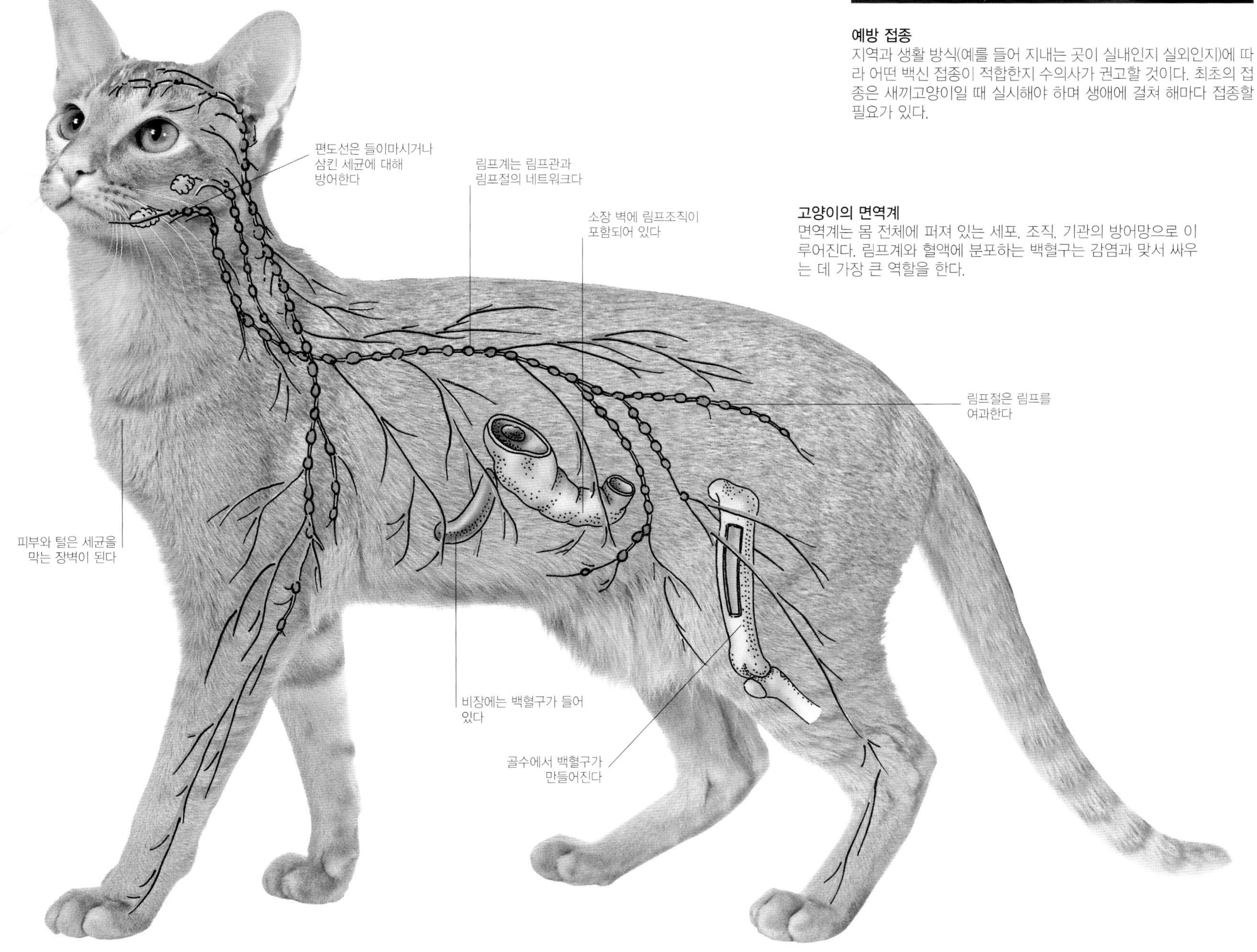

고양이의 면역계
면역계는 몸 전체에 퍼져 있는 세포, 조직, 기관의 방어망으로 이루어진다. 림프계와 혈액에 분포하는 백혈구는 감염과 맞서 싸우는 데 가장 큰 역할을 한다.

품종의 이해

**가축화된 다른 동물과 마찬가지로 고양이도 다양한 품종이 있다.
비교적 널리 알려진 품종으로는 샴, 아비시니안, 맹크스, 페르시안, 메인 쿤 등을 들 수 있다.
고양이들이 품종별로 분류되기 시작한 것은 19세기에 캣쇼가 열리면서부터다.
오늘날에는 100종이 넘는 품종 및 변종이 하나 이상의 등록단체로부터 공인받고 있다.
하지만 애완용 고양이 대부분은 무작위로 번식한 평범한 잡종이므로 어떤 품종에도 속하지 않는다.**

품종이란?

품종이란 동일한 형질을 갖는 자손의 출산을 위해 통제된 방식으로 번식된 가축의 유형이다. 이 정의는 대부분의 고양이 품종에 해당되지만, 건강상의 이유로, 혹은 어떤 형질을 도입하거나 개량하기 위해 이종교배(다른 품종과의 교배)가 허용되는 경우도 있다.

고양이의 품종 개량은 비교적 최근에 이루어지기 시작했다. 19세기에 고양이 애호가 크게 유행하자 등록단체가 설립되어 캣쇼에 나온 고양이와 그 혈통이 기록되었다. 이러한 단체가 각 품종의 특징, 즉 '품종 표준'을 정의한다. 주요 단체로 고양이애호가협회(CFA), 국제고양이협회(TICA), 국제고양이연맹(FiFe), 고양이애호가관리협회(GCCF) 등이 있다.

특징

고양이의 품종은 겉모습, 즉 털 — 색깔, 무늬, 길이 — , 두상 및 체형, 눈의 색깔로 정의된다. 꼬리가 없거나 다리가 짧거나 귀가 접혀 있는 등 드문 특성을 가진 품종도 있다. 털의 색깔과 무늬가 특히 다양하며(pp.50-53), 샤르트뢰(p.115)처럼 단색인 품종이 있는 한편 브리티시 쇼트헤어(pp.118-119)처럼 여러 색깔과 무늬가 허용되는 품종도 있다.

품종의 개량 과정

브리티시 쇼트헤어를 포함한 몇몇 품종은 고립된 무리로부터 자연스럽게 생겨났으며 제한된 유전자 풀로 인해 특유의 겉모습이 나타났다. 메인 쿤(pp. 214-215)이 북부의 추운 겨울을 보내는 데 꼭 필요한 긴 털을 갖는 것처럼 생존에 도움이 되는 특징 때문에 자연스럽게 발생한 품종도 있다.

고립된 작은 개체군 내에서는 돌연변이에 의해 나타난 형질 — 더 큰 집단에서는 매우 드물게만 나타날 것이다 — 이 몇 세대에 걸친 근친교배를 통해 흔해질 수 있다. 이러한 유전적 영향은 '창시자 효과'라 불리는데, 예컨대 맹크스(pp.164-165)가 꼬리를 갖지 않는 것도 이 때문이다. 브리더는 창시자 효과를 이용하여 돌연변이로 생겨난 새로운 특징을 가진 품종을 만들어낸다. 스코티시 폴드(pp.156-157), 먼치킨(pp.150-151), 스핑크스(pp.168-169)가 그러한 경우다.

유전학의 역할

순혈종의 브리더는 유전학적 지식을 바탕으로 우성 혹은 열성 유전자에 기인하는 형질을 찾아낸다. 이를 통해 서로 다른 품종 사이에서 태어난 새

집고양이 교잡종

- 이 도표는 집고양이와 다른 고양잇과 동물 간의 관계를 보여준다. 특히 소형 고양잇과 동물이 집고양이와 교배되어 벵골과 쵸시 같은 새로운 품종이 만들어진다. 이 도표에서 야생종은 집고양이에 가까이 위치할수록 집고양이와 더 밀접한 관계에 있다.
- 집고양이의 유전물질, 즉 DNA는 38개(19쌍)의 염색체를 통해 전달되며 몇몇 야생 고양잇과 동물도 마찬가지다. 이 때문에 임신기간이 서로 다른 집고양이와 소형 고양잇과 동물의 교배가 가능하다. 보통 초기 세대, 특히 잡종 제1대(F1)에서는 생식력이 상당히 낮아지지만 역교배를 통해 개선될 수 있다.

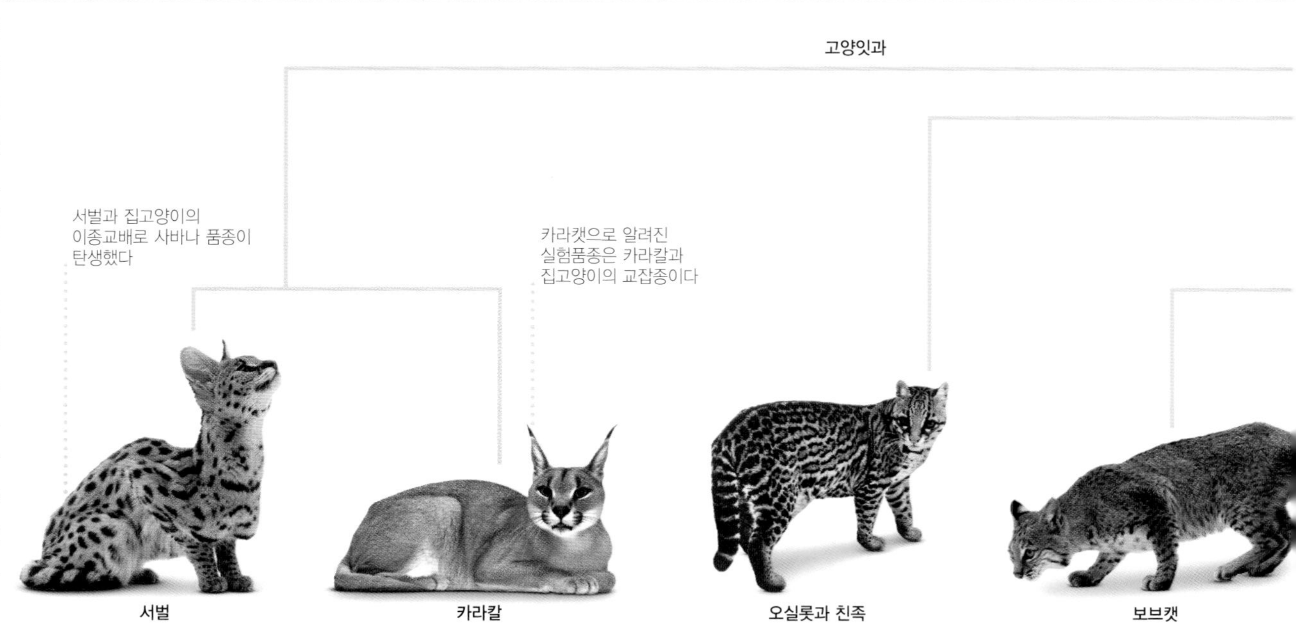

우성 형질과 열성 형질

털이 어두운 색인 고양이는 짙은 색깔을 만들어내는 우성 색소 유전자 *D*를 적어도 하나는 갖고 있다. 이 유전자의 열성 형태인 *d*는 털 색소의 농도를 낮추기 때문에 2개 존재하면 털 색깔이 희석된다. 검정 털 유전자(*B*)를 2개씩 갖는 검은 고양이 암수 2마리가 모두 짙은 색 유전자(*D*)와 옅은 색 유전자(*d*) 하나씩을 갖고 있다면 그 새끼고양이는 4분의 1의 확률로 블루(희석된 검은색) 털을 갖게 될 것이다.

수컷(*BB Dd*) \ 암컷(*BB Dd*)	*D*	*d*
D	*BB DD*	*BB Dd*
d	*BB Dd*	*BB dd*

끼가 어떤 모습일지 예측할 수 있다. 우성 유전자는 부모 중 한쪽으로부터만 받아도 발현된다. 예컨대 태비 털을 만들어내는 유전자는 태비가 아닌 다른 털을 만드는 유전자에 대해 우성이다. 열성 유전자는 부모 모두에게 받아야 발현된다. 장모는 열성 유전으로 나타나는 또 다른 예다.

이종교배

고양이 품종 등록단체는 품종 표준에 어떤 이종교배가 허용되는지 규정한다. 이종교배로 태어난 새끼고양이는 외모를 기준으로 등록된다. 이종교배는 단모종을 장모로 만드는 등 새로운 품종을 개량하기 위해 이용되기도 한다.

이종교배는 특정 품종의 건강을 위해 필요한 경우도 있다. 예컨대 스코티시 폴드는 접힌 귀를 가진 고양이와 정상 귀를 가진 브리티시 쇼트헤어 또는 아메리칸 쇼트헤어의 교배로 태어난다. 귀가 접히는 돌연변이 유전자를 2개 물려받으면 뼈의 발달에 영향을 미치는 소모성 질환을 앓기 때문에 이를 피하기 위해서다.

매력적인 교잡종
21세기의 디자이너 캣 중 하나인 사바나는 샴(pp.104-109)과 서벌의 이종교배로 태어났는데 큰 귀, 긴 다리, 반점 있는 털 등 서벌의 모습을 간직하고 있다.

교잡종과 미래의 품종

최근 수십 년간 집고양이와 다른 소형 고양잇과 동물이 교배되어 대부분 '이국적인' 털로 이목을 끄는 새로운 품종이 만들어졌다. 이러한 교잡종에는 벵골(pp.142-143), 쵸시(p.149), 사바나(pp.146-147) 등이 있다.

순수 집고양이끼리의 교배로 탄생하는 새로운 품종도 항상 개량되고 있지만, 등록단체로부터 승인받는 데 몇 년이나 걸릴 수도 있다. 이러한 품종에는 셀커크 렉스(pp.174-175, 248)와 앙고라(p.229) 사이에서 태어난 덥수룩한 털의 아크틱 컬(Arctic Curl), 그리고 페르시안(pp.186-205)과 샤르트뢰 사이에서 태어난 장모의 베네딕틴(Benedictine) 등이 있다.

고양이의 선택

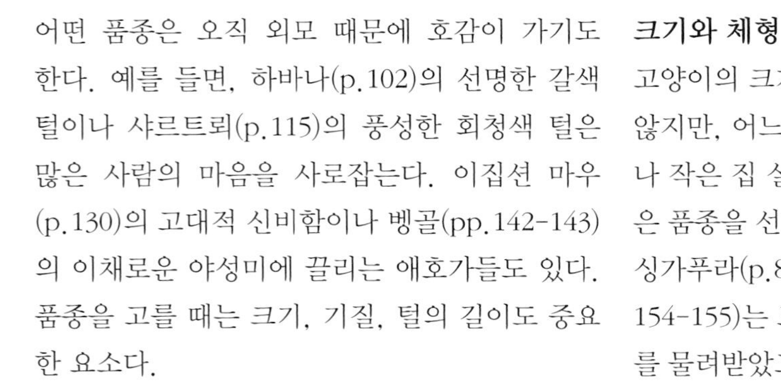

**고양이에게 필요한 조건은 품종에 따라 다양하다.
예를 들어, 샴처럼 날씬한 품종은 대부분 매우 활동적이어서 가족과 함께 보내는 것을 좋아하지만,
브리티시 쇼트헤어처럼 다부진 품종은 느긋해 조용한 생활을 선호한다.
순혈종을 구하는 방법의 하나는 평판이 좋은 브리더에게 연락하는 것이다.
보호시설에서도 간혹 순혈종을 볼 수 있지만 대부분은 잡종이다.**

어떤 품종은 오직 외모 때문에 호감이 가기도 한다. 예를 들면, 하바나(p.102)의 선명한 갈색 털이나 샤르트뢰(p.115)의 풍성한 회청색 털은 많은 사람의 마음을 사로잡는다. 이집션 마우(p.130)의 고대적 신비함이나 벵골(pp.142-143)의 이채로운 야성미에 끌리는 애호가들도 있다. 품종을 고를 때는 크기, 기질, 털의 길이도 중요한 요소다.

한편, 순혈종이 아닌 고양이도 좋은 선택이 될 수 있다. 더 쉽게 찾을 수 있고(전체 고양이의 95%가 해당된다), 순혈종보다 훨씬 저렴한 비용으로 구입할 수 있다.

크기와 체형

고양이의 크기는 개와 달리 품종 간 차이가 크지 않지만, 어느 정도의 다양성은 존재한다. 아파트나 작은 집 실내에서만 기를 경우에는 크기가 작은 품종을 선택하는 것이 좋다. 가장 작은 품종인 싱가푸라(p.86), 램킨 드워프(p.153), 밤비노(pp.154-155)는 모두 먼치킨(pp.150-151)의 작은 키를 물려받았고 성묘의 무게가 2kg밖에 되지 않는다. 다른 소형 품종은 날씬한 오리엔탈 체형을 갖는 경향이 있으며 봄베이(pp.84-85), 하바나, 코니시 렉스(pp.176-177) 등이 있다. 다른 한편으로 헤비급인 하이랜더(p.158)는 성묘의 무게가 11kg에 달하기도 한다. 다른 대형 품종으로는 메인 쿤(pp.214-215), 터키시 반(pp.226-227), 사바나(pp.146-147) 등이 있다. 이들에게는 충분한 공간이 필요하기 때문에 실내에서만 기르기에는 적합하지 않다.

활발한 품종과 유순한 품종

품종마다 기질이 다르다. 샴(pp.104-109), 통키니즈(p.90), 버미즈(pp.87-88), 스핑크스(pp.168-169), 봄베이, 아비시니안(pp.132-133)을 비롯한 날씬한 오리엔탈 계열은 다른 품종에 비해 활발하고 장난스러우며 호기심이 많다. 일반

새로운 친구 사귀기
어릴 때 사회화된 새끼고양이는 새로운 사람이나 다른 애완동물을 만났을 때 두려워하거나 공격적으로 반응하기보다는 우호적이고 활발한 모습을 보여줄 것이다.

희귀한 품종
탄생지에서는 인기를 끌지만 다른 지역에서는 관심을 끌지 못하는 품종도 있다. 쿠릴리안 밥테일(pp.242-243)은 일본과 러시아에서는 인기가 있지만 다른 국가에서는 인기가 없다.

적으로 영리해 요령을 익히거나 하네스나 리드 줄을 이용해 산책시킬 가능성이 높다고 한다. 또한 대부분 떠들썩하고 '수다스럽다'.

브리티시 쇼트헤어(pp.118-128), 페르시안(pp.186-205), 노르웨이숲고양이(pp.222-223)처럼 땅딸막하고 다부진 코비 체형은 대개 느긋하고 조용하다. 랙돌(p.216)과 라가머핀(p.217)은 특히 유순하다. 이런 특성은 애완동물로서는 좋지만 어딘가 불편해도 잘 드러내지 않기 때문에 주의 깊게 보살펴야 한다.

장모종과 단모종

고양이의 품종은 크게 단모종과 장모종으로 나뉜다. 샴, 러시안 블루(pp.116-117), 벵골 등의 단모종은 털 손질을 일주일에 한두 번만 해 주면 된다. 장모종, 특히 길고 부드러운 털의 페르시안은 털이 엉겨 붙거나 헝클어지지 않도록 매일 손질해줘야 하며, 방치할 경우 건강상의 위험을 초래할 수 있다. 버만(pp.212-213), 랙돌, 시베리안(pp.230-231)도 잘 알려진 장모종이다.

디자이너 캣

디자이너 캣이라 불리는 색다른 품종이 점점 더 유행하고 있는데 그런 종들은 가격이 비싼 편에 속한다(영국의 경우 1,000파운드 이상이다). 스코티시 폴드(pp.156-157)와 아메리칸 컬(pp.238-239)처럼 귀가 특이한 품종, 스핑크스와 피터볼드(p.171)처럼 온대나 한대 지방에서는 중앙난방식 집에서 살아야 하는 헤어리스 품종, 아메리칸 와이어헤어(p.181)와 라펌(pp.250-251)과 렉스 계열처럼 털이 곱슬곱슬한 품종 등이 있다. 다리가 짧은 먼치킨은 그 '파생종'과 함께 큰 인기를 누리고 있다. 귀가 말린 킨카로(p.152), 털이 곱슬곱슬한 스쿠컴(p. 235)과 램킨 드워프, 헤어리스 밤비노, 장모종 나폴레옹(p.236) 등이 포함된다. 소형 야생종(pp.8-9)과 비슷한 아름다운 털을 가진 고양이의 인기도 높아지는 추세다. 캘리포니아 스팽글드(p.140), 이집션 마우, 소코케(p.139) 등은 집고양이에서 유래하고, 벵골, 사바나, 쵸시(p.149) 등은 집고양이와 다른 고양잇과 동물의 교잡종에서 비롯되었다. 교잡종은 보통 활동적이며 다른 고양이를 괴롭히기도 한다.

고양이 얻기

어떤 품종을 선택하든 신뢰할 만한 브리더를 찾는 것이 먼저다. 순혈종 새끼고양이를 찾으려면 캣클럽 또는 품종 등록단체에 연락하거나 캣쇼에 가보면 좋다. 캣쇼에 출전한 고양이의 주인이 브리더를 소개시켜주기도 하는데 그 자신이 브리더일 수도 있다. 또한 지역 수의사에게 브리더를 추천받을 수도 있다.

브리더는 선택한 품종에 관한 질문에 설명해 주고, 구입 전에 새끼고양이와 그 어미를 직접 보여줄 수 있을 것이다. 좋은 브리더라면 잘 보살필 준비가 되어 있는지 물어볼 것이며, 일이 잘 진행되면 사회화되고 구충 및 백신 접종이 완료된 생후 12주의 새끼고양이를 구하도록 주선할 것이다.

구조센터나 보호시설에도 애완용으로 훌륭한 고양이가 많이 있으므로 특히 성격이 확립된 성묘를 찾는 경우에는 이러한 곳도 살펴볼 가치가 있다. 주로 비영리 단체인 이런 시설은 보통 입양 수수료를 청구하여 그곳에 있는 고양이의 먹이와 치료비에 보탠다. 구조센터는 가끔 인기 있는 순혈종 고양이가 나타나는 경우도 있지만, 순혈종을 고집하지 않는 사람에게 적합하다. 보호 받는 고양이 대부분이 무작위로 번식된 잡종(pp.182-183, pp.252-253)이지만, 어떤 고양이든 애정 넘치는 가정을 필요로 한다.

날 구해줘
순혈종 고양이, 특히 성묘를 찾을 때 구조센터를 살펴볼 만하다. 새로운 가정을 필요로 하는 순혈종이 가끔 이러한 센터로 유입되기도 하는데 브리더에게 구입하는 것보다 훨씬 저렴하게 데려올 수 있다.

특별한 보살핌
구조센터에는 예컨대 주인이 먼저 세상을 떠나서 남겨진 고양이처럼 나이 든 고양이가 많다. 나이 든 고양이나 장애가 있는 고양이를 선택하면 진행 중인 치료의 비용 일부를 센터가 부담해주기도 한다.

CHAPTER 4

품종 카탈로그

타고난 사냥꾼
아비시니안의 매끈한 피모는 기후가 따뜻한 지역에서 사냥하는 데 이상적이다. 빽빽하게 난 털은 열을 차단하고, 몸을 보호할 뿐만 아니라 무성한 풀밭에서 자유롭게 다닐 수 있게 해준다.

단모종(쇼트헤어)

**대부분의 고양이는 크기에 관계 없이 야생고양이든 집고양이든 단모종에 속한다.
오랜 진화를 거쳐 나타난 이러한 짧은 털은 몰래 접근하여 순간적으로 스피드를 내는 포식자에게 적합하기 때문이다.
사냥에는 짧은 털이 더 유리한데, 그것은 초목이 무성한 지대에서 방해받지 않고 조용히 다닐 수 있고,
움직임이 자유로워 궁지에 빠졌을 때 번개같이 달려들 수 있기 때문이다.**

단모종의 개량

약 4천 년 전 처음으로 가축화된 고양이는 짧은 털을 가졌고, 매끈한 털은 이후 줄곧 인기를 끌었다. 털이 짧으면 색깔과 무늬가 선명하게 드러나고 체형의 장점이 잘 나타난다. 지금까지 많은 단모종이 개량되었지만 크게 브리티시, 아메리칸, 오리엔탈의 세 계열로 나눌 수 있다.

브리티시와 아메리칸은 기본적으로 평범한 집고양이가 수십 년에 걸친 번식을 통해 개량된 것이다. 다부진 체격, 둥근 머리, 짧고 조밀하고 이중으로 된 털을 갖는다. 이들과 현저히 다른 오리엔탈 계열은 이름과 달리 동양과는 거의 관련이 없고, 샴과의 교배를 통해 유럽에서 탄생했다. 짧고 섬세하고 몸에 밀착된 털을 가지며 속털은 없다.

많은 사랑을 받는 다른 단모종으로는 버미즈, 러시안 블루, 이그조틱 쇼트헤어 등이 있다. 벨벳 같은 털을 가진 러시안 블루는 아주 짧은 속털이 바깥의 보호털을 몸체로부터 들어올리고, 이그조틱 쇼트헤어는 틀림없는 페르시안의 외모에 관리하기 쉬운 짧은 털이 결합되어 있다.

단모종의 극단적인 형태가 스핑크스와 피터볼드를 포함한 헤어리스 계열이다. 이러한 품종은 완전히 무모가 아니라 대부분 스웨이드 같은 감촉의 체모로 미세하게 덮여 있다. 단모종의 또 다른 종류로 웨이브가 있거나 곱슬곱슬한 털을 가진 렉스 계열이 있다. 데번 렉스와 코니시 렉스가 가장 잘 알려져 있다.

쉬운 관리

단모종을 기를 때의 가장 큰 이점은 털을 거의 손질하지 않아도 좋은 상태를 유지하며 기생충이나 상처가 쉽게 발견되어 바로바로 치료할 수 있다는 것이다. 하지만 단모종을 기른다고 해서 카펫이나 소파에 털이 떨어지지 않는 것은 아니다. 털이 많이 빠지는 품종도 있고, 특히 촘촘히 나 있는 속털이 빠지는 시기에는 더 심하다. 오리엔탈 계열처럼 단일 층의 털을 갖는 품종도 어느 정도의 털은 늘 빠진다.

친숙한 얼굴

이그조틱 쇼트헤어의 큰 눈, 납작한 얼굴, 통통한 뺨은 페르시안 품종으로부터 물려받은 것이다. 단모종으로서는 드물게 털이 촘촘하게 나 있다.

이그조틱 쇼트헤어(Exotic Shorthair)

기원 미국, 1960년대
혈통 등록기관 CFA, FIFe, GCCF, TICA
체중 3.5–7kg (8–15lb)
털 관리 주 2–3회
색깔과 무늬 거의 모든 색깔과 무늬

껴안고 싶은 '테디 베어 캣'

이그조틱 쇼트헤어는 '테디 베어 캣'이라는 별명에 걸맞게 벨벳 같은 털의 둥근 몸체, 들창코, 그리고 큰 눈이 특징이고, 대부분의 브리더가 어김없이 테디 베어와 비교하며 광고한다. 매우 부드럽고 빽빽한 이중모는 다른 단모종에게서는 찾아볼 수 없다. 페르시안 계열로부터 물려받은 길고 폭신폭신한 속털이 겉털을 들어올려 더욱 풍성해 보인다.

다정하고 사랑스러운 이 품종은 장모종 페르시안의 '손이 많이 안 가는' 버전이다.

최초의 이그조틱은 1960년대에 미국에서 탄생했고 1980년대에는 영국판도 인기를 끌었다. 페르시안과 아메리칸 쇼트헤어(p.113)의 교배를 통해 아메리칸 쇼트헤어의 털을 개량하기 위한 목적으로 만들어졌다. 이후 버미즈(pp.87–88), 아비시니안(pp.132–133), 브리티시 쇼트헤어(pp.118–127)와의 교배도 이루어졌다. 초기의 목표는 페르시안처럼 은빛 털과 초록빛 눈을 가진 단모종이었으나 페르시안 타입의 얼굴과 몸을 가진 단모종으로 바뀌었다. 이그조틱은 페르시안의 둥근 얼굴과 조용한 기질에, 빽빽하고 부드러우면서도 긴 털보다 손질이 덜 필요한 짧은 털이 결합되어 있다. 이 때문에 '게으른 자의 페르시안'이라 불리기도 한다. 이 온화한 고양이는 페르시안 선조의 조용하고 유순한 성격을 이어받았다. 실내에서 행복하게 지내고 함께 놀아주거나 무릎을 내어주면 늘 기뻐한다. 목소리가 부드럽고 소란을 거의 피우지 않지만 주목받는 것을 좋아하며 자주 사람들 앞에 앉아 안아달라고 애원하듯이 올려다본다.

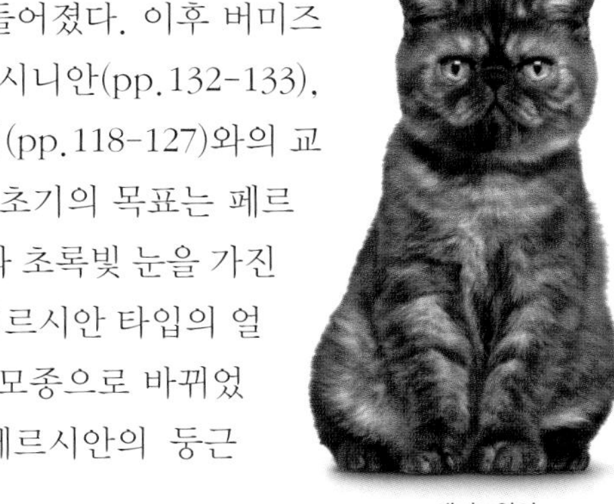

새끼고양이

카오마니(Khao Manee)

기원 태국, 14세기
혈통 등록기관 GCCF, TICA
체중 2.5-5.5kg (6-12lb)
털 관리 주 1회
색깔과 무늬 화이트

활달하고 영리한 이 고양이는 호기심이 많고 주위를 끊임없이 탐색한다.

'흰 보석'이라는 뜻의 카오마니는 태국에서 탄생했다. 이 품종으로 보이는 고양이가 14세기 태국의 시가에 등장하여 '맑은 수은의 눈'을 가진 순백색의 고양이로 그려졌다. 카오마니는 태국 왕실의 총애를 받았고(오른쪽 박스 참조), 1990년대 미국의 브리더가 한 쌍을 수입할 때까지 국외로 반출되지 않았다. 현재는 영국과 미국을 중심으로 다른 나라에서도 주목을 받고 있다. 2013년, 국제고양이협회(TICA)가 카오마니에 '어드밴스드 뉴 브리드'의 지위를 부여했다. 이 귀족적인 고양이는 눈 색깔의 다양성으로 유명하다. 양쪽의 색깔이 같은 경우, 좌우가 다른 오드아이(odd-eye)인 경우, 양쪽의 색깔은 같지만 농도가 다른 경우, 심지어는 좌우 각각 두 가지 색깔을 띠는 경우도 있다. 털은 온통 흰색이지만 머리에 검은 반점이 있는 새끼가 태어나기도 한다. 카오마니는 대담하면서도 다정하고 짓궂으며, 때로 큰 소리를 낸다. 이 사교적인 고양이는 가족과 함께 어울리는 것은 물론이고 집에 온 손님과도 잘 어울리는 것으로 알려져 있다.

새끼고양이

왕실의 총애

카오마니는 오랫동안 특별한 존재로 여겨져 왕족만이 소유할 수 있었다. 샴(현재의 태국)의 가장 위대한 통치자 중 한 사람으로 라마 5세(1868-1910)로도 알려져 있는 쭐랄롱꼰 국왕은 아들에게 품종 개량의 허가를 내주었다. 카오마니는 여러 세대에 걸쳐 왕궁 내에서 보호를 받았으며 1926년의 대관식 행사에도 등장했다고 알려져 있다.

코랫(Korat)

기원 태국, 12세기-16세기
혈통 등록기관 CFA, FIFe, GCCF, TICA
체중 2.5-4.5kg (6-10lb)
털 관리 주 1회
색깔과 무늬 블루

이 매력적인 고양이는 오랜 전통을 가진 훌륭한 애완동물이지만 고집이 세고 독단적이기도 하다.

태국 태생의 코랫은 기원이 오래되었다고 할 수 있는 몇 안 되는 품종 가운데 하나다. 아유타야시대(1350-1767)에 당시의 샴 지역에서 발간된《고양이 시집》에 코랫이 등장한다. 태국에서는 오랫동안 행운의 상징으로 귀하게 여겨졌지만 20세기 중반에 한 쌍이 미국으로 건너가기 전까지 서양에는 알려지지 않았다. 이 품위 있는 실버 블루 고양이는 아주 특별한 애완동물이다. 보통은 매우 활동적이지만 얌전히 있기도 하며 주인에게 순하고 다정하다. 감각이 예민하여 시끄러운 소리나 갑작스런 접촉에 쉽게 놀란다.

아랫부분이 넓은 큰 귀

타원형의 발

미국에서 이 **품종의 기원**은 **태국**에서 온 **나라**와 **다라**라는 이름의 **한 쌍**이었다.

차이니즈 리화(Chinese Li Hua)

기원 중국, 2000년대
혈통 등록기관 CFA
체중 4–5kg (9–11lb)

털 관리 주 1회
색깔과 무늬 브라운 매커럴 태비

가장 오래된 집고양이 품종 중 하나로 알려진 이 생기 넘치는 고양이는 활동하기 충분한 공간이 필요하며, 활동적인 주인에게 어울린다.

'리화' 또는 '드래곤 리'라 불리는 이 품종은 중국에서는 몇 세기 전부터 흔했던 것으로 보인다. 하지만 중국 밖에서는 2003년부터 실험적 품종으로 인식되면서 전 세계적인 관심을 끌기 시작했다. 근육질의 몸과 아름다운 태비 털을 가진 큰 고양이다. 감정을 크게 드러내지는 않지만 우호적이고 충직한 애완동물이다. 영리한 사냥꾼으로 평가받는 이 활발한 고양이는 운동 공간이 필요하며, 집 안에서만 키우는 데는 적합하지 않다.

중국에서는 이 품종의 고양이 1마리가 **조간신문**을 가져오도록 **훈련**받기도 했다.

아시안 – 버밀라(Asian – Burmilla)

기원 영국, 1980년대
혈통 등록기관 FIFe, GCCF
체중 4–7kg (9–15lb)
털 관리 주 2–3회
색깔과 무늬 라일락, 블랙, 브라운, 블루, 토티 등 다양한 셰이디드 컬러, 실버 또는 골드의 바탕색

매력적인 외모와 성격을 지닌 이 품종은 아이들이나 다른 애완동물과도 잘 지낸다.

1981년, 라일락색의 버미즈(p.87)와 페르시안 친칠라(p.190)가 우연히 교미하여 털이 유난히 아름다운 새끼고양이가 태어나자 그 주인은 품종 개량을 위한 실험에 착수했다. 그 결과 탄생한 것이 버밀라로, 아시안의 우아함에 크고 매력적인 눈과 미묘한 셰이디드 혹은 팁트 털을 갖추었으며 장모종도 있다. 매력적이고 총명한 이 품종은 아직은 흔하지 않지만 점점 유명해지고 있다. 버미즈의 엉뚱한 성격과 친칠라의 조용한 성격이 결합되어 놀이를 좋아하지만 선뜻 주인의 무릎에 올라와 평화로운 낮잠을 자기도 한다.

아시안 – 스모크(Asian – Smoke)

기원 영국, 1980년대
혈통 등록기관 GCCF
체중 4–7kg (9–15lb)
털 관리 주 2–3회
색깔과 무늬 토티를 포함한 모든 색깔, 실버 속털

호기심과 장난기가 많고 영리한 이 고양이는 주목받는 것을 좋아한다. 낯선 사람에게도 우호적이다.

원래 '버무아'라 불렸던 이 우아한 고양이는 버밀라(p.78)와 버미즈(p.87)의 이종교배로 탄생했다. 아시안 스모크는 모든 아시안 계열 가운데 가장 매력적인 털을 가졌다. 주로 짙은 단색이고, 움직일 때나 쓰다듬을 때 잔물결을 일으키면서 빛나는 은빛 속털을 어렴풋이 드러낸다. 외향적인 성격으로 활발하고 놀기 좋아하며, 호기심이 많아 주위의 모든 것을 탐색한다. 잘 놀아주고 보살펴주면 실내에서도 행복하게 지낼 것이다.

이 아시안 품종은 **모간**의 **색상**을 **제한**하는 **억제유전자**를 가지고 있다.

행운

의도치 않은 교미로 탄생한 아시안 버밀라는 외향적이지만 느긋하고, 이국적이지만 과하지 않으며, 떠들썩하게 노는 것도 조용하고 오붓한 시간을 보내는 것도 똑같이 좋아한다.

아시안 – 솔리드, 토티(Asian – Solid and Tortie)

기원 영국, 1980년대
혈통 등록기관 GCCF
체중 4–7kg (9–15lb)
털 관리 주 2–3회
색깔과 무늬 모든 솔리드(단색)와 다양한 토티

기민하고 활동적인 이 사랑스러운 고양이는 충직하고 헌신적인 반려묘를 찾는 사람들의 관심을 끌 것이다.

본래 다른 색깔의 버미즈(pp.87–88)를 만들려는 실험의 결과로 탄생한 이 영국산 품종은 봄베이라는 올 블랙 버전도 포함한다. 봄베이는 마찬가지로 봄베이(pp.84–85)라 불리는 전혀 다른 혈통의 미국산 검은 고양이와 자주 혼동된다. 아시안 솔리드는 집안에서 버미즈 계통만큼 심하게 소란을 피우지는 않지만 늘 관심을 받고자 끈질기게 소리 내며 자신의 존재를 알린다. 이 다정한 고양이는 개처럼 열성적으로 주인을 졸졸 따라다닌다.

새끼고양이

솔리드 컬러의 아시안 품종은 태비 무늬가 없다.

아시안 – 태비(Asian – Tabby)

기원 영국, 1980년대
혈통 등록기관 GCCF
체중 4–7kg (9–15lb)
털 관리 주 2–3회
색깔과 무늬 스포티드, 클래식, 매커럴, 틱트의 태비 패턴, 다양한 색깔

매력적인 이 고양이는 호기심이 많지만 사람에게 우호적이어서 가정에서 기르기에 적합하다.

아시안 계열의 하나로, 클래식, 매커럴, 스포티드, 틱트의 네 가지 태비 무늬가 있다. 다양한 줄무늬, 소용돌이, 고리, 반점이 넓은 범위에서 아름다운 색상으로 나타난다. 가장 흔히 나타나는 무늬는 틱트 태비로, 털 하나하나가 대비를 이루는 색의 띠를 갖는다. 다른 아시안 계열과 마찬가지로 아시안 태비는 버미즈(pp.87-88)에게 물려받은 근육질의 우아한 몸매와 외향적인 성격, 그리고 페르시안 친칠라(p.190)의 조용한 성격이 융합되어 있다. 사랑스런 애완동물로서 점점 더 인기를 얻고 있다.

새끼고양이

봄베이(Bombay)

기원 미국, 1950년대
혈통 등록기관 TICA, CFA
체중 2.5–5kg (6–11lb)
털 관리 주 1회
색깔과 무늬 블랙

윤기 있는 털과 인상적인 구릿빛 눈을 가진 이 자그마한 '흑표범'은 다른 아시안 계열만큼 시끄럽지 않다.

특별히 외모 때문에 탄생한 봄베이는 검은 아메리칸 버미즈(p.88)와 검은 아메리칸 쇼트헤어(p.113)의 교잡종이다. 매끄럽고 윤기 있는 검은 털과 금빛 혹은 구릿빛의 큰 눈을 갖고 있다. 검은 표범처럼 보이기도 하지만 집에 있기를 좋아하며, 다른 종들에 비해 다정하고 붙임성이 좋다. 봄베이는 영리하고 느긋하다. 항상 주인과 같이 있기를 원하며, 너무 오래 홀로 방치되면 침울해한다. 버미즈로부터 호기심 많고 쾌활한 성격을 물려받아 종일 가만히 있는 일은 없다. 놀기를 좋아하고 언제든 귀여움 받을 — 혹은 주인을 즐겁게 해줄 — 준비가 되어 있다. 아이들이나 다른 애완동물과도 잘 어울린다.

새끼고양이

완벽한 블랙

봄베이를 최초로 탄생시킨 미국인 브리더 니키 호너는 완벽함에 도달하기까지 많은 시행착오를 겪었다. 빛나는 검은 털을 돋보이게 해줄 진한 구릿빛 눈은 특히 구현하기 어려웠다. 호너가 마침내 꿈의 고양이를 만들어내고 나서도 몇 년이 지나서야 공인받고 캣쇼에 참가할 수 있었다.

수줍지 않아

나긋나긋하고 빛나는 봄베이는 사람과 자신감 있게 어울린다. 자신을 즐겁게 해주거나 무릎을 제공해줄 만한 사람에게 언제든 다가간다.

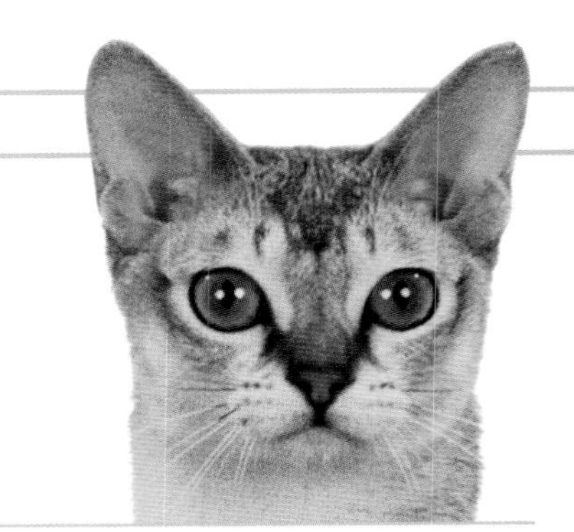

싱가푸라(Singapura)

기원 싱가포르, 1970년대
혈통 등록기관 CFA, GCCF, TICA
체중 2~4kg (4~9lb)
털 관리 주 1회
색깔과 무늬 세피아, 실 브라운 티킹

주목받는 것을 좋아하며 다정한 이 고양이는 주인이 손님을 맞이할 때도 늘 옆에 있을 것이다.

이 작은 고양이의 독특한 틱트 털이 1970년대에 싱가포르에서 일하고 있었던 미국인 과학자 할 미도우의 눈길을 끌었다. 그는 부인과 함께 싱가포르와 미국 양쪽에서 싱가푸라의 번식에 착수했다. 1990년대에는 영국인 브리더들도 흥미를 보였고, 현재는 아직 매우 희소하지만 전 세계적으로 알려지게 되었다. 몸집은 작지만 성격은 대담한 이 고양이는 호기심이 많고 짓궂으며 선반 위나 주인의 어깨 등 높은 곳에 올라 세상을 탐험하는 것을 무척 좋아한다.

새끼고양이

유러피안 버미즈(European Burmese)

기원 버마 (미얀마의 전 이름), 1930년대
혈통 등록기관 CFA, FIFe, GCCF, TICA
체중 3.5-6.5kg (8-14lb)
털 관리 주 1회
색깔과 무늬 블루, 브라운, 크림, 라일락, 레드를 포함한 솔리드와 토티, 반드시 세피아 패턴

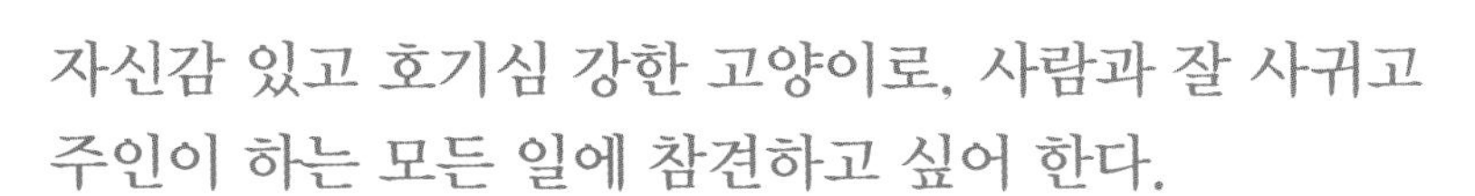
자신감 있고 호기심 강한 고양이로, 사람과 잘 사귀고
주인이 하는 모든 일에 참견하고 싶어 한다.

동남아시아에서 들여온 고양이를 기초로 하여 1930년대 미국에서 개량된 품종이다. 1940년대 후반에는 버미즈 몇 마리가 영국으로 보내져 외모가 다른 품종이 만들어졌다. 유러피안 버미즈는 미국에서 개량된 품종에 비해 머리와 몸통이 조금 더 길고 털의 색깔도 더 다양하다. 이 귀여운 고양이는 애정이 넘쳐서 안락한 가정의 일원이 되어야 마땅하며, 오랜 시간 홀로 방치되는 환경에는 적합하지 않다.

최초의 **블루 버미즈**는 **1955년**
잉글랜드에서 **탄생**했다.

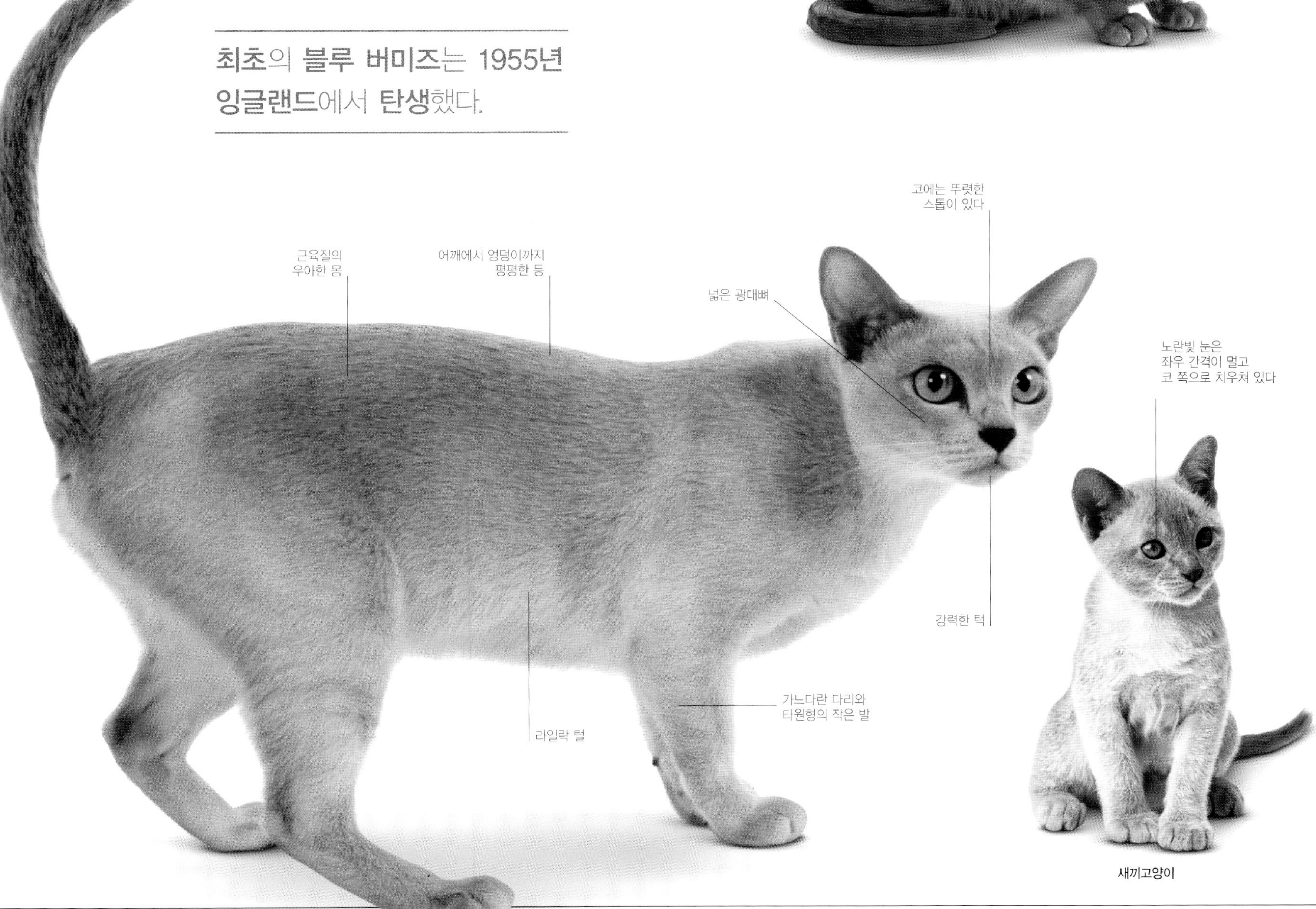

새끼고양이

아메리칸 버미즈(American Burmese)

기원 버마 (미얀마의 전 이름) 추정, 1930년대
혈통 등록기관 CFA, TICA
체중 3.5–6.5kg (8–14lb)
털 관리 주 1회
색깔과 무늬 세피아 패턴의 모든 솔리드 및 토티 컬러

항상 애정을 나눌 준비가 되어 있는 이 고양이는 주인이 따뜻한 무릎 위에서 어루만져주기를 바랄 것이다.

버미즈가 서구에 오게 된 경위에 관해서는 몇 가지의 설이 있다. 확실한 것은 의사 톰슨이 기르던 이러한 유형의 동남아시아 고양이가 1930년대에 미국에 나타나 새로운 품종 개량에 이용되었다는 것이다. 처음 인정받은 아메리칸 버미즈는 진한 브라운의 털을 갖고 있었다. 이후 다른 색깔도 생겨났지만 유러피안 버미즈만큼 다양하지는 않고 또 오리엔탈적인 분위기도 덜하다. 사랑스런 애완동물인 버미즈는 늘 더 많은 교제와 관심을 갈구한다.

만달레이(Mandalay)

기원 뉴질랜드, 1980년대
혈통 등록기관 FIFe
체중 3.5-6.5kg (8-14lb)

털 관리 주 1회
색깔과 무늬 태비와 토티를 포함한 다양한 솔리드 컬러 및 패턴

털에 윤기가 흐르는 아름다운 이 고양이는 쾌활하고 용감하며 능력을 뛰어넘는 재주에 도전하기도 한다.

1980년대에 버미즈(pp.87-88)와 집고양이가 우연히 교미하여 전도유망한 새끼를 낳은 것을 뉴질랜드의 브리더 2명이 각각 따로 발견했다. 그들은 그 새끼고양이를 이용하여 품종 표준은 버미즈와 동일하지만 털 색깔이 더 다양한 만달레이를 탄생시켰다. 매끈하고 광택 있는 털에 금빛 눈을 가진 이 사랑스런 고양이는 모국인 뉴질랜드에서 가장 널리 알려져 있다. 매우 기민하고 활동적이며, 유연한 골격에는 근육이 꽉 차 있다. 가족에게는 매우 다정하지만 낯선 사람에게는 조심성 있는 태도를 보인다.

약간 둥근 정수리

튼튼하고 둥그스름한 흉부

만달레이는 매우 **영리**하며 **체력**과 **지구력**이 강하다.

통키니즈(Tonkinese)

기원 미국, 1950년대
혈통 등록기관 CFA, GCCF, TICA
체중 2.5–5.5kg (6–12lb)
털 관리 주 1회
색깔과 무늬 시나몬과 폰을 제외한 모든 색, 포인티드, 태비, 토티를 포함한 패턴

세련되고 맵시 있지만 근육으로 꽉 찬 이 품종은 무릎고양이를 원하는 사람에게 안성맞춤이다.

버미즈와 샴의 교배로 탄생한 이 고양이는 두 품종의 색깔이 혼합되어 있지만 다른 아시아 계열보다 더 다부진 몸을 갖고 있으며, 탄생지인 미국과 영국 양쪽에서 상당한 인기를 끌고 있다. 통키니즈는 독립심이 강하여 가능하면 집안을 지배하려고 하지만, 다정한 성격도 있어서 주인의 무릎 위로 올라가고 싶어 한다. 놀이를 좋아하고 다른 애완동물과 잘 어울리며, 손님을 맞이하는 것도 역시 좋아한다.

이 품종은 **'골든 샴'**이라는 이름으로 **개량**되었다.

오리엔탈 – 포린 화이트(Oriental – Foreign White)

기원 영국, 1950년대
혈통 등록기관 CFA, FIFe, GCCF, TICA
체중 4–6.5kg (9–14lb)
털 관리 주 1회
색깔과 무늬 화이트

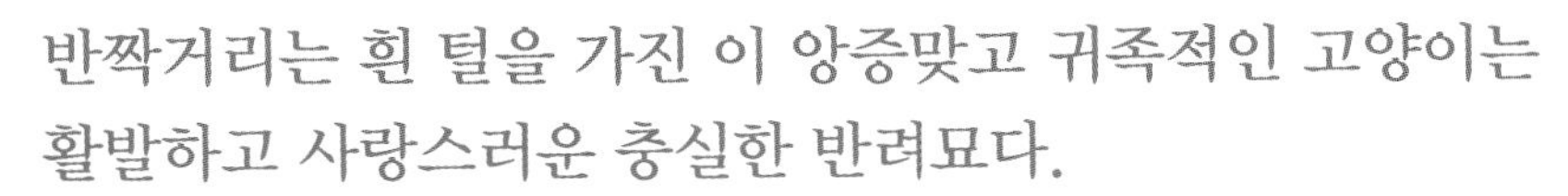
반짝거리는 흰 털을 가진 이 앙증맞고 귀족적인 고양이는 활발하고 사랑스러운 충실한 반려묘다.

이 품종은 1950년대에 샴과 흰 쇼트헤어 계열의 교배를 통해 개량되기 시작했다. 영국에서 태어난 최초의 개체들은 눈 색깔이 오렌지빛 또는 파란빛이었지만 선택적 번식을 통해 전부 파란빛이 되어 '포린 화이트'라는 이름을 얻었다. 영국 밖에서는 초록빛도 허용되며, 오리엔탈 화이트로 알려진 오리엔탈 쇼트헤어의 솔리드 컬러 변종으로 여겨진다. 이 인상적인 품종은 특유의 길쭉한 몸매와 샴에게서 물려받은 활기찬 성격을 갖추고 있다. 보통 파란빛 눈의 흰 고양이는 유전적으로 난청과 연관되어 있지만 포린 화이트에게는 그러한 문제가 없다.

아몬드형의 파란빛 눈

타원형의 말쑥한 발

포린 화이트는 다른 오리엔탈 계열과 **교배해서는 안 되는** 유일한 **오리엔탈** 품종이다.

매력적인 교잡종
통키니즈는 몸이 길쭉한 오리엔탈 계열과 다부진 쇼트헤어의 중간에 위치한다. 번식 초기에는 '골든 샴'으로 알려졌다.

오리엔탈 – 솔리드(Oriental – Solid)

기원 영국, 1950년대
혈통 등록기관 CFA, FIFe, GCCF, TICA
체중 4–6.5kg (9–14lb)

털 관리 주 1회
색깔과 무늬 브라운(하바나), 에보니, 레드, 크림, 라일락, 블루

샴의 체형에 전통적인 솔리드 컬러가 결합된 이 고양이는 호기심이 강하고 주변 탐색을 좋아한다.

솔리드 컬러의 오리엔탈 쇼트헤어는 1950년대에 샴(pp.104–109)과 다른 쇼트헤어 계열의 교배를 통해 탄생했으며, 샴의 전형적인 컬러포인트 패턴이 제거되어 있다. 초기의 오리엔탈 쇼트헤어는 털에 브라운의 짙은 음영이 있었고 '하바나'라 불렸다. 이는 이후 미국에서 '하바나 브라운'이라 불리는 독립된 품종(p.102)으로 개량되었다. 추가적인 선택적 번식이 수십 년간 이루어진 결과, 영국에서는 라일락, 미국에서는 라벤더라 불리는 하바나의 희석된 버전을 시작으로 오리엔탈 쇼트헤어에 다양한 솔리드 컬러가 도입되었다.

오리엔탈 – 시나몬, 폰(Oriental – Cinnamon and Fawn)

기원 영국, 1960년대
혈통 등록기관 CFA, FIFe, GCCF, TICA
체중 4-6.5kg (9-14lb)
털 관리 주 1회
색깔과 무늬 흰 자국 없는 시나몬과 폰

이 아름답고 총명하고 날렵한 고양이는 개처럼 주인을 잘 따르며 보기 드문 2가지 색깔 버전이 있다.

고양이의 털에 미묘한 색깔을 구현하는 것은 어렵기 때문에 오리엔탈 쇼트헤어의 이러한 변종은 진귀하다. 시나몬의 새끼고양이는 1960년대에 아비시니안(pp.132-133) 수컷과 실 포인트 샴(pp.104-105) 암컷 사이에서 처음 태어났다. 이 고양이의 매력적이고 색다른 음영 — 하바나로 알려진 오리엔탈의 진한 솔리드 브라운을 더 밝고 불그스름하게 만든 버전 — 에 고무된 브리더들이 새로운 계열을 개량하기 시작했다. 조금 뒤에 탄생한 폰 오리엔탈은 브라운을 훨씬 더 희석시킨 것이며 특히 햇빛이 비치면 머시룸핑크 혹은 장밋빛 색조를 띤다.

채찍 모양의
가늘고 긴 꼬리

폰 털

선명한 초록빛 눈

날씬하고 근육이
발달된 전형적인
오리엔탈 체형

시나몬의 털은
밝은 **레디시 브라운**을 띤다.

몸에 밀착해 있는
가느다란 시나몬 털

길고
가느다란 다리

앙증맞은 발

오리엔탈 – 스모크(Oriental – Smoke)

기원 영국, 1970년대
혈통 등록기관 CFA, FIFe, GCCF, TICA
체중 4–6.5kg (9–14lb)
털 관리 주 1회
색깔과 무늬 오리엔탈 솔리드 컬러, 토티 패턴

호기심과 지능을 겸비한 이 빼어난 오리엔탈은 언제나 추격할 준비가 되어 있다.

1971년, 셰이디드 실버의 교잡종과 레드포인트 샴의 교배로 혼합색의 새끼고양이들이 태어났다. 그중 1마리가 스모크 패턴을 가진 것을 보고 브리더들이 새로운 외모의 오리엔탈을 개량하기 시작했다. 스모크 피모의 털 하나하나에는 2개의 색깔 띠가 있다. 위쪽 띠는 블루, 블랙, 레드, 초콜릿을 포함한 솔리드 또는 토터셸이고, 그 아래의 적어도 3분의 1은 아주 엷거나 흰색이다. 엷은 색 부분이 어두운 색 사이로 나타나는데 특히 움직일 때 뚜렷이 보인다.

코 쪽으로 기울어진 선명한 초록빛 눈

'고스트' 태비 무늬

오리엔탈 – 셰이디드(Oriental – Shaded)

기원 영국, 1970년대
혈통 등록기관 CFA, FIFe, GCCF, TICA
체중 4–6.5kg (9–14lb)
털 관리 주 1회
색깔과 무늬 화이트를 제외한 모든 색깔 및 태비 패턴

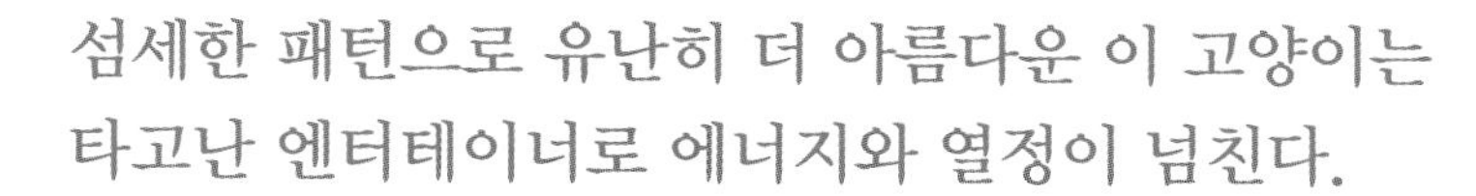

초콜릿포인트 샴(pp. 104–105)과 페르시안 친칠라(p. 190)의 우연한 교미로 태어난 새끼 가운데 2마리가 셰이디드 실버 털을 갖고 있었다. 이것이 브리더들의 흥미를 불러일으켜 새로운 오리엔탈 품종의 더딘 개량이 시작되었다. 셰이디드 오리엔탈의 털은 본래 변형된 태비 패턴으로, 짙은 색의 무늬가 털의 위쪽 끝부분에만 나타난다. 틱트, 스포티드, 매커럴, 클래식 태비 패턴으로 나타날 수 있는 이 무늬는 새끼고양이에게 선명히 나타나지만, 나이가 들면서 흐려지고 거의 보이지 않는 경우도 있다.

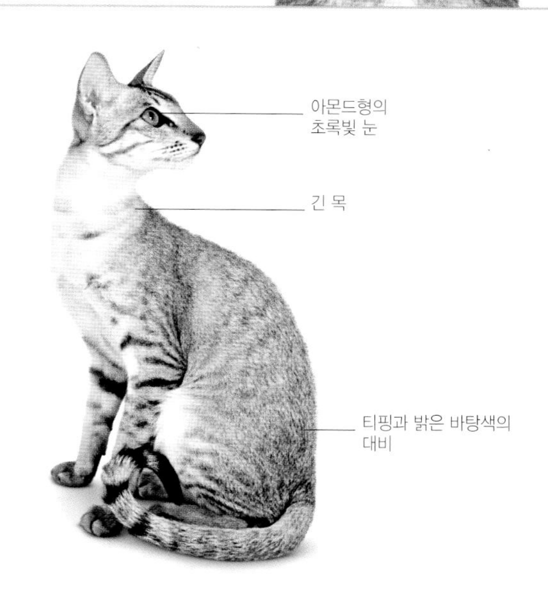

셰이디드 품종은 **흰색 속털**을 가지며 이는 **오리엔탈 계열**의 **300가지**가 넘는 색깔 중 하나다.

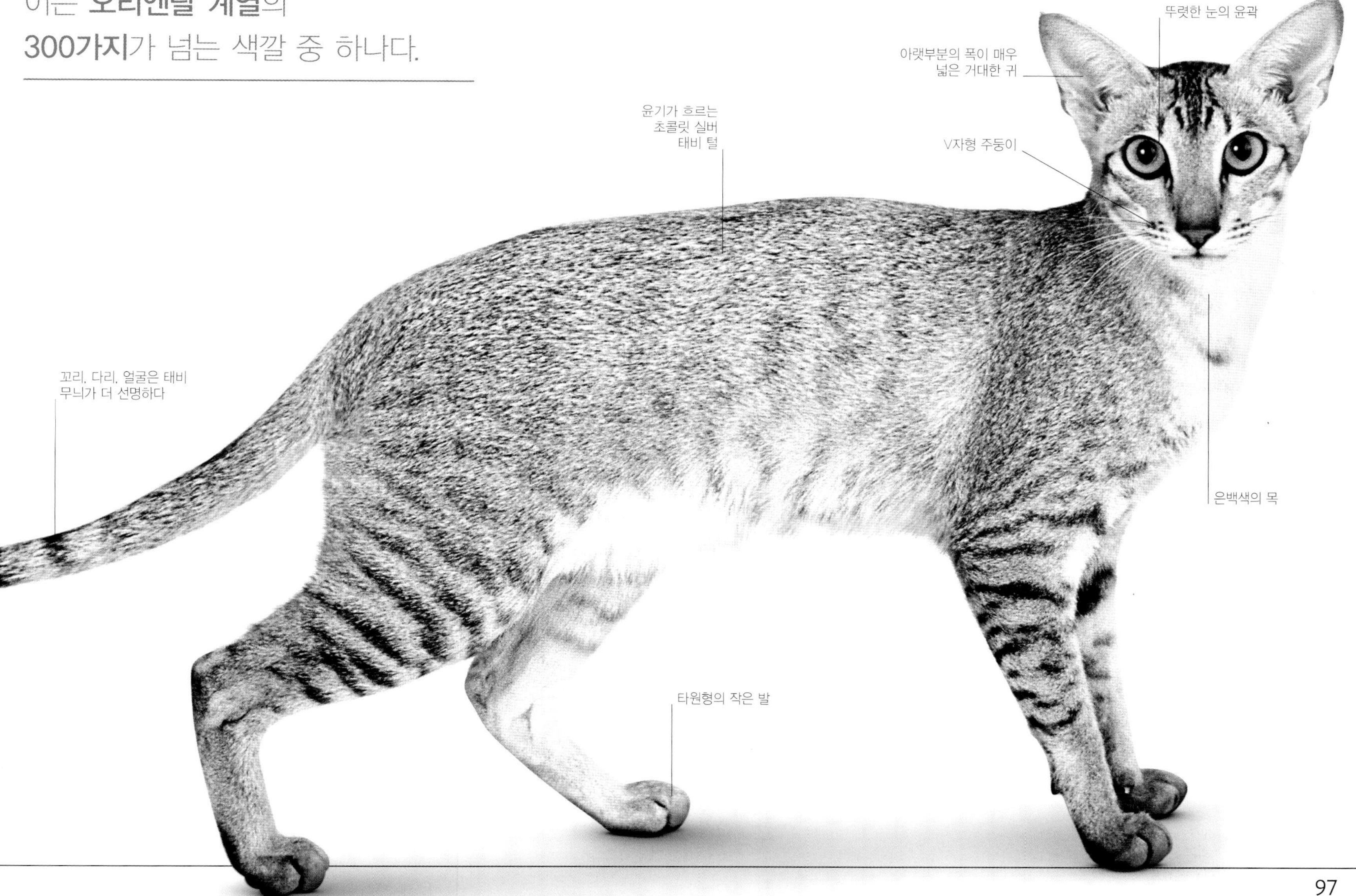

오리엔탈 스타일

날렵한 몸매, 줄무늬와 반점이 있는 털을 가진 오리엔탈 쇼트헤어 태비가 풍기는 밀림의 분위기는 범상치 않다. 모든 전통적인 패턴과 색이 인정된다.

오리엔탈 – 태비(Oriental – Tabby)

기원 영국, 1970년대
혈통 등록기관 CFA, FIFe, GCCF, TICA
체중 4–6.5kg (9–14lb)
털 관리 주 1회
색깔과 무늬 모든 색깔, 셰이디드 태비, 토티 태비 패턴, 화이트

명칭의 혼란

오리엔탈이 탄생했을 때 이 새로운 품종에 이름이 필요했다. 당초 영국에서는 태비와 토티만이 '오리엔탈', 브라운(하바나)을 제외한 솔리드 컬러는 '포린'이라 불렸다. 스포티드 태비를 '마우'라 부르자는 제안은 이집션 마우(p.130)와 혼동을 일으키기 때문에 받아들여지지 않았다. 현재 오리엔탈의 모든 변종은 (미국에서 그래왔던 것처럼) '오리엔탈'이라 불리며, 포린 화이트(p.91)는 예외다.

실버 스포티드 태비

이 활기 넘치는 고양이는 유선형의 체형과 아름다운 태비 패턴이 다양하게 결합되어 있으며, 방치되는 것을 싫어한다.

오리엔탈 태비는 다른 오리엔탈 계열과 마찬가지로 털의 색깔과 무늬가 다양하다. 솔리드 컬러 오리엔탈 쇼트헤어의 인기가 상승함에 따라 브리더들은 오리엔탈 태비 계열로 관심을 돌렸다. 초기에는 순혈통이 아닌 태비와 샴의 교배가 시도되었다. 1978년에 처음으로 공인받은 것은 오늘날 집고양이의 선조로 여겨지는 샴 계열 스포티드 태비의 현대판이었다. 스포티드 태비는 아구티 털에 솔리드 컬러의 둥근 반점이 있고, 다리에는 줄무늬가 있다. 1980년대에는 틱트(아구티 몸통, 줄무늬 다리), 매커럴(척추를 따라 나타나는 몸 전체의 줄무늬), 클래식 태비(대리석 무늬의 어두운 색 패턴)의 오리엔탈도 등장했다. 보통 블랙, 레드, 크림의 혼합으로 나타나는 토티 태비 오리엔탈도 이 시기에 추가되었다. 귀족적인 외모를 하고 있지만 활발하고 짓궂으며 잘 논다.

새끼고양이

오리엔탈 – 토티(Oriental – Tortie)

기원 영국, 1960년대
혈통 등록기관 CFA, FIFe, GCCF, TICA
체중 4–6.5kg (9–14lb)
털 관리 주 1회
색깔과 무늬 블랙, 블루, 초콜릿, 라일락, 폰, 시나몬, 캐러멜(연갈색)의 바탕색; 토터셸 패턴

털에 무늬가 있는 이 품종은 애정이 깊고 대담하며, 항상 노는 것을 좋아한다.

샴(현재의 태국)의 고대왕국 시대에 지어진 《고양이 시집》에 따르면, 토티(토터셸) 패턴의 오리엔탈 고양이는 긴 역사를 품고 있다. 현대판 오리엔탈 토티의 개량은 1960년대에 솔리드 컬러의 오리엔탈(p.94)과 레드, 토티, 크림 포인트 샴(pp.104–105)의 교배로 시작되었고, 품종으로서는 1980년대에 공인되었다. 토티 털은 몇몇 바탕색에 서로 대비를 이루는 크림, 혹은 레드와 크림의 반점이 섞여 있다. 토터셸 유전자의 분포 관계 때문에 토티는 대부분 암컷이며 수컷도 드물게 있지만 불임이다.

오리엔탈 – 바이컬러(Oriental – Bicolour)

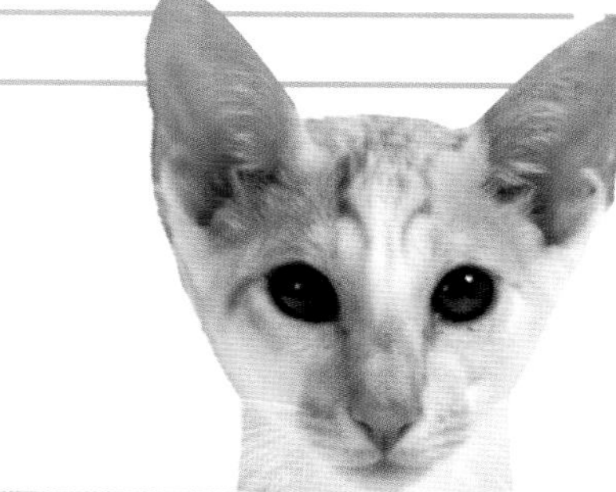

기원 미국, 1970년대
혈통 등록기관 FIFe, GCCF, TICA
체중 4-6.5kg (9-14lb)

털 관리 주 1회
색깔과 무늬 다양한 솔리드 컬러, 셰이드, 그리고 태비, 토티, 컬러포인트를 포함한 패턴으로 항상 흰 영역이 있다.

인상적인 색깔을 띠는 이 유연하고 날씬한 고양이는 개성이 강하고 꽤 수다스러운 편이다.

오리엔탈 쇼트헤어 그룹에 속하는 이 멋진 품종은 미국의 브리더들이 샴(pp.104-109)과 바이컬러 아메리칸 쇼트헤어(p.113)가 포함된 이종교배를 통해 개량했다. 유럽에서는 '적절한' 외모를 얻기 위해 실험적인 교배가 추가로 진행되었다. 영국 최초의 오리엔탈 바이컬러는 2004년에 등장했다. 이 빼어난 고양이는 색깔과 패턴이 끝도 없이 다양하며 샴처럼 컬러포인트가 있는 버전도 있다. 품종 표준은 흰색 반점이 다리, 복부, 주둥이를 포함하여 몸 전체의 3분의 1 이상을 차지할 것을 요구한다.

바이컬러의 눈은 **초록빛**, **파란빛**, 혹은 **오드컬러**(한쪽은 파란빛, 다른 한쪽은 초록빛)이다.

하바나(Havana)

기원 미국, 1950년대
혈통 등록기관 CFA, TICA
체중 2.5–4.5kg (6–10lb)

털 관리 주 1회
색깔과 무늬 진한 브라운, 라일락

온순하고 활발한 이 품종은 실내 생활을 즐거워하며, 어떤 상황에서도 침착함과 자신감을 잃지 않고 적응한다.

하바나(원래는 하바나 브라운으로 알려졌다)는 복잡한 배경을 가진 희소 품종으로, 진한 브라운 색을 띠는 두 가지 유형의 외모를 갖게 되었다. 영국에서는 샴(pp.104-109)과 단모종 집고양이의 교배로 길고 호리호리한 샴의 체형을 가져 솔리드 컬러의 오리엔탈 쇼트헤어(p.94)로 분류되었다. 북미에서는 샴이 이용되지 않아 얼굴이 둥글고 몸이 길지 않은 고양이(사진 참조)가 탄생했다. 놀랄 만큼 아름다운 하바나를 보고 그냥 지나칠 수는 없겠지만, 이 고양이는 관심을 받지 못하면 분명 주의를 끌려 할 것이다. 애정이 넘치고 언제나 사람 옆에 있기를 좋아한다.

열광적인 팬은 이 매력적인 **초콜릿 브라운 고양이**를 **'초콜릿 딜라이트'**라고 절찬한다.

타이(Thai)

기원 유럽, 1990년대
혈통 등록기관 TICA
체중 2.5–5.5kg (6–12lb)

털 관리 주 1회
색깔과 무늬 옅은 바탕색, 태비와 토티를 포함한 모든 포인트 컬러

이 수다스런 품종은 매우 영리하고 호기심이 왕성하며, 사람을 좋아하여 주인이 계속 관심을 가져주길 원한다.

유연하고 우아하며 다양한 색깔의 포인트가 나타나는 타이는 샴이 극단적으로 길쭉한 모습이 되기 전인 1950년대의 전통적인 모습과 닮아 있다. 타이의 세부적 특징은 길고 납작한 이마, 둥근 뺨, 끝이 가는 V자형 주둥이를 가진 머리에 있다. 매우 활발하고 총명하여 모든 것을 탐색하고 주인을 어디든 따라다닌다. 목소리와 행동으로 의사소통을 잘하고 반응을 얻을 때까지 계속한다. 오랫동안 홀로 남겨지는 집에서는 기르기에 적합하지 않다.

태국에서 '**위치엔마트**'라 불리는 이 품종은 **옛 스타일의 샴**과 비슷하다.

샴 – 솔리드 포인티드(Siamese – Soild-Pointed)

기원 태국 (샴), 14세기
혈통 등록기관 CFA, FIFe, GCCF, TICA
체중 2.5–5.5kg (6–12lb)

털 관리 주 1회
색깔과 무늬 포인트 패턴이 있는 모든 솔리드 컬러

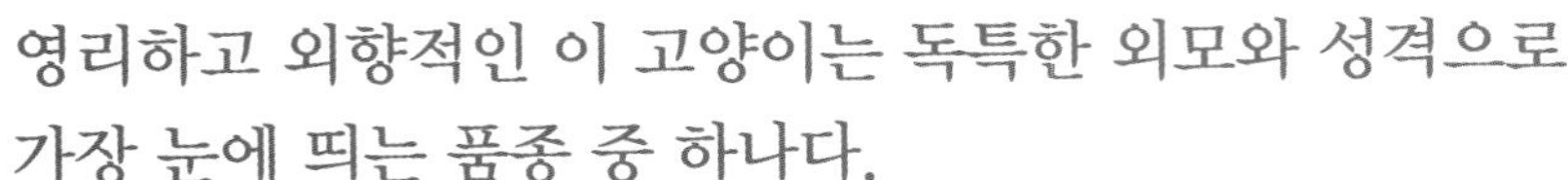

영리하고 외향적인 이 고양이는 독특한 외모와 성격으로 가장 눈에 띄는 품종 중 하나다.

샴의 역사에는 확실한 사실보다 신화나 전설이 더 많이 포함되어 있다. 이 '샴 왕실 고양이'의 진짜 역사는 전해지지 않고 있다. 14세기의 저술로 추정되는 샴(현재의 태국)의 《고양이 시집》에 짙은 색의 포인트가 있는 고양이가 그려져 있어 아주 오래된 품종이라 생각된다. 1870년대에 런던의 캣쇼에 등장하면서 서양에 처음으로 알려졌고, 같은 시기에 1마리가 미국 대통령 러더퍼드 B. 헤이스(Rutherford B. Hayes)의 부인을 위한 선물로 방콕에서 미국으로 보내졌다. 품종 개량 초기에는 영국과 미국 양쪽에서 모든 샴에게 실(seal) 포인트가 나타났지만, 1930년대 이후 블루, 초콜릿, 라일락 등 새로운 색깔이 도입되었다. 샴의 외모는 다른 방식으로도 변해왔다. 사시 눈, 구부러진 꼬리와 같은 형질이 한때 흔했지만 개량을 통해 제거되었고 현재는 품종 표준에 어긋난 것으로 간주된다. 더 논쟁적인 것은, 길쭉한 몸과 좁은 머리를 극단으로 밀어붙여 매우 야위고 각진 모습을 만들어낸 것이다. 자존심이 세고 큰 목소리로 관심을 끄는 샴은 모든 고양이 가운데 가장 외향적이다. 총명하고 즐거움과 활기로 가득하며 언제든 애정을 주고받는 훌륭한 애완동물이다.

잊혀진 체형

1970년대 이전의 샴은 대부분의 단모종에게 전형적으로 나타나는 둥근 머리와 적당히 탄탄한 몸을 가졌다(아래 사진은 1900년대의 챔피언 샴의 모습). 이후 브리더들이 완전히 새로운 샴을 만들어 옛 모습을 거의 찾아볼 수 없다. 품종 표준도 현재 선호되는 극단적인 체형에 맞게 개정되어 옛 유형의 샴은 더 이상 무대에 설 수 없게 되었다. 하지만 옛 모습을 좋아하는 열성적인 애호가들 사이에서 여전히 번식되고 있다.

시나몬 포인트가 있는
아이보리의 가늘고 짧은
털이 몸에 밀착해 있다
새끼고양이
매우 크고 끝이 뾰족한
귀가 머리의 윤곽을
따라 이어진다
아몬드형의
파란빛 눈
곧은 코
V자형 머리
가늘고
긴 다리
타원형의
말쑥한 발

체온 조절

샴의 포인트 색깔은 온도에 민감한 효소에 의해 결정된다. 상대적으로 차가운 말단 부위에는 색깔이 정상적으로 나타나지만 따뜻한 몸통에는 색소가 생성되지 않는다.

샴 – 태비 포인티드(Siamese – Tabby-Pointed)

기원 영국, 1960년대
혈통 등록기관 FIFe, GCCF, TICA
체중 2.5–5.5kg (6–12lb)

털 관리 주 1회
색깔과 무늬 실, 블루, 초콜릿, 라일락, 레드, 크림, 시나몬, 캐러멜, 폰, 애프리콧(살구색) 등 많은 색의 태비 포인트; 또한 다양한 토티 태비 포인트 컬러

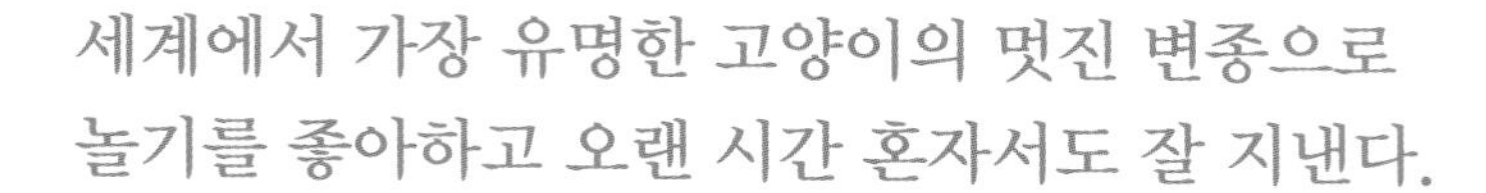

세계에서 가장 유명한 고양이의 멋진 변종으로
놀기를 좋아하고 오랜 시간 혼자서도 잘 지낸다.

태비 포인트가 있는 샴은 20세기 초기의 기록에는 별로 언급되지 않았지만 1960년대부터 선별적 개량이 시작되었다. 브리더들의 관심을 끈 최초의 태비 포인트 샴은 의도치 않은 교배로 태어난 솔리드 포인트 샴 암컷이었다고 한다. 그 후 몇 년이 지나 영국에서 '샴 태비 포인티드'라는 품종으로 등록되었고, 미국에서는 '링크스 컬러포인트'로 알려져 있다. 본래 실 태비만이 있었지만 현재 품종 표준에는 여러 아름다운 태비 컬러가 포함되어 있다.

샴 – 토티 포인티드(Siamese – Tortie-Pointed)

기원 영국, 1960년대
혈통 등록기관 GCCF, TICA
체중 2.5–5.5kg (6–12lb)
털 관리 주 1회
색깔과 무늬 실, 블루, 초콜릿, 라일락, 캐러멜, 시나몬, 폰 등 다양한 토티 포인트 컬러

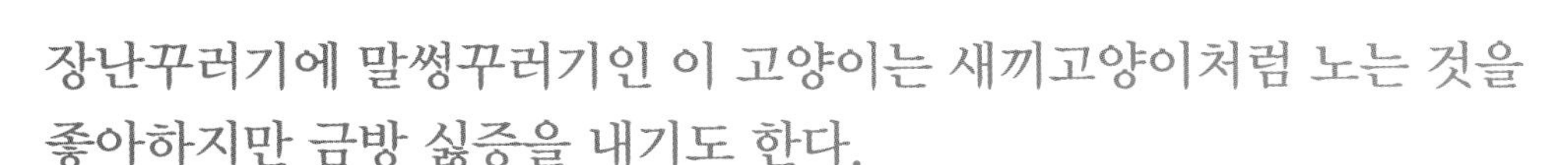

장난꾸러기에 말썽꾸러기인 이 고양이는 새끼고양이처럼 노는 것을 좋아하지만 금방 싫증을 내기도 한다.

샴의 토티(토터셸) 컬러포인트는 주황색의 발현 유전자를 도입하는 복잡한 번식 과정을 거쳐 만들어졌다. 이 유전자는 실, 블루, 폰 등의 솔리드 컬러를 무작위로 바꿈으로써 레드, 애프리콧, 크림의 음영이 나타나는 얼룩덜룩한 패턴을 형성한다. 줄무늬가 나타나는 변종도 있다. 새끼고양이에게는 혼합된 색깔이 서서히 나타나며 완전히 드러나는 데 1년까지 걸릴 수 있다. 1960년대 후반 영국에서 토티 샴으로서 최초로 공인받은 색깔은 실 토티 포인티드다.

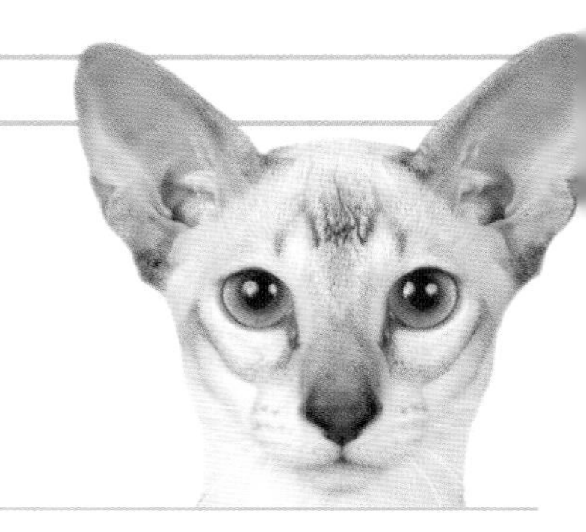

컬러포인트 쇼트헤어(Colourpoint Shorthair)

기원 미국, 1940년대/1950년대
혈통 등록기관 CFA
체중 2.5-5.5kg (6-12lb)
털 관리 주 1회
색깔과 무늬 다양한 솔리드, 태비, 토티 포인트 컬러

관심을 끌고 싶어 하는 다정하고 쾌활한 고양이로, 영리하여 다른 품종에 비해 길들이기 쉽다.

특히 아름다운 색깔 조합을 위해 개량된 이 품종은 1940년대와 1950년대에 샴과 레드 태비 아메리칸 쇼트헤어(p.113)의 교배를 통해 탄생했다. 컬러포인트 쇼트헤어는 샴처럼 길쭉한 몸, 갸름한 머리, 커다란 귀, 빛나는 파란빛 눈을 가졌기 때문에 색깔이 다르지 않았다면 샴과 구별되지 않았을 것이다. 영리하고 붙임성 있고 수다스러운 이 고양이는 사람의 이목을 끌고 싶어 한다. 늘 가족과 함께 지내야 하며 — 즐거운 일이 많을수록 좋다 — 오랜 기간 집을 비우는 주인에게는 맞지 않는다.

이 품종은 샴의 **포인트 컬러**에 **레드**를 도입함으로써 **탄생**하게 되었다.

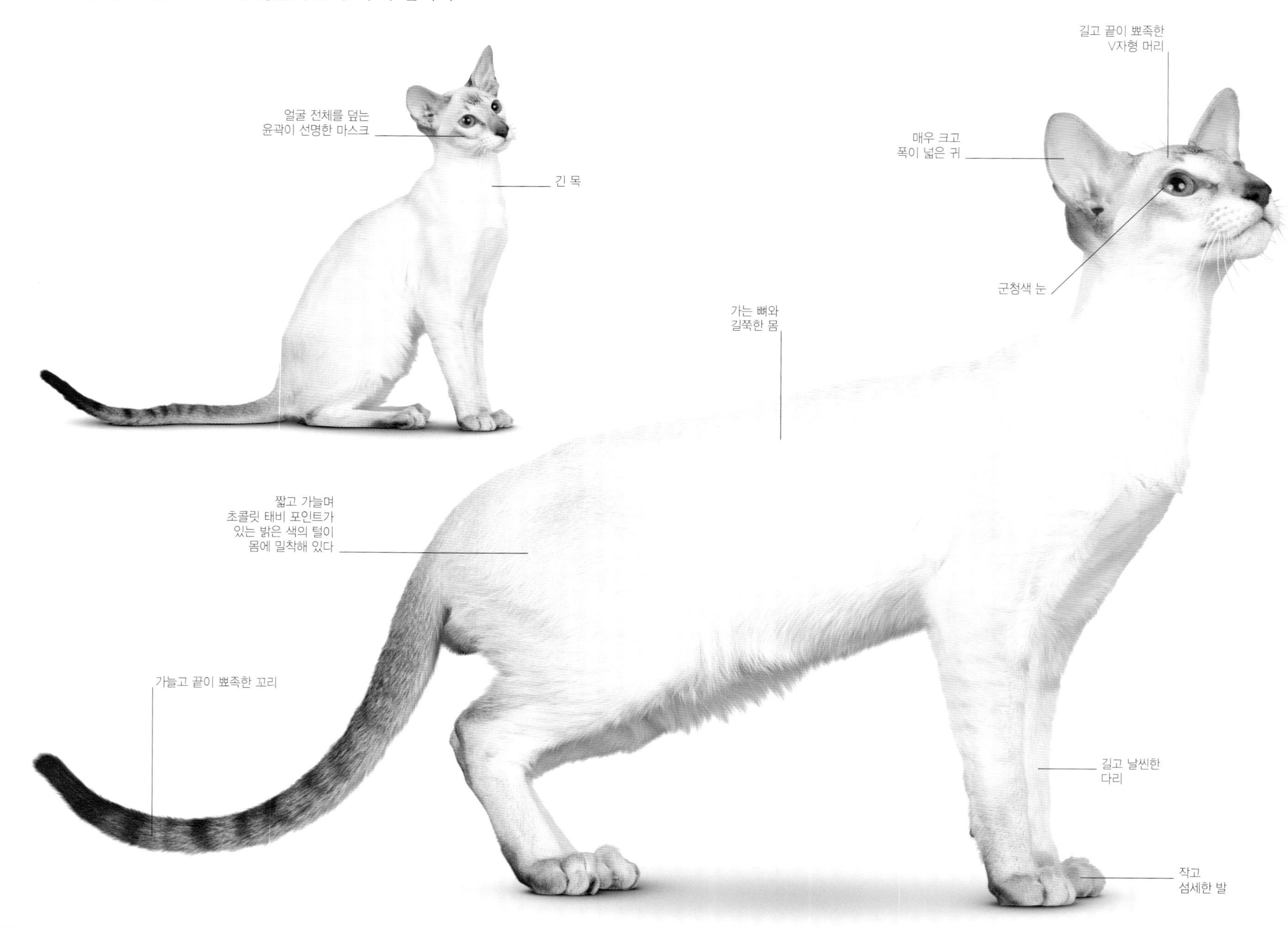

세이셸루아(Seychellois)

기원 영국, 1980년대
혈통 등록기관 FIFe, TICA
체중 4-6.5kg (9-14lb)

털 관리 주 1회
색깔과 무늬 흰 바탕색에 솔리드, 토티, 태비의 대비적인 무늬. 항상 포인트가 있는 바이컬러

사교적이고 활기와 애정이 넘치는 이 품종은 조용한 삶을 선호하는 사람에게는 맞지 않는다.

아직 세계적으로는 인정받지 못한, 비교적 새로운 이 품종은 세이셸에 서식하는 독특한 패턴의 고양이를 재현하기 위한 노력으로 영국에서 탄생했다. 처음에는 샴(pp.104-109)과 토티 앤드 화이트 페르시안(pp.202-203)이 교배되었는데, 이후 오리엔탈 계열이 추가되어 우아하고 머리가 길고 귀가 큰 단모종 및 장모종이 탄생했다. 세이셸루아는 그 인상적인 무늬의 크기에 따라 뇌비엠(neuvième, 가장 작은 무늬), 세티엠(septième), 위티엠(huitième, 가장 큰 무늬)의 세 가지 유형으로 분류된다. 괴짜이고 요구사항이 많지만 애정이 깊은 반려묘로 알려져 있다.

단모종 세이셸루아는 **얼룩무늬 유전자**로 인해 **흰 반점**이 생긴 샴이라 여겨진다.

스노슈(Snowshoe)

기원 미국, 1960년대
혈통 등록기관 FIFe, GCCF, TICA
체중 2.5–5.5kg (6–12lb)

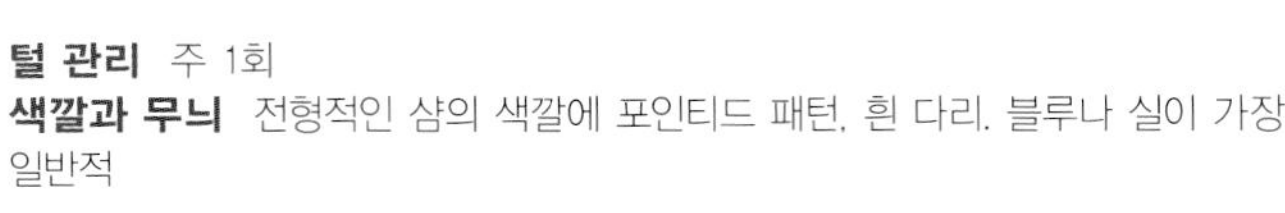

털 관리 주 1회
색깔과 무늬 전형적인 샴의 색깔에 포인티드 패턴, 흰 다리, 블루나 실이 가장 일반적

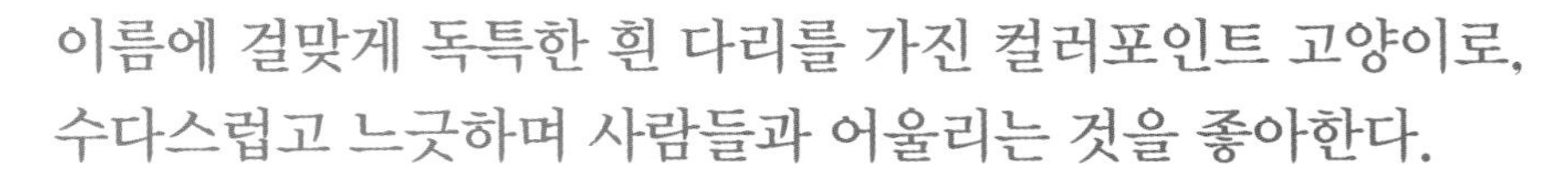

이름에 걸맞게 독특한 흰 다리를 가진 컬러포인트 고양이로, 수다스럽고 느긋하며 사람들과 어울리는 것을 좋아한다.

스노슈의 특징인 흰 다리는 본래 보통의 컬러포인트 샴이 낳은 새끼에게 나타난 '오류'였다. 그 브리더였던 필라델피아의 미국인 도로시 하인즈-도허티는 이러한 새로운 외모가 마음에 들어 샴(pp. 104-109)과 아메리칸 쇼트헤어(p. 113)의 교배를 통해 스노슈를 탄생시켰다. 영리하고 반응을 잘 하며 개성이 뚜렷한 이 고양이는 가정적인 환경을 좋아하고 늘 가족이 보이는 곳에 있고 싶어 한다. 대부분 다른 고양이와도 아주 잘 어울린다. 성격이 차분하여 고양이를 처음 기르는 사람에게 적당하다.

아메리칸 쇼트헤어(American Shorthair)

기원 미국, 1890년대
혈통 등록기관 CFA, TICA
체중 3.5–7kg (8–15lb)

털 관리 주 2–3회
색깔과 무늬 대부분의 솔리드 컬러 및 셰이드; 바이컬러, 태비, 토티를 포함한 패턴

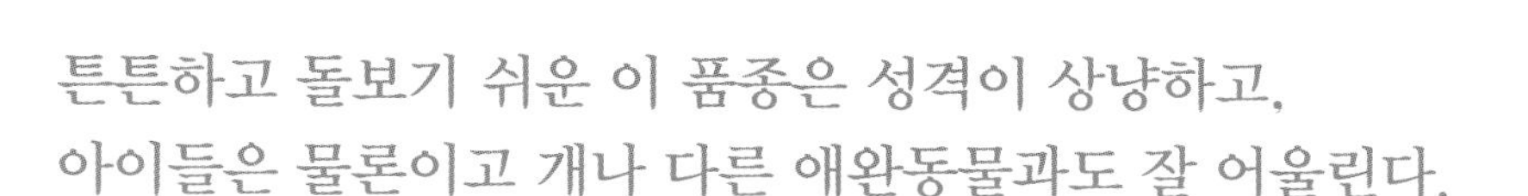

튼튼하고 돌보기 쉬운 이 품종은 성격이 상냥하고, 아이들은 물론이고 개나 다른 애완동물과도 잘 어울린다.

미국 최초의 집고양이는 1600년대에 초기 이주자와 함께 등장했다고 알려져 있다. 그 후 몇 세기에 걸쳐 튼튼하고 솜씨 좋은 고양이가 미국 전역에 퍼져 대부분 애완동물보다는 쥐 사냥꾼으로 길러졌다. 20세기 초에 '도메스틱 쇼트헤어'라 불리는 세련된 유형의 농장 사냥꾼이 출현하기 시작했고, 신중한 번식을 통해 개량되어 1960년대에는 — 이때 '아메리칸 쇼트헤어'라고 개명되었다 — 캣쇼에서 주목을 끌게 되었다. 건강하고 강인한 아메리칸 쇼트헤어는 어떤 유형의 가정과도 잘 맞는 완벽한 집고양이다.

유러피언 쇼트헤어(European Shorthair)

기원 스웨덴, 1980년대
혈통 등록기관 FIFe
체중 3.5-7kg (8-15lb)

털 관리 주 1회
색깔과 무늬 다양한 컬러 및 바이컬러의 솔리드 및 스모크; 컬러포인트, 태비, 토티를 포함한 패턴

고상한 분위기의 섬세한 집고양이로, 차분하고 내성적이며 훈련도 쉽다고 알려져 있다.

유러피언 쇼트헤어는 언뜻 보면 전형적인 집고양이와 매우 비슷하다. 스칸디나비아에서 큰 인기를 끄는 이 품종은 스웨덴에서 평범한 집고양이로부터 개량되었지만 색깔과 체형을 기준으로 선별된 최고의 개체만을 사용하여 신중하게 번식되었고, 브리티시 쇼트헤어(pp.118-119) 등 비슷한 유형의 다른 고양이와 달리 다른 계열과는 교배되지 않았다. 튼튼하고 활발하며 실내에서든 실외에서든 잘 지내는 야무진 애완동물이다. 사교적이지만 독립적인 태도를 유지하며, 낯선 사람들에겐 무관심한 경우도 있다.

샤르트뢰(Chartreux)

기원 프랑스, 18세기 이전
혈통 등록기관 CFA, FIFe, TICA
체중 3-7.5kg (7-17lb)
털 관리 주 2-3회
색깔과 무늬 모두 블루-그레이

미소 짓는 표정의 샤르트뢰는 땅딸막하지만 민첩하고 매우 충성스러워서 훌륭한 반려묘로 평가된다.

오랜 전통을 가진 이 프랑스 품종의 역사에 관해서는 논쟁의 여지가 있다. 샤르트뢰라는 이름은 18세기 중반에 처음 지어졌는데, 샤르트뢰즈라는 유명한 술을 만든 카르투지오 수도사들에게서 유래했다는 전설이 있다. 그러나 그들이 이 같은 양털 감촉의 블루 털을 가진 고양이를 길렀다는 증거는 없다. 차분하고 요구사항이 많지 않으며 목소리가 부드러운 이 품종은 소극적이기는 하지만 다정한 집고양이다. 조용한 놀이를 좋아하지만 사냥 모드에 들어가면 에너지를 발산하기도 한다.

벨벳 같은 털

풍성하고 은빛 광택이 나는 털은 러시안 블루의 두드러진 특징이다. 이 멋진 고양이는 이름에 걸맞게 블루가 유일한 털 색깔이다.

러시안 블루(Russian Blue)

기원 러시아, 19세기 이전
혈통 등록기관 CFA, FIFe, TICA
체중 3-5.5kg (7-12lb)

털 관리 주 1회
색깔과 무늬 다양한 셰이드의 블루

우아하고 정다우며 자립심이 강한 이 고양이는 그다지 주의를 끌려 하지 않으며, 낯선 사람을 경계한다.

가장 일반적인 설에 따르면, 러시안 블루는 북극권 바로 아래에 위치한 러시아의 항구도시 아르항겔스크 부근에서 유래했다고 한다. 선원들에 의해 서유럽에 들어온 것으로 추정되며, 영국에서는 첫 번째 캣쇼에도 등장하며 19세기 말 이전부터 관심을 끌었고, 20세기 초에는 북미에서도 볼 수 있게 되었다.
현대 러시안 블루의 혈통은 영국, 미국, 스칸디나비아의 브리더들이 개량했다. 품위 있는 분위기, 초록빛 눈, 윤기 흐르는 회청색의 털을 가진 러시안 블루가 큰 인기를 끌고 있는 것은 놀랄 일이 아니다. 낯선 사람은 경계하지만 부드러운 목소리와 유순한 성격으로 주인에게는 넘치는 애정을 조용히 쏟는다. 또 가족 전원보다는 그중 한 사람과 유대 관계를 맺는 경향이 있다. 호기심과 장난기가 많지만 심하게 조르지는 않는다. 이 품종의 다른 색깔 버전이 '러시안 쇼트헤어'라는 이름으로 탄생했다(오른쪽 박스 참조).

새끼고양이

색의 혼합

러시안 블루의 털 색깔은 검은 털을 발현하는 유전자의 희석된 버전에 의해 만들어진다. 러시안 블루끼리의 교배로 태어난 새끼는 반드시 블루 털을 갖는다. 러시안 블루와 러시안 쇼트헤어의 교배를 통해서는 블루와 블랙 모두 태어날 수 있다. 블루와 화이트의 새끼로는 화이트, 블랙, 블루가 가능하다. 털이 어떤 색이든 특유의 초록빛 눈을 갖는다.

브리티시 쇼트헤어 – 솔리드(British Shorthair – Soild)

기원 영국, 1800년대
혈통 등록기관 CFA, FIFe, GCCF, TICA
체중 4–8kg (9–18lb)
털 관리 주 1회
색깔과 무늬 모든 솔리드 컬러

아름다운 외모와 느긋한 성격의 이 고양이는 애정이 넘치지만 감정을 크게 드러내지는 않는다.

영국의 평범한 집고양이 가운데 최고의 개체들로부터 개량된 브리티시 쇼트헤어는 19세기 말 캣쇼에 처음으로 등장한 순혈종 중 하나다. 이후 수십 년 동안 페르시안을 비롯한 장모종에 가려져 별로 주목을 받지 못하다가 20세기 중반 이후 가까스로 부활했다.

브리티시 쇼트헤어는 농장과 농가에서 유해동물을 퇴치하며 살아남은 고양이의 후손이지만 지금은 완벽한 난롯가 고양이의 모델이 되었다. 유럽에서 인기가 높으며 그다지 잘 알려지지 않은 미국에서도 팬이 꾸준히 늘고 있다.

수십 년에 걸친 신중한 선별을 통해 균형이 잘 잡힌 양질의 브리티시 쇼트헤어가 탄생했다. 탄탄한 체격에 중대형 크기의 야무진 몸과 튼튼한 다리를 갖추고 있다. 큼직하고 둥근 머리, 넓은 뺨, 크게 뜬 눈이 특징이다. 짧고 촘촘한 털은 색깔이 다양하며 폭신하고 꽉 짜인 질감을 갖는다.

통통한 뺨과 평온한 표정에서 드러나듯이 성격이 차분하고 다정하며, 도시든 시골이든 어디서나 잘 적응한다. 튼튼하지만 운동신경이 뛰어나거나 과하게 활동적이지는 않다. 뛰어다니기보다는 가만히 있는 것을 선호하고, 집안에 머물며 소파를 점령하는 것을 매우 좋아한다. 하지만 실외 활동도 즐기며, 선조에게 물려받은 사냥 기술을 유감없이 발휘하기도 한다.

조용히 애정을 쏟는 이 고양이는 주인 곁에 있기를 좋아한다. 집안에서 일어나는 일에 주의를 기울이지만 과도하게 주목을 받으려 하지는 않는다.

대부분 건강 상태가 양호하고 오래 살 수 있다. 굵은 털은 엉클어지지 않아 주기적으로 빗질만 해주면 건강이 유지되기 때문에 돌보기 쉽다.

짧고 촘촘한 블랙 털에는 흰 무늬가 없다

크고 탄탄한 몸

끝이 조금 가는 꼬리

둥글고 단단한 발

새끼고양이

품종 표준의 확립

1871년 런던에서 개최된 최초의 조직적인 캣쇼는 브리티시 쇼트헤어 애호가인 해리슨 위어의 아이디어에 따른 것이었고, 그는 자신의 태비가 우승함으로써 큰 보상을 받았다.

'고양이 애호의 아버지'로 알려진 위어는 심사 표준의 확립을 위한 선택적 교배를 장려했다. 그는 많은 저서를 남겼지만 특히 고양이의 다양한 유형과 품종을 일러스트를 곁들여 소개하는 《우리 고양이(*Our Cat*)》가 유명하다.

해리슨 위어

브리티시 쇼트헤어 – 컬러포인티드(British Shorthair – Colourpointed)

기원 영국, 1800년대
혈통 등록기관 FIFe, GCCF, TICA.
체중 4–8kg (9–18lb)

털 관리 주 1회
색깔과 무늬 블루–크림, 실, 레드, 초콜릿, 라일락을 포함한 다양한 포인트 컬러; 태비 및 토티 패턴

새로운 모습을 한 전통적인 품종으로, 아이들을 좋아하고 개와도 잘 어울리는 이상적인 집고양이다.

브리티시 쇼트헤어의 최신 변종인 컬러포인티드는 1991년에 공인되었다. 이 이색적인 고양이는 샴의 포인티드 털 패턴을 가진 브리티시 쇼트헤어를 탄생시키기 위한 실험적인 이종교배의 결과다. 여러 가지 매력적인 털 색깔이 개량되었으며, 샴처럼 모든 유형이 파란빛 눈을 갖지만 쇼트헤어 특유의 단단한 체격과 둥근 머리는 그대로 남아 있다. 오리엔탈 계열의 미국 품종인 컬러포인트 쇼트헤어(p.110)와 이름이 비슷하여 때때로 혼동을 일으킨다.

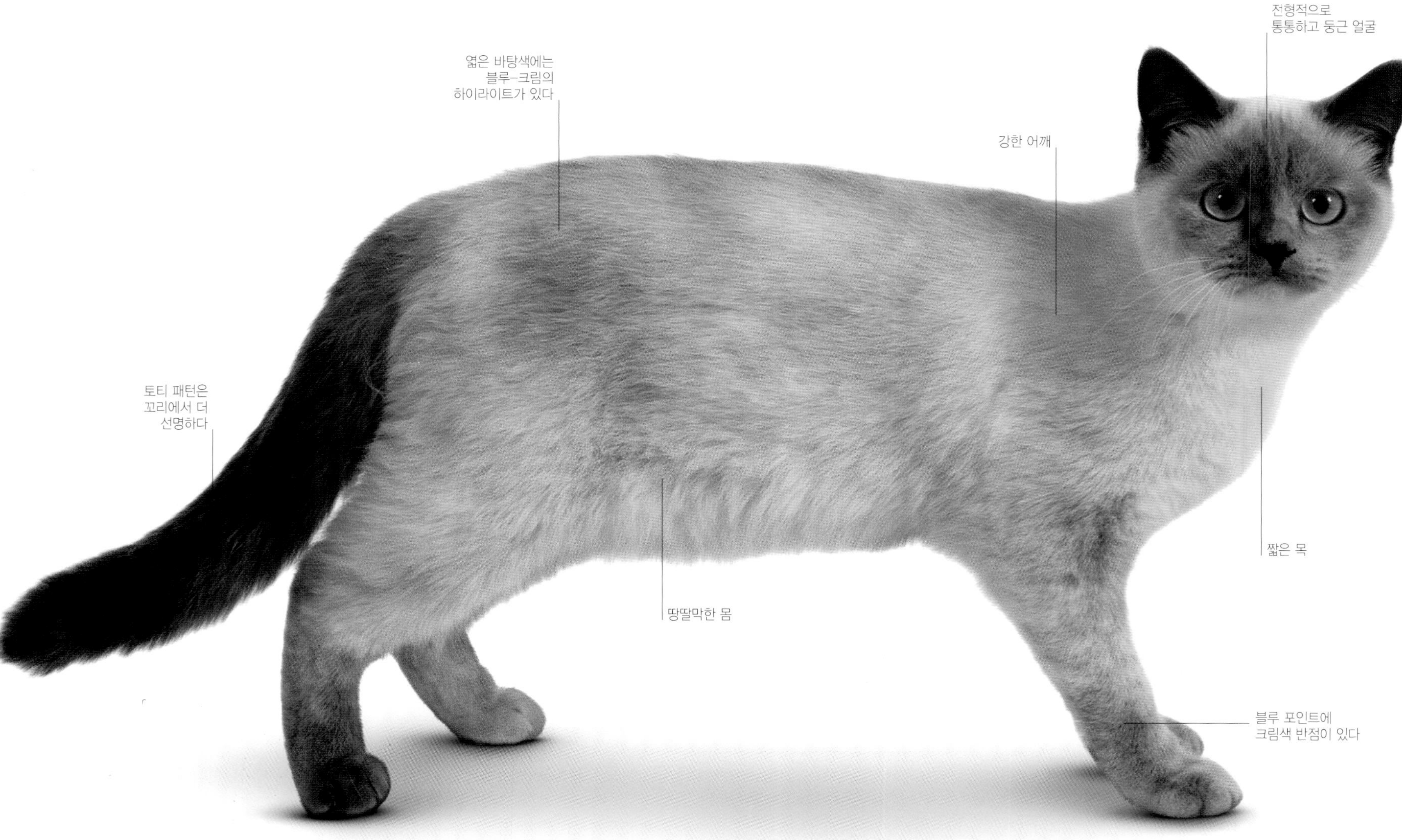

브리티시 쇼트헤어 – 바이컬러(British Shorthair – Bicolour)

기원 영국, 1800년대
혈통 등록기관 CFA, FIFe, GCCF, TICA
체중 4–8kg (9–18lb)
털 관리 주 1회
색깔과 무늬 블랙 앤드 화이트, 블루 앤드 화이트, 레드 앤드 화이트, 크림 앤드 화이트

이 우아한 고양이는 요구가 많지 않고 온순하지만 손길을 거부할 때도 있다.

블랙 앤드 화이트 브리티시 쇼트헤어는 혈통이 탄생한 19세기에는 높은 평가를 받았지만 그 수가 많지 않았다. 오늘날 화이트와 몇몇 다른 색깔의 조합으로 나타나는 바이컬러는 1960년대에 들어서야 개량된 것이다. 당시 품종 표준은 거의 불가능에 가까운 것으로, 컬러패치가 머리와 몸통에 완벽한 대칭을 이루며 분포될 것을 요구했다. 이후 규정은 완화되었지만 최고라 여겨지는 바이컬러는 여전히 확연히 대칭적인 무늬를 보여준다.

솔리드 컬러의 꼬리
폭신폭신한 털
넓적하고 둥근 뺨

새끼고양이

크고 탄탄한 몸
얼굴의 흰 반점

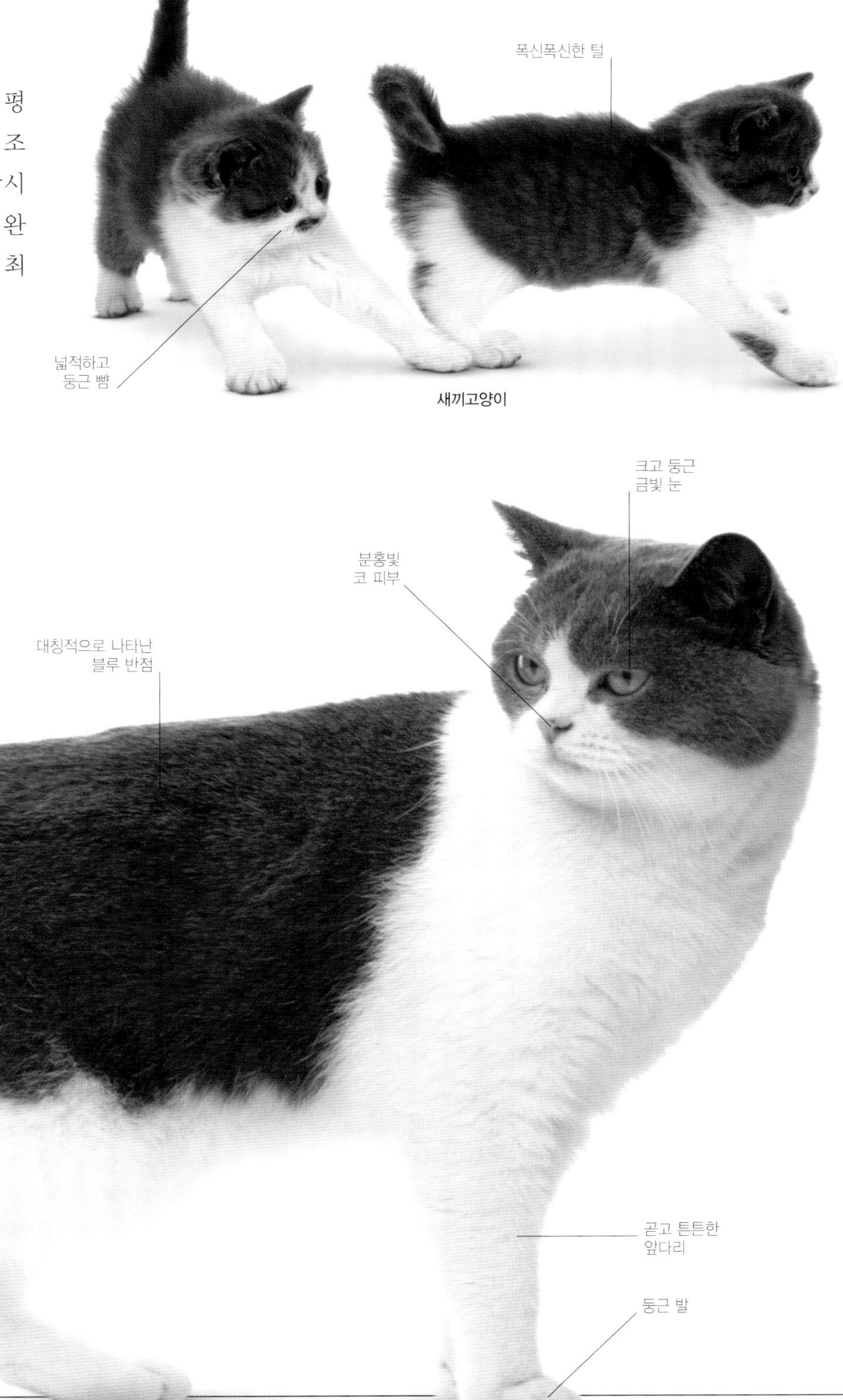

체셔 고양이

클래식 태비의 '불스아이(과녁판)' 패턴이 브리티시 쇼트헤어를 돋보이게 한다. 이 품종은 《이상한 나라의 앨리스》에 등장하는 체셔 고양이 삽화의 모델이 되었다.

브리티시 쇼트헤어 – 스모크(British Shorthair – Smoke)

기원 영국, 1800년대
혈통 등록기관 CFA, FIFe, GCCF, TICA
체중 4–8kg (9–18lb)
털 관리 주 1회
색깔과 무늬 모든 솔리드 컬러의 스모크 패턴, 토티 및 포인티드 패턴

겉으로 드러나지 않는 은빛 속털이 독특한 멋을 내는 이 고양이는 순혈종 중에서도 인기가 높다.

스모크 패턴의 고양이는 단색처럼 보일 수 있지만 움직이거나 털 사이 틈이 벌어지면 좁다란 은빛 띠가 털 밑쪽에 드러난다. 이는 털의 색깔을 억제하는 '실버' 유전자의 효과로, 브리티시 쇼트헤어 스모크는 이를 선조인 실버 태비로부터 물려받았다. 스모크 패턴은 두 가지 색을 띠는 토티일 경우 훨씬 더 섬세한 매력을 발산한다.

고스트 태비 무늬가 없는 **스모크 털**은 매우 드물게 나타나서, 이를 가진 브리티시 쇼트헤어는 **희소가치**를 지닌다.

브리티시 쇼트헤어 – 태비(British Shorthair – Tabby)

기원 영국, 1800년대
혈통 등록기관 CFA, FIFe, GCCF, TICA
체중 4–8kg (9–18lb)
털 관리 주 1회
색깔과 무늬 모든 전통적인 태비 패턴과 실버 변종을 포함한 다양한 컬러; 실버 변종을 포함한 다양한 색깔의 토티 태비

크기가 가장 큰 품종 가운데 하나인 이 고양이는 매력적인 여러 가지 색깔을 띠고 있다.

브리티시 쇼트헤어는 가장 차분한 품종이지만, 이 변종은 태비 패턴을 가진 야생의 선조를 연상시킨다. 브라운 태비는 1870년대 캣쇼에 등장한 최초의 브리티시 쇼트헤어 중 하나이며, 브리티시 쇼트헤어의 혈통 확립 초기에는 레드와 실버 버전이 인기를 끌었다. 현재는 다양한 색깔이 추가되고 세 가지의 전통적 태비 패턴, 즉 소용돌이 무늬가 넓게 나타나는 클래식(또는 블로치드) 태비, 폭이 좁은 무늬가 나타나는 매커럴, 그리고 스포티드로 이루어진다. 토티 태비의 털에는 2개의 바탕색이 있다.

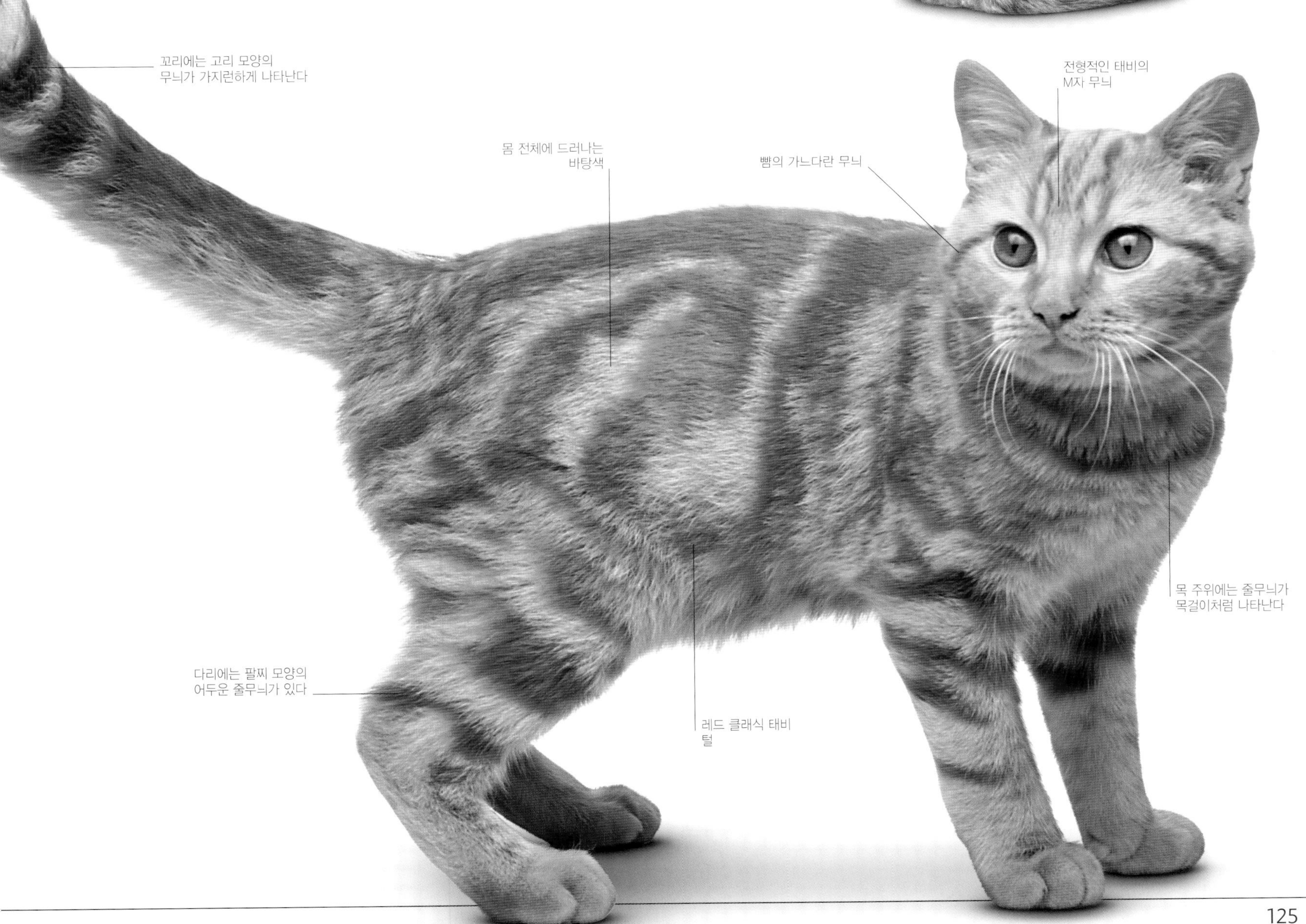

브리티시 쇼트헤어 — 팁트(British Shorthair – Tipped)

기원 영국, 1800년대
혈통 등록기관 CFA, FIFe, GCCF, TICA
체중 4–8kg (9–18lb)
털 관리 주 1회
색깔과 무늬 화이트 또는 골드 속털 및 블랙 팁트, 화이트 속털 및 레드 팁트 등 다양하다

우아한 색깔의 광택 있는 털을 가진 이 고양이는 정이 깊고 아이나 다른 애완동물과 함께 있는 것을 좋아한다.

팁트 고양이의 엷은 색 속털은 다른 색깔이 마치 가볍게 흩날리는 것처럼 뒤덮고 있다. 이러한 효과는 보호털의 끝 1/8 정도만이 색깔을 띠고 있기 때문에 발생한다. 팁트 브리티시 쇼트헤어 — 원래 '친칠라 쇼트헤어'라 불렸다 — 는 실버(블랙 티핑의 흰색 속털), 골드(블랙 티핑의 웜 골드 혹은 애프리콧 속털) 등 다양한 색깔이 존재하며, 미국에서 '셸 카메오'로 알려진 레드(레드 티핑의 흰색 속털)도 드물게 나타난다.

브리티시 쇼트헤어 – 토티(British Shorthair – Tortie)

기원 영국, 1800년대
혈통 등록기관 CFA, FIFe, GCCF, TICA
체중 4–8kg (9–18lb)
털 관리 주 1회
색깔과 무늬 블루-크림, 초콜릿, 라일락, 혹은 블랙 토터셸 (토티 앤드 화이트의 경우 흰 반점 포함)

이 고양이의 혼합된 털 색깔은 독특한 대리석 무늬를 나타낸다.

토터셸(토티)은 두 가지 색깔이 부드럽게 혼재되어 있다. 다양한 모습으로 나타나지만 가장 흔한 것은 레드가 섞인 블랙으로, 브리티시 쇼트헤어의 첫 번째 토티 컬러였다. 블랙 대신 블루, 레드 대신 크림이 들어간 블루-크림 토터셸도 1950년대에 공인된 오래된 색깔 중 하나다. 토티 앤드 화이트(미국에서는 '캘리코'로 불린다)의 색깔은 반점으로 분명하게 드러난다. 유전적 이유로 토티는 대부분 암컷이며 수컷도 드물게 있지만 불임이다.

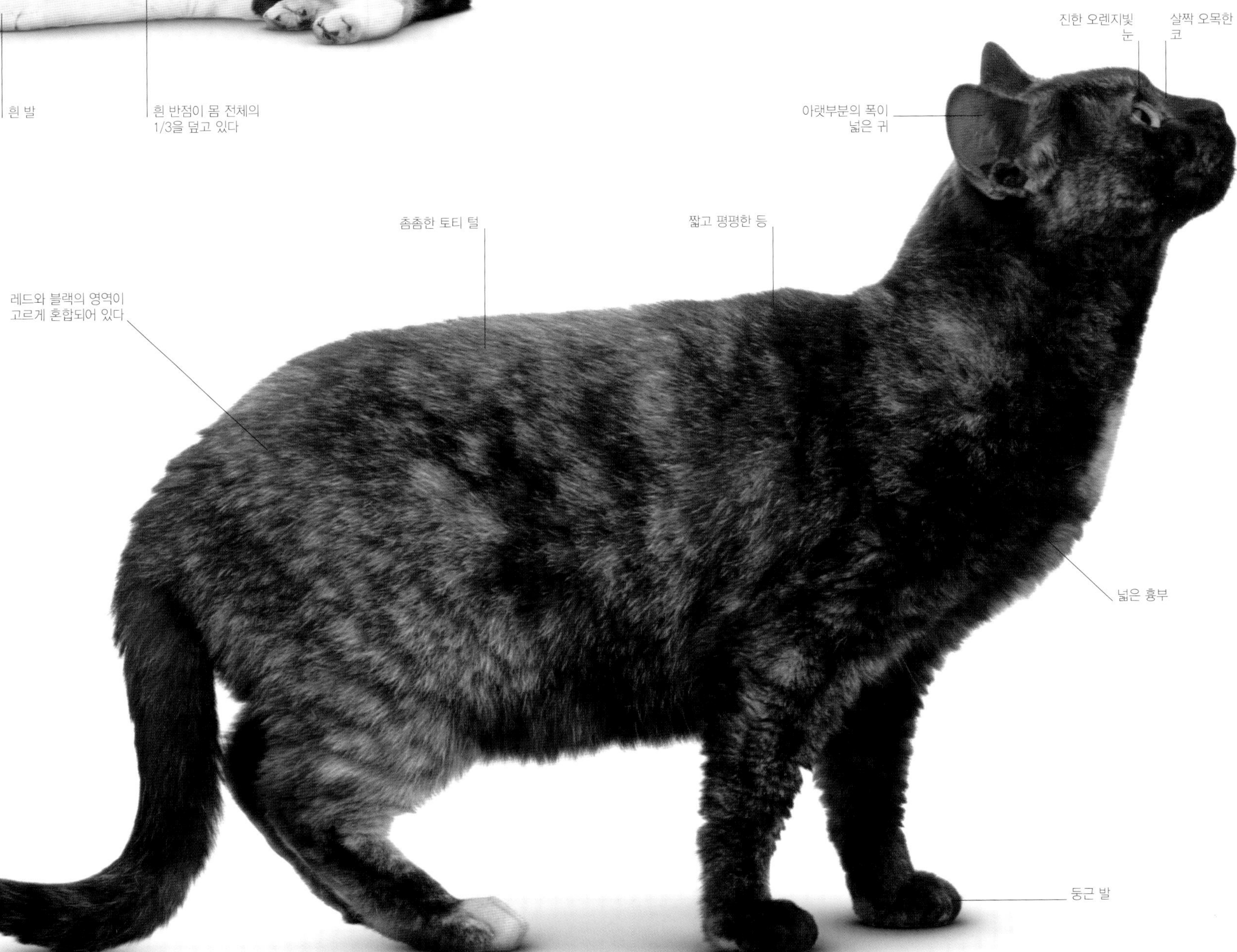

터키시 쇼트헤어(Turkish Shorthair)

기원 터키, 1700년대 이전
혈통 등록기관 없음
체중 3–8.5kg (7–19lb)

털 관리 주 1회
색깔과 무늬 초콜릿, 시나몬, 라일락, 폰을 제외한 모든 색깔, 포인티드를 제외한 모든 패턴

잘 알려지지 않은 품종이지만, 어릴 때 사회화되면 느긋하고 다정해 사람과 잘 어울린다.

터키시 쇼트헤어의 내력은 정확하지 않은데 터키의 여러 지역에서 자연적으로 나타나 상당히 오랫동안 존재해 온 것으로 추정된다. '아나톨리안' 혹은 '아나톨리'라고도 불리고, 터키에서는 '아나돌루 케디시'라 불리는 이 품종은 장모종인 터키시 반과 비슷하여 자주 혼동된다. 모국 터키에서조차 희소하지만 특히 독일과 네덜란드의 브리더들이 수를 늘리기 위해 노력하고 있다. 이 강건하고 날렵한 고양이는 물속에서 노는 것을 좋아하고 목욕을 즐긴다고 알려져 있다.

이 품종은 **터키시 앙고라**의 **단모종** 버전이다.

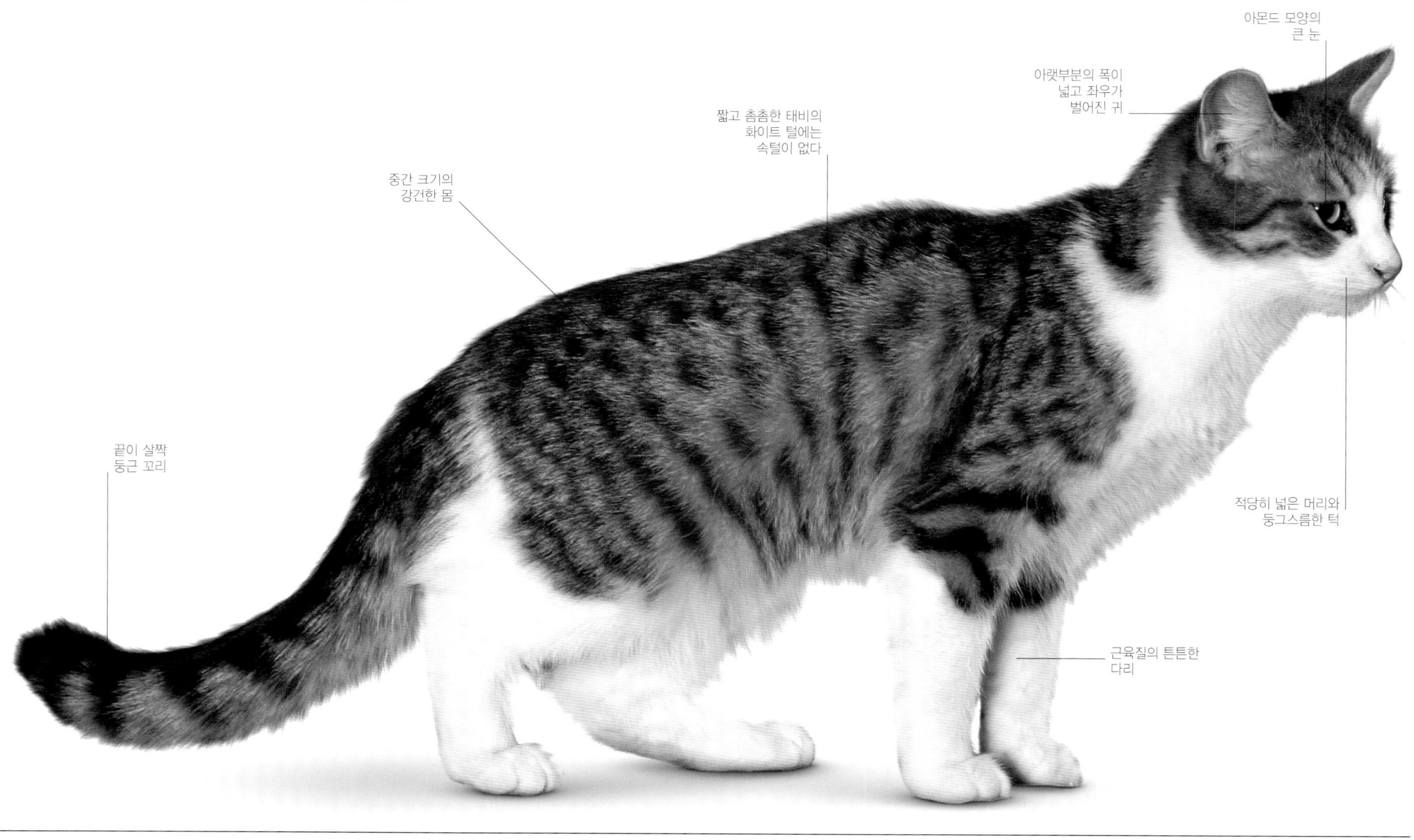

오호스 아술레스(Ojos Azules)

기원 미국, 1980년대
혈통 등록기관 TICA
체중 4-5.5kg (9-12lb)

털 관리 주 1회
색깔과 무늬 모든 컬러 및 패턴

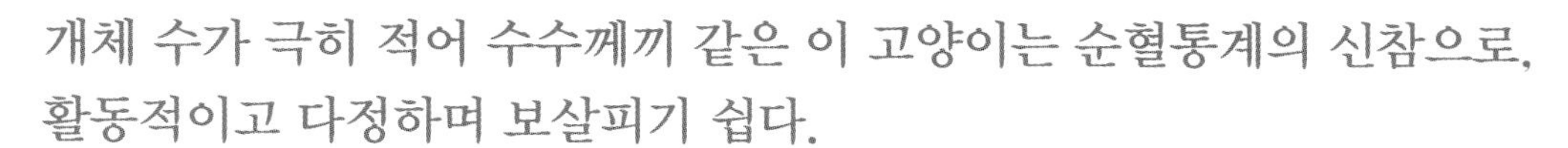

개체 수가 극히 적어 수수께끼 같은 이 고양이는 순혈통계의 신참으로, 활동적이고 다정하며 보살피기 쉽다.

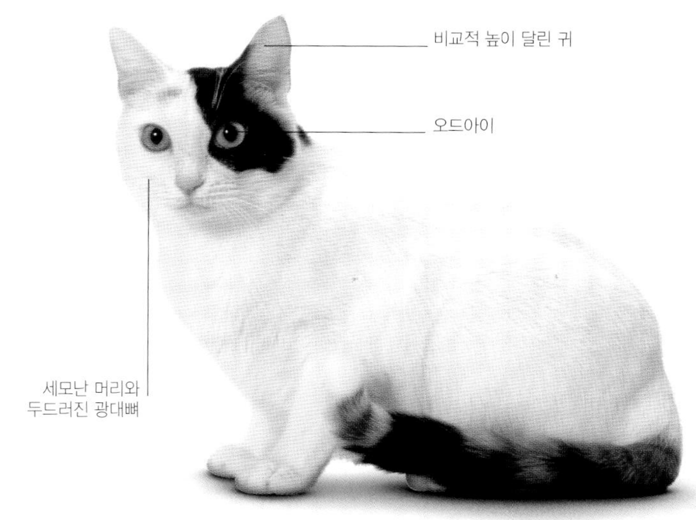

1984년에 미국 뉴멕시코주에서 발견된 오호스 아술레스('파란 눈'이라는 뜻의 스페인어)는 세계에서 가장 희소한 품종 중 하나다. 아름다운 파란 눈이 특히 색다른데, 털의 색깔이나 패턴과 관계없이 한쪽 눈 또는 양쪽 눈에 나타나며 장모종 버전도 있다. 하지만 두개골 기형을 비롯한 심각한 건강상의 문제가 발생함에 따라 현재 유전학자들이 추적관찰하고 있다. 매력적이고 우아한 이 고양이는 번식된 개체 수가 적기 때문에 그 형질에 관해서는 거의 알려진 바가 없지만 살갑고 다정하다고 한다.

오호스 아술레스 **순혈종**에게 나타나는 **건강상의 문제**는 다른 단모종과의 **이종교배**를 통해 피할 수 있을 것이다.

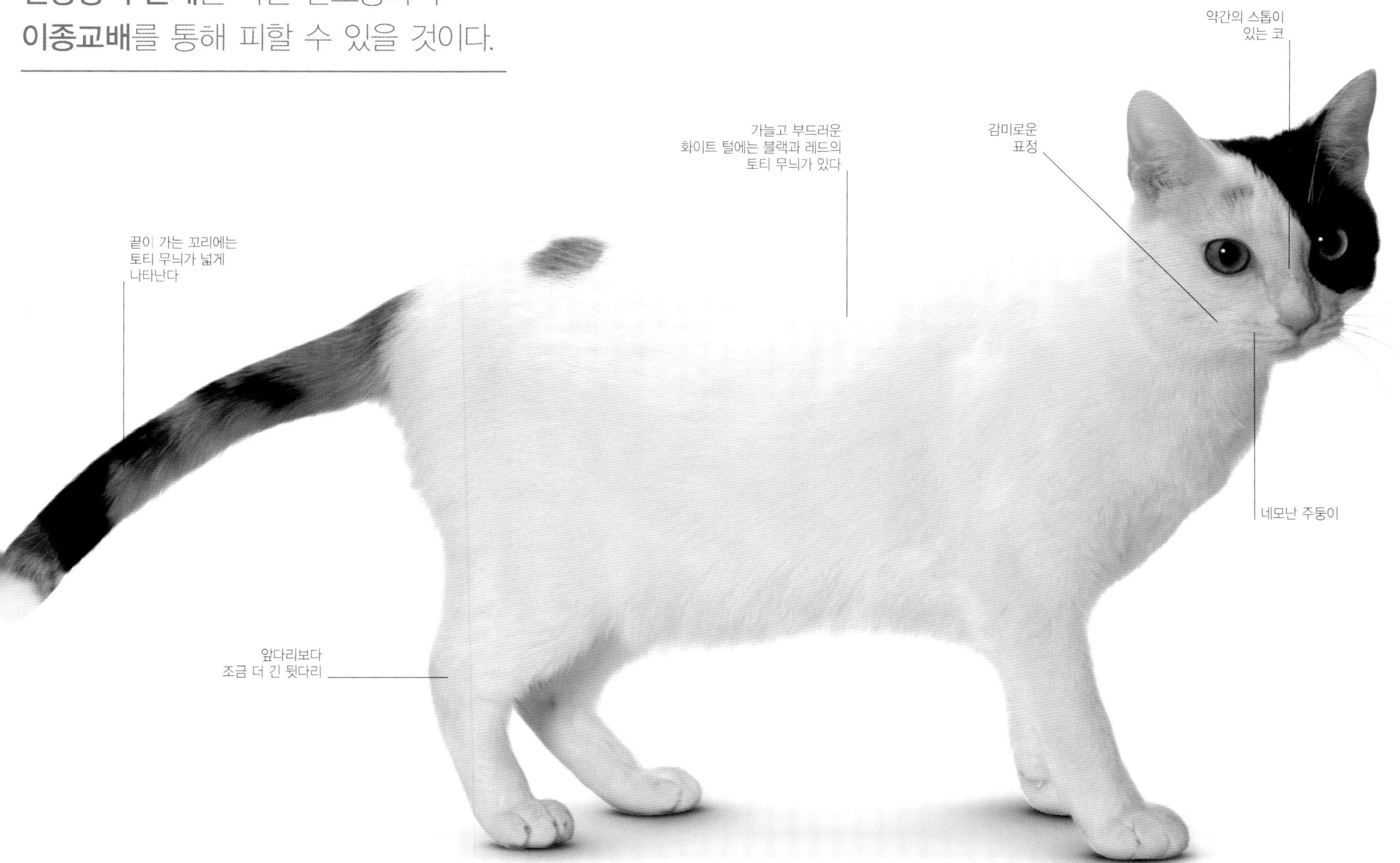

이집션 마우(Egyptian Mau)

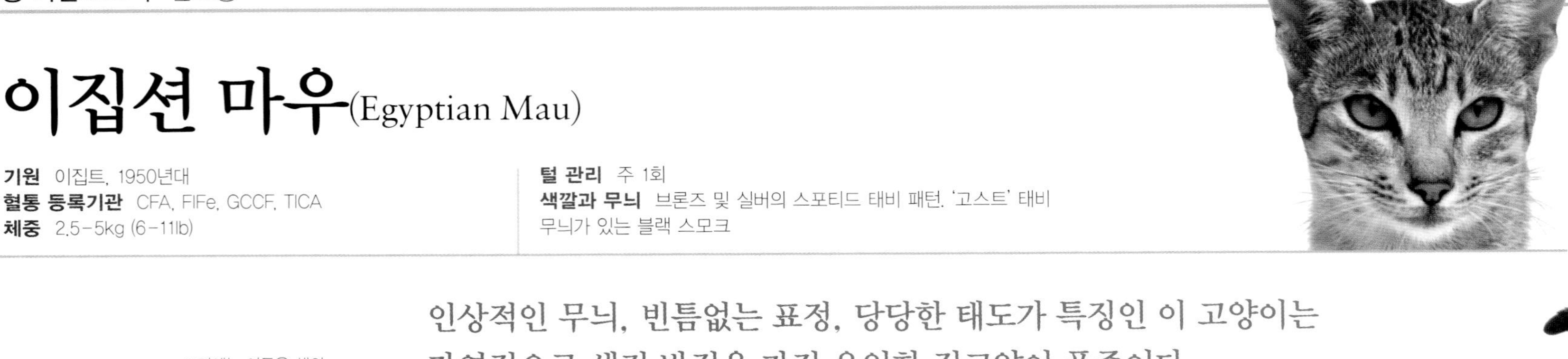

기원 이집트, 1950년대
혈통 등록기관 CFA, FIFe, GCCF, TICA
체중 2.5–5kg (6–11lb)

털 관리 주 1회
색깔과 무늬 브론즈 및 실버의 스포티드 태비 패턴, '고스트' 태비 무늬가 있는 블랙 스모크

인상적인 무늬, 빈틈없는 표정, 당당한 태도가 특징인 이 고양이는 자연적으로 생긴 반점을 가진 유일한 집고양이 품종이다.

이 고양이는 고대 이집트의 파라오 동굴벽화에 묘사된, 몸이 긴 스포티드 고양이와 닮았지만 직계 자손이라고 단정지을 수는 없다. 현대의 이집션 마우는 망명 중이던 러시아 공주 나탈리 트로베츠코이가 1956년에 이집트의 스포티드 고양이 몇 마리를 이탈리아에서 미국으로 수입하여 개량한 품종이다. 20세기 후반에 새로 수입되어 유전자풀이 다양화되기 전까지 번식용 개체 수는 많지 않았다. 마우는 다정하지만 예민하고 겁이 많은 경향도 있다. 어릴 때 사려 깊은 사회화 과정이 필요하기 때문에 경험이 풍부한 주인을 만나는 것이 좋다. 한번 가족과 유대관계를 맺으면 평생 잘 따른다.

이집션 마우는 모든 **집고양이 품종** 가운데 가장 **빠르다**고 알려져 있다.

아라비안 마우(Arabian Mau)

기원 아랍에미리트, 2000년대 (현대 품종)
혈통 등록기관 없음
체중 3–7kg (7–15lb)
털 관리 주 1회
색깔과 무늬 태비와 바이컬러를 포함한 다양한 솔리드 컬러 및 패턴

집 생활에 잘 적응한 사막 고양이로 활동적이고 호기심이 많으며 사냥 본능을 유지하고 있다.

아라비아반도 고유의 품종인 아라비안 마우는 원래 사막에서 살았지만 서식지가 인간에게 잠식당하자 도시의 거리로 이주했다. 2004년, 이 품종의 본래 형질과 타고난 강인함을 보존할 목적으로 번식 프로그램이 시작되었다. 에너지가 넘치고 정신적인 자극을 필요로 하기 때문에 다루기 힘들 수 있고 느긋하게 지내는 생활에 만족하지 않을 것이다. 하지만 충실하고 정이 많아 이 품종의 기질을 이해하는 주인이라면 키우는 보람을 느낄 것이다.

몸에 밀착해 있는 **피모**에는 **속털**이 없다.

아비시니안(Abyssinian)

기원 영국, 19세기
혈통 등록기관 CFA, FIFe, GCCF, TICA
체중 4-7.5kg (9-17lb)
털 관리 주 1회
색깔과 무늬 여러 색깔, 독특한 티킹과 얼굴 무늬

나긋나긋하고 우아한 이 고양이는 충실하고 다정하며, 호기심도 많고 원기가 왕성하여 놀고 탐색할 공간을 필요로 한다.

아비시니안의 내력에 관해서는 다양한 해석이 존재한다. 그중에는 고대 이집트의 성스러운 고양이의 자손이라는 매력적이지만 개연성이 낮은 설도 있지만, 1860년대 말에 아비시니아전쟁이 끝났을 때 영국군이 아비시니아(현재의 에티오피아)에서 그 선조(오른쪽 박스 참조)를 데려왔다는 그럴듯한 설도 있다. 하지만 유전학적 연구를 통해 아비시니안의 틱트 털 패턴이 인도 북동부 연안지역의 고양이에게서 유래했을 가능성이 제시되었다. 분명한 것은 현대의 품종이 영국에서 개량되었다는 것이며, 태비의 브리티시 쇼트헤어(p.125)와 아마도 수입되었을 흔치 않은 품종 사이에서 태어났을 것이다. 탄탄한 체격, 귀족적인 태도, 아름다운 틱트 털을 겸비한 아비시니안은 마치 작은 퓨마처럼 야생적 분위기를 풍기는 빼어난 고양이다. '유주얼(러디)'이라 불리는 본래 색깔은 흙 같은 진한 적갈색이지만 폰, 초콜릿, 블루도 있다. 영리하고 다정해 좋은 친구가 되어주지만 많은 사람들과 어울려 온종일 활발히 뛰노는 것도 좋아한다.

'유주얼(러디)' 색깔의 새끼고양이

줄라

아비시니안의 역사에 관해 반복해서 이야기되는 것은, 1868년에 영국 육군 장교가 아비시니아(현재 에티오피아)의 전투를 마치고 데려온 '줄라(Zula)'라는 고양이가 품종의 기원이라는 것이다. 아비시니안은 1870년대 초에 런던의 크리스털 팰리스에서 전시되었지만 줄라의 자손이라는 기록은 없다. 1876년에 출판된 이 고양이의 그림은 틱트 털을 제외하면 현대의 품종과 거의 닮지 않았다.

줄라의 일러스트

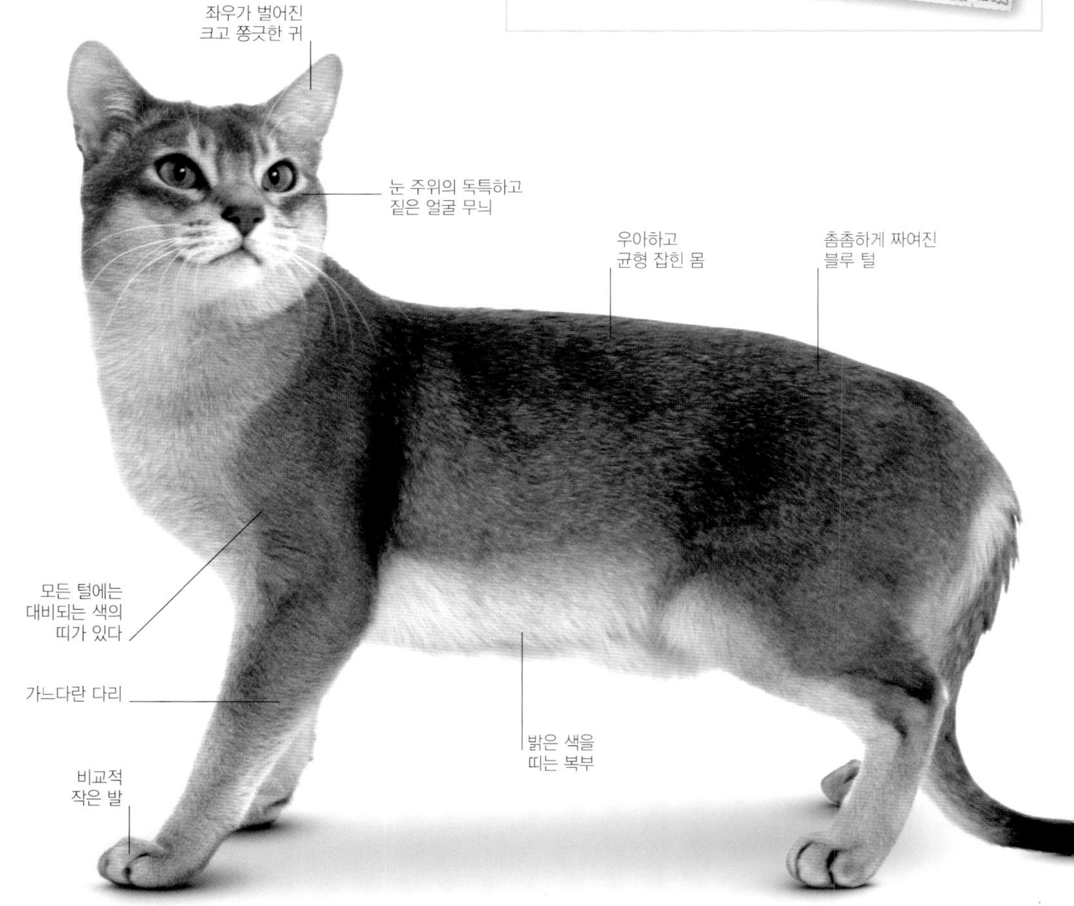

반짝이는 눈

아비시니안은 귀와 눈을 끊임없이 움직이면서 경계한다. 아주 영리한 이 고양이는 거의 모든 것에 관심을 보이며 늘 많은 자극을 필요로 한다.

오스트레일리안 미스트(Australian Mist)

기원 오스트레일리아, 1970년대
혈통 등록기관 GCCF
체중 3.5-6kg (8-13lb)

털 관리 주 1회
색깔과 무늬 스포티드 또는 마블드 태비, 흐릿한 티킹; 브라운, 블루, 피치, 초콜릿, 라일락, 골드를 포함한 컬러

아름다운 털과 차분한 기질을 가진 다정한 고양이로, 누구에게나 훌륭한 애완동물이 된다.

오스트레일리아에서 확립된 최초의 순혈종 고양이인 이 품종은 버미즈(pp.87-88), 아비시니안(pp.132-133), 오스트레일리아의 단모종 집고양이의 교배로 탄생했다. 이전에는 '스포티드 미스트'라 불렸으며 다양하게 나타나는 매력적인 스포티드 및 마블드 패턴과 컬러가 섬세한 '안개' 효과를 내는 티킹으로 인해 더욱 돋보인다. 털의 색깔이 완전히 나타나는 데는 2년까지 걸릴 수 있다. 오스트레일리안 미스트는 모국에서 엄청난 인기를 끌며 특히 기르기 쉽다는 평판을 얻고 있다. 건강하고 차분하고 다정하며 실내에서 행복하게 지내기 때문에 아이들의 놀이 상대나 활동적이지 않은 주인의 충실한 반려묘로서 적합하다. 빼어난 외모와 붙임성 있는 성격으로 인해 캣쇼에서도 인기가 높아지고 있다.

새끼고양이
(스포티드 피치 털)

새로운 고양이 만들기

브리더인 트루다 스트레이드 박사가 오스트레일리안 미스트를 만들고 공인을 받는 데 총 9년이 걸렸다. 박사 자신이 가장 좋아하는 품종들의 특질을 조합해서 만든 것이었다. 기초가 되는 고양이로 아름답고 부드러운 색깔과 느긋한 성격을 가진 버미즈(pp.87-88), 틱트 털과 밝은 성격을 지닌 아비시니안(pp.132-133)을 선택했고, 여기에 단모종 집고양이를 추가함으로써 마블드 패턴과 같은 다양한 털과 유전자의 폭넓은 혼합으로 인한 강건한 몸을 실현했다.

마블드 패턴의 새끼고양이

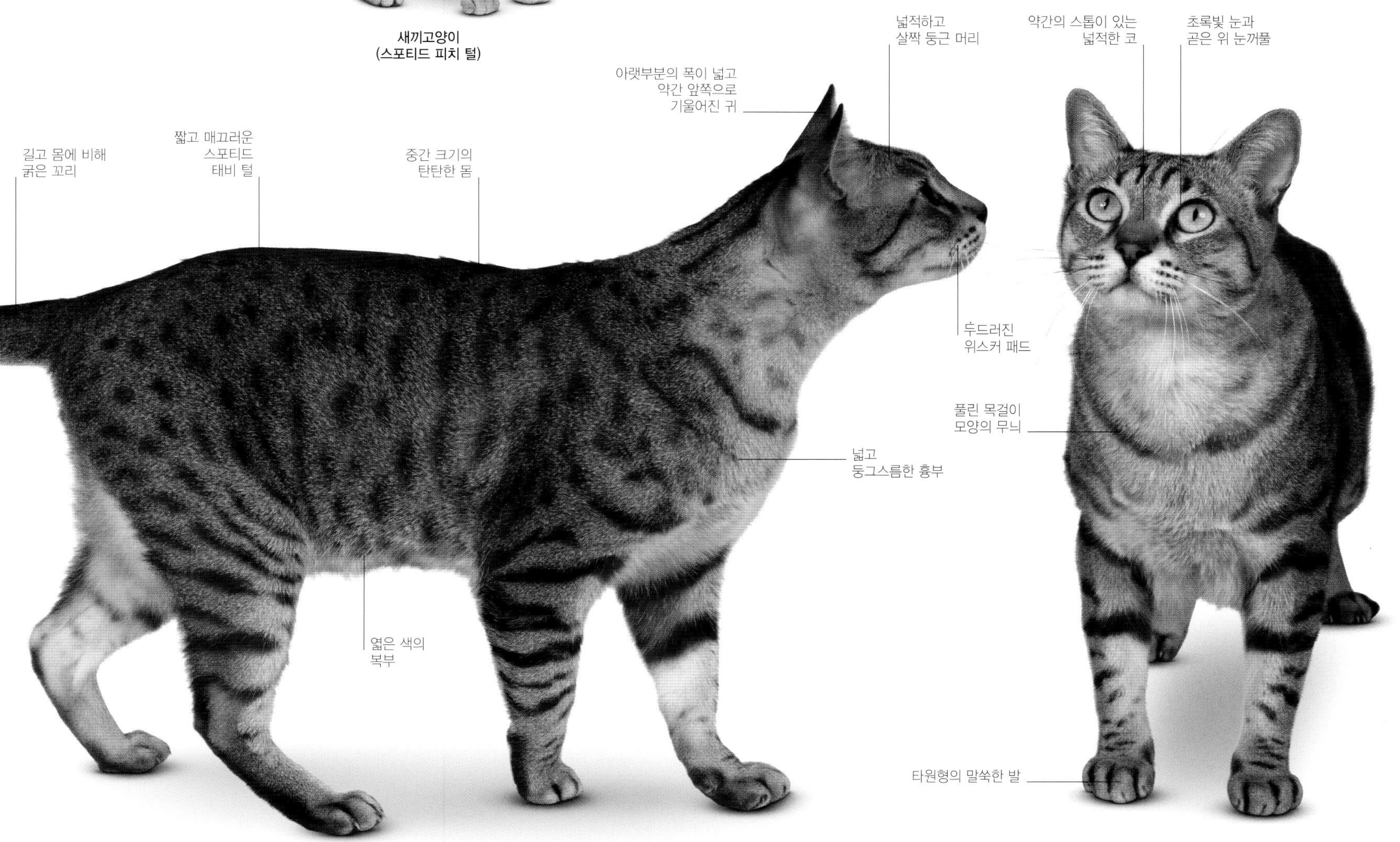

실론(Ceylon)

기원 스리랑카, 1980년대
혈통 등록기관 없음
체중 4-7.5kg (9-17lb)

털 관리 주 1회
색깔과 무늬 마닐라(샌디 골드 바탕색에 블랙 틱트): 블루, 레드, 크림, 토터셸을 포함한 다양한 무늬 및 티킹

다정하고 세심한 이 고양이는 장난기와 에너지가 넘치며 매력적인 틱트 털을 갖고 있다.

모국(현재 스리랑카)의 이름을 딴 실론은 1980년대 초반 이탈리아로 수입되어 개량되었다. 현재 전 세계에서 볼 수 있으며, 다른 품종만큼 널리 알려진 것은 아니지만 이탈리아에서도 인기를 끌고 있다. 엷은 갈색의 아름다운 틱트 털을 가진 이 고양이는 아비시니안(pp.132-133)과 비슷해 보이지만 서로 관련은 없다. 실론은 이마에 '코브라'라 불리는 독특한 패턴이 있어 높은 평가를 받는다. 사람과 금세 친해지고 부름에 잘 응하기 때문에 브리더들에게 사랑받고 있다.

오시캣(Ocicat)

기원 미국, 1960년대
혈통 등록기관 CFA, FIFe, GCCF, TICA
체중 2.5–6.5kg (6–14lb)

털 관리 주 1회
색깔과 무늬 블랙, 브라운, 블루, 라일락, 폰 등의 스포티드 태비 패턴

호기심과 장난기가 많으며 대담하고 적응력 높은 오시캣은 훈련에 적합한 품종이다.

아름다운 반점을 가진 오시캣은 그 이름과 달리 집고양이와 오실롯 — 중남미의 정글에 서식하는 고양잇과 동물 — 사이에서 탄생한 품종은 아니지만 외모는 마치 그러한 것처럼 보인다. 실제로는 1964년, 아비시니안(pp.132–133)의 틱트 털에 필적하는 컬러포인트를 가진 샴(pp.104–109)을 만들려고 시도하던 중 의도치 않게 태어난 것이었다. 처음으로 태어난 스포티드 새끼고양이는 오로지 애완동물로서 길러졌지만, 이후에 출생한 새끼고양이는 새로운 품종 개량에 사용되었다. 그 과정에 아메리칸 쇼트헤어(p.113)가 포함되어 더 크고 다부진 고양이가 되었다. 오시캣은 애교가 많고 사람을 잘 따라서 다루기 쉽다.

오시캣 클래식(Ocicat Classic)

기원 미국, 1960년대
혈통 등록기관 GCCF
체중 2.5-6.5kg (6-14lb)
털 관리 주 1회
색깔과 무늬 실버를 포함한 다양한 색깔, 클래식 태비 패턴

크고 아름다운 무늬의 이 태비 고양이는 정이 많고 헌신적인 반려묘다.

오시캣의 변종으로 반점 대신 클래식 태비 패턴이 있는 이 고양이는 비교적 최근에야 독립된 품종으로 인정받았지만 아직 모든 단체로부터 공인된 것은 아니다. 오시캣 클래식은 반점이 있는 오시캣(p.137)과 동일한 내력을 가지며 샴(pp.104-109), 아비시니안(pp.132-133), 아메리칸 쇼트헤어(p.113)의 교배로 탄생했다. 활기가 넘치고 놀이와 높은 곳 오르기에 열중한다. 오랜 시간 혼자 있는 것을 싫어하기 때문에 늘 사람이 많고 활동적인 가정에 가장 적합하다.

소코케(Sokoke)

기원 케냐, 1970년대 (현대 품종)
혈통 등록기관 FIFe, TICA
체중 3.5-6.5kg (8-14lb)
털 관리 주 1회
색깔과 무늬 틱트 브라운 태비

틱트 태비 패턴의 희소한 품종으로 성질은 온화하지만 집과 가족에 대해 독점욕이 강할 수 있다.

케냐 연안부의 아라부코 소코케 숲에 서식하는 이 화려한 태비 고양이는 1970년대 말에 발견되었다. 케냐에 사는 영국인이 독특한 무늬를 가진 야생 고양이 2마리를 입양하여 번식에 사용한 것이었다. 이후 소코케는 유럽과 미국으로 수입되었고, 21세기에는 새로운 혈통이 도입되었다. 현대의 소코케는 '올드 라인'과 '뉴 라인'이라 불리는 두 계통의 형질이 결합된 것이다. 이 고양이는 가족과 긴밀한 유대관계를 맺으며, 주인과 음성으로 소통하는 타고난 능력을 가지고 있다. 성묘가 되어서도 상당히 활동적이고 놀이를 좋아한다.

털의 **독특한 패턴**이 **바탕색**과 결합되어 **비쳐 보이는 효과**가 나타난다.

캘리포니아 스팽글드(California Spangled)

기원 미국, 1970년대
혈통 등록기관 없음
체중 4-7kg (9-15lb)

털 관리 주 1회
색깔과 무늬 스포티드 태비: 실버, 브론즈, 골드, 레드, 블루, 블랙, 브라운, 차콜, 화이트를 포함한 바탕색

'정글'을 연상시키는 이국적인 외모와 강한 사냥 본능을 갖고 있지만 사납지는 않다.

이 디자이너 캣은 표범이나 오실롯 같은 야생 고양잇과 동물의 축소판이다. 열성적인 보호 활동가 폴 케이시가, 특히 가죽을 얻기 위해 야생동물을 살육하는 것을 막기 위해 탄생시켰다. 그는, 사람들이 반점이 있는 가죽을 자신의 애완동물과 연관시키면 패션이라는 미명 아래 자행되는 야생 동물의 학살을 혐오하게 될 것이라고 판단했다. 캘리포니아 스팽글드는 다양한 집고양이를 이용하여 만들어진 것이며 야생 고양잇과 동물은 전혀 포함되지 않았다. 이 활동적인 고양이는 사냥과 놀이를 가장 좋아하지만 다른 한편으로는 붙임성 있고 살가워 다루기 쉽다.

토이거(Toyger)

기원 미국, 1990년대
혈통 등록기관 TICA
체중 5.5–10kg (12–22lb)
털 관리 주 1회
색깔과 무늬 브라운 매커럴 태비

다정하고 영리한 이 품종은 느긋한 성격을 가진, 놀랍도록 아름다운 디자이너 캣이다.

토이거는 1990년대에 줄무늬가 있는 단모종과 벵골(pp.142–143)의 교배로 탄생했는데 다른 태비와 달리 일정하지 않은 세로줄무늬의 호랑이 패턴 털을 갖고 있다. 근육질의 좋은 체격을 가진 이 독특한 '토이 타이거(toy tiger)'의 움직임에는 대형 고양잇과 동물의 강력함과 우아함이 흐른다. 외향적이고 자신감이 넘치지만 느긋한 면도 있기 때문에 어떤 가정에서나 잘 지낸다. 운동신경이 좋고 활동적이지만 다루기 쉬우며, 놀이를 하거나 목줄을 매고 산책하는 법을 잘 배우기도 한다.

새끼고양이

벵골(Bengal)

기원 미국, 1970년대
혈통 등록기관 FIFe, GCCF, TICA
체중 5.5-10kg (12-22lb)
털 관리 주 1회
색깔과 무늬 브라운, 블루, 실버, 스노 컬러, 스포티드, 마블 클래식 태비 패턴

이 고양이는 굉장히 아름다운 스포티드 털을 갖고 있으며 성격이 활기차다. 또 호기심이 많고 노는 것을 좋아하며, 에너지가 넘친다.

1970년대에 과학자들이 고양이 백혈병에 대한 야생 고양잇과 동물의 선천적 면역을 애완용 고양이에게 도입하기 위한 시도로 작은 표범살쾡이(아래의 박스 참조)와 단모종 집고양이를 교배시켰다. 본래의 목적은 실패로 돌아갔지만 그 결과 탄생한 교잡종은 몇몇 미국인 애호가들의 관심을 끌었다. 일련의 선택적 번식 프로그램에 따라 이 교잡종은 아비시니안(pp.132-133), 봄베이(pp.84-85), 브리티시 쇼트헤어(pp.118-127), 이집션 마우(p.130) 등 다양한 순혈종과 교배되었다. 그렇게 해서 탄생한 것이 벵골이며 처음에는 '레오파데트'라 불렸고 1980년대에 새로운 혈통으로 공인되었다.

화려한 무늬의 털과 근육질의 큰 체격을 가진 벵골은 거실에서 정글을 실감하게 해준다. 야생의 선조와 달리 전혀 위험하지 않고 유쾌할 정도로 다정하지만, 에너지가 넘치기 때문에 능숙한 주인이 기르는 것이 좋다. 선천적으로 사람을 잘 따르고 항상 가족의 중심에 있고 싶어 한다. 사람과 함께 지내야 하며, 육체적 활동과 정신적 자극을 모두 필요로 한다. 따분함을 느끼면 기분이 안 좋아지고 파괴적으로 변할 수 있다.

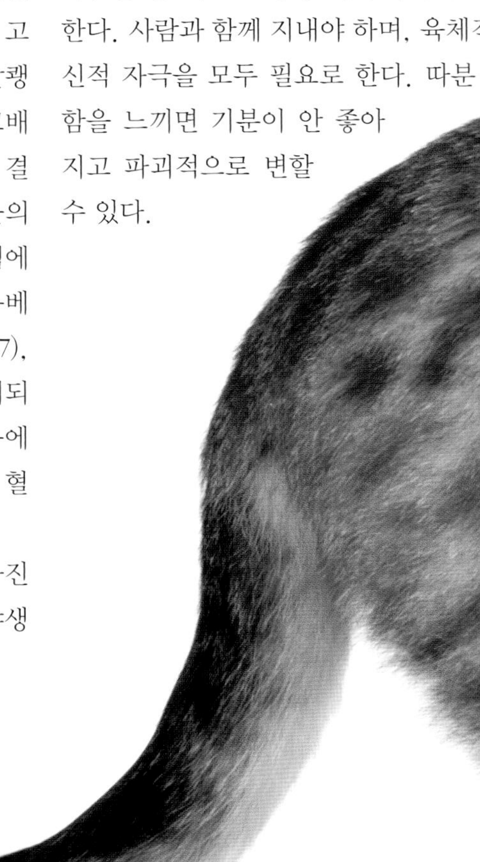

야생의 친척

벵골의 탄생에 사용된 표범살쾡이(*Prionailurus bengalensis*)는 인도, 중국, 그리고 인도네시아를 포함한 동남아시아의 많은 지역에 분포한다. 반점 무늬의 털은 지역에 따라 색깔의 변화를 보이는데 그중 일부가 벵골의 번식 프로그램에 도입되었다.

이 표범살쾡이는 빼어난 외모 때문에 상업적 모피와 야생 애완동물 거래에 이용되었다. 그 결과, 개체 수가 감소하고 있고, 몇몇 아종은 멸종 위기에 처해 있다.

표범살쾡이 우표

새끼고양이
화려하고 촘촘한
스노 스포티드 털은
비단처럼 부드럽다
가로보다 세로가
더 긴 머리
두드러진 광대뼈
끝이 둥글고
비교적 짧은 귀가
넓게 달려 있다
눈 주위의
'마스카라' 무늬
힘센 근육질의 다리
크고 둥근 발

야생의 기품

타고난 운동선수인 카나니는 움직일 때 강력함과 우아함이 분명하게 드러난다. 광택 있는 스포티드 털은 야생의 선조와 닮아 있다.

카나니(Kanaani)

기원 이스라엘, 2000년대
혈통 등록기관 없음
체중 5-9kg (11-20lb)
털 관리 주 1회
색깔과 무늬 스포티드, 마블드 태비 패턴, 다양한 바탕색

탄탄하고 근육이 발달했지만 우아한 모습의 이 고양이는 선조의 야생성이 어느 정도 남아 있어 매우 활동적이다.

아프리카들고양이와 매우 유사한 모습으로 개량된 카나니(기독교 성경의 '가나안인'에서 유래했다)는 희소한 품종이다. 예루살렘의 조각가가 탄생시킨 이 새로운 품종은 2000년에 세계고양이협회(WCA)에 등록되었을 뿐, 주요 등록단체에서는 아직 인정받지 못하고 있다. 하지만 독일과 미국의 브리더들을 통해 서서히 알려지고 있다. 2010년까지는 스포티드 털을 가진 아프리카들고양이, 벵골(pp.142-143), 오리엔탈 쇼트헤어(pp.91-101)와의 교배가 가능했지만, 2010년 이후에는 카나니끼리의 교배만이 허용된다. 크고 날씬한 몸매, 긴 다리, 긴 목, 털이 촘촘한 귀로 인해 야생의 사막 고양이처럼 보인다. 온순하고 살가운 성격을 갖는 한편, 야생의 선조처럼 독립심이 강하고 탁월한 사냥꾼이기도 하다.

무늬의 변화

도리스 폴라체크(아래 사진 참조)가 카나니의 번식 프로그램에 착수했을 때, 그녀의 의도는 모델로 삼은 아프리카들고양이(p.12)의 스포티드 태비 털을 야생의 모습 그대로 재현하는 것이었다. 하지만 현재 카나니의 품종 표준은 아프리카들고양이에게 자연적으로 나타나지 않는 마블드 태비 패턴을 허용한다. 브리더들은 여전히 보수적이어서 벵골(pp.142-143)이나 사바나(pp.146-147) 같은 유사한 품종에서 인기를 끄는 실버 컬러는 도입하지 않고 있다.

새끼고양이

사바나(Savannah)

기원 미국, 1980년대
혈통 등록기관 TICA
체중 5.5-10kg (12-22lb)

털 관리 주 1회
색깔과 무늬 브라운 스포티드 태비, 블랙의 실버 스포티드 태비, 블랙 또는 블랙 스모크(고스트 패턴이 보일 수 있다)

큰 키에 우아하고 매우 색다른 외모를 지닌 사바나는 호기심이 많으며, 까다롭게 굴 때도 있다.

가장 최근에 확립된 품종 가운데 하나인 사바나는 2012년에 공인받았다. 아프리카 평원에 서식하는 서벌(pp.8-9) 수컷과 집고양이 암컷의 우연한 교미로 인해 태어난 사바나는 스포티드 털, 긴 다리, 크고 쫑긋한 귀, 치타처럼 눈에서 뻗어나가는 '눈물' 무늬를 비롯한 서벌의 특징을 많이 물려받았다. 모험심이 강하고 운동신경이 좋아 2.5미터 높이까지 뛰어오를 수 있다. 물을 가지고 놀거나 찬장을 뒤지기도 하고 문을 여는 등 끊임없이 즐거운 일을 찾아다니고, 개처럼 충실하고 사교적인 면도 있다. 자기주장이 강하고 요구도 많을 수 있기 때문에 고양이를 처음 기르는 사람에게는 그다지 적합하지 않다. 국가나 주에 따라서는 사바나를 소유하거나 번식시키는 것을 제한하기도 하는데, 특히 초기 세대일수록 주의가 필요하다.

새끼고양이

세대에 따른 변화

이종교배에 흔히 나타나는 일이지만 잡종 제1대(F1)는 생식력이 상당히 낮다. 사바나의 경우 생식력 있는 암컷 자손이 가진 서벌의 유전자가 희석되기 전까지 — 보통 제5대(F5)나 제6대(F6)까지 — 태어나는 수컷은 불임인 경향이 있다. 그러나 이 F5나 F6의 수컷과 암컷 서벌과의 역교배가 성공적으로 이루어진 후 태어나는 새끼는 서벌과 훨씬 더 비슷하며 특히 털의 무늬가 분명히 드러난다.

잡종 제6대의 사바나

세렝게티(Serengeti)

기원 미국, 1990년대
혈통 등록기관 TICA
체중 3.5-7kg (8-15lb)

털 관리 주 1회
색깔과 무늬 블랙 솔리드 컬러; 브라운 또는 실버(실버 바탕색과 블랙 반점)의 모든 셰이드 및 스포티드 태비; 블랙 스모크

동그란 위스커 패드
길쭉하고 호리호리하며 탄탄한 몸
가늘고 촘촘한 실버 스포티드 태비 털

키가 크고 우아한 품종으로, 높은 곳에 오르는 것을 좋아한다. 온순하지만 외향적인 성격을 갖고 있다.

서벌 — 아프리카 초원에 서식하는 몸집이 작고 다리가 긴 야생 고양잇과 동물 — 과 유사하게 디자인된 세렝게티는 1990년대 중반에 캘리포니아에서 탄생했고, 현재는 유럽과 오스트레일리아에도 알려져 있다. 벵골(pp.142-143)과 오리엔탈(pp.91-101)의 교배로 태어난 이 품종은 기다란 목과 다리, 꼿꼿한 자세가 특히 두드러진다. 가장 돋보이는 것은 유난히 큰 귀로, 길이가 머리와 맞먹는다. 이 민첩한 고양이는 높은 곳에 올라가 탐색하는 것을 좋아한다. 주인과 돈독한 관계를 유지해, 집에서 오랜 시간을 보내는 사람에게 이상적인 반려묘다.

세렝게티는 **주인**과 오랜 **유대관계**를 맺으며 어디든 따라다닐 것이다.

쵸시(Chausie)

기원 미국, 1990년대
혈통 등록기관 TICA
체중 5.5-10kg (12-22lb)

털 관리 주 1회
색깔과 무늬 블랙 솔리드, 브라운 및 희끗희끗한 블랙의 틱트 태비 패턴

날씬하고 우아한 이 고양이는 카리스마와 에너지가 넘친다. 경험이 풍부해 잘 보살필 수 있는 사람에게 적당한 반려묘이다.

야생의 정글살쾡이와 집고양이 사이에는 이종교배가 자연스럽게 이루어질 수 있고 실제 과거에는 그러했다고 여겨지지만, 쵸시는 1990년대에 탄생한 교잡종에서 유래했다. 처음에 정글살쾡이는 다양한 고양이와 교배되었지만 오늘날에는 쵸시의 체형 및 털 색깔의 일관성을 유지하기 위해 오로지 아비시니안(pp.132-133)과 특정 단모종 집고양이만이 사용된다. 쵸시는 다른 교잡종 고양이와 마찬가지로 매우 활동적이고 탐색을 좋아한다. 영리하고 호기심이 왕성하여 찬장 문을 열고 안을 뒤지는 데 금방 능숙해진다. 집에서 함께 오랜 시간을 보내며 친밀감을 나눌 수 있는 경험 풍부한 주인에게 적합하다.

이 품종의 이름은 정글살쾡이의 **라틴어** 학명인 '***펠리스 카우스(FELIS CHAUS)***'에서 유래했다.

먼치킨(Munchkin)

기원 미국, 1980년대
혈통 등록기관 TICA
체중 2.5-4kg (6-9lb)
털 관리 주 1회
색깔과 무늬 모든 컬러, 셰이드, 패턴

다리가 짧은 먼치킨은 사람을 잘 따른다. 얌전하면서도 매우 사교적이고 장난감을 좋아한다.

닥스훈트의 고양이 버전인 먼치킨은 눈에 띄는 짧은 다리와 낮은 몸체로 인해 즉시 알아볼 수 있다. 최초의 먼치킨은 1980년대에 미국 루이지애나주에서 탄생했다. 유난히 짧은 다리는 무작위 돌연변이에 의해 발생했는데, 이러한 짧은 다리의 고양이는 수년 간 여러 나라에서 자연적으로 나타났다(아래 박스 참조). 이러한 특징이 먼치킨 브리더들에 의해 보존되어 그 혈통이 국제고양이협회(TICA)로부터 공인받게 되었다. 현재 먼치킨은 단모종과 장모종(p.233) 버전 모두 인기를 누리고 있지만 다른 등록단체로부터는 인정받지 못하고 있다. 다리가 짧아도 움직임에 크게 방해가 되지는 않는다. 먼치킨은 페럿처럼 뛰고, 토끼나 캥거루처럼 뒷다리를 깔고 앉는다. 또한 짧은 다리의 유전자도 건강이나 수명에 영향을 미치지 않는 것 같다. 이 작은 고양이는 큰 고양이보다 잘 뛰어오를 수는 없겠지만 어떻게든 가구 위로 기어오르며 활기와 장난기가 넘친다. 하지만 털을 손질할 때는 도움을 필요로 한다. 먼치킨은 민스킨(p.155)을 비롯한 다른 짧은 다리 품종을 만들어내는 데 쓰이고 있다.

새끼고양이

캥거루 고양이

먼치킨의 품종 개량은 1980년대에 시작되었지만 다리가 매우 짧은 고양이의 출현은 최근의 현상이 아니다. 이러한 형질을 가진 길고양이에 관한 기록은 적어도 1930년대로 거슬러 올라간다. 앞다리가 뒷다리보다 훨씬 짧아 캥거루가 풀을 뜯는 모습을 연상시키기 때문에 '캥거루 고양이'라는 별명이 붙기도 했다. 다리의 길이가 짧은 고양이와 보통인 고양이가 동시에 태어났다는 기록도 있는데, 이는 오늘날 먼치킨에게도 흔히 나타나는 현상이다. 아래 사진의 한 쌍은 동시에 태어난 형제다.

높고 잘 발달된
광대뼈
동그란 흉부
꼬리는 몸통만큼 긴
경우도 있다
평평한 이마
정수리 부분에
넓게 달려 있는
귀
촘촘하고 기후에 영향
받지 않는 암갈색
컬러포인트 털
V자형의 둥근 머리
노란빛을 띠는
호두 모양의 눈
약간의 스톱이
있는 코
다리의 길이가
다른 품종의
절반밖에 안 된다

킨카로(Kinkalow)

기원 미국, 1990년대
혈통 등록기관 TICA
체중 2.5–4kg (6–9lb)
털 관리 주 1회
색깔과 무늬 태비와 토티를 포함한 다양한 컬러 및 패턴

새롭고 희소한 이 품종은 영리하고 장난기가 많으며 주인의 무릎을 좋아한다.

드워프(소형) 디자이너 캣인 킨카로는 1990년대에 먼치킨(pp.150–151)과 아메리칸 컬(p.159)의 교배를 통해 의도적으로 탄생했다. 여전히 실험적인 품종으로, 먼치킨의 작고 야무진 몸과 매우 짧은 다리에 컬의 뒤로 꺾인 귀가 결합되는 것이 이상적인 것으로 여겨진다. 하지만 모든 킨카로가 유전적 돌연변이에 의한 이러한 극단적인 형질을 물려받는 것은 아니며 보통 길이의 다리와 곧은 귀를 갖고 태어나기도 한다. 킨카로의 개량 및 품종 표준의 확립은 지금도 계속 진행 중이다. 지금까지는 특별한 건강상의 문제가 발생하지 않았고 짧은 다리 때문에 방해받는 일도 없었다.

이 **작은 품종**은 미국인 브리더 **테리 해리스**에 의해 탄생했다.

램킨 드워프(Lambkin Dwarf)

기원 미국, 1980년대
혈통 등록기관 TICA
체중 2-4kg (5-9lb)
털 관리 주 2-3회
색깔과 무늬 모든 컬러, 셰이드, 패턴

얌전하고 기르기 쉬운 고양이로, 매우 온순하고 활동적이며 짧은 다리로도 잘 뛰어오른다.

다리가 짧은 먼치킨(pp.150-151)과 곱슬한 털을 가진 셀커크 렉스(pp.174-175) 사이의 교잡종인 램킨 드워프는 잘 알려져 있지 않고 나누스['드워프(난쟁이)'라는 뜻] 렉스라 불리기도 한다. 여전히 실험적인 품종으로 취급되며 규정에 맞게 번식시키는 것이 극도로 어렵기 때문에 개체 수가 적다. 부모로부터 작은 키와 곱슬한 털을 발현하는 돌연변이 유전자를 모두 물려받은 새끼고양이와 짧은 다리에 직모, 긴 다리에 직모, 긴 다리에 곱슬한 털을 각각 가진 새끼고양이들이 동시에 태어나기도 한다. 이 고양이들은 렉스의 유순함과 먼치킨의 장난기를 모두 갖추고 있다고 알려져 있다.

품종 표준을 만족시키는 것이 어렵기 때문에 매우 **희소**하다.

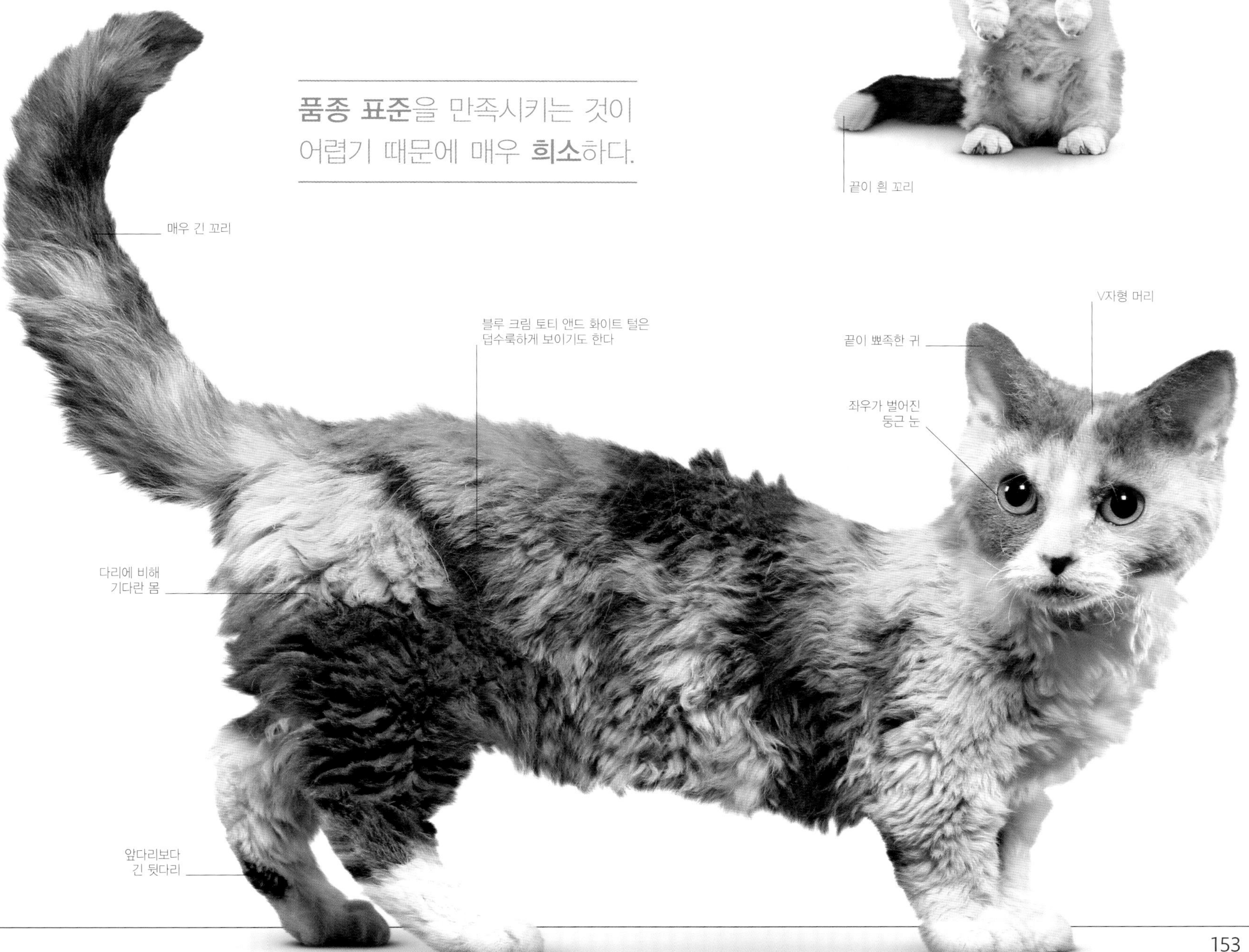

밤비노(Bambino)

기원 미국, 2000년대
혈통 등록기관 TICA
체중 2-4kg (5-9lb)
털 관리 주 2-3회
색깔과 무늬 모든 컬러, 셰이드, 패턴

기묘한 모습의 이 새로운 품종은 온순하면서도 활기와 애정이 넘치는 재미있는 반려묘다.

21세기의 실험적 드워프 품종인 밤비노는 가장 색다른 디자이너 캣 중 하나다. 미국에서 먼치킨(pp. 150-151)과 헤어리스 스핑크스(pp. 168-169)의 교잡종으로 개량되어 극단적으로 짧은 다리와 커다란 귀를 가지며, 심하게 주름진 피부는 벌거벗은 것처럼 보이지만 보통 매우 가느다란 잔털로 덮여 있다. 다리의 길이가 짧은 새끼고양이와 긴 새끼고양이가 동시에 태어날 수 있다. 가냘프게 보이지만 튼튼하고 운동신경이 좋으며 탄탄한 근육과 견고한 골격을 갖고 있어 잘 달리고 뛰어오르고 기어오른다. 또한 영리하고 붙임성이 좋다. 하지만 털이 없어 강한 햇빛과 낮은 온도에 취약하므로 실내에서만 지내야 한다. 또한 주기적인 목욕을 통해 피부의 유분이 쌓이는 것을 방지해야 한다.

새끼고양이

민스킨

미국인 브리더 폴 맥솔리는 먼치킨과 스핑크스의 이종교배를 통해 다리가 짧은 또 다른 품종을 만들어내고 '미니어처'와 '스킨'을 조합하여 '민스킨(Minskin)'이라 명명했다. 그 이름은 털이 없음을 암시하지만, 복부를 제외한 온몸에 가느다란 잔털의 체모가 나 있다. 머리, 귀, 다리, 꼬리에 털이 밀집해 있다는 점이 밤비노와 다르다. 맥솔리는 데번 렉스(pp.178-179)와 버미즈(pp.87-88)도 추가하여 목적을 달성했다. 민스킨은 태비와 컬러포인트를 포함한 모든 컬러의 변이가 존재한다.

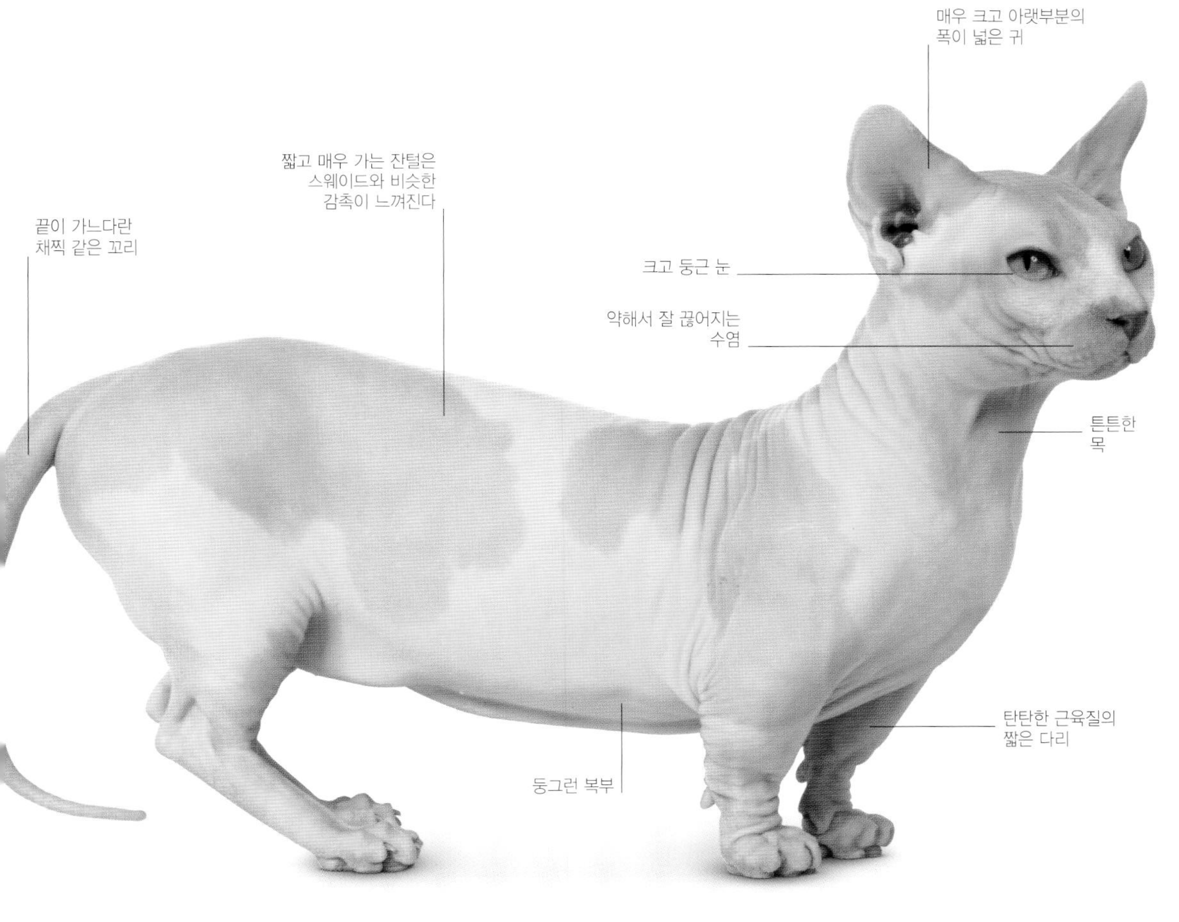

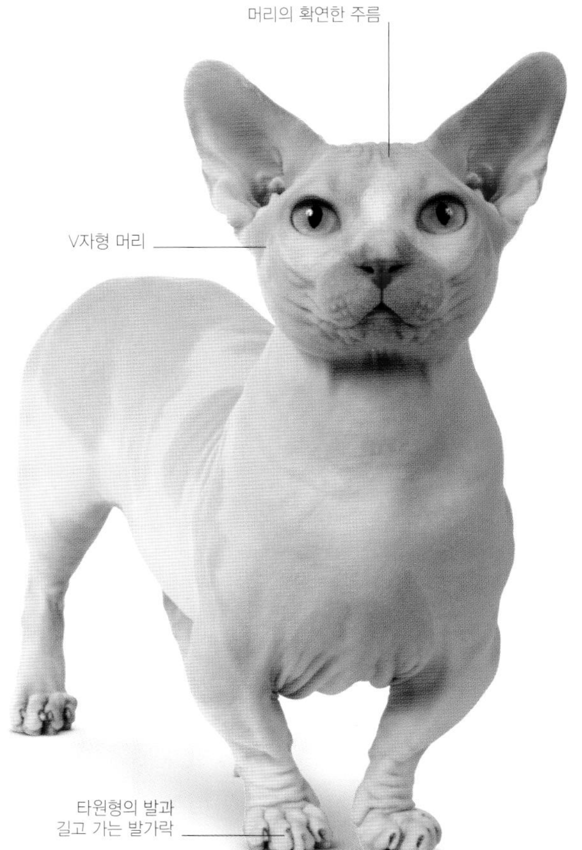

스코티시 폴드(Scottish Fold)

기원 영국/미국, 1960년대
혈통 등록기관 CFA, TICA
체중 2.5–6kg (6–13lb)

털 관리 주 1회
색깔과 무늬 포인티드, 태비, 토티를 포함한 대부분의 컬러, 셰이드, 패턴

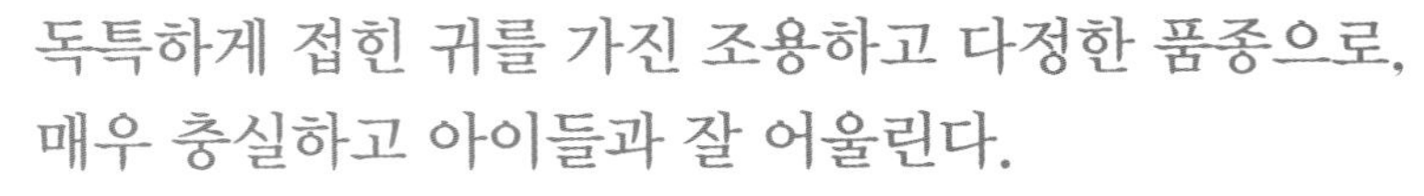

독특하게 접힌 귀를 가진 조용하고 다정한 품종으로, 매우 충실하고 아이들과 잘 어울린다.

이 품종은 매우 드문 유전적 돌연변이로 인해 마치 머리에 모자를 쓴 것처럼 귀가 앞쪽으로 접혀 특유의 둥근 두상을 나타낸다. 최초로 발견된 폴드(귀가 접힌) 고양이는 1960년대에 스코틀랜드의 한 농장에서 태어난 '수지'라는 이름의 암컷으로, 몸 전체가 흰 장모종이었다. 수지와 수지가 낳은 귀가 접힌 새끼고양이는 처음에는 그 지역에서만 관심을 끌었지만, 이후 유전학자들이 주의를 기울이기 시작했고 수지의 자손 몇 마리가 미국으로 보내졌다. 그곳에서 폴드, 브리티시(pp.118–127), 아메리칸 쇼트헤어(p.113)의 이종교배가 이루어져 스코티시 폴드가 탄생했다. 품종 개량 과정에서 장모 버전(p.237)도 출현했다. 접힌 귀를 만드는 유전자는 특정한 골격상의 문제와 연관되어 있는데, 이를 방지하기 위해서는 번식에 신중할 필요가 있으며 이러한 위험성 때문에 모든 등록단체로부터 공인받는 것은 아니다. 스코티시 폴드는 모두 곧은 귀를 갖고 태어나는데, 접힌 귀의 유전자를 갖는 개체는 생후 3주 정도가 되면 귀가 앞쪽으로 납작해진다. 곧은 귀를 유지하는 개체는 '스코티시 스트레이트'라 불린다. 스코티시 폴드는 여전히 희소한 편이라 가정보다는 캣쇼에서 더 자주 볼 수 있다. 하지만 그 충실한 성격이 차츰 알려지고 있으며 어떤 가정에도 쉽게 적응하는 조용하고 다정한 반려묘다.

새끼고양이

여행의 동반자

미국인 작가 피터 게더스는 그의 스코티시 폴드 '노턴'과의 모험에 관한 전기 3부작을 2009년 및 2010년에 출간함으로써 이 품종의 인기를 끌어올렸다. 스코티시 폴드 새끼고양이를 선물로 받은 게더스는 곧바로 열광적인 고양이 애호가가 되었다. 노턴은 그의 주인과 세계를 여행하며 장거리 비행을 함께 하고 식당에서는 옆자리에 앉았다. 그 고양이가 16살의 나이로 죽었을 때는 《뉴욕 타임스》에 부고 기사가 날 정도로 유명해져 있었다.

짧고 촘촘한 블루 털이
곧게 나 있다
앞쪽과 아래쪽으로
접힌 독특한 귀
크고 둥근
금빛 눈
짧은 목
살짝 굽은 코는 짧고
폭이 넓다

하이랜더(Highlander)

기원 북아메리카, 2000년대
혈통 등록기관 TICA
체중 4.5–11kg (10–25lb)
털 관리 주 1회
색깔과 무늬 컬러포인트를 포함하는 모든 컬러 및 태비 패턴

활동적이며 에너지 넘치고 놀기 좋아하는 이 품종은 주목받는 것을 좋아하고, 많은 즐거움을 선사한다.

최근에 개량된 이 품종은 장모 버전(p.240)도 있지만 여전히 극히 드물다. 큰 몸과 짧은 꼬리, 빽빽한 털 등이 독특한 모습을 나타내는데, 가장 눈에 띄는 것은 말려 있는 큰 귀다. 굵은 털이 촘촘히 나 있어 야생의 분위기를 더한다. 아직은 널리 알려지지 않았지만 성격이 아주 특별한 매혹적인 집고양이로서 인정받기 시작했다. 하이랜더는 사람을 잘 따르는 헌신적인 반려묘로, 늘 즐거움을 좇고 놀기 좋아하며 훈련도 잘 받는다고 한다.

아메리칸 컬(American Curl)

기원 미국, 1980년대
혈통 등록기관 CFA, FIFe, TICA
체중 3-5kg (7-11lb)
털 관리 주 1회
색깔과 무늬 모든 컬러, 셰이드, 패턴

우아하고 매력적인 이 고양이는 새끼고양이처럼 호기심이 많고 늘 활기가 넘치는 사랑스러운 반려묘다.

최초의 아메리칸 컬은 캘리포니아에서 발견되어 품종의 기초가 된 암컷과 마찬가지로 장모종(pp.238-239)이었다. 나중에 개량된 단모 버전도 털만 다를 뿐 본질적으로 동일하다. 큰 눈과 우아하게 균형 잡힌 몸매가 대단히 매력적이다. 생후 1주일 이내에 나타나는 말린 귀는 완전히 자연적인 현상인데도 마치 디자이너의 스타일이 가미된 것처럼 세련된 분위기를 자아낸다. 상냥한 기질로 유명한 이 품종은 가족과 강한 애착을 형성하고 집안에서 일어나는 일을 모두 알고 싶어 한다.

재패니즈 밥테일(Japanese Bobtail)

기원 일본, 17세기경
혈통 등록기관 CFA, TICA
체중 2.5–4kg (6–9lb)
털 관리 주 1회
색깔과 무늬 태비(틱트 제외), 토티, 바이컬러를 포함한 모든 컬러 및 패턴

아름다운 목소리, 방울 같은 독특한 꼬리를 가진 이 매력적인 고양이는 잘 놀고 생기 넘치며 사람을 잘 따른다.

일본에서 이 고양이는 행운을 가져다준다고 여겨지며 도자기 장식품의 대상으로도 인기가 있다. 1960년대에 미국인 애호가의 눈에 띄어 번식을 위해 몇 마리가 미국으로 보내졌다. 1970년대 말에 단모 버전이, 그로부터 약 10년 후에 장모 버전(p.241)이 알려지게 되었다. 아름답게 균형 잡힌 매력적인 재패니즈 밥테일은 외향적이고 영리하다. 감미롭고 매혹적인 목소리를 가졌는데, 이를 좋아하는 주인은 자신에게 말을 걸거나 심지어는 노래를 불러준다고 즐겨 주장한다.

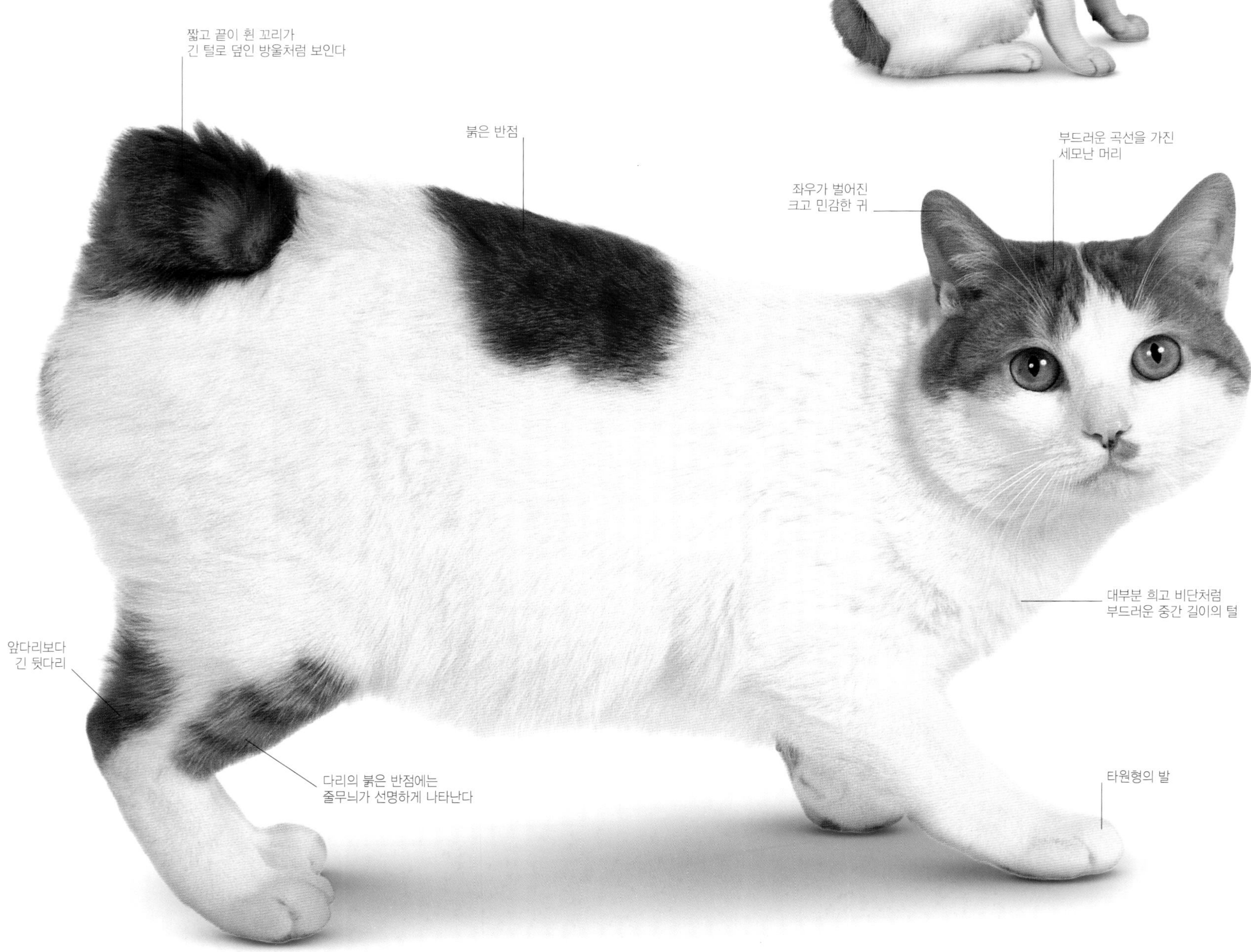

쿠릴리안 밥테일(Kurilian Bobtail)

기원 쿠릴 열도, 북태평양, 20세기
혈통 등록기관 FiFe, TICA
체중 3-4.5kg (7-10lb)

털 관리 주 1회
색깔과 무늬 대부분의 솔리드 컬러 및 셰이드, 바이컬러, 토티, 태비(틱트 제외) 패턴

구부러진 꼬리와 단단한 다리를 가진 튼튼한 고양이로, 영리하고 붙임성이 있다.

북태평양과 오호츠크해 사이에 위치한 쿠릴 열도에 서식하는 쿠릴리안 밥테일은 20세기에 러시아 본토에서 집고양이로 인기를 끌게 되었다. 1990년대 이후에는 단모종뿐만 아니라 장모종(pp.242-243)도 러시아의 캣쇼에 자주 등장했지만 러시아 이외의 지역에서는 거의 알려지지 않았다. 특이한 꼬리는 자연적 돌연변이에 의해 나타나므로 개체마다 차이는 있지만 얼마간 뒤틀려 있고 어떤 방향으로든 말려 있거나 구부러져 있다는 공통점이 있다. 쿠릴리안 밥테일은 느긋하고 사람을 잘 따르며 최상의 쥐 사냥꾼이라고도 전해진다.

메콩 밥테일(Mekong Bobtail)

기원 동남아시아, 20세기 이전
혈통 등록기관 기타
체중 3.5-6kg (8-13lb)
털 관리 주 1회
색깔과 무늬 샴(pp.104-109)과 동일한 컬러포인트

샴과 동일한 털을 가진, 잘 알려지지 않은 품종이지만 활발하고 다정하여 애완동물로 적당하다.

중국, 라오스, 캄보디아, 베트남에 걸쳐 흐르는 메콩강의 이름을 딴 이 짧은 꼬리의 고양이는 동남아시아의 넓은 지역에서 자연적으로 출현한다. 메콩 밥테일은 러시아에서 실험적으로 개량되어 2004년 이후 몇몇 등록단체로부터 공인받았지만 전 세계적으로는 그다지 많이 알려지지 않았다. 튼튼한 몸에, 빛나는 파란빛 눈과 샴의 컬러포인티드 털을 갖고 있으며 활동적이고 민첩하여 잘 뛰어오르고 기어오른다. 상냥하고 분별력 있는 성격의 조용한 고양이라는 평을 듣는다.

동양의 전설에 따르면, 메콩 밥테일은 **왕실 고양이**이며 **고대 사원의 수호자**였다고 한다.

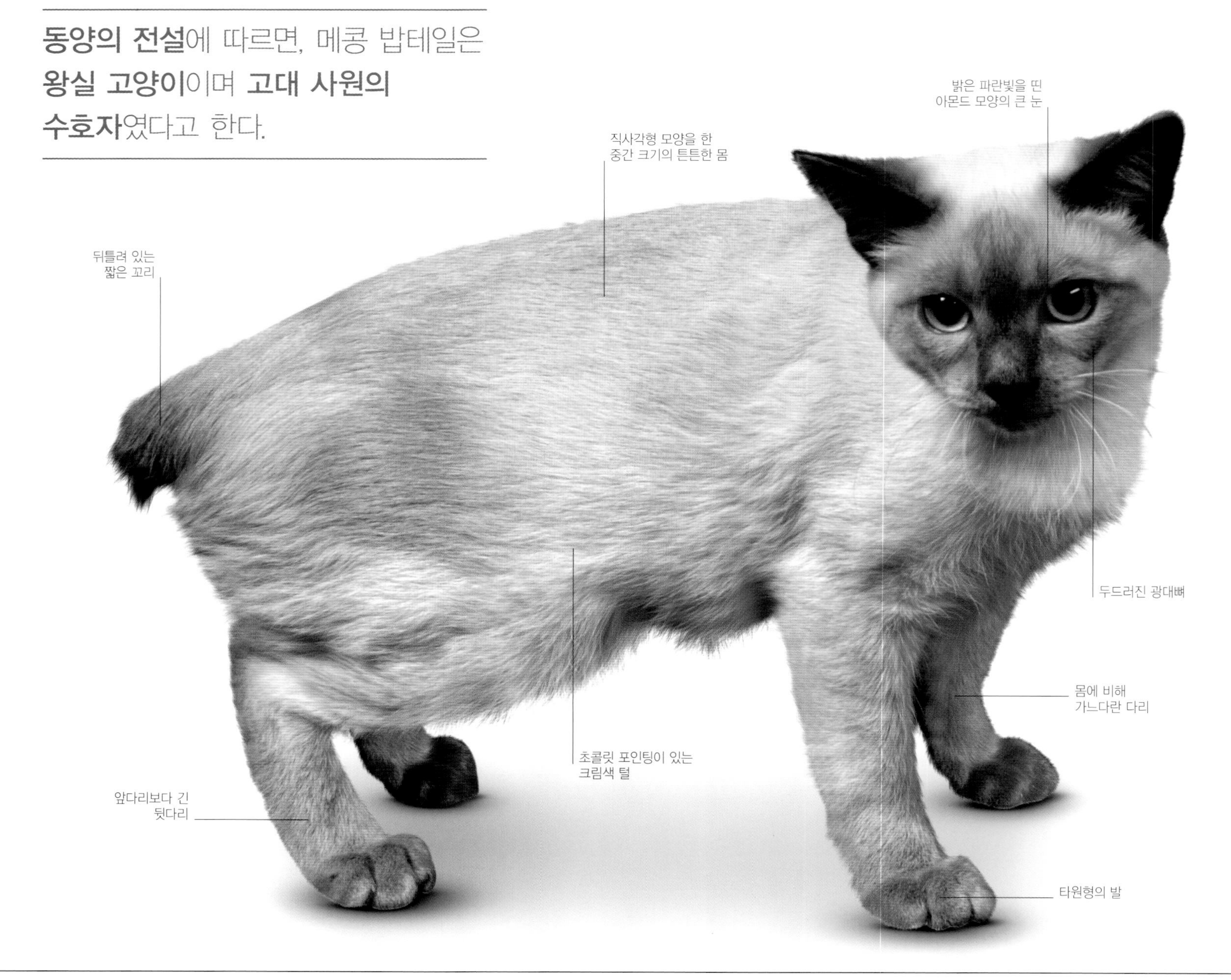

아메리칸 밥테일(American Bobtail)

기원 미국, 1960년대
혈통 등록기관 CFA, TICA
체중 3-7kg (7-15lb)

털 관리 주 1회
색깔과 무늬 태비, 토티, 컬러포인트를 포함한 모든 컬러, 셰이드, 패턴

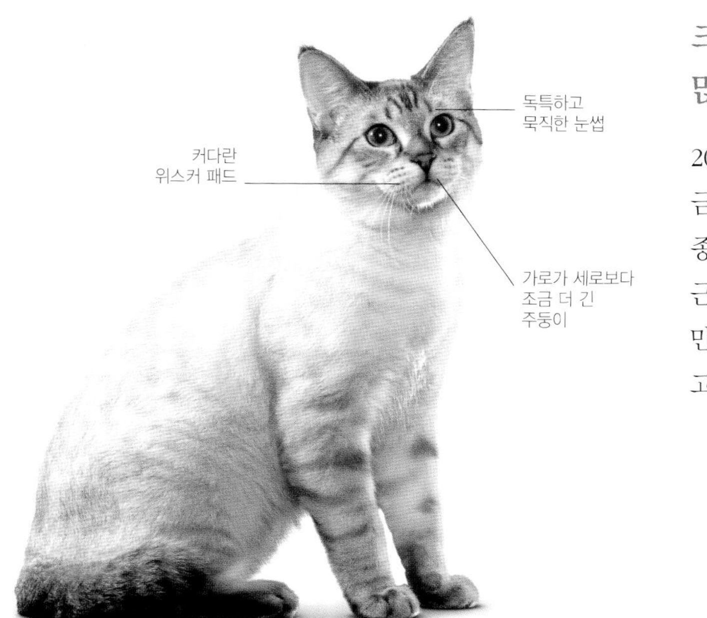

크고 아름다운 이 고양이는 적응력이 뛰어나고 많이 조르지 않는 탁월한 반려묘다.

20세기 중엽부터 밥테일을 가진 미국 토종 집고양이의 번식이 몇 차례 보고되었지만 지금까지 확인된 것은 아메리카 밥테일뿐이다. 장모 버전(p.247)도 있으며 단모종과 장모종 모두 이름에 걸맞게 짧은 꼬리가 자연적으로 나타난다. 아메리칸 밥테일은 탄탄한 근육과 커다란 골격을 갖춘 다부진 몸을 갖고 있다. 총명하고 기민하며 꽤 활동적이지만 조용한 시간을 즐기기도 한다. 사람들 사이에 있기를 좋아하지만 크게 주목을 끌려고 하지는 않으며 어떤 가정에서도 수월하게 지낸다.

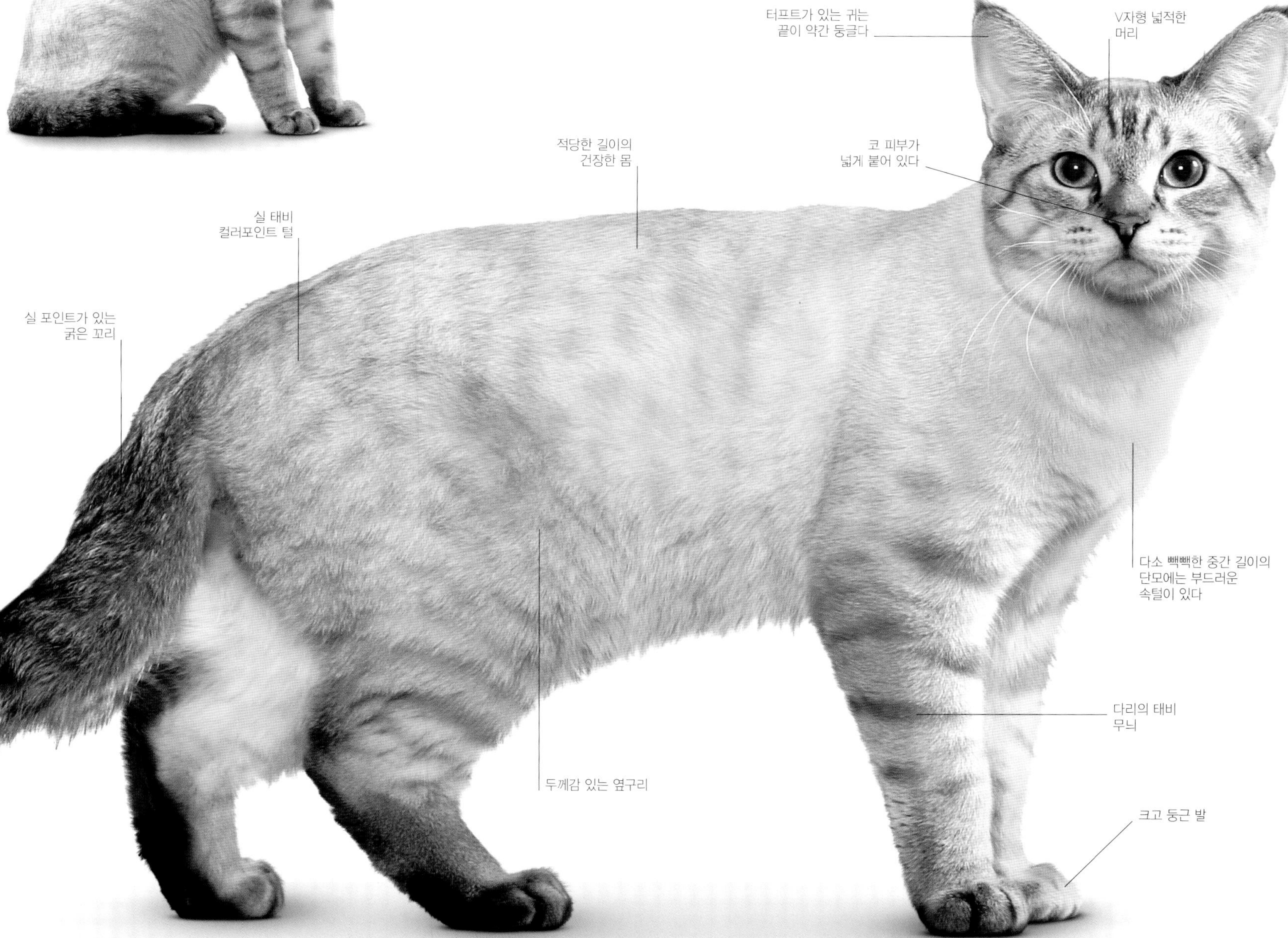

꼬리의 유형

맹크스는 꼬리의 길이에 따라 '럼피(꼬리가 전혀 없다)', '스텀피(1~3개의 척추골을 가진 꼬리)', '롱기(보통 길이에 가까운 꼬리)'로 분류된다.

맹크스(Manx)

기원 영국, 18세기 이전
혈통 등록기관 CFA, FIFe, GCCF, TICA
체중 3.5–5.5kg (8–12lb)
털 관리 주 1회
색깔과 무늬 태비와 토티를 포함한 모든 컬러, 셰이드, 패턴

'캐빗' 전설

한때 맹크스는 고양이(cats)와 토끼(rabbits)의 교미로 탄생한 '캐빗(cabbit)'이라 여겨졌다. 그러한 이종 교배가 생물학적으로 불가능하다는 것이 알려지기 전에 생겨난 오해이므로 이해하기 어려운 것은 아니다. 둥근 엉덩이, 기다란 뒷다리, 뭉툭한 꼬리는 영락없이 토끼와 비슷한 형질이다. 놀랍게도 '캐빗'의 목격담은 21세기인 오늘날에도 가끔씩 보고되고 있다.

꼬리 없는 고양이로 가장 널리 알려진 이 품종은 차분한 성격으로 인기가 높은 훌륭한 반려묘다.

꼬리 없는 맹크스만큼 기원에 관한 이야기가 많은 품종도 없을 것이다. 다채로운 전설 중에는 노아의 방주에서 일어난 사고로 꼬리를 잃게 된 것이라는 이야기도 있다. 하지만 실제로는 아일랜드해의 맨섬 태생이며 꼬리가 없는 것은 자연적 돌연변이 때문이다. 맹크스가 고양이와 토끼의 교잡종이라는 전설도 있다(왼쪽 박스 참조). 20세기 초반부터 캣 팬시어들의 관심을 끌어온 맹크스는 장모종 친척에 해당하는 킴릭(p.246)과 함께 현재 세계적으로 알려져 있다. 꼬리가 없는 새끼와 부분적 혹은 온전한 꼬리를 가진 새끼가 동시에 태어날 수 있지만 오직 꼬리가 없는 개체에게만 캣쇼에 출전할 자격이 주어진다. 꼬리가 없는 것과 관련되어 발생하기도 하는 척추 질환을 방지하기 위해 번식은 신중하게 이루어져야 한다. 맹크스는 온순하고 차분하고 총명하며 주인에게 충실하다. 던진 것을 물어오는 '페치'나 줄을 매고 산책하는 것을 훈련시킬 수도 있다. 전통적으로 쥐 잡는 고양이로서 길러졌기 때문에 여전히 기회만 있다면 사냥을 능히 해낸다.

새끼고양이

픽시밥(Pixiebob)

기원 미국, 1980년대
혈통 등록기관 TICA
체중 4-8kg (9-18lb)
털 관리 주 1회
색깔과 무늬 브라운 스포티드 태비

근육이 발달한 건장한 고양이로, 외모는 사나워 보이지만 기질이 상냥하며 정이 매우 많고 사교적이다.

픽시밥은 그 이름을 따온 야생의 보브캣처럼 두툼한 털, 터프트가 난 귀, 뾰족한 얼굴, 강력한 몸을 갖추고 유연한 사지로 우아하게 움직인다. 흔히 보이는 특징으로 하나 이상의 발에 나타나는 다지증(p.245)을 들 수 있는데, 이는 특이하게도 품종 표준에 부합한다. 픽시밥의 단모종과 장모종(pp.244-245) 모두 진한 색상의 스포티드 털로써 야성적인 분위기를 풍긴다. 하지만 이러한 외모와는 달리 완전히 집고양이다운 성격을 가지며 가족과의 생활을 좋아하고 주인에게서 떨어지지 않는다. 또한 아이들과 잘 놀고 다른 애완동물을 따뜻하게 받아들인다.

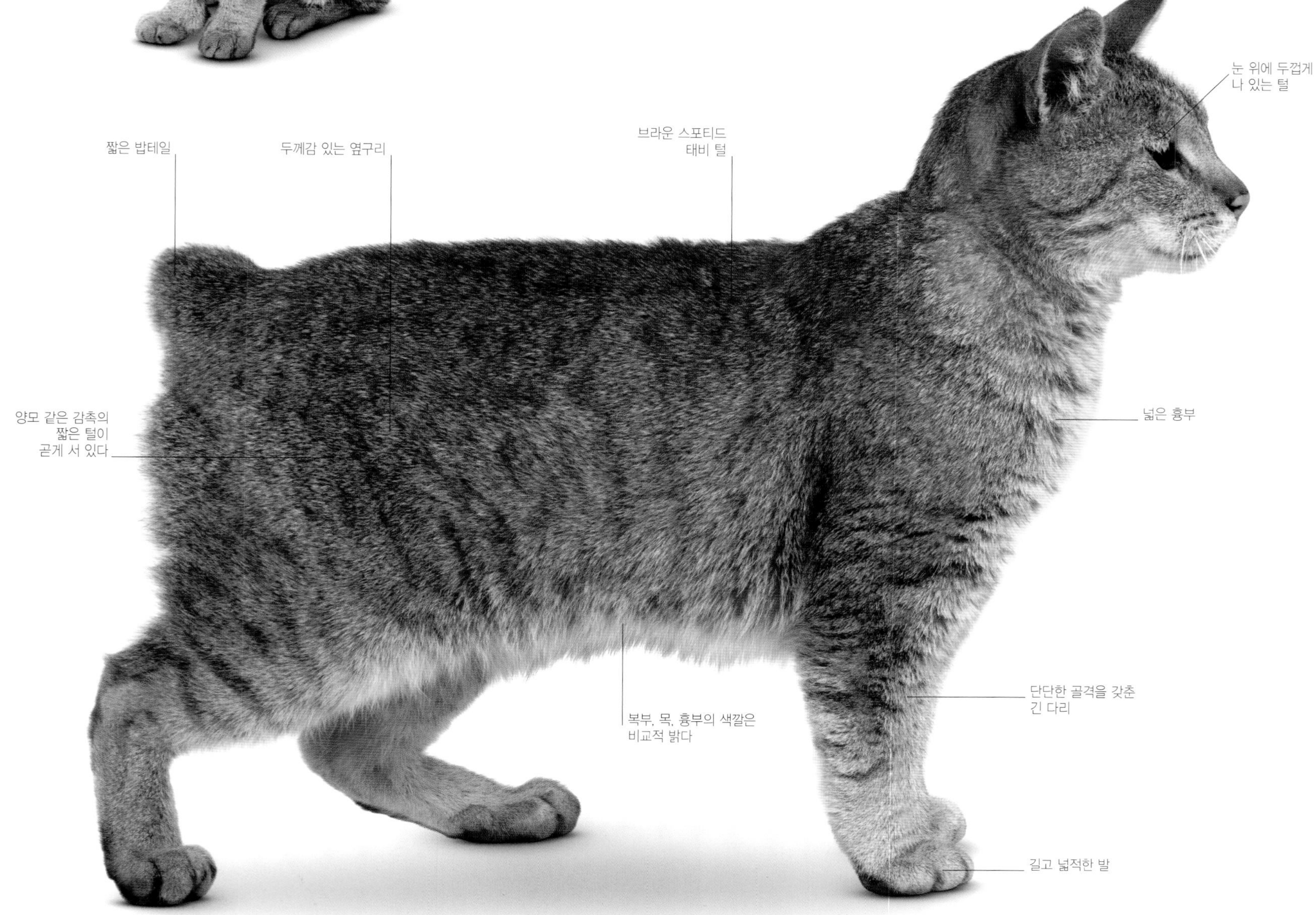

아메리칸 링테일(American Ringtail)

기원 미국, 1990년대
혈통 등록기관 CFA, TICA
체중 3–7kg (7–15lb)

털 관리 주 1회
색깔과 무늬 모든 컬러, 셰이드, 패턴

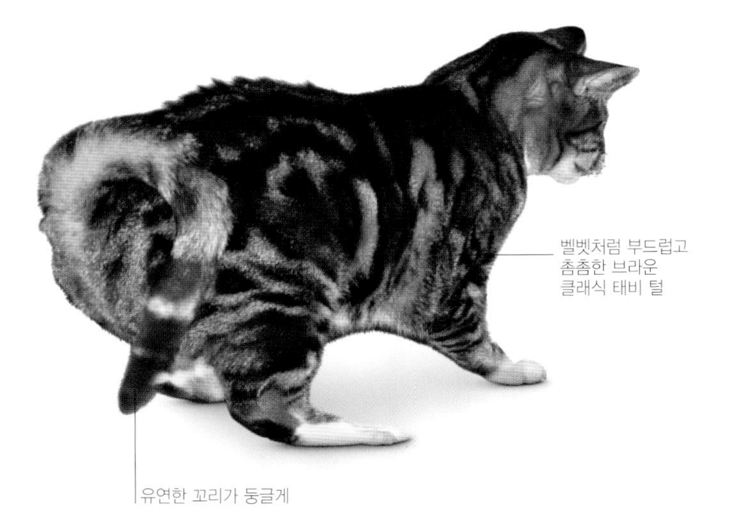

말린 꼬리와 벨벳 같은 털을 가진 이 체격 좋은 고양이는 다정하지만 낯을 가리기도 한다.

유연하게 구부러져 등이나 옆구리에 닿아 있는 독특한 꼬리는 다른 품종에서는 볼 수 없다. 아메리칸 링테일은 캘리포니아에서 우연히 발견되었으며 개량 과정에서 오리엔탈 계열의 혈통이 도입되었다. 여전히 흔치 않은 품종이지만 브리더들의 관심이 점점 높아지고 있으며 장모 버전도 있다. 놀기와 기어오르기, 그리고 호기심을 자극하는 모든 것의 냄새를 맡으며 돌아다니는 것을 좋아한다. 부드럽게 떨리는 소리를 내기 때문에 처음에는 '링테일 싱어링(Ringtail sing-a-Ling)'이라 불렸다.

스핑크스(Sphynx)

기원 캐나다, 1960년대
혈통 등록기관 CFA, FIFe, GCCF, TICA
체중 3.5-7kg (8-15lb)
털 관리 주 2-3회
색깔과 무늬 모든 컬러, 셰이드, 패턴

이 헤어리스 고양이는 짓궂지만 사랑스러우며 주인을 잘 따르는 훌륭한 반려묘다.

헤어리스 고양이 가운데 세계적으로 가장 유명한 스핑크스는 캐나다에서 탄생했지만 고대 이집트의 스핑크스 조각상과 닮았다고 해서 그 이름이 차용되었다. 털이 없는 것은 자연적 돌연변이인데, 1966년에 온타리오주의 농장에 사는 단모종 고양이가 헤어리스 수컷 고양이를 낳은 것을 계기로 품종 개량이 시작되었다. 이 고양이는 이후 10년간 태어난 다른 헤어리스 고양이들과 함께 품종 확립을 위해 쓰였다. 털이 없는 특성에는 흔히 다른 돌연변이도 동반되지만, 코니시 렉스(pp.176-177)나 데번 렉스(pp.178-179)와의 이종교배를 포함한 선택적 번식을 신중히 진행한 결과, 유전적 문제로부터 비교적 자유로워졌다. 스핑크스는 털이 완전히 없는 것이 아니라 대부분이 스웨이드처럼 가는 잔털로 덮여 있고, 머리, 꼬리, 발에 가느다란 털이 나 있는 경우도 있다. 거대한 귀, 주름 있는 피부, 둥근 배 등 놀라운 외모를 가진 것은 틀림없지만, 모든 사람의 마음을 끄는 것은 아니다. 그러나 붙임성 있고 다정한 성격 덕분에 적지 않은 사람이 팬으로 돌아섰다. 함께 지내기는 쉽지만 실내에만 있어야 하고 추위와 더위로부터 보호받아야 한다. 정상적인 털이 없어 여분의 피부 유분이 흡수되지 않기 때문에 주기적으로 씻겨주어야 한다. 어려서부터 목욕에 익숙해지면 싫어하지 않는다.

미스터 비글스워스

스핑크스는 1997년부터 상영된 코미디 첩보 영화 〈오스틴 파워〉 3부작에서 사악한 '닥터 에빌'이 기르는 고양이 '미스터 비글스워스'로 등장하며 일약 유명세를 탔다. 그 역을 연기한 것은 캣쇼에서 우승한 '테드 누드-젠트'라는 이름의 고양이였다. 캣쇼를 통해 세인의 이목에 익숙해진 테드는 촬영장의 소음과 움직임에 동요하지 않았고, 다른 많은 스핑크스처럼 훈련에 아주 좋은 반응을 보였다.

새끼고양이

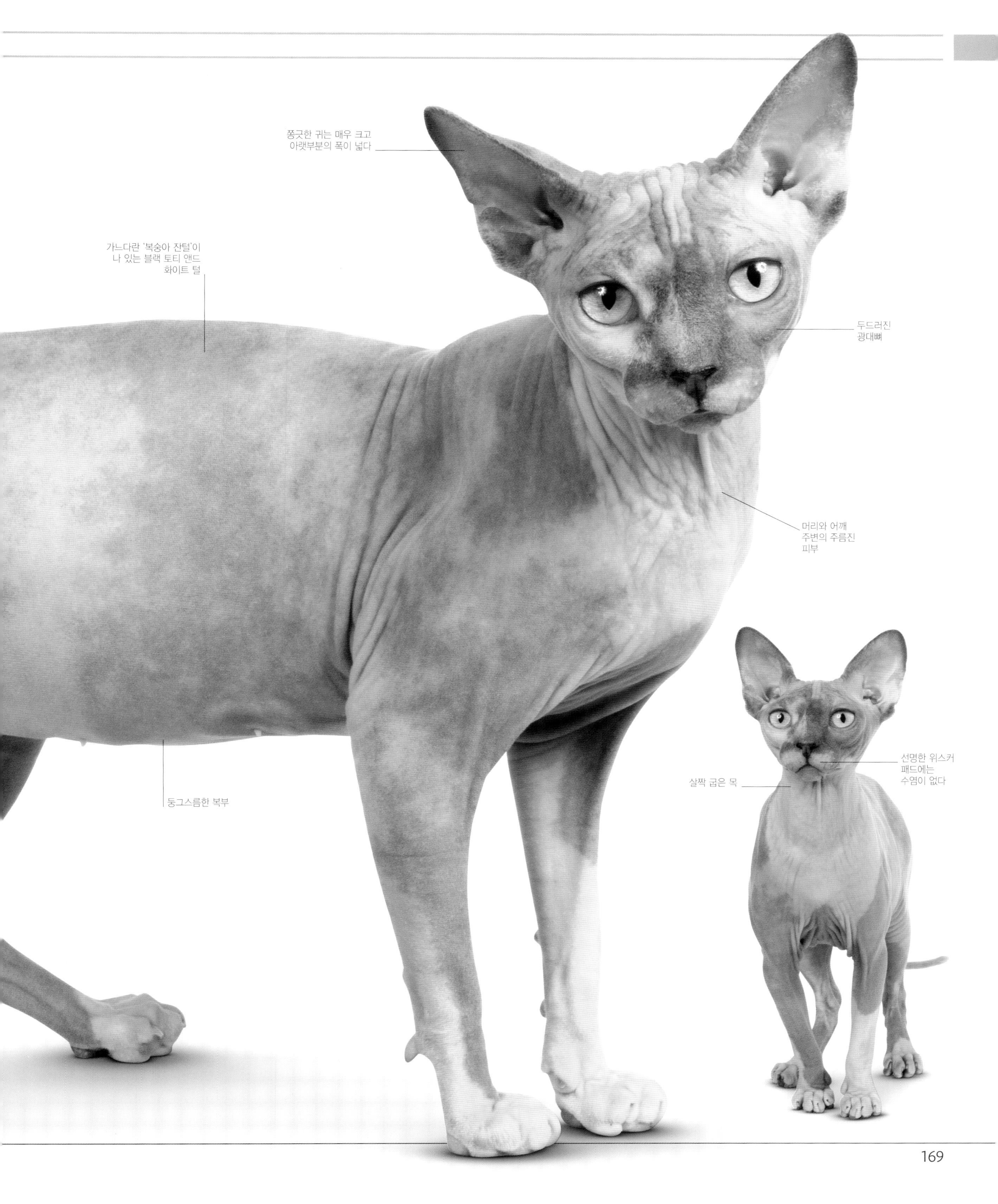
쫑긋한 귀는 매우 크고
아랫부분의 폭이 넓다
가느다란 '복숭아 잔털'이
나 있는 블랙 토티 앤드
화이트 털
두드러진
광대뼈
머리와 어깨
주변의 주름진
피부
선명한 위스커
패드에는
수염이 없다
살짝 굽은 목
둥그스름한 복부

돈스코이(Donskoy)

기원 러시아, 1980년대
혈통 등록기관 FIFe, TICA
체중 3.5-7kg (8-15lb)
털 관리 주 2-3회
색깔과 무늬 모든 컬러, 셰이드, 패턴

활동적인 이 품종은 외모는 약간 낯설지만 온순하고 사람을 매우 잘 따르는 사랑스러운 고양이다.

'돈 스핑크스'라고도 불리는 이 품종의 기초가 된 것은 러시아의 로스토프나도누 거리에서 학대를 당하다가 구조된 새끼고양이였다. 이 길고양이는 자라면서 정상적으로 나 있던 털이 다 빠졌고, 동일한 돌연변이를 가진 새끼를 낳았다. 돈스코이에게는 다양한 털 유형이 나타나는데, 헤어리스 개체뿐만 아니라 잔털이나 웨이브가 있는 털이 부분적으로 나 있는 개체도 있다. 헤어리스 유형은 독특하게도 겨울이 되면 일시적으로 털이 나는 부분이 생겨난다. 주름진 피부와 매우 큰 귀 때문에 모든 사람들에게 매력적인 것은 아니지만, 팬들은 온순하고 사교적이고 재기 넘치는 성격을 칭찬한다. 주기적인 목욕을 통해 피부에서 나오는 유분을 제거해주어야 한다.

이 **조롱박**처럼 생긴 매우 **사교적**인 고양이는 **음성 명령**에 따르도록 **훈련**받을 수 있다.

피터볼드(Peterbald)

기원 러시아, 1990년대
혈통 등록기관 FIFe, TICA
체중 3.5–7kg (8–15lb)

털 관리 주 2–3회
색깔과 무늬 모든 컬러, 셰이드, 패턴

다양한 유형의 털을 가진 우아하고 품격 있는 품종으로, 수다스럽고 사람을 잘 따르며 주목받고 싶어 한다.

피터볼드는 오리엔탈 쇼트헤어(pp.91–101)와 돈스코이(p.170)의 교배를 통해 러시아에서 탄생한 비교적 새로운 품종이다. 완벽한 헤어리스 타입부터 가는 잔털, 솔처럼 촘촘하고 뻣뻣한 털에 이르기까지 매우 다양한 유형이 존재한다. 털이 있는 새끼고양이도 자라면서 헤어리스가 되거나 잔털로 뒤덮인 부분이 남는 경우도 있다. 피터볼드는 상냥한 기질을 가진 좋은 반려묘다. 헤어리스 타입이나 털이 매우 가는 유형은 추위와 더위에 취약하기 때문에 실내에서만 지내는 것이 좋다. 헤어리스 타입의 피부는 끈적거리기 쉬우므로 주기적으로 씻겨주어야 한다.

피터볼드가 **노는 모습**은 흔히 **'공중 발레'**로 묘사된다.

우랄 렉스(Ural Rex)

기원 러시아, 1980년대
혈통 등록기관 기타
체중 3.5–7kg (8–15lb)
털 관리 주 2–3회
색깔과 무늬 태비를 포함한 다양한 컬러와 패턴

독특한 외모의 이 렉스 계열 품종은 아직 널리 알려지지는 않았지만 어느 가정에서든 잘 적응한다.

웨이브가 있는 털을 가진 이 고양이는 우랄산맥의 구릉지에 위치한 러시아의 대도시 예카테린부르크 근교에서 태어났다. 30년에 걸쳐 신중하게 개량된 우랄 렉스는 러시아의 캣 팬시어들 사이에서 큰 인기를 끌고 있으며 현재 독일에서도 번식되고 있다. 가늘고 촘촘한 이중모는 짧거나 약간 긴 정도다. 몸에 밀착해 있는 독특한 웨이브는 탄력이 있으며 다 자라기까지 최대 2년이 걸린다. 털 손질은 어렵지 않지만 주기적으로 해야 한다. 차분하고 온화하다고 알려진 우랄 렉스는 반려묘로서 훌륭하다.

새끼고양이 털은 반쯤 말려 곱슬거리지만 시간이 지나면서 **부드러운 웨이브**로 변한다.

라펌(LaPerm)

기원 미국, 1980년대
혈통 등록기관 CFA, GCCF, TICA
체중 3.5-5.5kg (8-12lb)

털 관리 주 2-3회
색깔과 무늬 컬러포인트를 포함한 모든 컬러, 셰이드, 패턴

활기차고 호기심 많은 이 고양이는 사람과 금세 친해지고 성묘가 되어서도 재롱을 부린다.

렉스 계열의 이 품종은 미국 오리건주의 한 농장에서 태어나 단모종 및 장모종(pp.250-251)으로 개량되었다. 라펌의 털은 웨이브 또는 컬로 이루어지며 가볍고 탄력이 있어 쓰다듬기 좋다. 외향적이고 당당히 관심을 요구하는 이 고양이는 정이 많고 생기 넘치는 애완동물이다. 라펌은 어떤 유형의 가정에서든 쉽게 적응하고 주인과 깊은 유대관계를 맺는다. 사람과 함께 있는 것을 좋아하기 때문에 너무 오랫동안 홀로 두어서는 안 된다. 털을 건강한 상태로 유지하기 위해 가볍게 빗질을 하거나 가끔 샴푸로 감긴 후 수건으로 말리는 것이 좋다.

셀커크 렉스(Selkirk Rex)

기원 미국, 1980년대
혈통 등록기관 CFA, TICA
체중 3-5kg (7-11lb)
털 관리 주 2-3회
색깔과 무늬 모든 컬러, 셰이드, 패턴

고양이판 '테디 베어'인 이 품종은 다정하고 인내심이 강하며 사람과 함께 있는 것을 좋아한다.

셀커크 렉스라는 이름은 출생지인 미국 몬태나 주 근처의 셀커크산맥에서 비롯되었다. 1980년 후반에 탄생한 이 품종의 기원은 동물 보호시설에서 길고양이에게 태어난 새끼들 가운데 발견된 곱슬한 털을 가진 암컷 고양이다. 순혈종과의 계획적인 교배를 통해 셀커크 렉스의 단모종과 장모종(p.248)이 확립되었는데, 장모종은 페르시안이 도입된 결과였다. 단모종과 장모종 모두 직모를 가진 변이체가 흔히 나타난다. 셀커크 렉스의 촘촘하고 부드러운 털은 다른 렉스 계열에 나타나는 정돈된 라인이 아니라 무작위적인 컬이나 웨이브로 나타난다. 주로 목과 복부 주변의 컬이 더 많이 말려 있고, 드문드문 나 있는 곱슬한 수염은 쉽게 끊어진다. 털 손질은 어렵지 않지만 빗질을 너무 세게 하면 컬이 펴질 수 있기 때문에 가볍게 하는 것이 바람직하다. 차분하고 관대하지만 지루한 것을 싫어하고 안기는 것을 좋아한다. 성묘가 되어서도 몇 년간 어리광을 부리며 언제나 놀이를 즐긴다.

곱슬곱슬한 털의 형성

셀커크 렉스의 컬은 2년 정도 지나야 완성된다. 컬이 생기는 고양이는 태어날 때 곱슬한 수염이 나 있기 때문에 어떤 새끼고양이가 곱슬해질지 바로 알 수 있다. 곱슬한 털을 갖고 태어나는 새끼고양이의 수염 이외의 털은 보통 몇 달 동안 펴져 있다가 생후 약 8개월에 접어들면 다시 말리기 시작한다. 최상의 털은 중성화된 암컷과 성묘 수컷에게 나타나는데, 수컷의 경우는 중성화 여부와 관계없다.

곱슬곱슬한 새끼고양이

꼬리에 딱 붙어 있는 컬

새끼고양이
근육이 발달한
직사각형의 몸
곱슬한 블랙 앤드 화이트
털은 감촉이 부드럽다
둥글고 매끄러운 머리
좌우가 벌어져 있고
폭이 넓은 귀
짧고 네모난
주둥이
표정이
감미로운
커다란 눈
잘 끊어지는
곱슬한 수염
단단한 골격을 갖춘
중간 길이의 다리
크고 둥근 발

코니시 렉스(Cornish Rex)

기원 영국, 1950년대
혈통 등록기관 CFA, FIFe, GCCF, TICA
체중 2.5-4kg (6-9lb)

털 관리 주 1회
색깔과 무늬 태비, 토티, 컬러포인트, 바이컬러를 포함한 모든 솔리드, 셰이디드 컬러 및 패턴

두 가지 유형

영국에서 태어난 최초의 코니시 렉스는 오늘날에 비해 훨씬 다부진 체격을 갖고 있었다. 이종교배에 쓰인 품종들 가운데 체격이 탄탄한 브리티시 쇼트헤어가 주를 이루었기 때문이다. 미국에서는 호리호리한 오리엔탈 계열의 혈통이 도입되었다. 현재는 영국 버전과 미국 버전 모두 날씬하지만, 미국 버전의 고양이가 더 탄탄한 체격과 '치켜 올린' 웨이스트라인을 갖게 되어 이 두 가지 유형의 뚜렷한 구별이 가능해졌다.

호기심이 많고 운동신경이 뛰어난 고양이로, 곱슬한 털이 수염에서 꼬리까지 이어지며 활기와 에너지가 넘친다.

이 빼어난 품종의 기초가 된 것은 1950년에 영국 콘월 지역의 농장에서 태어난 '칼리벙커'라는 이름의 수컷 고양이였다. 함께 태어난 형제와 달리 웨이브가 있는 털, 날씬한 몸, 긴 다리, 뼈가 드러난 얼굴, 그리고 큰 귀를 갖고 있었다. 웨이브 털을 비롯한 렉스 계열의 특징이 근처의 주석 광산에서 나오는 방사선 때문에 돌연변이로 나타났다는 설이 있지만, 실제로는 열성 유전자에 의한 것이다. 초기의 브리더들은 코니시 렉스의 특징을 보존하기 위해 근친교배를 실시했지만 자손에게 건강상의 문제가 발생했다. 그래서 칼리벙커의 자손은 아메리칸 쇼트헤어(p.113), 브리티시 쇼트헤어(pp.118-127), 샴(pp.104-109) 등 다른 품종과 교배되어 체력과 유전적 다양성이 강화되고 다양한 색의 털이 나타나게 되었다. 매우 가늘고 곱슬곱슬한 털과 유선형의 몸을 가진 코니시 렉스는 단연 돋보이는 품종이다. 외향적이고 장난을 많이 치며 평생 새끼고양이처럼 행동하지만, 다 놀고 나서는 애정이 넘치는 무릎 고양이로 탈바꿈한다. 피모가 얇기 때문에 추위나 더위에 취약하며 털 손질은 가볍게 이루어져야 한다.

새끼고양이

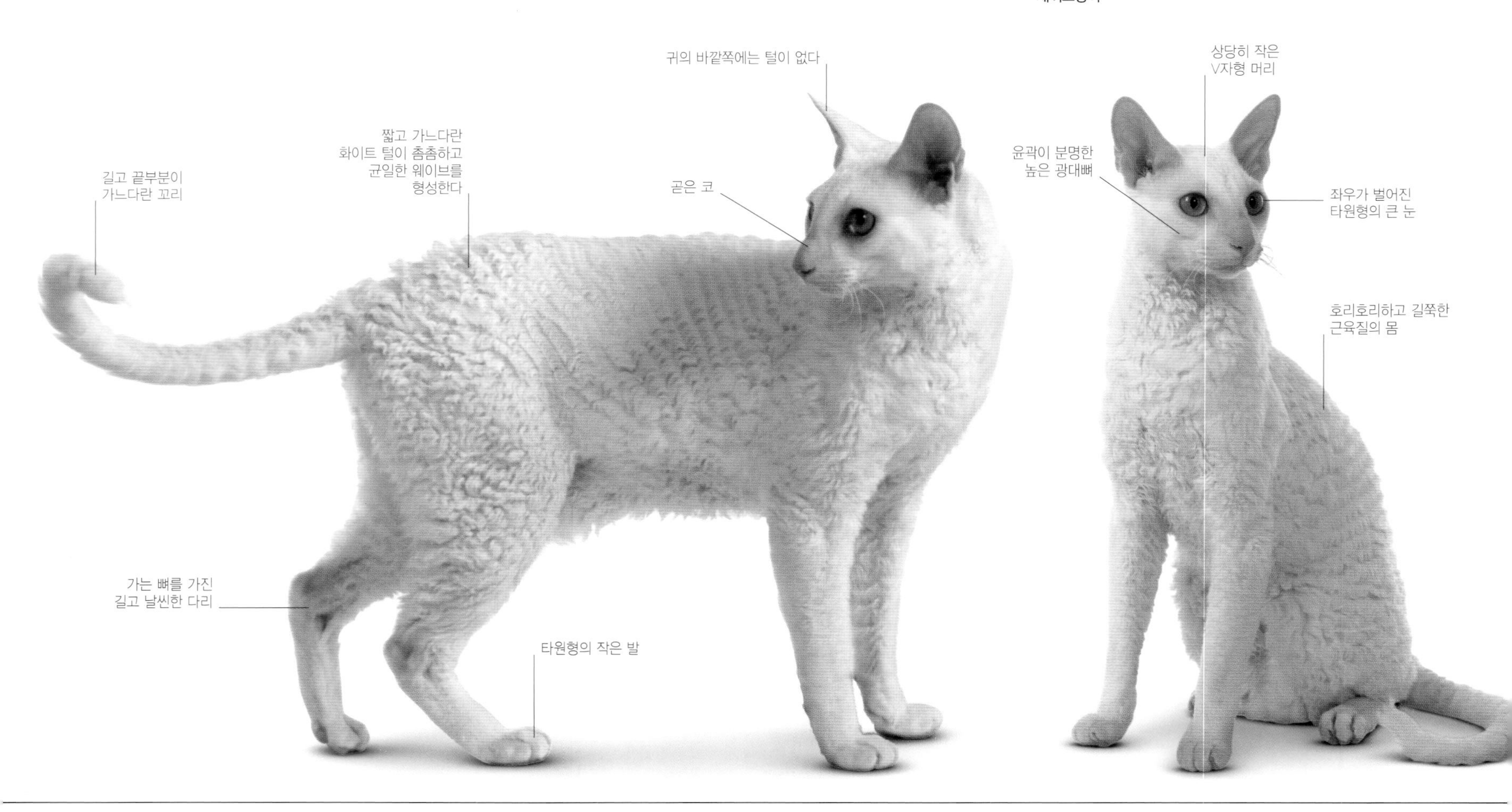

털의 완성

코니시 렉스의 새끼고양이는 웨이브 털을 갖고 태어나는데, 몇 주 간 웨이브가 사라지고 스웨이드 상태가 되는 개체가 있다. 하지만 3개월 후엔 완전히 형성된 웨이브가 나타난다.

데번 렉스(Devon Rex)

기원 영국, 1960년대
혈통 등록기관 CFA, FIFe, GCCF, TICA
체중 2.5–4kg (6–9lb)
털 관리 주 1회
색깔과 무늬 모든 컬러, 셰이드, 패턴

'픽시 캣'이라는 별명에 걸맞게 귀가 뾰족한 장난꾸러기 요정처럼 보이는 품종으로, 에너지가 넘치고 개와 비슷한 성질을 갖고 있다.

고도로 전문화된 이 품종은 영국 데번주의 버크패스트레이에서 유래하며, 그 기초가 된 것은 곱슬한 털을 가진 길고양이 수컷과 입양된 토터셸 길고양이였다. 이 한 쌍에게서 태어난 새끼들 가운데 곱슬한 털을 가진 고양이가 품종 개량에 사용되었다. 처음에는 이 새로운 데번 계통과, 몇 년 전 멀지 않은 곳에서 발견된 웨이브 털의 코니시 렉스(pp.176–177)를 교배시키면 될 것이라고 생각했지만, 태어난 새끼들은 모두 평범한 직모 털을 갖고 있었다. 이로부터 지리적으로 매우 가까운 곳에서 생겨난 서로 다른 2개의 열성 유전자가 약간 다른 렉스 계열 털을 만들어낸다는 것을 알게 되었다(아래 박스 참조). 데번 렉스의 털은 가늘고 매우 짧으며 보호털이 거의 없다. 느슨한 웨이브가 몸 전체에 골고루 분포되는 것이 이상적이지만, 웨이브나 컬의 정도는 개체마다 다르고 계절에 따른 탈모의 영향으로, 혹은 성장함에 따라 변할 수 있다. 수염은 곱슬하고 다 자라기 전에 끊어지는 경향을 보인다. 피모가 얇아서 만졌을 때 다른 품종에 비해 더 따뜻하게 느껴질 수 있지만, 금방 차가워지기 때문에 외풍이 없는 곳에서 살아야 한다. 보통 데번 렉스의 털은 닦아내기만 해도 좋은 상태를 유지하며, 어려서부터 물에 익숙해졌다면 가벼운 목욕도 싫어하지 않을 것이다. 다리가 길고 가냘프게 보이지만 결코 허약하지 않고 무한한 에너지를 발산하며 뛰놀고 높은 곳에 올라간다. 주목받기를 좋아하므로 종일 집을 비우는 가정에는 적합하지 않다.

렉스의 털

렉스 계열의 곱슬한 털은 품종 간에 서로 비슷하지만, 그것을 만들어내는 유전자 돌연변이는 각각 다르다. 열성 유전자가 발현되기 위해서는 부모 양쪽에게서 물려받아야 하지만, 우성 유전자는 어느 한쪽으로부터만 물려받으면 된다. 데번 렉스와 코니시 렉스(pp.176–177)는 지리적으로 가까운 곳에서 유래했지만, 각각의 털은 서로 다른 열성 유전자에 의해 발생한 돌연변이의 결과다. 예컨대 코니시 렉스의 유전자 돌연변이는 모낭의 형태를 원형이 아닌 타원형으로 만들기 때문에 곱슬곱슬한 털이 생기는 것이다.

코니시 렉스

비교적 작은
머리와 긴 목
아랫부분의 폭이
넓은 유난히
큰 귀
곱슬한 수염이
난 짧은 주둥이
분명한 스톱이
있는 코
넓은 광대뼈
가늘고 곱슬한
실버 태비 털에는
보호털이 거의 없다
길고 가느다란
다리와 타원형의
작은 발

새끼고양이

저먼 렉스(German Rex)

기원 독일, 1940년대
혈통 등록기관 FIFe
체중 2.5-4.5kg (6-10lb)
털 관리 주 2-3회
색깔과 무늬 모든 컬러, 셰이드, 패턴

새끼고양이

이 품종은 주인과 강한 유대를 맺으며, 가족과 함께 보내는 '귀중한 시간'을 필요로 한다.

이 품종의 기초가 된 것은 제2차 세계대전이 끝난 직후 베를린에서 입양된 암컷 길고양이였다. 저먼 렉스는 개량 이후 유럽 전역과 미국으로 수출되었다. 이 고양이의 웨이브 털은 코니시 렉스(pp.176-177)에게 나타나는 것과 동일한 돌연변이 유전자에서 비롯된다. 저먼 렉스의 번식 프로그램에 코니시 렉스가 몇 년 간 포함되어 있었기 때문인데, 몇몇 국가에서는 이 두 가지 품종이 독립적인 것으로 인정받지 못한다. 온화하고 다정한 저먼 렉스는 누구와도 잘 놀지만, 주인 곁에서 조용한 시간을 보내는 것도 좋아한다. 짧은 털이 피부의 유분을 잘 흡수하지 못하기 때문에 주기적인 목욕이 필요하다.

털이 **옅은 색**인 고양이는 여름 내내 귀에 **자외선 차단 크림**을 발라야 한다.

아메리칸 와이어헤어(American Wirehair)

기원 미국, 1960년대
혈통 등록기관 CFA, TICA
체중 3.5–7kg (8–15lb)
털 관리 주 1회
색깔과 무늬 바이컬러, 태비, 토티를 포함한 다양한 솔리드 컬러 및 셰이드 패턴

재주가 많고 차분하며 다정한 이 고양이는 실내와 실외 어디에서든 잘 적응하며, 모든 사람들과 행복하게 지낸다.

1966년, 미국 뉴욕주에서 보통의 털을 가진 집고양이 2마리가 낳은 새끼들 가운데 털이 빳빳한 고양이가 있었다. 이 개체가 아메리칸 와이어헤어의 기초가 되었고, 이 품종은 이후 아메리칸 쇼트헤어(p.113)를 이용하여 개량되었다. 그 독특한 털을 만들어내는 유전적 돌연변이는 미국 이외의 지역에서는 확인된 바 없다. 와이어헤어는 털 하나하나가 구부러져 있거나 끝에 고리가 형성되어 철수세미처럼 거칠고 탄력 있는 촉감이 생겨난다. 털이 쉽게 끊어지는 개체도 있으므로 털 손질 — 가급적이면 목욕이 좋다 — 을 부드럽게 하여 손상을 방지해야 한다.

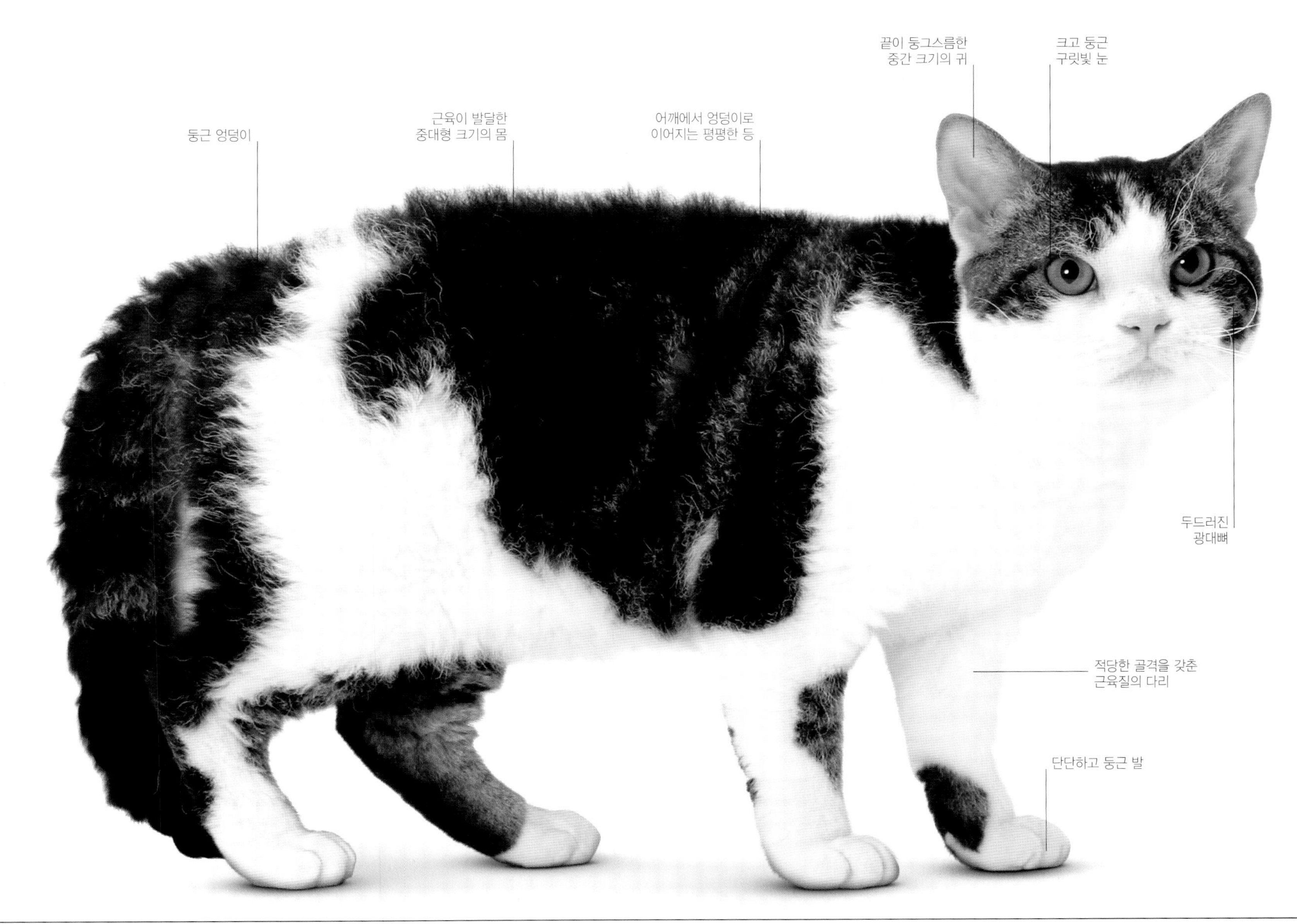

집고양이 – 쇼트헤어(Housecat – shorthair)

블루 매커럴 태비 앤드 화이트
흰 무늬가 있는 태비는 매우 흔하지만, 무작위로 번식된 고양이 가운데 블루의 변이를 찾아내는 것은 쉽지 않다. 이 고양이의 무늬는 배경색과 잘 구별되지 않는다.

전 세계에서 큰 인기를 끌고 있는 강인한 이 고양이들은 기르기 쉬운 훌륭한 애완동물이다.

최초의 집고양이는 짧은 털을 가졌는데 이러한 유형은 세계 어디서든 고양이가 애완동물로 길러지는 곳이라면 여전히 수적으로 우세하다. 무작위로 번식된 단모종의 털은 거의 모든 배색이 가능하지만, 태비, 토티, 전통적인 솔리드 컬러가 가장 흔하다. 체형은 대부분 중간 범위에 속한다. 순혈종의 경우에는 선택적 번식으로 극단적 계열의 품종이 만들어지기도 했지만, 단모종 집고양이는 그 대상에서 거의 벗어나 있었다. 하지만 마른 오리엔탈 체형이 암시하듯이 색다른 혈통이 유입되었을 가능성도 있다.

레드 클래식 태비 앤드 화이트
커다란 몸집과 촘촘한 털은 이 멋진 고양이의 내력에 브리티시 쇼트헤어나 아메리칸 쇼트헤어가 등장했음을 시사한다. 그리고 초록빛 눈은 아마 또 다른 혈통에서 물려받았을 것이다.

블루 앤드 화이트
집고양이에게서는 순혈종에서 바람직하다고 여겨지는 흰 무늬가 대칭을 이루는 일이 거의 없다. 하지만 흰색 얼룩이 있는 솔리드 컬러는 언제나 매력적이며 무작위로 생겨난 무늬는 각 개체의 매력을 더해준다.

브라운 태비
이 고양이의 어긋난 줄무늬는 사실 매커럴 태비와 스포티드 태비의 중간 형태다. 태비 무늬는 집고양이에게 자주 나타나며 단모종의 경우 눈에 잘 띈다.

블랙과 레드가
혼합되어 있다

토티 앤드 화이트
토터셸 혹은 토티 패턴은 여러 가지 색으로 나타나는데, 블랙 앤드 레드가 전통적인 조합이다. 토티이면서 화이트 영역이 몸 전체의 절반 이상을 차지하는 것을 미국에서는 '캘리코'라고 한다.

성격이 중요하다

반려묘를 처음 선택할 때는 아무래도 외모에 더 끌리게 된다. 그러나 고양이를 기르는 대다수의 사람은 배색이 완벽하거나 품종 표준에 부합하는 것보다도 고양이의 성격이 더 중요하다고 말한다.

추운 날씨에 적합한 털

노르웨이숲고양이의 길고 빽빽한 털은 냉기를 차단하고 온기를 품어준다. 이러한 털은 기후 조건이 가혹한 한랭지의 고양이에게 전형적인 것이다.

장모종(롱헤어)

장모종 집고양이의 긴 털은 아마도 추운 기후에 적응하기 위해 유전적 돌연변이로 생겨났을 것으로 추정된다. 이러한 유리한 유전자가 산악 지대처럼 고립된 영역에서 고양이들에게 계승되면 장모종 개체군이 출현한다. 긴 털을 가진 야생의 고양잇과 동물은 아주 드물며, 장모종 집고양이의 기원과도 아무런 관계가 없다.

장모의 유형

서유럽 최초의 장모종 고양이는 16세기에 출현한 앙고라다. 날씬하고 털이 비단 같은 이 터키 품종은 이후 인기를 누려왔지만 19세기에 새로운 유형의 장모종 페르시안이 등장하면서 관심을 빼앗겼다. 앙고라보다 더 탄탄한 페르시안은 더 길고 굵은 털, 거대한 꼬리, 그리고 둥근 얼굴을 가졌다. 19세기 말에는 고양이 애호가가 선택하는 대표적인 장모종이 되었다. 앙고라는 1960년대에 재창조되어 나타나기 전까지 한동안 모습을 감추었다. 페르시안은 꾸준히 인기를 끌어왔지만 20세기가 되자 다른 장모종들이 주목을 받기 시작했다. 털이 길지만 페르시안만큼 빽빽하고 폭신폭신하지는 않은 중장모종이 여기에 포함된다.

북미 태생의 메인 쿤은 가장 멋진 중장모종 가운데 하나다. 거대하고 매력적인 이 품종은 겉털을 이루는 털의 길이가 제각각이라 텁수룩해 보인다. 이와 비등한 인기를 끄는 파란빛 눈의 랙돌도 몸집이 크지만, 솔 같은 꼬리를 가진 소말리는 몸매를 아비시니안에게서 물려받아 우아하다. 앙고라 본래의 스타일에 더 가까운 아름다운 발리니즈는 샴의 중장모 버전으로, 몸에 밀착해 있는 비단 같은 털이 풍성하게 늘어져 있다. 더욱 다양한 품종을 추구하는 브리더들이 장모종과 몇몇 특이한 단모종을 교배한 결과, 밥테일, 귀가 말리거나 접힌 품종, 웨이브 털을 가진 셀커크 렉스와 데번 렉스, 양처럼 말린 털을 가진 라펌 등이 풍성한 긴 털을 가진 버전으로도 탄생했다.

장모종의 털 관리

많은 장모종 고양이는 털이 잘 빠지며 특히 따뜻한 계절에는 더 심하여 훨씬 매끄럽게 보일 수 있다. 털 손질을 자주 해주어야 — 일부 품종은 매일 해주어야 한다 — 빠지는 털을 최소한으로 줄이고 빽빽한 속털이 뭉치는 것을 막을 수 있다.

털 손질은 고양이의 건강과도 직결되기 때문에 매우 중요하다.

페르시안 솔리드(Persian Solid)

기원 영국, 1800년대
혈통 등록기관 CFA, FIFe, GCCF, TICA
체중 3.5-7kg (8-15lb)
털 관리 매일
색깔과 무늬 블랙, 화이트, 블루, 레드, 크림, 초콜릿, 라일락

매력적이고 온순한 이 고양이는 전 세계적으로 사랑받는 장모종의 원조로, 헌신적인 주인에게 어울린다.

19세기 말, 캣쇼가 세계적인 관심을 끌기 시작했을 때 페르시안('롱헤어'로 불리기도 한다)은 이미 영국과 미국에서 큰 인기를 얻고 있었다. 호화로운 털을 가진 이 고양이는 캣쇼에 등장하기 훨씬 전부터 유럽에 존재했지만 정확한 시기는 불분명하며 선조가 페르시아(현재 이란)에 기원을 두고 있는지도 알 수 없다. 최초로 공인된 페르시안은 솔리드 컬러, 즉 전체가 단색인 털을 갖고 있었다.

최초로 알려진 페르시안은 순백색으로, 보통 파란빛 눈을 갖고 있었다 — 이러한 컬러 조합은 신중하게 번식시키지 않으면 흔히 난청으로 이어진다. 다른 색깔의 페르시안과 교배하여 주황빛 눈을 가진 개체를 탄생시켰고, 흰 털에 주황빛이나 파란빛 눈 혹은 오드아이(눈 양쪽의 색깔이 다르다)를 가진 페르시안도 인정받게 되었다. 파란빛 눈의 페르시안이 유명해진 데는 빅토리아 여왕의 공이 있었다고 할 수 있으며 — 여왕이 좋아하는 고양이였다 — , 블랙과 레드의 털도 초기에 나타났다. 1920년대 이래로 계속해서 크림, 초콜릿, 라일락 등 다양한 털 색깔이 개량되었다.

페르시안은 둥근 머리와 납작한 얼굴, 들창코, 크고 둥글고 매력적인 눈이 특징이다. 몸은 야무지고 탄탄하며, 다리는 짧고 튼튼하다. 길고 화려한 털은 주인이 주요하게 신경 써야 할 부분이다. 털이 서로 엉키거나 뭉치는 것을 방지하기 위해 매일 손질해주어야 한다.

페르시안은 온순하고 다정한 기질과 가정적인 성격으로 유명하다. 결코 활동적인 고양이는 아니지만 장난감을 주면 귀엽게 잘 놀기도 한다.

현대의 번식 프로그램에서 지나치게 강조되는 납작한 얼굴은 건강상의 문제를 야기했다. 호흡 및 누관(tear ducts)과 관련된 문제가 페르시안 품종에 흔히 나타난다.

새끼고양이

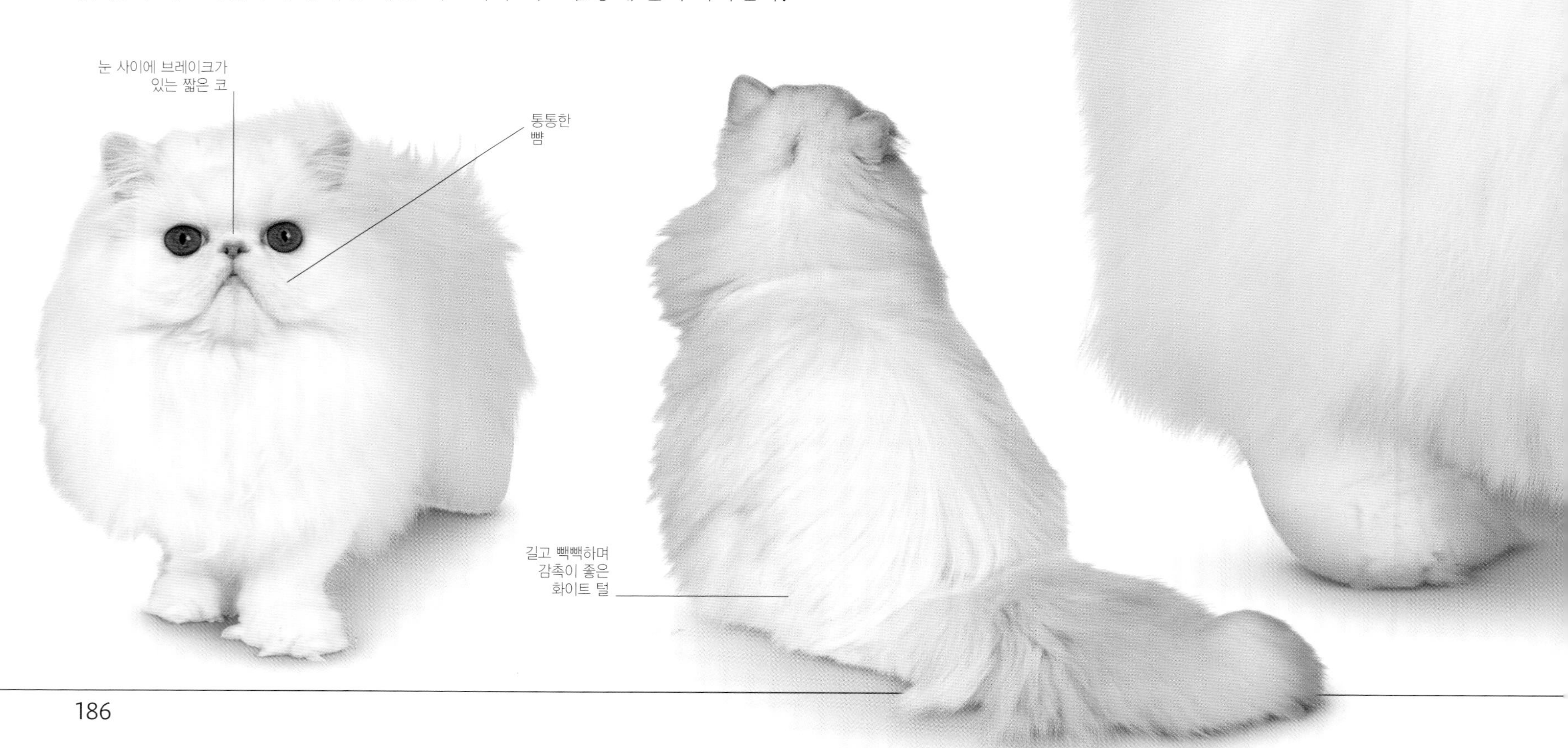

눈에 띄는 역사

19세기 말, 영국의 상류층 여성들 사이에서 전통적인 페르시안('인형 얼굴' 페르시안으로도 알려져 있다)의 번식이 열광적으로 이루어졌다. 귀족 브리더들 중에 잉글랜드 캣클럽 창시자인 마커스 베레스포드 부인이 있었는데, 캣쇼에서 우승한 페르시안 '젠션'(오른쪽 사진 참조)은 그녀의 주목할 만한 성공 사례로 꼽힌다. 베레스포드 부인의 이름을 딴 미국의 베레스포드 클럽은 미국의 초기 캣쇼 가운데 하나를 후원했다.

페르시안 – 블루 아이드, 오드 아이드 바이컬러(Persian – Blue- and Odd-eyed Bicolour)

기원 영국, 1800년대
혈통 등록기관 CFA, FIFe, GCCF, TICA
체중 3.5–7kg (8–15lb)

털 관리 주 2–3회
색깔과 무늬 화이트에 블랙, 레드, 블루, 크림, 초콜릿, 라일락을 포함하는 다양한 솔리드 컬러

이 페르시안은 개체 수가 적어 쉽게 볼 수 없지만 점점 더 많은 인기를 얻고 있다.

1990년대 말이 되어서야 고양이 애호가들 사이에서 받아들여진 블루 아이드와 오드 아이드의 바이컬러 및 트라이컬러는 페르시안 바이컬러(p.204)의 변종이다. 오드 아이드는 블루 아이드보다 드물지만 매력적인 외모 덕에 인기가 높아지고 있다. 한쪽 눈은 파란빛, 다른 한쪽은 구릿빛을 띠며 양쪽 다 아주 선명하다. 2마리의 오드 아이드 고양이 사이에서도 오드 아이드 새끼가 태어난다는 보장이 없기 때문에 이러한 눈 색깔의 조합은 구현하기 어렵다.

페르시안 – 카메오(Persian – Cameo)

기원 미국, 오스트레일리아, 뉴질랜드, 1950년대
혈통 등록기관 CFA, FIFe, GCCF, TICA
체중 3.5-7kg (8-15lb)

털 관리 주 1회
색깔과 무늬 레드, 크림, 블랙, 블루, 라일락, 초콜릿 솔리드 컬러와 토티 패턴

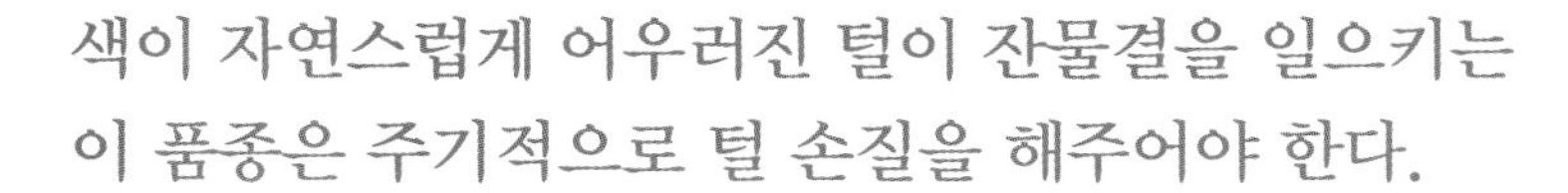

색이 자연스럽게 어우러진 털이 잔물결을 일으키는 이 품종은 주기적으로 털 손질을 해주어야 한다.

많은 캣 팬시어들이 모든 페르시안 중에서 가장 매력적이라고 여기는 이 버전은 1950년대에 페르시안 스모크(p. 196)와 페르시안 토터셸(pp. 202-203)의 교배를 통해 탄생했다. 흰색을 띠는 카메오의 털줄기 끝부분에는 다양하게 색이 입혀져 있다. '팁트' 유형은 각 털의 맨끝에만 색이 나타나지만, '셰이디드' 유형은 털줄기의 3분의 1 정도까지 나타난다. 카메오의 털은 특히 움직일 때 다양한 색조로 잔물결을 일으키는 효과를 낸다.

페르시안 – 친칠라(Persian – Chinchilla)

기원 영국, 1880년대
혈통 등록기관 CFA, FIFe, GCCF, TICA
체중 3.5–7kg (8–15lb)
털 관리 매일
색깔과 무늬 화이트, 블랙 팁트

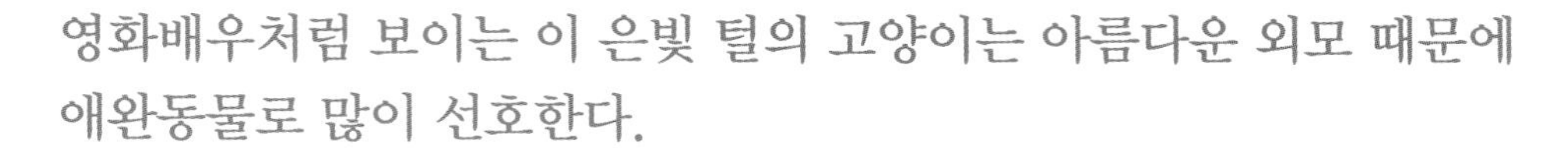

영화배우처럼 보이는 이 은빛 털의 고양이는 아름다운 외모 때문에 애완동물로 많이 선호한다.

친칠라는 1880년대에 처음 출현했지만, 1960년대에 시작된 영화 〈제임스 본드〉 시리즈에서 주인공의 최대 적수인 블로펠트의 애완 고양이로 등장하면서 명성을 얻게 되었다. 친칠라는 반짝이는 은백색 털을 갖고 있으며 각각의 털은 블랙 팁트다. 품종의 이름은 친칠라라 불리는 남미의 작은 설치류와 털의 색깔이 비슷하여 지어진 것으로, 한때 그 동물은 아름답고 부드러운 모피 때문에 남획되기도 했다.

눈 주위의 **검은 윤곽**이
마치 **화장**한 것처럼 보인다.

페르시안 – 골든(Persian – Golden)

기원 영국, 1920년대
혈통 등록기관 CFA, FIFe, GCCF, TICA
체중 3.5–7kg (8–15lb)
털 관리 매일
색깔과 무늬 애프리콧에서 골든에 이르는 색깔, 실 브라운 또는 블랙 티핑

한때 '잘못된' 색깔의 고양이로 여겨졌지만 지금은 가장 예쁜 페르시안 중 하나로 꼽힌다.

1970년대 이후 미국에서 새로운 품종으로 인정된 골든 페르시안은 진한 애프리콧에서 골든에 이르는 근사한 색상의 털 덕분에 널리 찬사를 받고 있다. 그렇지만 1920년대에 친칠라(p.190)의 새끼로 태어난 최초의 골든 페르시안은 순혈종의 세계에서 불합격 판정을 받았다. 보통 '브라우니'라 불리는 이러한 고양이는 캣쇼에 출전하는 것이 금지되었지만 애완동물로서는 매력적이었다. 이후 브리더들이 '골든'의 잠재력을 발견하여 사랑스러운 이 페르시안 변종을 만들어냈다.

성묘와 새끼고양이

아름다운 **짙은 색깔**을 갖고 태어나는 개체도 있지만 색깔이 **완성**되기까지 **2–3년** 걸리는 개체도 있다.

페르시안 – 퓨터(Persian – Pewter)

기원 영국, 1900년대
혈통 등록기관 CFA, FIFe, GCCF, TICA
체중 3.5–7kg (8–15lb)
털 관리 매일
색깔과 무늬 매우 옅은 블랙 또는 블루 티핑

구릿빛 눈의 이 고양이는 아름답고 미끈한 털과 차분한 성격으로 큰 인기를 끌고 있다.

페르시안 친칠라(p.190)와의 교배를 시작으로 몇 년에 걸친 신중한 번식을 통해 현재 존재하는 퓨터의 두 변종이 탄생했다. 본래 '블루 친칠라'라 불린 이 고양이들은 거의 흰색에 가까운 옅은 색깔의 털에 블루 또는 블랙 티핑이 나타나 있다. 이러한 색깔 조합은 마치 정수리에서 등까지 망토를 두른 것처럼 보인다. 퓨터가 태어날 때부터 갖고 있는 전통적인 태비 무늬는 서서히 희미해지지만 다 자라도 어느 정도는 남아 있게 된다. 짙은 주황빛에서 구릿빛에 이르는 특유의 눈이 외모를 더욱 더 특별하게 만든다.

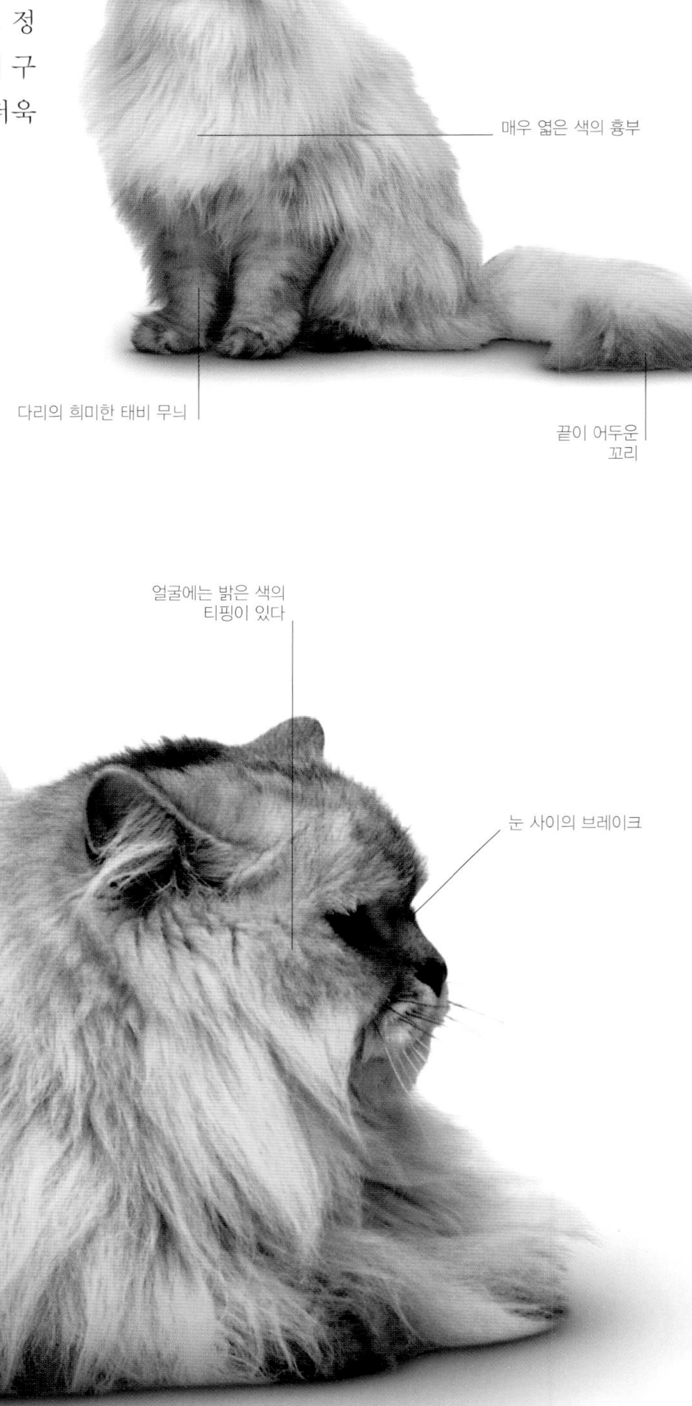

페르시안 – 카메오 바이컬러(Persian – Cameo Bicolour)

기원 미국, 뉴질랜드, 오스트레일리아, 1950년대
혈통 등록기관 CFA, FIFe, GCCF, TICA
체중 3.5–7kg (8–15lb)

털 관리 매일
색깔과 무늬 레드, 크림, 블루–크림, 블랙, 블루, 라일락, 초콜릿에 화이트; 토티 패턴에 화이트

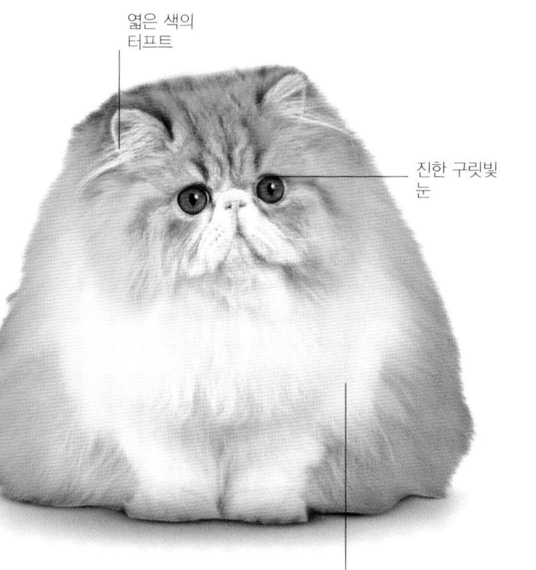

우아하고 온순하며 멋진 털이 눈길을 끄는 사랑스러운 이 품종은 진정한 페르시안이다.

이 품종은 카메오(p.189) 변종으로 색깔 조합이 거의 무한하다. 카메오 털의 특징으로서 털줄기의 일부에만 색깔이 입혀지는 셰이딩과 티핑뿐만 아니라 바이컬러와 트라이컬러까지 더해져 같은 품종이라도 서로 다르게 보이게 된다. 레드의 셰이드가 흔하지만 블랙, 블루, 초콜릿, 크림, 그리고 토터셸(블랙 앤드 레드, 혹은 블루 앤드 크림)도 넓은 화이트의 영역과 함께 나타날 수 있다. 반짝거리는 화이트와 다양한 농도의 색상 간 대비가 매우 아름답다.

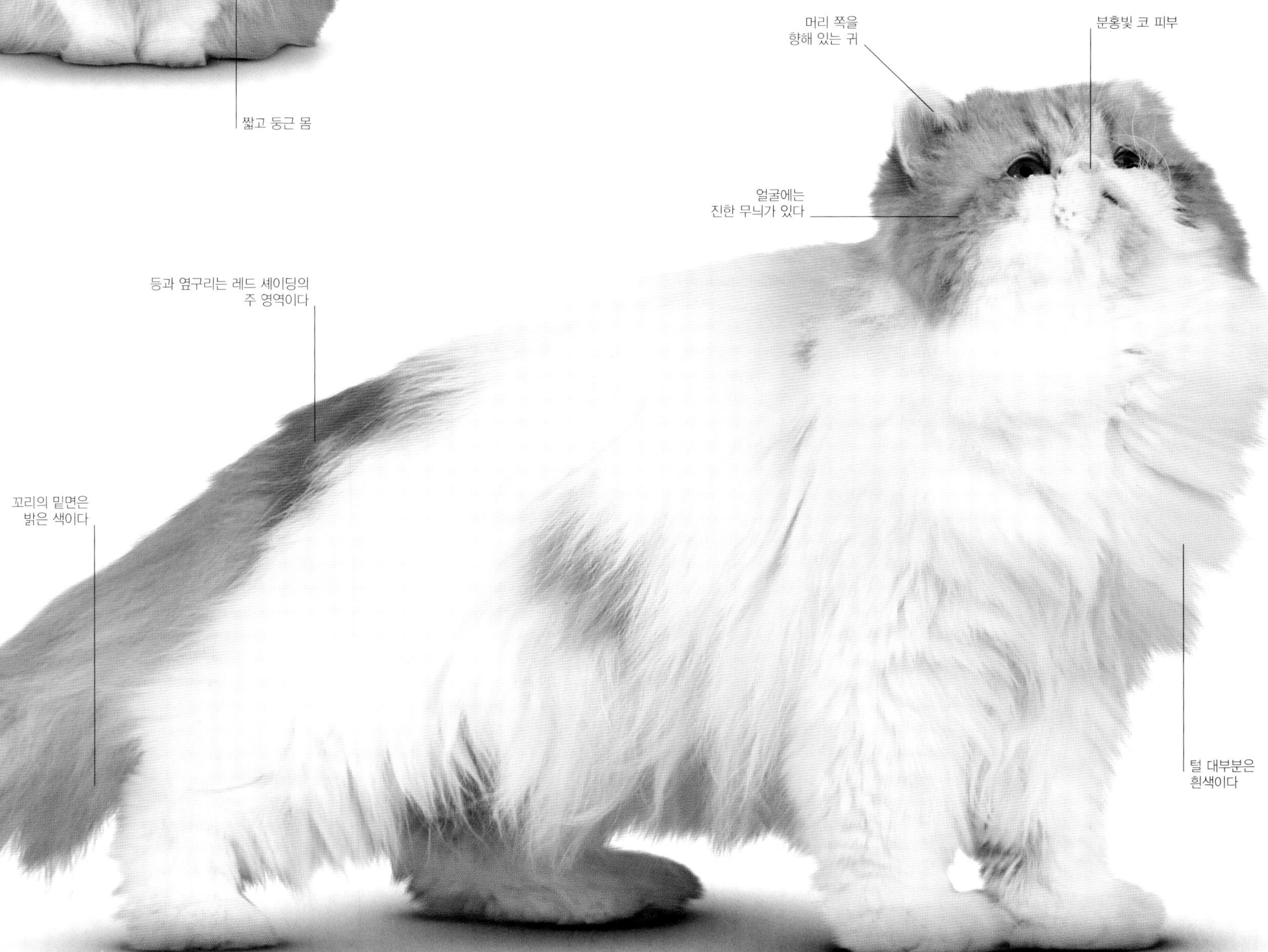

페르시안 – 셰이디드 실버(Persian – Shaded Silver)

기원 영국, 1800년대
혈통 등록기관 CFA, FIFe, GCCF, TICA
체중 3.5–7kg (8–15lb)
털 관리 매일
색깔과 무늬 화이트에 블랙 티핑

매우 아름다운 이 고양이는 얌전한 기질을 가졌지만 때로는 다른 페르시안보다 더 활발하다.

이 페르시안은 흰 털 끝에 어두운 색의 티핑이 들어가 있어 친칠라(p. 190)와 유사하다. 한때 이 두 가지 품종은 구별 없이 '실버'라 불리기도 했다. 하지만 20세기 이후 수십 년에 걸쳐 친칠라는 더 옅은 색을, 셰이디드 실버는 더 어두운 색을 띠게 되어 이제는 쉽게 구별할 수 있다. 특히 셰이디드 실버의 브리더들은 등을 따라 이어지는 특유의 짙은 망토를 표현하는 데 노력을 기울이고 있다.

개와 비슷한 **성격**을 갖고 있어 주인을 졸졸 따라다니는 것을 좋아한다.

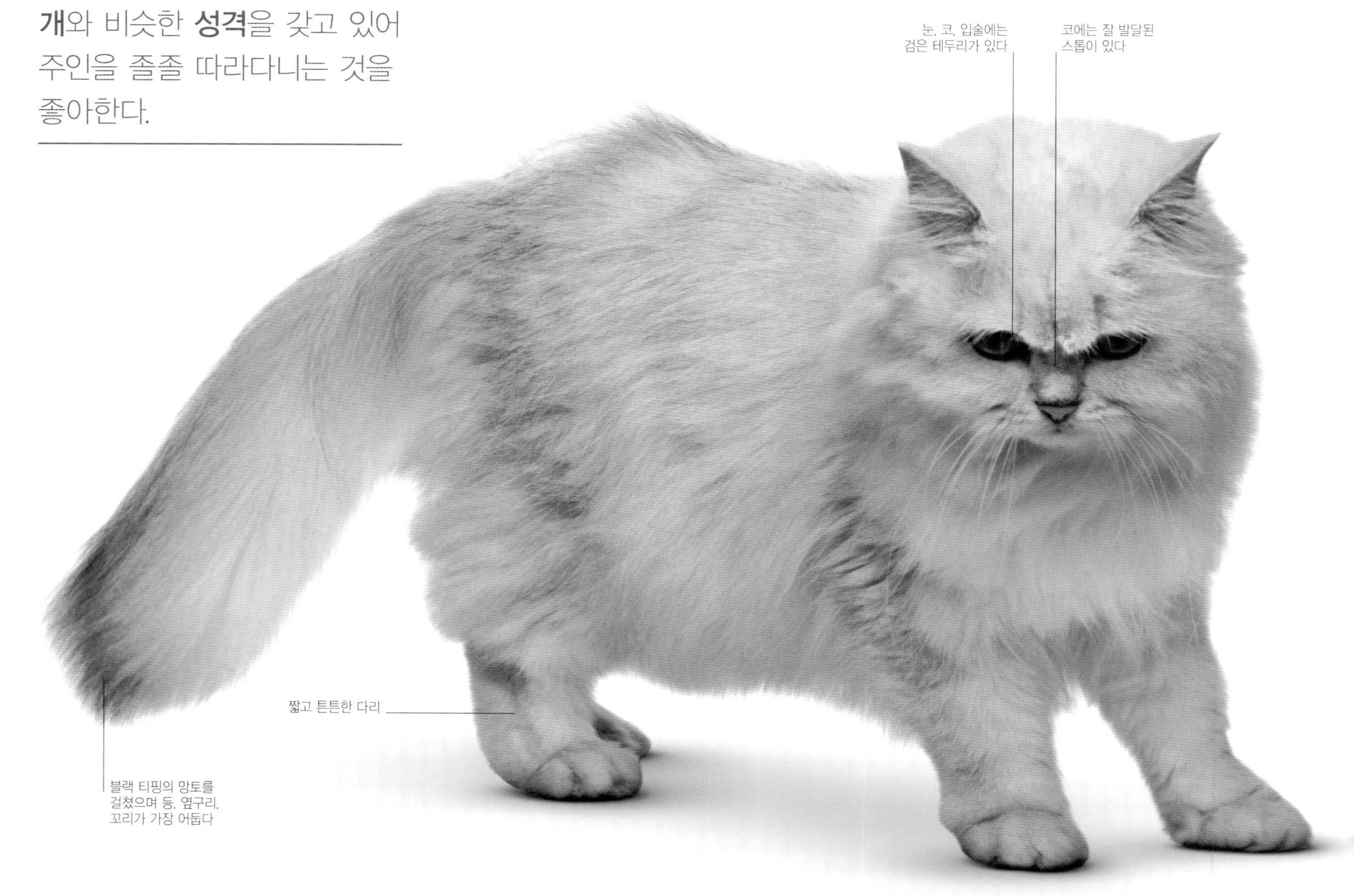

페르시안 – 실버 태비(Persian – Silver Tabby)

기원 영국, 1800년대
혈통 등록기관 CFA, FIFe, GCCF, TICA
체중 3.5–7kg (8–15lb)
털 관리 주 2–3회
색깔과 무늬 실버 태비, 토티 실버 태비; 흰 반점이 있는 모든 색깔

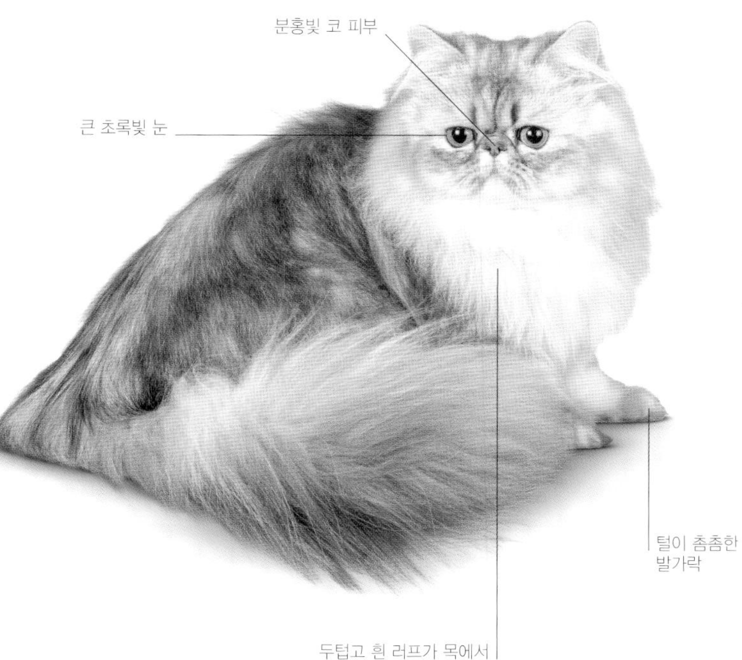

전통적인 태비의 부드러운 실버 버전인 이 품종은 가장 매력적인 장모종 가운데 하나로 꼽힌다.

페르시안 중에서 가장 우아한 색깔의 털을 가진 것이 실버 태비다. 명확한 태비 털 패턴을 갖고 있지만, 전통적인 태비의 따스한 구릿빛 바탕색이 실버, 또는 블루가 가미된 흰색의 속털로 대체되어 있다. 바이컬러 실버 태비는 분명한 흰 부분을 갖는데, 최소한 주둥이, 흉부, 복부, 그리고 때로는 다리에 나타나는 것이 선호된다. 트라이컬러의 경우 레드나 브라운의 세이드 같은 색깔이 추가로 뒤섞인다.

이 태비 고양이는 **억제유전자**에 의해 색깔의 발현이 **털끝**으로만 제한된다.

길고 흰 터프트

이마에는 뚜렷한 M자 무늬가 있다

은백색 속털

몸에는 진한 태비 무늬가 나타난다

짧고 텁수룩한 꼬리

다리에는 줄무늬가 선명하게 나타난다

페르시안 – 스모크(Persian – Smoke)

기원 영국, 1860년대
혈통 등록기관 CFA, FIFe, GCCF, TICA
체중 3.5–7kg (8–15lb)
털 관리 매일
색깔과 무늬 블랙, 블루, 크림, 레드를 포함한 색깔이 티핑된 화이트, 토티 패턴

보기 드문 색깔의 패턴을 가진 이 품종은 가장 매력적인 페르시안 가운데 하나로, 애호가들의 관심 덕에 멸종 위기에서 벗어났다.

스모크 패턴의 고양이는 털 하나하나가 아랫부분은 색이 엷고 윗부분으로 갈수록 색이 점차 짙어진다. 태어날 때는 이러한 패턴이 전혀 없지만 생후 몇 개월이 지나면 나타나기 시작한다. 스모크 페르시안은 1860년대에도 존재했다는 기록이 있지만 흔히 볼 수 있는 품종이 아니었고, 1940년대에는 거의 모습을 감추었다. 그러나 다행히도 소수의 애호가들이 계속적으로 번식시켜 다양한 색깔이 출현하고 새로운 관심을 불러일으켰다.

전형적인 페르시안의 코비 체형
블루 스모크 털
다크 블루 마스크와 귀
검은 코 피부
움직이면 더 잘 보이는 흰색의 속털
러프의 아랫부분은 밝다

페르시안 – 스모크 바이컬러(Persian – Smoke Bicolour)

기원 영국, 1900년대
혈통 등록기관 CFA, FIFe, GCCF, TICA
체중 3.5–7kg (8–15lb)

털 관리 매일
색깔과 무늬 블루, 블랙, 레드, 초콜릿, 라일락, 다양한 토터셸 등의 스모크 컬러가 들어간 화이트

얌전하고 온순한 성질의 이 고양이는 조화롭게 어우러진 털 색깔 덕분에 가장 아름다운 페르시안 가운데 하나로 꼽힌다.

이 다양한 빛깔의 품종은 화이트와 다양한 스모크 컬러의 영역이 어우러져 있고, 털 하나하나는 대부분 색깔을 띠고 있지만 아랫부분은 흰색이다. 스모크는 셰이디드나 팁트보다 더 진한 농도의 색깔을 만들어내며, 움직이지 않으면 옅은 색의 아랫부분이 잘 드러나지 않는다. 바이컬러의 스모크 페르시안은 화이트에 블랙, 블루, 초콜릿, 라일락, 레드의 스모크가 나타날 수 있고, 트라이컬러는 블루와 크림의 토티를 비롯한 몇몇 토터셸 스모크가 나타난다.

페르시안의 **눈 색깔**은 털의 색깔과 다르며 스모크 바이컬러는 **구릿빛 눈**을 갖는다.

페르시안 – 태비, 토티 태비(Persian – Tabby and Tortie-Tabby)

기원 영국, 1800년대
혈통 등록기관 CFA, FIFe, GCCF, TICA
체중 3.5–7kg (8–15lb)

털 관리 매일
색깔과 무늬 실버 티핑이 들어가기도 하는 다양한 색깔, 태비 앤드 토티 태비 패턴

이 고양이는 대체로 느긋하지만, 바라는 것이 이루어지지 않으면 비딱해지기도 한다.

태비의 페르시안은 다른 페르시안에 비해 긴 역사를 갖는다. 브라운 태비는 1870년대에 영국에서 개최된 가장 초기의 캣쇼에 등장했고, 가장 오래된 순혈종 고양이 애호가 클럽이 이 품종을 홍보하기 위해 결성되었다. 이후 페르시안 태비는 여러 색깔로 개량되었고, 클래식(또는 블로치드), 매커럴(가는 줄무늬), 스포티드의 세 가지 유형이 인정된다. 토티 태비(패치드 태비라 불리기도 한다)의 털은 바이컬러의 바탕에 태비 무늬가 겹쳐져 있다.

페르시안 – 태비 트라이컬러(Persian – Tabby Tricolour)

기원 영국, 1900년 이후
혈통 등록기관 CFA, FIFe, GCCF, TICA
체중 3.5–7kg (8–15lb)
털 관리 주 2–3회
색깔과 무늬 클래식 및 매커럴 태비 패턴, 화이트가 들어간 다양한 색깔

선명한 색깔의 태비를 가진 이 온순한 고양이는 관심을 끌고 싶어 한다.

페르시안의 사랑스러운 이 변종은 반짝거리는 화이트와 따뜻한 계열 색깔의 태비가 결합되어 있다. 크고 얼룩진 무늬가 나타나는 클래식 태비(블로치드 태비라 불리기도 한다)와 더 가늘고 어두운 줄무늬가 나타나는 매커럴 태비의 두 가지 유형이 있다. 태비 바이컬러와 트라이컬러 페르시안은 1980년대에 처음으로 챔피언 지위를 얻었고, 풍성한 털과 부드럽게 흐릿한 아름다운 무늬 덕분에 주인과 브리더로부터 높은 인기를 누리고 있다.

품종 표준에 따르면 **발, 다리, 복부, 흉부, 주둥이**에 **흰 반점**이 나타나야 한다.

영원한 스타

길고 풍성한 털, 납작한 주둥이, 올빼미 같은 큰 눈을 가진 페르시안은 다른 품종과 헷갈릴 일이 없다. 19세기에 캣쇼에 데뷔한 이래 계속해서 높은 인기를 누리고 있다.

팔레트 패턴

레드 태비의 얼룩이 블랙 앤드 화이트에 더해져 색의 조합이 선명하다. 토티 앤드 화이트('캘리코'라고도 불린다)가 페르시안의 부드럽고 긴 털에 나타나면 인상적이다.

페르시안 – 토티, 토티 앤드 화이트(Persian – Tortie and Tortie and White)

기원 영국, 1880년대
혈통 등록기관 CFA, FIFe, GCCF, TICA
체중 3.5–7kg (8–15lb)

털 관리 매일
색깔과 무늬 토터셸(블랙 앤드 레드), 초콜릿 토터셸, 라일락–크림, 블루–크림, 화이트 패치

멋진 색깔 조합으로 인기가 높지만, 번식이 어려워 개체 수가 적은 페르시안이다.

흔히 토티라 불리는 토터셸 고양이는 두 가지 색깔, 전통적으로 블랙 앤드 레드의 털을 갖고 있으며 매력적인 반점이나 미묘한 얼룩 패턴을 형성한다. 최근에 탄생한 변종으로 브라운과 레드의 색깔을 지닌 초콜릿 토티와, 트라이컬러의 버전인 토티 앤드 화이트('캘리코'라고도 불린다)가 있다. 토티와 토티 앤드 화이트 모두 밝은 구릿빛 눈을 가졌다. 페르시안 토티는 19세기 후반부터 알려졌지만 토터셸이 페르시안의 털로 인정받기까지는 시간이 걸렸다. 1914년이 되어서야 미국고양이애호가협회에서 페르시안 토티의 품종 표준이 확립되었다. 토티의 일관된 번식은 항상 어려운 일이었다. 유전적 구성의 이유로 토티 컬러의 고양이는 거의 모두 암컷이고 드물게 태어나는 수컷은 불임이기 때문이다. 다른 유형의 페르시안처럼 토티도 가정에서든 캣쇼에서든 편안히 있지만, 다른 페르시안보다 더 대담하고 외향적이라고 한다.

토티 앤드 화이트 새끼고양이

'피크 페이스트' 고양이

페르시안의 특징인 납작한 얼굴은 최근 수십 년간 브리더들에 의해 극단적으로 짓눌린 모습이 되었다. 소위 '피크(견종 페키니즈의 약칭) 페이스트'라 불리는 이러한 얼굴은 자연적으로 발생하는 돌연변이에 의한 것으로 캣쇼에서는 인기를 끌었지만 이미 페르시안 사이에 만연해 있던 건강상의 문제를 더욱 악화시켰다. 호흡의 문제, 식이 섭취에 영향을 주는 교합(咬合)의 문제, 막힌 누관으로 인한 눈물과다 분비 등이 포함된다.

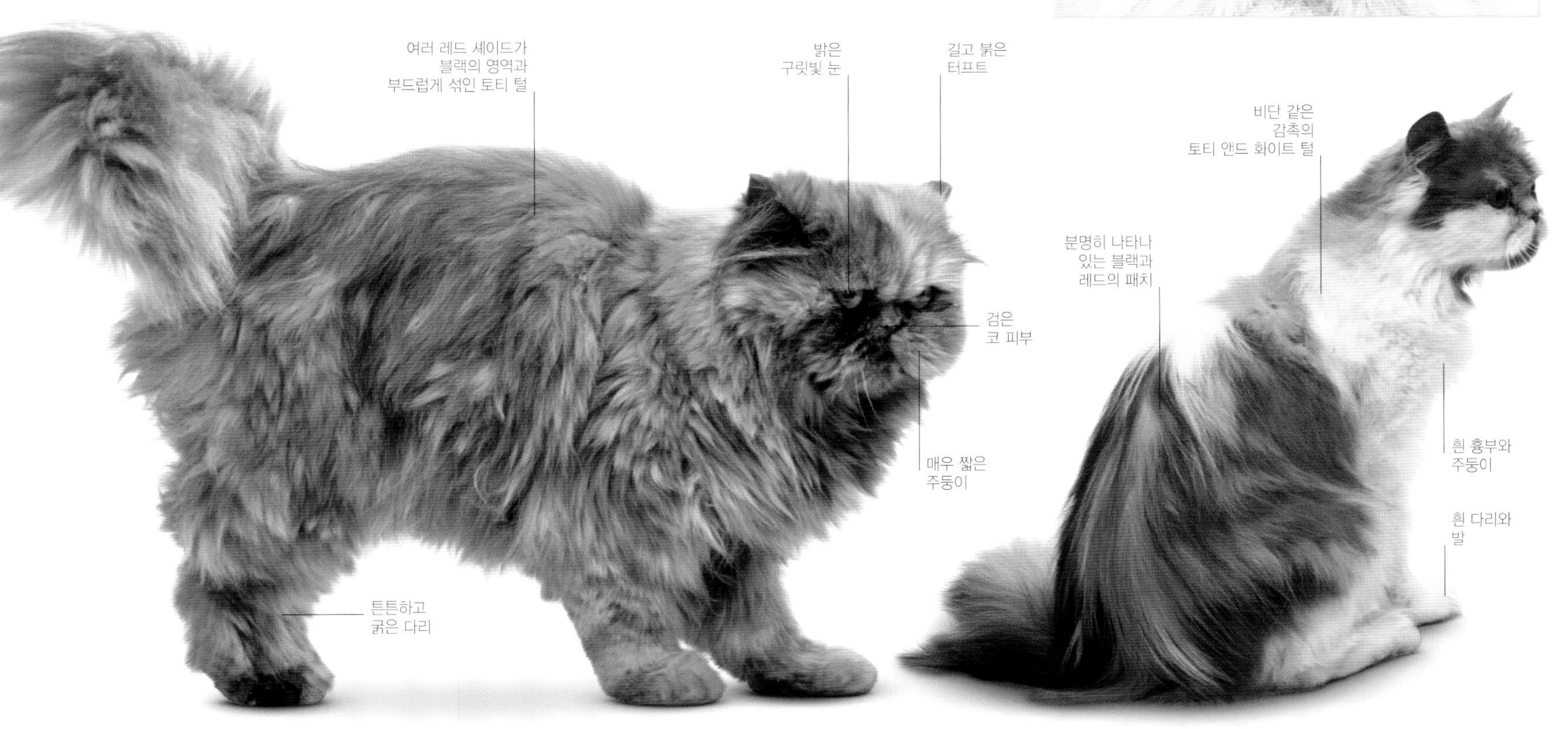

페르시안 – 바이컬러(Persian – Bicolour)

기원 영국, 1800년대
혈통 등록기관 CFA, FIFe, GCCF, TICA
체중 3.5–7kg (8–15lb)

털 관리 매일
색깔과 무늬 블랙, 레드, 블루, 크림, 초콜릿, 라일락을 포함한 다양한 솔리드 컬러 및 토티 패턴이 들어간 화이트

이 장모종 고양이는 선명한 컬러 패치가 있어 더욱 매력적인데, 꼼꼼하게 털 손질을 해주어야 한다.

바이컬러 페르시안은 1960년대까지 브리더의 관심을 끌지 못했고, 오로지 애완동물로서만 적합하다고 여겨졌다. 하지만 오늘날에는 솔리드 컬러의 인기에 도전하고 있다. 블랙 앤드 화이트는 최초로 인정받은 바이컬러 중 하나로 한때 '맥파이(까치)'라 불렸다. 지금은 다양한 솔리드 컬러와 화이트의 조합이 받아들여지고 있다. 바이컬러나 토티 앤드 화이트를 번식시킬 때, 브리더는 좌우 대칭을 이루는 명확한 무늬를 목표로 하지만 성공률은 낮은 편이다.

이 품종은 **눈물**이 많아 어둡게 **변색**되거나 **눈물 자극**이 생길 수 있다.

페르시안 – 컬러포인트(Persian – Colourpoint)

기원 미국, 1930년대
혈통 등록기관 CFA, FIFe, GCCF, TICA
체중 3.5–7kg (8–15lb)
털 관리 매일
색깔과 무늬 솔리드 컬러, 토티 앤드 태비 패턴의 포인트

아름다운 파란빛 눈과 다양한 포인트 컬러를 가진 이 고양이는 시선을 끄는 미모를 갖추고 있다.

미국에서 히말라얀(Himalayan)으로 알려져 있는 페르시안 컬러포인트는 샴의 무늬를 가진 장모종을 목표로 10여 년 이상 진행된 번식 프로그램의 결과로 탄생했다. 둥근 얼굴과 들창코, 큰 눈, 짧고 튼튼한 몸, 길고 풍성한 털 등 페르시안의 전형적인 특징이 모두 나타나 있다. 사랑받기를 바라지만 조용하고 요구가 많지 않은 반려묘다. 촘촘한 이중모는 쉽게 엉키기 때문에 매일 손질해주어야 한다.

발리니즈(Balinese)

기원 미국, 1950년대
혈통 등록기관 CFA, FIFe, GCCF, TICA
체중 2.5–5kg (6–11lb)
털 관리 주 2–3회
색깔과 무늬 실, 초콜릿, 블루, 라일락의 솔리드 컬러포인트

세련된 외모 뒤에 강철 같은 체력을 숨기고 있는 이 특별한 고양이는 애정이 넘치고 매우 사교적이며 주인을 잘 따른다.

샴의 장모 버전인 발리니즈는 샴처럼 날씬하고 우아한 몸매에 비단 같은 미끈한 털을 걸친 매우 아름다운 고양이다. 수십 년간 단모종 샴의 새끼들 가운데 장모종이 출현했다는 기록이 있지만, 1950년대 이후 몇몇 브리더들이 새로운 품종으로 개량하기 시작했다. 외향적인 성격의 발리니즈는 에너지와 호기심으로 가득 차 있다. 샴만큼 큰 소리를 내지는 않지만 주목받기를 바라고 장난이 심한 구석이 있어 오랫동안 혼자 내버려두지 말아야 한다.

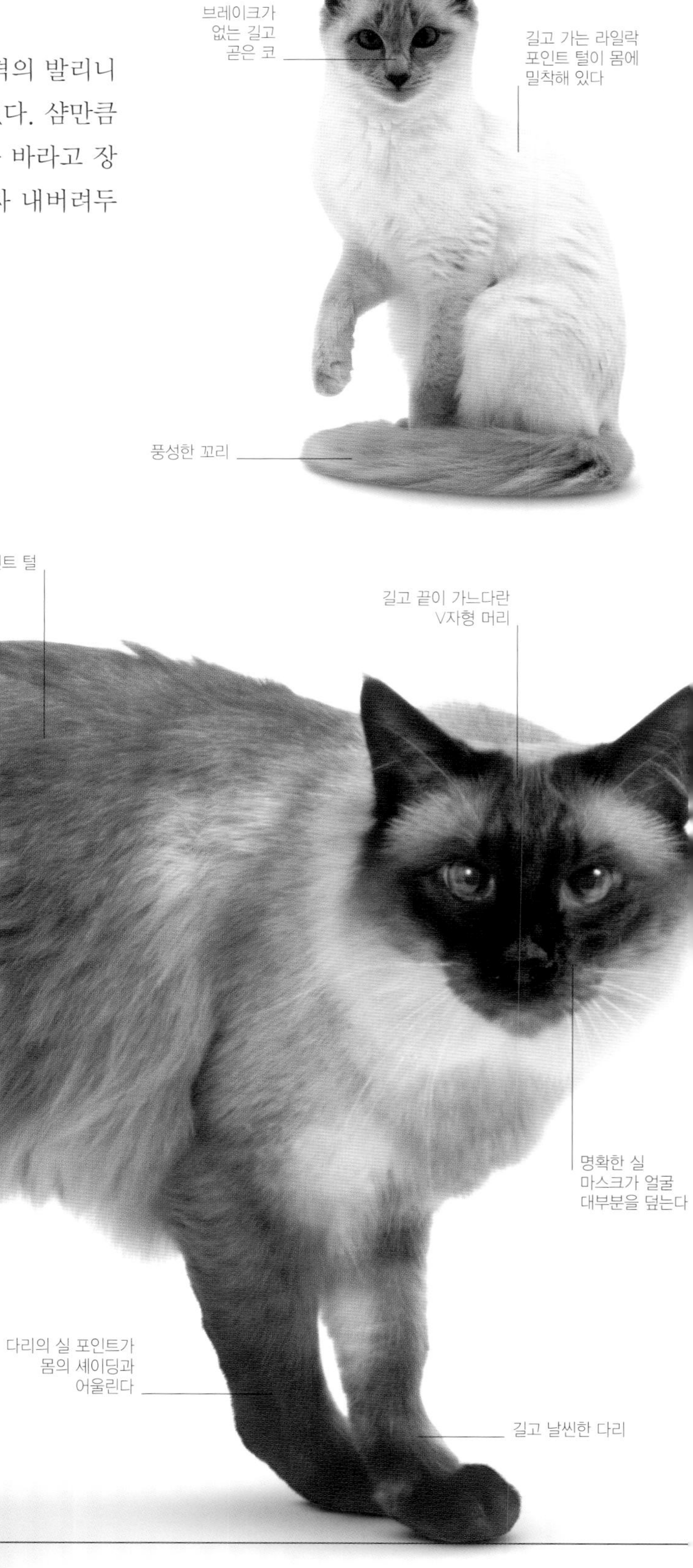

발리니즈 – 자바니즈(Balinese – Javanese)

기원 미국, 1950년대
혈통 등록기관 CFA
체중 2.5–5kg (6–11lb)
털 관리 주 2–3회
색깔과 무늬 많은 포인트 컬러, 태비 및 토티 패턴

그칠 줄 모르는 호기심과 용감함을 갖춘 이 자신감 넘치고 수다스러우며 관심을 구하는 고양이는 가족 내에서 자신의 자리를 찾으려 한다.

이 매력적인 고양이는 샴의 장모 버전인 발리니즈 (p.206)로부터 개량되어 체형과 털의 품종 표준이 동일하다. 다른 점은 색깔과 무늬의 범위로, 자바니즈의 경우 컬러포인트 쇼트헤어(p.110)와의 교배를 통해 획득된 다양한 털이 인정된다. 외모는 연약해 보이지만 유연하고 활동적이며 그에 걸맞은 강인한 성격을 갖고 있다. 또한 정이 많고 수다스러우며, 집안 구석구석을 샅샅이 탐색하지 않을 때는 주인을 잘 따른다. 비단 같은 털은 잘 엉키지 않아 손질이 비교적 쉽다.

요크 초콜릿(York Chocolate)

기원 미국, 1980년대
혈통 등록기관 기타
체중 2.5-5kg (6-11lb)
털 관리 주 2-3회
색깔과 무늬 초콜릿, 라벤더의 솔리드 컬러; 초콜릿 앤드 화이트, 라벤더 앤드 화이트의 바이컬러

온순하고 사랑스러운 이 고양이는 야외에서는 빠르고 확실하게 뒤쫓는 훌륭한 사냥꾼이다.

요크 초콜릿 품종의 기초가 된 것은 이름처럼 진한 초콜릿 브라운 털을 가진 미국 뉴욕주 태생의 암컷 고양이다. 이 고양이의 새끼들도 마찬가지로 진한 색깔이어서 그 주인이 열성적으로 번식을 시작했다. 여전히 그 수는 적은 편이지만 북미의 캣쇼에서 큰 주목을 끌어왔다. 이 품종은 초콜릿이나 라벤더의 패치가 있는 바이컬러도 포함한다. 다정하고 순한 무릎고양이로, 쓰다듬어주면 좋아한다. 부드러운 목소리를 지닌 이 품종은 집 안에서는 주인을 따라다니고 모든 행동을 함께 하며 조용히 자신의 존재를 알린다.

이 품종의 기초가 된 고양이를 낳은 **잡종** 2마리 가운데 1마리는 **샴의 잠복 유전자**를 갖고 있었다.

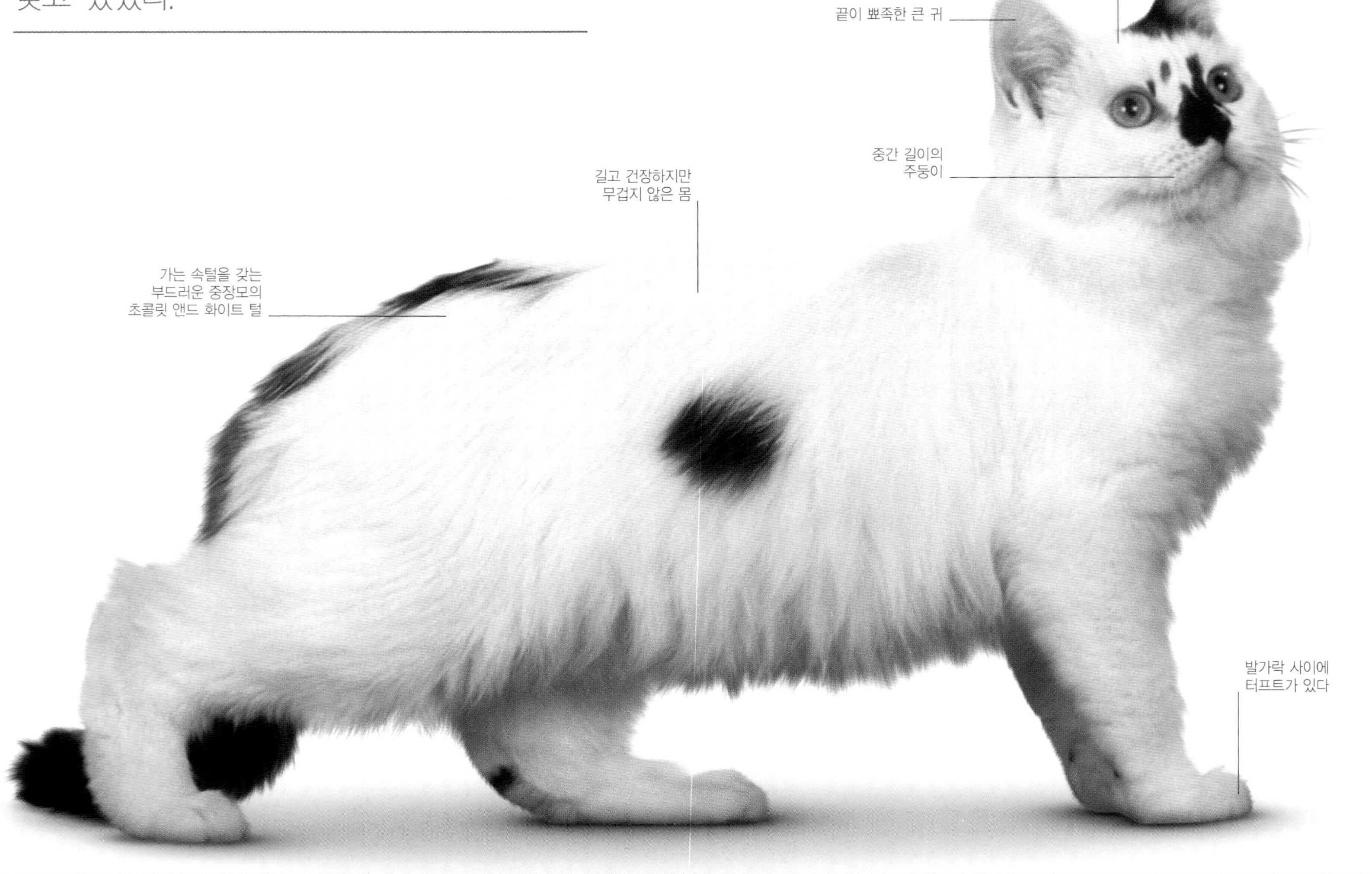

오리엔탈 롱헤어(Oriental Longhair)

기원 영국, 1960년대
혈통 등록기관 CFA, FIFe, GCCF, TICA
체중 2.5-5kg (6-11lb)
털 관리 주 2-3회
색깔과 무늬 솔리드, 스모크, 셰이디드를 포함한 다양한 색깔; 토티, 태비, 바이컬러 패턴

전형적인 오리엔탈인 이 고양이는 활동적이고 애교 있고 헌신적인 반려묘를 찾는 사람에게 알맞다.

처음에는 '브리티시 앙고라'라 불렸지만 터키시 앙고라(p.229)와의 혼동을 피하기 위해 2002년에 '오리엔탈 롱헤어'로 개명되었다. 빅토리아시대의 가정에서 사랑받았지만 페르시안의 출현으로 사라진, 비단 같은 털의 앙고라를 재탄생시킬 목적으로 1960년대에 개량된 품종이다. 발리니즈(pp.206-207)를 비롯한 다양한 장모종 오리엔탈이 번식 프로그램에 포함되어 샴의 장모 버전이라 할 수 있는, 컬러포인트가 없는 유연하고 우아한 고양이가 탄생했다. 호기심과 장난기가 넘치고 매우 활동적인 오리엔탈 롱헤어는 가족들에게 주목받는 것을 좋아하지만 한 사람을 택해 긴밀한 유대감을 형성하기도 한다.

티파니(Tiffanie)

기원 영국, 1980년대
혈통 등록기관 GCCF
체중 3.5-6.5kg (8-14lb)

털 관리 주 2-3회
색깔과 무늬 모든 솔리드 및 셰이디드 컬러; 태비 및 토티 패턴

쾌활하고 놀기 좋아하는 이 품종은 주인의 귀가를 행복하게 기다리는 이상적인 반려묘다.

한때 '아시안 롱헤어'로 불리기도 했던 이 고양이(Tiffanie)는 '티파니(Tiffany)', '샹티이', 혹은 '샹티이/티파니'(p.211)라 불리는 미국산 품종과 자주 혼동된다. 버밀라의 장모 변종으로 우연히 출현했는데, 버밀라 자체도 유러피안 버미즈(p.87)와 페르시안 친칠라(p.190) 간의 우연한 교배로 탄생했다. 껴안고 싶을 정도로 귀엽고 온순하지만 버미즈 계열로부터 물려받은 장난꾸러기 기질도 갖고 있다. 혼자서도 잘 놀지만 사람이 끼어들어 함께 놀면 더 좋아한다. 섬세하고 총명하여 주인의 기분에 민감하게 반응한다고 알려져 있다.

오리지널 티파니는 셰이디드 털을 가진 버밀라의 **중장모 버전**이었다.

새끼고양이

샹티이/티파니(Chantilly/Tiffany)

기원 미국, 1960년대
혈통 등록기관 기타
체중 2.5-5kg (6-11lb)
털 관리 주 2-3회
색깔과 무늬 블랙, 블루, 라일락, 초콜릿, 시나몬, 폰; 다양한 태비 패턴

짙은 색깔의 부드럽고 풍성한 털을 가진 비교적 희소한 품종으로, 충실하고 느긋하며 크게 보채지 않는다.

샹티이/티파니의 역사는 혈통을 알 수 없는 장모종 고양이 사이에서 태어난 초콜릿-브라운의 새끼고양이에게서 시작된다. 버미즈의 혈통이 유입되었다는 설이 한때 널리 퍼졌지만 지금은 무시되고 있다. 개량 단계에서 '포린 롱헤어', '티파니', '샹티이' 등 여러 이름으로 등록되어 상당한 혼란을 초래했지만 현재는 샹티이와 티파니를 병기하는 것이 가장 널리 받아들여진다. 아주 매력적이고 온순한 성격을 지녔는데도 아직 큰 인기를 끌지는 못하고 있다. 사람과 가까이 지내는 것을 좋아하지만 부드럽게 떨리는 목소리로 공손히 관심을 끈다.

평온한 애완동물

온순하고 사랑스러운 버만은 특히 기르기 쉬운 애완동물이다. 헝클어지고 들러붙게 만드는 속털이 거의 없어 털이 길어도 손질하기 힘들지 않다.

버만(Birman)

기원 미얀마(버마)/프랑스, 1920년경
혈통 등록기관 CFA, FIFe, GCCF, TICA
체중 4.5–8kg (10–18lb)

털 관리 주 2–3회
색깔과 무늬 모든 컬러포인트, 흰 발

이 고양이는 조용하고 온순하지만 주인의 관심에 크게 호응하는 사랑스러운 반려묘다.

독특한 컬러포인트를 가진 이 절묘한 고양이는 샴의 장모 버전으로 보이지만 두 품종은 밀접한 관계를 갖지 않는 것 같다. 전설에 따르면, 버만의 털 색깔은 고대 미얀마(버마)의 승려가 기르던 고양이에게서 물려받은 것이다. 어느 날 강도에게 공격을 받아 죽어 가는 승려를 지킨 고양이에게 승려가 섬기는 여신의 모습처럼 금빛을 띤 털과 군청색 눈이 생겨났다고 한다. 실제로는 1920년대 프랑스에서 탄생한 것으로 추정되지만 기초가 된 고양이는 미얀마에서 데려온 것일지도 모른다. 길쭉하고 건장한 체구를 가진 이 품종은 '매부리코'와 흰 발로 유명하다. 엉키지 않는 부드러운 촉감의 털과 부드러운 목소리를 가졌으며 온순하고 느긋하고 사교적이다. 사람과 어울리는 것을 좋아하고 아이나 다른 애완동물과도 잘 지낸다.

새끼고양이

디자이너의 뮤즈

독일의 패션 디자이너 칼 라거펠트의 버만 '슈페트'는 슈퍼모델의 삶을 즐겼다. 전용 비행기를 타고 여행하며, 모든 요구를 들어주고 아름답게 가꿔주는 2명의 개인 비서를 두었다. 심지어 여러 잡지의 '인터뷰' 기사에 실리기도 했다. 또한 털모자, 스카프, 장갑, 가죽 제품 등 고양이를 테마로 하는 라거펠트의 액세서리 컬렉션에 영감을 주었다.

칼 라거펠트와 슈페트의 피규어

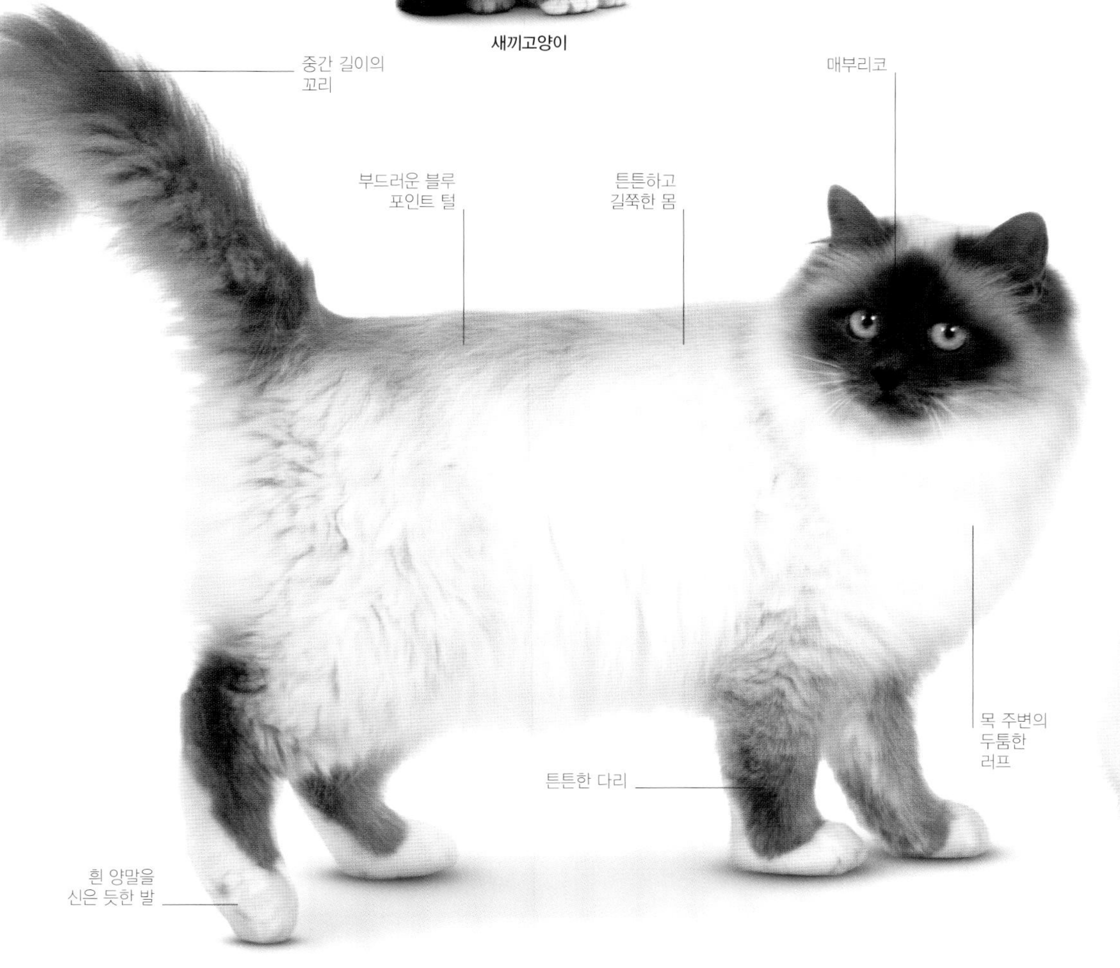

메인 쿤(Maine Coon)

기원 미국, 1800년대
혈통 등록기관 CFA, FIFe, GCCF, TICA
체중 4-7.5kg (9-17lb)
털 관리 주 2-3회
색깔과 무늬 많은 솔리드 컬러 및 셰이드, 토티, 태비, 바이컬러 패턴

눈에 띌 정도로 큰 품종이지만 총명하고 헌신적이며 온순하여 기르기 쉽다.

미국 태생의 고양이로 여겨지는 메인 쿤의 이름은 최초로 발견된 뉴잉글랜드 지역의 메인주에서 유래했다. 정확히 어떻게 메인주에 도달했는지에 관해서는 재미있는 설이 많지만 대부분 현실성이 떨어진다. 특히 엉뚱한 것으로는 바이킹족이 들여온 스칸디나비아의 고양이가 조상이라거나, 마리 앙투아네트가 프랑스혁명 때 자신의 고양이를 지키기 위해 같은 유형의 고양이 몇 마리를 미국으로 보낸 것이 기원이라는 이야기가 있다. 길고양이와 래쿤(너구리)의 교잡종에서 비롯되었다는 설도 있는데, 과학적으로 불가능하기 때문에 완전히 무시될 수 있지만 털이 무성한 꼬리를 보면 왜 그렇게 믿어졌는지 알 수 있다. 거대하고 멋진 메인 쿤은 두텁고 복슬복슬한 방수성 털이 있어 북미의 혹독한 겨울을 밖에서 나야 하는 농장 고양이로서 적합했다. 쥐 사냥의 기술이 높이 평가되어 20세기 중반 이후 인기 있는 애완동물이 되었다. 평생 새끼고양이처럼 행동하는 등 사랑스러운 점이 많다. 새처럼 짹짹거린다고도 묘사되는 목소리는 큰 몸집에 비해 놀라울 만큼 작게 들린다. 성장이 더뎌 장대한 성묘의 체형에 도달하기까지 약 5년이 걸린다.

새끼고양이

리틀 니키

2004년, '리틀 니키'라는 이름의 메인 쿤이 상업적으로 복제된 세계 최초의 애완동물이 되었다. 텍사스주 출신의 주인은 5만 달러를 지불하여 17살에 죽은 애묘 니키의 '복사본'을 얻었다. 니키의 DNA가 난자에 주입되어 생긴 배아가 대리모 고양이에게 착상되어 태어난 것이다. 큰 논란을 불러일으킨 이러한 기술을 통해 탄생한 새끼고양이는 원본 고양이와 동일한 외모와 성격을 지녔다.

가슴이 딱 벌어진
육중한 몸
네모난
주둥이
터프트가
있는 큰 귀
타원형의
구릿빛 눈
긴 러프
중간 길이의
튼튼한 다리
터프트가 있는
크고 둥근 발

랙돌(Ragdoll)

기원 미국, 1960년대
혈통 등록기관 CFA, FIFe, GCCF, TICA
체중 4.5-9kg (10-20lb)
털 관리 주 2-3회
색깔과 무늬 대부분의 솔리드 컬러, 토티 및 태비 패턴; 항상 포인티드, 그리고 바이컬러 혹은 미티드(흰 양말)

덩치는 크지만 느긋한 이 고양이는 매우 얌전하고 사람 말을 잘 따라 바쁜 일상을 보내는 사람에게 적당하다.

랙돌보다 더 다루기 쉽고 무릎 위에 잘 올라오는 고양이도 거의 없으므로 이름과 딱 일치한다. 가장 큰 품종 가운데 하나인 이 고양이의 내력은 분명치 않다. 들어 올렸을 때 기운 없이 축 '늘어진' 캘리포니아주 태생의 새끼고양이에게서 유래한 것으로 추정될 뿐이다. 랙돌은 사람과 어울리는 것을 좋아하고 아이들과도 잘 놀며 보통 다른 애완동물에게도 호의적이다. 특별히 운동신경이 좋지는 않으며 어린 시절이 지나면 조용하게 노는 것을 좋아한다. 비단처럼 부드러운 털은 적당히만 손질해 주면 엉키지 않는다.

좌우가 벌어진 귀
블루 앤드 화이트 바이컬러 털

라가머핀(Ragamuffin)

기원 미국, 20세기 후반
혈통 등록기관 CFA, GCCF
체중 4.5–9kg (10–20lb)
털 관리 주 2–3회
색깔과 무늬 모든 솔리드 컬러, 바이컬러, 토티, 태비 패턴

큰 몸집만큼 마음도 넓으면서 사랑스럽게 차분한 고양이로, 주인과 강한 유대를 맺고 기쁘게 해준다.

비교적 새로운 이 품종은 내력이 복잡하지만 잘 알려진 랙돌(p.216)의 새로운 품종으로 등장했다. 거대한 라가머핀은 어떤 유형의 가족과도 평온하게 어울리는 진정 온화한 거인이다. 애정이 넘치고 유순한 기질을 가져 아이들에게도 훌륭한 애완동물이 된다. 늘 유쾌한 편이고, 장난감으로 꼬드기면 바로 넘어온다. 촘촘하고 부드러운 털은 잘 엉키지 않으며 주기적으로 짧게 손질해주면 좋은 상태로 유지할 수 있다.

소말리(Somali)

기원 미국, 1960년대
혈통 등록기관 CFA, FIFe, GCCF, TICA
체중 3.5-5.5kg (8-12lb)
털 관리 주 2-3회
색깔과 무늬 다양한 컬러, 실버 티핑; 토티 패턴; 실버는 항상 틱트

인상적인 외모와 화려한 털, 다채로운 성격을 가진 이 고양이는 관심을 갈구하는 사랑스러운 애완동물이다.

이 아름다운 품종은 단모종 아비시니안(pp.132-133)의 장모 버전 자손이다. 당초 아비시니안의 브리더들은 장모를 가진 새끼고양이(오른쪽 박스)를 받아들이지 않았지만 이를 매력적이라 여긴 사람들이 있어 품종으로 개량하기 시작했다. 1979년에 미국고양이애호가협회는 소말리를 품종으로 인정했다. 소말리의 '틱트' 털은 진한 흙빛의 레드에서 블루에 이르기까지 다양한 색깔을 띠고, 각각의 털에는 밝은 부분과 어두운 부분의 띠가 있으며, 등과 꼬리를 따라 어두운 줄무늬가 나타난다. 털의 색깔이 완성되는 데는 18개월까지 걸릴 수 있다. 가장 눈에 띄는 부분은 길고 풍성한 꼬리다. 그리고 목 주변의 러프(수컷에게 더 두드러진다)는 위엄 있는 모습을 연출한다. 이 품종은 생기가 넘치고 호기심이 많아 즐거움을 준다. 애정이 넘치고 가정적이지만 무릎고양이는 될 수 없다. 그것은 가만히 오래 앉아 있을 수 없을 정도로 에너지가 넘쳐흐르기 때문이다. 자신감 있는 성격으로 캣쇼의 출전에 이상적이다.

새끼고양이

초기의 거부반응

장모를 발현하는 유전자가 아비시니안에게 우연히 출현했을 때, 단모의 형제와 함께 태어난 장모의 새끼는 브리더들의 관심 밖에 있었고 애완용으로만 팔렸다. 하지만 선구적인 몇몇 브리더들이 이 새로운 고양이의 잠재력을 알아보고 조금씩 개량시켰다. 최초의 소말리는 캣쇼에서 참가자와 심사위원 모두에게 거의 주목받지 못했지만 브리더들의 투지가 빛을 발해 1979년에는 공인받게 되었다.

겨울 털

겨울에는 소말리의 털과 러프가 풍성해지지만 추운 기후에 충분하지는 않다. 그런데도 눈이 오면 밖에 나가겠다고 조를 것이다.

브리티시 롱헤어(British Longhair)

기원 영국, 1800년대
혈통 등록기관 TICA
체중 4-8kg (9-18lb)
털 관리 주 2-3회
색깔과 무늬 브리티시 쇼트헤어와 동일

이 땅딸막하고 멋진 고양이는 길고 미끈한 털과 느긋한 성격을 갖고 있다.

미국에서는 '로랜더(Lowlander)', 유럽에서는 '브리태니커(Britanica)'로 알려진 이 고양이는 브리티시 쇼트헤어(pp.118-127)의 장모 버전이다. 양쪽 다 동일하게 건장한 체격, 커다란 머리, 둥근 얼굴을 가졌으며 털의 색깔도 동일하다. 모든 혈통 등록단체가 브리티시 롱헤어를 독립된 품종으로 인정하지는 않는다. 공식적인 지위는 누리지 못해도 조용하고 느긋하며 사람을 좋아하기 때문에 훌륭한 애완동물이다. 긴 털은 적당히 손질해주어도 엉키지 않는다.

네벨룽(Nebelung)

기원 미국, 1980년대
혈통 등록기관 GCCF, TICA
체중 2.5-5kg (6-11lb)

털 관리 주 2-3회
색깔과 무늬 블루, 가끔 실버 팁트

안정감 있는 일상을 좋아하는 다정한 고양이로, 가족과는 친밀하지만 낯선 사람은 경계한다.

20세기 말에 미국 콜로라도주의 덴버에서 개량된 네벨룽은 러시안 블루(pp.116-117)의 교잡종으로, 빅토리아시대에 인기 있었던 블루 장모종을 재현하기 위해 번식되었다. 연무나 안개를 뜻하는 독일어 단어 'Nebel'에서 비롯된 이름은 부드럽게 반짝이는 털에 잘 어울린다. 성격이 내성적이고 조용한 환경을 선호하기 때문에 떠들썩한 아이가 있는 가정에서는 잘 지내지 못한다. 하지만 세심하게 보살펴주면 늘 주인이 보이는 곳에 있으려 하고 무릎 위에 잘 올라오는 충실한 애완동물이 된다.

노르웨이숲고양이(Norwegian Forest Cat)

기원 노르웨이, 1950년대
혈통 등록기관 CFA, FIFe, GCCF, TICA
체중 3–9kg (7–20lb)
털 관리 주 2–3회
색깔과 무늬 대부분의 솔리드 컬러, 셰이드, 패턴

크고 건장한 외모와 달리 이 고양이는 온순하고 예의 바르며 집 안에서 지내는 것을 좋아한다.

스칸디나비아반도에서 고양이가 알려진 것은 농가와 마을, 선상에서 유해동물을 퇴치하기 위해 길러진 바이킹 시대 이후다. 노르웨이숲고양이가 품종으로 개량된 것은 1970년대지만, 그 특징은 몇 세기 동안 노르웨이의 농장에 흔히 있었던 고양이와 같다는 것을 쉽게 알 수 있다. 이러한 반야생의 고양이는 인간의 간섭 없이 번식하고 스스로 사냥했다. 혹독한 환경에 적합한 개체만이 살아남았기 때문에 강인하고 총명하고 용감해졌다. 노르웨이의 전설(오른쪽 박스 참조)에도 등장하며 오늘날에는 노르웨이의 국가 고양이로서 공인받고 있다. 이 품종은 여전히 크고 건장하며 육체적으로 성숙하기까지 5년 가까이 걸리기도 한다. 북유럽의 매서운 겨울을 나기 위한 천연 방한복인 이중모는 추울수록 속털이 빽빽하게 자라나 더욱 두터워진다. 겨울에 털 손질의 횟수를 늘릴 필요는 없지만 봄이 되면 털이 대량으로 빠진다. 야생의 선조와는 달리 온화하고 놀기를 좋아한다.

새끼고양이

'스콕카트'

노르웨이에서는 거대한 장모종 고양이가 등장하는 민담과 전설이 몇 세기에 걸쳐 이어져왔다. 노르웨이숲고양이 — 노르웨이에서는 '스콕카트(Skogkatt, 숲고양이)'라 불린다 — 는 (아래의 사진에서 볼 수 있듯이) 크고 강한 체격 때문에 고양이와 개의 교잡종이라 믿어지기도 했다. 역사는 길지만 20세기 후반에 들어서까지 거의 망각되었다가 1970년대의 부흥 사업을 통해 관심을 끌게 되었다.

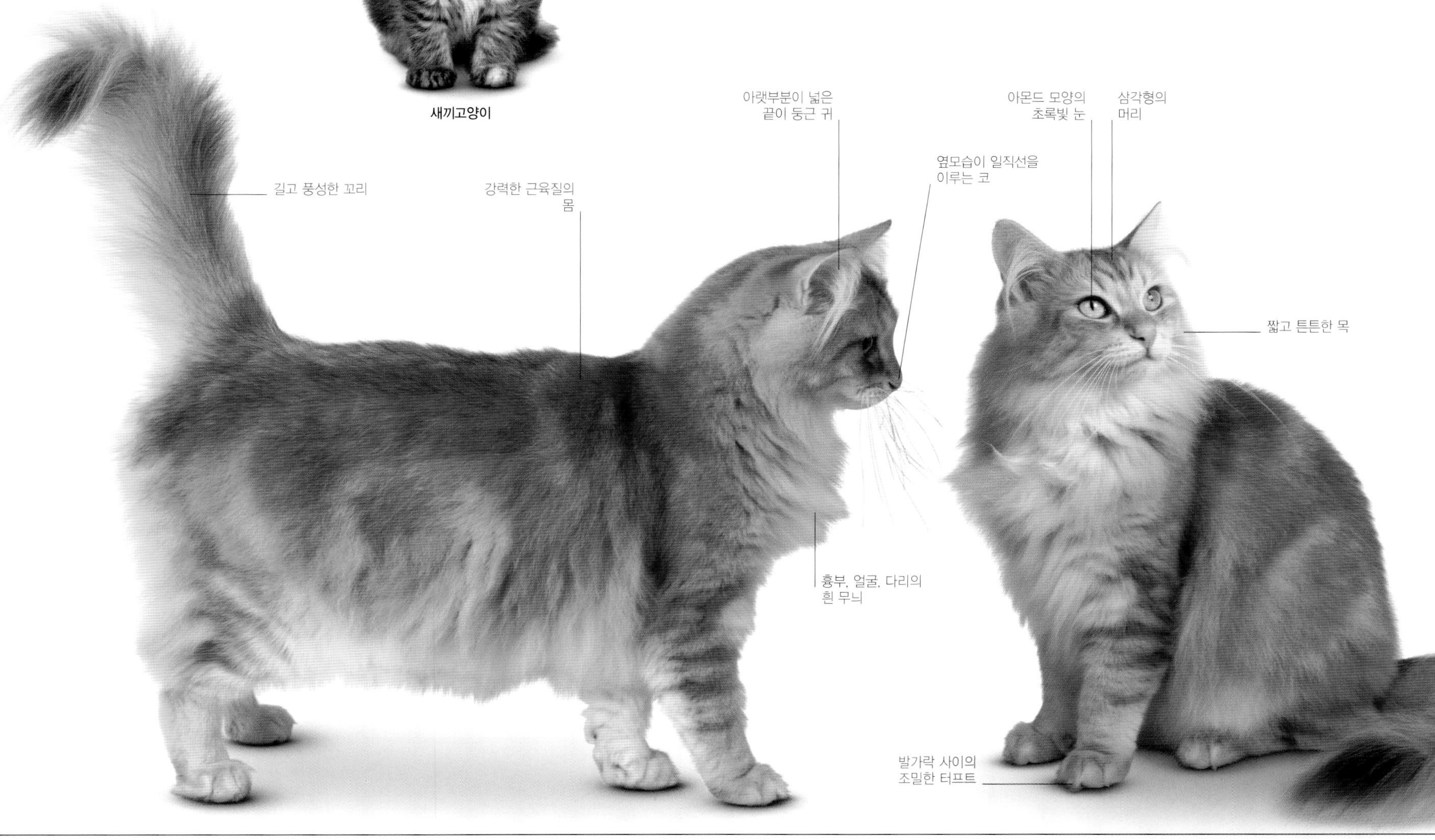

1B4

놀 준비 완료

매우 다부지고 강인한 노르웨이숲고양이는 위엄이 있지만 장난도 잘 친다. 애완동물로서도 훌륭하지만 밖에서 자유롭게 노는 것을 좋아한다.

터키시 반(Turkish Van)

기원 터키 / 영국(현대 품종), 1700년 이전
혈통 등록기관 CFA, FIFe, GCCF, TICA
체중 3-8.5kg (7-19lb)
털 관리 주 2-3회
색깔과 무늬 머리와 꼬리에 어두운 색깔이 들어간 화이트

물놀이를 좋아한다고 알려진 이 원기 왕성한 고양이는 지치지도 않고 즐거운 것을 탐색한다.

터키 동부의 반(Van)호수에서 유래한 이름을 가진 이 고양이의 선조는 서남아시아에 몇 세기에 걸쳐 서식했을 가능성이 있다. 이 품종은 현재 터키의 해당 지역을 대표하는 보물로 여겨진다. 현대의 터키시 반은 1950년대에 영국에서 처음 개량되어 다른 나라로 수출되었지만 여전히 흔치 않은 고양이다. 방수성을 띠는 부드러운 중장모 털, 독특한 무늬, 조용한 울음소리로 유명하다. 영리하고 다정한 반려묘지만 온화한 무릎고양이를 원하는 사람에게는 적당하지 않다. 열정적이고 놀이를 좋아하는 이 고양이는 많은 운동이 필요하다. 사람과 어울리기를 좋아하고 특히 가족과 함께 노는 것을 즐긴다. 많은 터키시 반이 물을 좋아한다고 알려져 있으며 웅덩이에서 장난을 치거나 물이 떨어지는 수도꼭지에 달려들기도 한다. 헤엄을 잘 쳐 '수영하는 고양이'라는 별명도 있다.

새끼고양이

오드아이

이 품종에 나타나는 오드아이는 멜라닌 색소가 한쪽 눈의 홍채(색이 있는 부분)에 도달하지 못하게 만드는 화이트 스포팅 유전자(p.53)에 의해 발현된다. 모든 터키시 반은 옅은 파란빛 눈을 갖고 태어나며 성장하면서 서서히 색을 띠게 된다. 양쪽 눈이 호박빛을 띠는 개체(아래 사진)도 있고, 한쪽 눈이 파란빛으로 남아 있는 개체도 있다. 양쪽 다 파란빛을 갖는 경우도 있지만 화이트 스포팅 유전자의 영향을 받으면 서로 다른 색조를 띠게 된다.

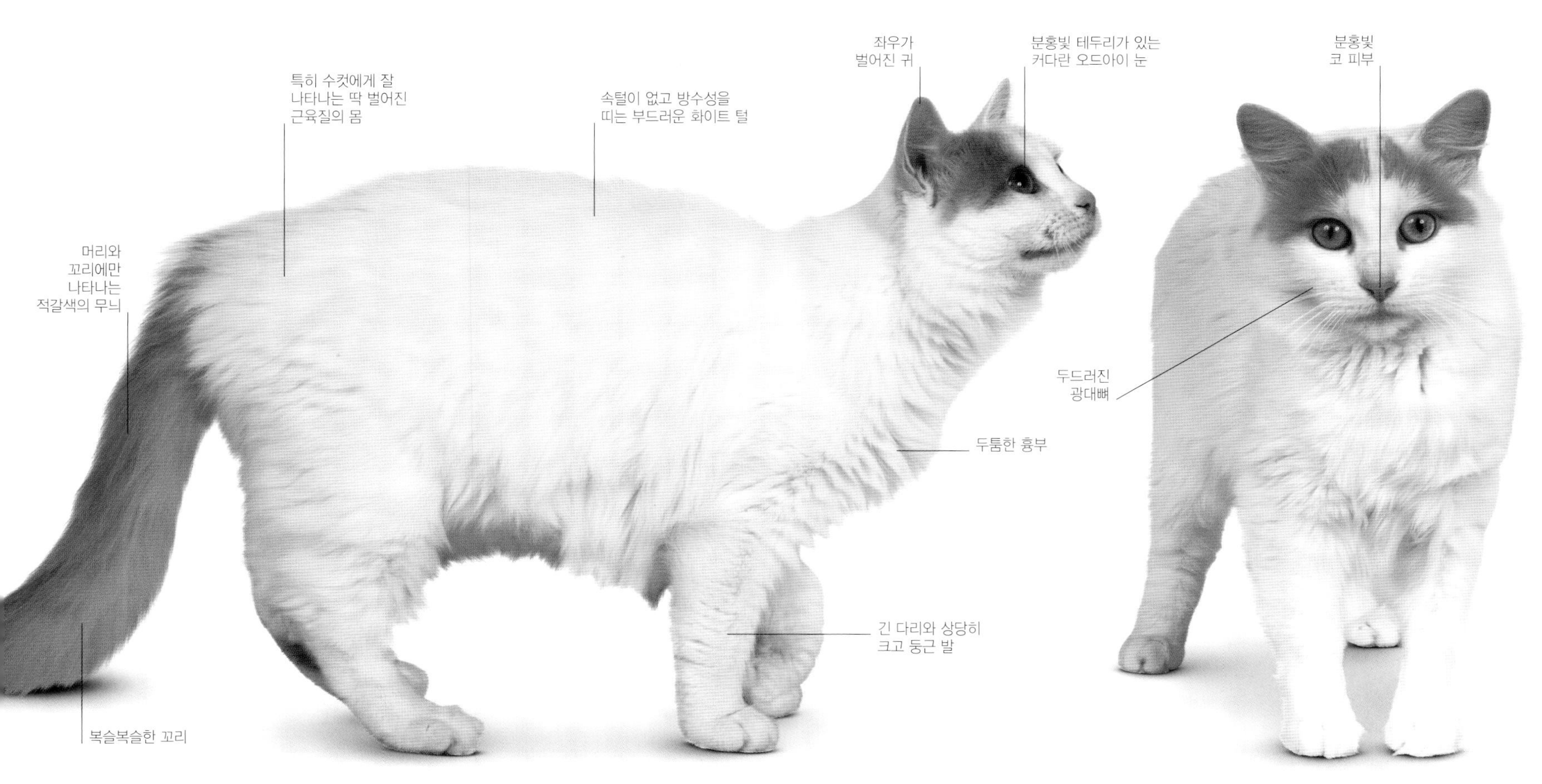

터키시 반케디시(Turkish Vankedisi)

기원 터키 동부, 1700년 이전
혈통 등록기관 GCCF
체중 3-8.5kg (7-19lb)
털 관리 주 2-3회
색깔과 무늬 순백색

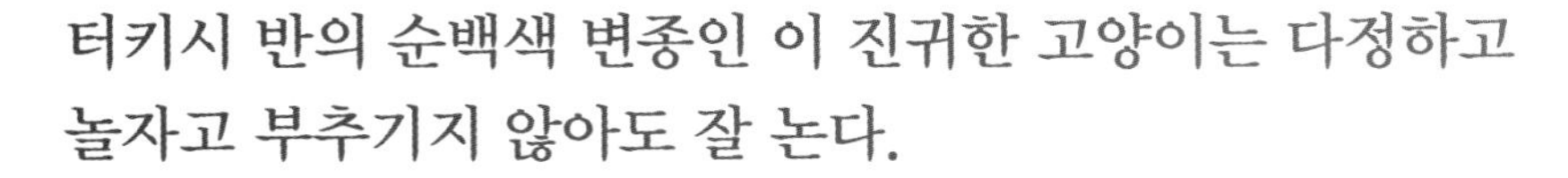

터키시 반의 순백색 변종인 이 진귀한 고양이는 다정하고 놀자고 부추기지 않아도 잘 논다.

터키시 반(pp.226-227)과 동일한 터키의 지역에서 유래한다. 터키시 반과는 반 특유의 무늬가 없는 것으로만 구별되며, 다른 모든 측면은 서로 동일하다. 터키시 반케디시는 세계적으로 그 수가 많지 않은데 모국 터키에서는 귀한 대접을 받고 있다. 다른 순백색의 고양이처럼 유전적으로 난청이 생기지만 그럼에도 강인하고 활동적이다. 쾌활하고 애정 넘치는 반려묘지만 많은 관심을 요구한다.

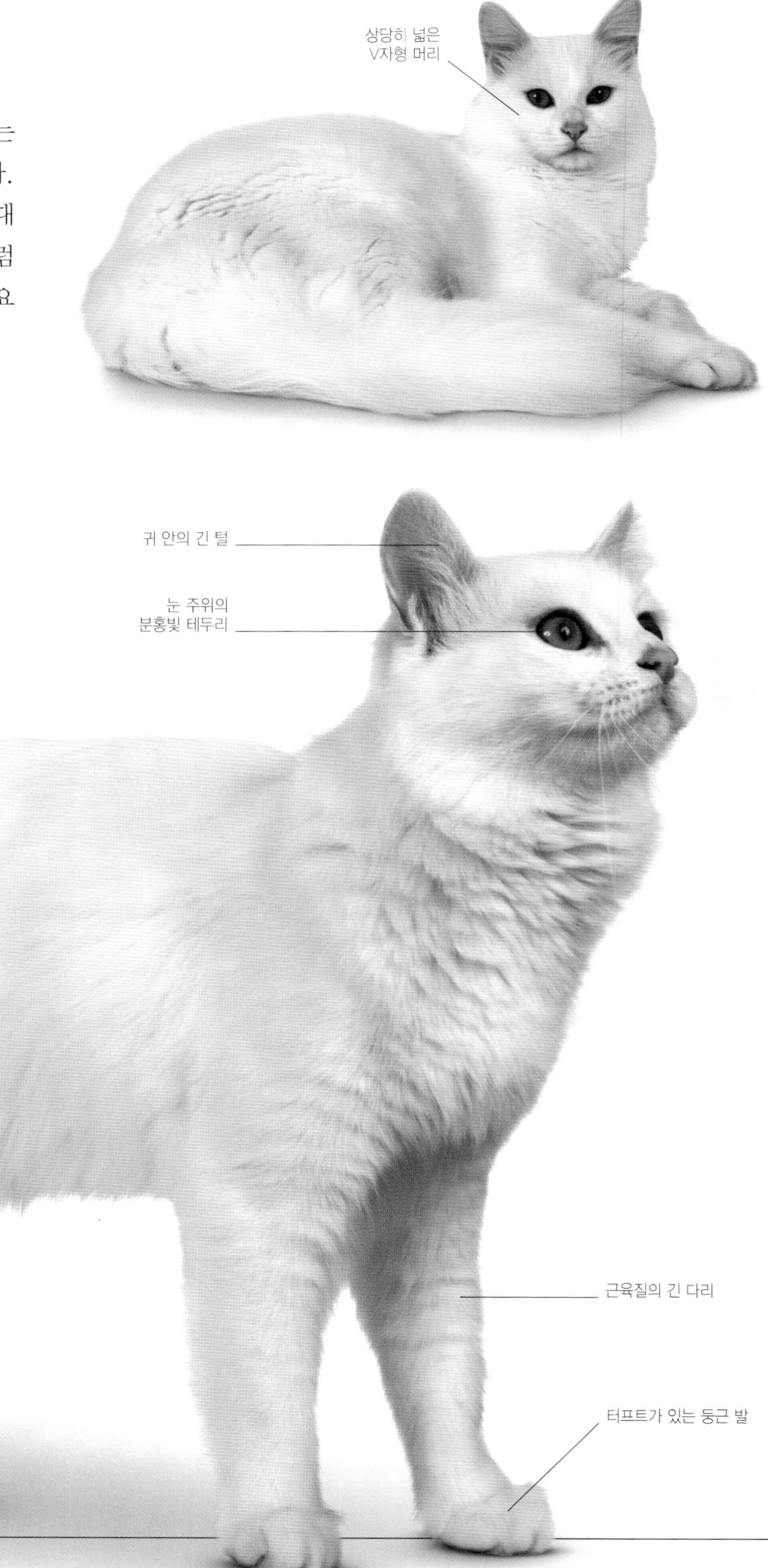

터키시 앙고라(Turkish Angora)

기원 터키, 16세기
혈통 등록기관 CFA, FIFe, TICA
체중 2.5–5kg (6–11lb)

털 관리 주 2–3회
색깔과 무늬 다양한 솔리드 컬러 및 셰이드; 태비, 토티, 바이컬러를 포함한 패턴

외모는 연약해 보이지만 성격이 강인한 이 고양이는 가족과의 소통을 즐긴다.

터키 태생의 이 품종은 기록에 의하면 17세기쯤 프랑스와 영국에도 전해진 것 같다. 페르시안 같은 다른 장모종의 번식에 널리 사용된 터키시 앙고라는 특히 20세기 초에는 혈통이 매우 희석되어 모국 터키를 제외한 지역에서는 거의 절멸 단계에 접어들었다. 터키에서 대대적으로 보호받은 순혈종 앙고라는 1950년대에 유럽과 미국으로 보내졌지만 여전히 희소하다. 가장 아름다운 장모종 가운데 하나인 앙고라는 가느다란 골격과 유난히 부드럽고 반짝이는 털을 가졌다.

시베리안(Siberian)

기원 러시아, 1980년대
혈통 등록기관 CFA, FIFe, GCCF, TICA
체중 4.5-9kg (10-20lb)
털 관리 매일
색깔과 무늬 모든 색깔 및 무늬

몸집이 크고 두툼한 털을 가진 러시아의 국가 고양이로, 매우 민첩하고 놀기를 좋아한다. 천천히 자라는 편이어서 성묘가 되기까지 시간이 걸린다.

시베리안은 비교적 최근의 품종이지만 러시아의 장모종에 관한 기록은 13세기까지 거슬러 오른다. 이 품종은 방수가 되는 빽빽한 털과 복슬복슬한 꼬리, 터프트가 있는 발볼록살을 가져 가혹한 러시아의 기후에도 잘 적응한다. 또한 귀가 털로 빽빽하게 덮여 있고 그 끝에는 스라소니처럼 터프트가 있다. 품종 표준에 따른 번식이 시작된 것은 1980년대이며 이후 10년간 많은 개체가 미국으로 수입되고 나서야 품종으로 인정받았다. 여전히 희소하지만 멋진 외모와 매력적인 성격으로 인기를 얻고 있다. 다 자라기까지는 5년 이상이 걸릴 수도 있다. 성묘가 되면 중간 정도로 다부져지지만 운동신경이 발달하여 뛰어노는 것을 좋아한다. 영리하고 탐구심이 많고 다정하며 주인에게 매우 충실하다고 알려져 있다. 또한 듣기 좋은 울음소리와 깊은 울림의 가르릉거리는 소리를 낸다.

새끼고양이

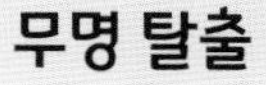

무명 탈출

시베리안의 선조는 중세부터 러시아에 서식했지만 이러한 러시아 태생의 장모종은 유럽에서는 거의 발견되지 않았다. 소련에서는 애완동물을 기르고 번식시키는 것이 제한되어 화려한 시베리안도 무명으로 남을 운명인 듯했다. 하지만 1980년대 말에 지역의 헌신적인 애호가들이 이 품종을 구출하고 곧이어 품종 표준을 만들었다.

러시안 롱헤어

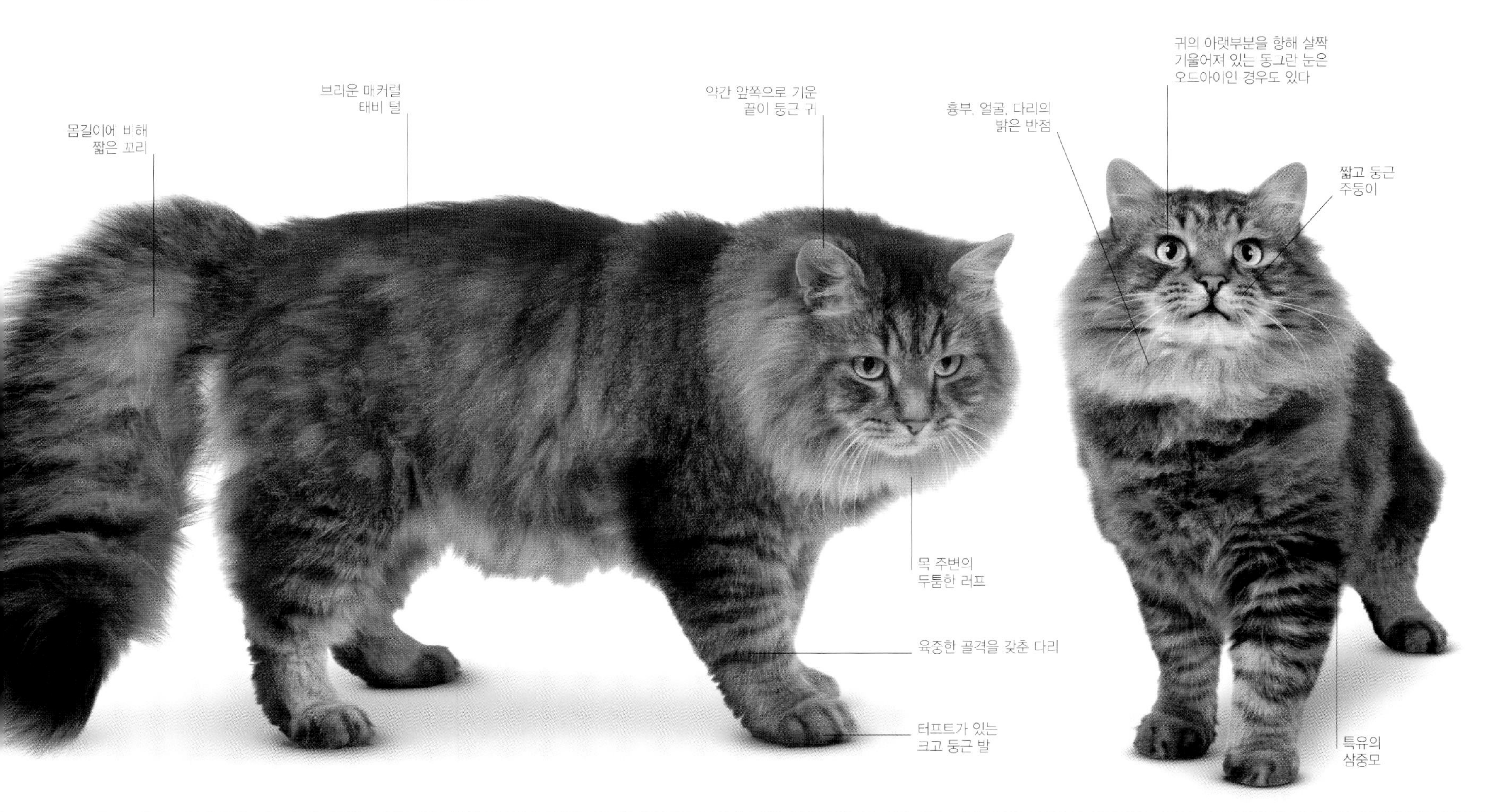

네바 마스커레이드(Neva Masquerade)

기원 러시아, 1970년대
혈통 등록기관 FIFe
체중 4.5-9kg (10-20lb)

털 관리 주 2-3회
색깔과 무늬 실, 블루, 레드, 크림, 태비, 토티를 포함한 다양한 컬러포인트

매우 빽빽한 털에 멋진 컬러포인트가 들어간 이 품종은 침착하고 대담하며 느긋한 성격을 갖고 있다.

이 품종은 러시아의 숲에 오랫동안 서식한 시베리안(pp.230-231)의 컬러포인트 버전이다. 네바 마스커레이드라는 이름은 처음으로 개량된 지역인 상트페테르부르크의 네바강에서 따온 것이다. 강력함과 상냥함을 겸비한 이 야무진 고양이는 훌륭한 애완동물이며 특히 아이들에게 애착을 느낀다고 알려져 있다. 이중구조의 속털로 이루어진 매우 빽빽한 털은 쉽게 엉키거나 뭉치지 않아 손질이 어렵지는 않지만 주기적으로 손질해 주어야 한다.

비바람을 막아주는 매우 빽빽하고 긴 삼중모

새끼고양이

먼치킨(Munchkin)

기원 미국, 1980년대
혈통 등록기관 TICA
체중 2.5-4kg (6-9lb)
털 관리 주 2-3회
색깔과 무늬 모든 색깔, 셰이드, 패턴

이 작은 고양이는 다리는 매우 짧지만 당당하고 활기차게 생활하며, 가족과의 놀이를 좋아한다.

먼치킨의 유달리 짧은 다리는 우연한 돌연변이의 결과다. 이 품종은 닥스훈트처럼 다리가 매우 짧은 견종에게 나타나는 척추의 문제를 회피한 것으로 보이며, 몸체가 낮다고 해서 일반적인 이동이 방해받는 것은 아니다. 사실 매우 빨리 달릴 수 있고 활기와 장난기가 넘친다. 당당하고 호기심 많은 이 고양이는 사교적인 애완동물이다. 부드러운 중장모 버전 외에 단모종(pp.150-151)도 있으며 둘 다 색깔과 무늬의 다양성이 거의 무한하다. 먼치킨 롱헤어는 털이 뭉치는 것을 방지하기 위해 주기적으로 손질을 해주어야 한다.

이종교배를 통해 도입된 **다양한 색깔과 무늬**는 먼치킨의 **유전적 다양성**을 유지시킨다.

킨카로(Kinkalow)

기원 미국, 1990년대
혈통 등록기관 TICA
체중 2.5-4kg (6-9lb)

털 관리 주 2-3회
색깔과 무늬 태비와 토티를 포함한 많은 컬러 및 패턴

새롭고 진귀한 이 품종은 총명하고 활발하다고 알려져 있으며 주인의 무릎을 좋아한다.

킨카로 롱헤어는 단모 버전(p.152)과 마찬가지로 '실험적인 디자이너 품종'이다. 이 교잡종은 먼치킨(p.233)과 아메리칸 컬(pp.238-239)의 교배로 탄생하여 먼치킨의 짧은 다리와 아메리칸 컬의 접힌 귀를 갖고 있다. 하지만 이러한 특징 가운데 하나 혹은 모두 갖지 않은 새끼고양이가 태어나기도 한다. 장모종과 단모종 모두 비단처럼 부드러운 털을 갖지만 장모종은 중장모의 복슬복슬한 털이다. 털의 색깔과 무늬는 다양하다. 킨카로는 주인과 교감하고 놀기를 좋아하는 생기 넘치고 총명하며 다정한 고양이다. 다른 장모종과 마찬가지로 주 2-3회의 털 손질을 필요로 하고 또 좋아할 것이다.

킨카로 중에는 **몸통보다 긴 꼬리**를 가진 개체도 있다.

스쿠컴(Skookum)

기원 미국, 1990년대
혈통 등록기관 없음
체중 2.5-4kg (6-9lb)
털 관리 주 1회
색깔과 무늬 모든 색깔과 무늬

가장 작은 품종 가운데 하나지만 날렵하고 운동신경이 뛰어나 놀기를 좋아하고 자신감으로 가득하다.

먼치킨(p.233)과 라펌(pp.250-251)의 교배로 태어난 이 작은 고양이는 두 가지 두드러진 특징, 즉 극단적으로 짧은 다리와 부드러운 털을 물려받았다. 장모종과 단모종 모두 풍성한 컬 또는 웨이브의 털이 곧게 자라나 있다. 곱슬한 털은 보통 쉽게 뭉치지 않아 손질하기 쉽다. 스쿠컴은 미국을 시작으로 영국, 오스트레일리아, 뉴질랜드 등 여러 나라에서 개량되었지만 여전히 희소하여 세계적으로 인정받지 못하고 있다. 활발하고 놀기 좋아하며 다리가 긴 품종만큼 잘 달리고 뛸 수 있다.

강력함 또는 **위대함**을 뜻하는 치누크어 낱말 **'스쿠컴(Skookum)'**은 **건강** 또는 **건전한 정신**으로 해석될 수 있다.

나폴레옹(Napoleon)

기원 미국, 1990년대
혈통 등록기관 TICA
체중 3-7.5kg (7-17lb)

털 관리 매일
색깔과 무늬 컬러포인트를 포함한 모든 컬러, 셰이드, 패턴

화려한 털을 걸친 이 짧고 둥그스름한 고양이는 온순하고 애정이 넘치며 가정생활에 아주 적합하다.

단단하고 낮은 몸체를 가진 나폴레옹 롱헤어는 먼치킨(p.233)의 매우 짧은 다리와 컬러포인트 버전을 포함한 페르시안(pp.186-205)의 풍성한 털을 결합하기 위해 만들어진 교잡종이며 단모 버전도 존재한다. 체구가 낮은데도 매우 활동적이며 많은 특색을 지니고 있다. 페르시안의 영향으로 주인의 무릎 위에서 시간을 보내기를 좋아하며, 심하게 보채지는 않지만 자신에게 관심을 갖고 보살펴주기를 바란다.

> 이 품종은 **페르시안**의 **온순함**과 **먼치킨**의 **에너지** 및 **호기심**을 겸비하고 있다.

스코티시 폴드(Scottish Fold)

기원 영국/미국, 1960년대
혈통 등록기관 CFA, TICA
체중 2.5-6kg (6-13lb)

털 관리 주 2-3회
색깔과 무늬 대부분의 솔리드 컬러 및 셰이드; 대부분의 태비, 토티, 컬러포인트 패턴

사랑스러운 '올빼미 얼굴'을 가진 이 매력적이고 사교적인 고양이는 주목받는 것을 즐긴다.

이 희소한 품종과 단모 버전(pp.156-157)의 단단히 접힌 귀는 다른 고양이에게서는 볼 수 없는 유전적 돌연변이에 의해 생긴다. 접힌 귀를 가진 스코틀랜드 농장 고양이의 자손인 폴드는 유전적으로 연관된 건강상의 문제 때문에 영국의 유력한 등록단체에서 품종으로 인정받지 못하고 있지만 미국에서는 큰 성공을 거두고 있다. 다양한 색의 털은 품종 개량을 위해 선택된, 잡종 집고양이를 포함한 많은 고양이와의 이종교배에서 비롯된다. 촘촘한 털은 길이가 제각각이며, 두툼한 러프와 거대하고 풍성한 꼬리가 매력을 더한다.

아메리칸 컬(American Curl)

기원 미국, 1980년대
혈통 등록기관 CFA, FIFe, TICA
체중 3-5kg (7-11lb)
털 관리 주 1회
색깔과 무늬 모든 솔리드 컬러와 셰이드; 컬러포인트, 태비, 토티를 포함한 패턴

아주 독특하게 귀를 뒤로 젖힌 이 희귀한 품종은 온순하고 목소리가 부드러운 훌륭한 애완동물이다.

이 품종의 기원은 1981년에 미국 캘리포니아주의 어떤 가족이 입양한 길고양이로, 긴 검은 털과 특이하게 젖힌 귀를 가졌다. 그 암컷 고양이는 계속해서 귀가 젖힌 새끼를 낳았고, 그 드문 돌연변이는 브리더와 유전학자의 관심을 불러일으켰다. 아메리칸 컬 장모종 및 단모종(p.159)의 개량을 위한 번식 프로그램이 놀랄 만큼 신속하게 시작되어 이 새로운 품종의 미래는 보장된 것이었다. 아메리칸 컬의 귀가 뒤로 말린 정도는 서로 다르지만 그 각도가 90도에서 180도 사이를 이루는 것이 이상적이다. 연골은 느슨하지 않고 단단하며 이러한 귀는 결코 인위적으로 만들어낼 수 없다. 모든 새끼고양이는 곧은 귀를 갖고 태어나는데 그중 약 50%의 개체에 한해서만 특징적인 커브가 수일 내에 형태를 갖추기 시작하여 생후 3-4개월이 되면 완전히 젖혀진다. 곧은 귀를 가진 개체일지라도 유전적인 건강을 유지하는 데 도움이 되므로 번식 프로그램에서 중요하다. 장모종 아메리칸 컬은 몸에 밀착해 있는 비단 같은 털을 갖는다. 속털이 거의 없어 손질이 쉽고 털이 잘 빠지지 않는다. 또한 사랑스러운 길고 풍성한 꼬리가 매력을 배가한다. 기민하고 총명하고 다정한 아메리칸 컬은 매력적인 성격을 가진 훌륭한 애완동물이다. 온순하고 목소리가 부드럽지만 주인에게 관심을 조를 때는 전혀 수줍어하지 않는다.

건강한 교배

아메리칸 컬은 색다른 특징을 가진 품종을 선호하는 경향의 연장선상에서 출현한 가장 새로운 품종 가운데 하나다. 자연적인 돌연변이를 외모 때문에 영속화하려는 데 대해 고양이 애호가의 세계에서 논쟁이 없었던 것은 아니다. 하지만 유전적 변이를 가진 고양이에게 생길 수 있는 건강상의 문제가 컬에게는 나타나지 않고 있다. 이 품종과의 이종교배가 유일하게 허용되는 것은 크고 양호한 유전자풀을 제공하는 잡종 집고양이다.

새끼고양이

하이랜더(Highlander)

기원 북아메리카, 2000년대
혈통 등록기관 TICA
체중 4.5–11kg (10–25lb)
털 관리 매일
색깔과 무늬 컬러포인트를 포함한 모든 컬러 및 태비 패턴

눈에 띄는 외모의 이 희귀한 품종은 가족들과 잘 어울린다. 장난기와 에너지가 넘치며 술래잡기를 즐긴다.

두텁고 텁수룩한 털을 가진 하이랜더 롱헤어는 마치 작은 스라소니처럼 보이지만 야생의 혈통은 섞여 있지 않다. 젖힌 귀를 갖고 새롭게 등장한 이 고양이는 크고 튼튼한 체형이지만 우아하게 움직인다. 생기와 활기가 넘치고 전면에 나서길 좋아하며, 주인이나 다른 애완동물에게 끊임없이 놀자고 조를 것이다. 그럼에도 온순하고 다정해 아이들과 잘 어울린다. 두툼한 털은 뭉치고 엉키는 것을 방지하기 위해 주기적으로 손질해주어야 한다. 손이 덜 가는 단모 버전(p.158)도 있다.

재패니즈 밥테일(Japanese Bobtail)

기원 일본, 17세기경
혈통 등록기관 CFA, TICA
체중 2.5-4kg (6-9lb)
털 관리 주 2-3회
색깔과 무늬 모든 솔리드 컬러, 바이컬러, 태비, 토티 패턴

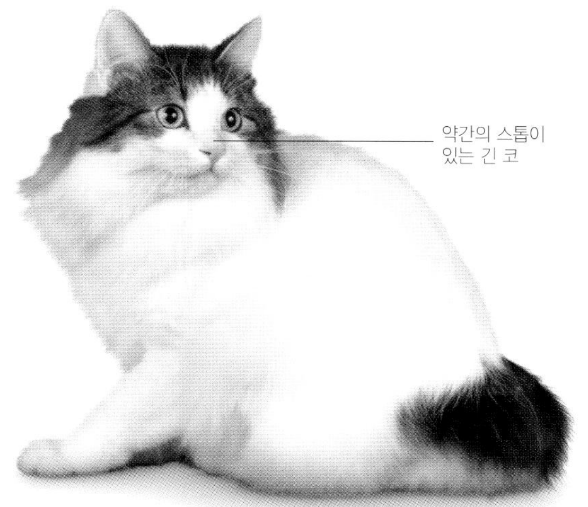

수다스럽고 궁금한 것이 많은 이 품종은 끊임없이 돌아다니며 새로운 것을 찾지만 충실하게 가족에게로 돌아온다.

재패니즈 밥테일은 장모종과 단모종(p.160) 모두 수백 년 간 일본에서 사랑받은 애완동물이다. 독특한 외모에 카리스마가 있는 이 고양이는 1960년대에 미국에 수입되어 현대적인 품종으로 개량되었다. 정이 많고 사랑스럽지만 외향적이고 에너지가 넘쳐 무릎고양이를 원하는 사람에게는 맞지 않는다. 짧고 풍성한 꼬리는 다양한 변이가 있으며 어느 방향으로든 말리거나 굽힐 수 있다. 부드럽게 늘어져 있는 긴 털은 비교적 손질하기 쉽다.

쿠릴리안 밥테일(Kurilian Bobtail)

기원 쿠릴 열도, 북태평양, 20세기
혈통 등록기관 FIFe, TICA
체중 3-4.5kg (7-10lb)
털 관리 주 2-3회
색깔과 무늬 대부분의 솔리드 컬러, 셰이드, 태비를 포함한 패턴

꼬리가 짧은 희귀한 품종으로, 사람과 어울리고 애정을 쏟는 것을 좋아하며 매우 총명하여 훈련도 가능하다.

누가 봐도 멋진 이 고양이는 그 기원으로 여겨지는 북태평양의 쿠릴 열도에서 이름을 따왔다. 이 열도의 몇몇 섬들은 러시아와 일본이 영유권을 주장하고 있기 때문에 쿠릴리안 밥테일 롱헤어가 어느 나라에서 유래했는지는 불분명하다. 현대의 품종이라 여겨지지만 그 선조는 1950년대 이후 러시아 본토에서 단모 버전(p.161)만큼 인기를 끌었다. 그러나 그 밖의 지역에서는 그 수가 많지 않고, 특히 미국에서는 더 희귀하다. 다양한 변이(오른쪽 박스 참조)가 존재하는 독특한 짧은 꼬리로 유명하며, 가정생활을 좋아하고 야단법석과 주인의 관심은 아무리 많아도 싫증내지 않지만 독립심이 강한 면도 있다.

새끼고양이

방울 꼬리

쿠릴리안 밥테일의 트레이드마크인 방울 꼬리는 개체마다 서로 다른 버전을 가지며 동일한 것은 없다. 자연적인 유전적 다양성 덕분에 꼬리의 척추골은 모든 방향으로 뒤틀리고 구부러지며, 유연한 정도도 다양하다. 2-10개의 척추골이 영향을 받아 어떤 조합으로든 구부러지고 움직일 수 있다. 품종 표준에서 꼬리의 형태는 그 구조에 따라 '스낵(그루터기)', '스파이럴(소용돌이)', '위스크(거품기)' 등으로 다양하게 표현된다.

픽시밥(Pixiebob)

기원 미국, 1980년대
혈통 등록기관 TICA
체중 4–8kg (9–18lb)
털 관리 주 2–3회
색깔과 무늬 브라운 스포티드 태비

몸집이 크고 탄탄한 이 품종은 북미에 서식하는 야생 보브캣을 닮았지만 인간과 깊은 유대감을 형성한다.

비교적 새로운 품종인 픽시밥은 북미 태평양 연안의 산악지대에 서식하는 보브캣과 비슷한 외모를 지니고 있다. 이러한 유사성은 의도적인 것으로, 야생의 고양잇과 동물과 유사한 집고양이가 유행하는 데 영합하여 개량된 것이다. 스라소니와 비슷한 특징으로는 곧게 나 있는 두툼한 더블 태비 스포티드 털, 터프트가 난 귀, 조밀한 눈썹, '구레나룻'처럼 나 있는 얼굴의 털 등이 있다. 꼬리는 길이가 다양하여 솔 같은 긴 꼬리도 가능하지만, 오로지 짧은 꼬리를 가진 개체만이 캣쇼에 나갈 수 있다. 단모 버전(p.166)도 마찬가지로 야생 고양잇과 동물처럼 보인다. 이 품종의 기초가 된 유난히 키가 큰 밥테일 태비 수컷은 평범한 집고양이 암컷과 교배하여 특별한 외모를 가진 밥테일 새끼고양이들을 낳았다. 그중 1마리에게 붙인 '픽시'라는 이름이 품종을 대표하는 이름이 되었다. 튼튼한 체격과 호기로운 분위기를 가진 픽시밥은 활동적이고 운동신경이 뛰어나지만, 한편으로 느긋하고 사교적이어서 가정생활을 기꺼이 받아들이고 아이들과 잘 놀며 보통 다른 애완동물에게도 관대하다. 사람과 함께 있는 것을 좋아하며 줄을 매고 산책하는 것을 즐긴다.

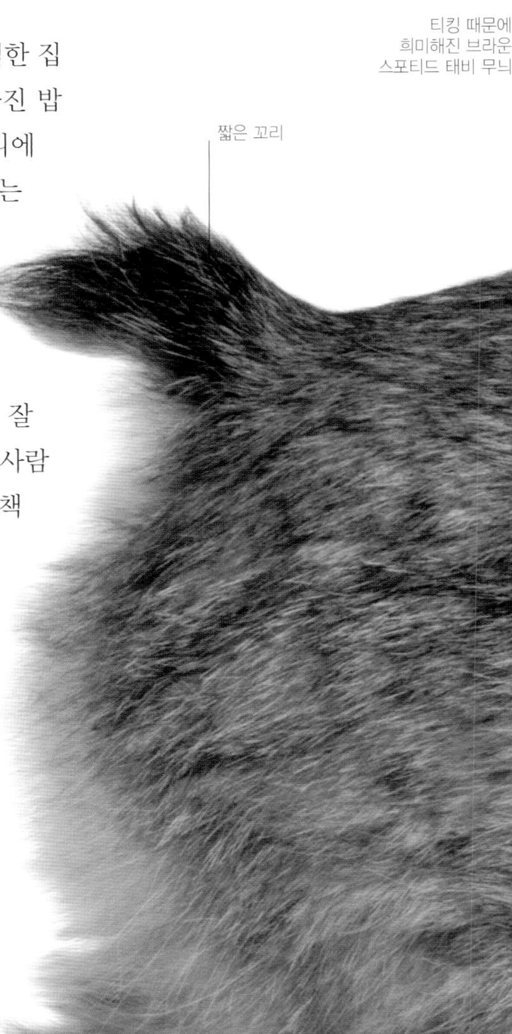

다지증

고양이의 발가락은 보통 앞발에 5개, 뒷발에 4개 있다. 픽시밥에게는 다지증이라 불리는 유전적 돌연변이가 자연적으로 발생하여 더 많은 발가락을 갖는 경우가 많다. 다른 품종에게는 이런 특징이 캣쇼에서 결점으로 여겨지지만, 픽시밥에게는 흔하기 때문에 품종 표준에서는 각각의 발에 7개의 발가락까지 허용한다. 다지증은 앞발에 잘 발생한다.

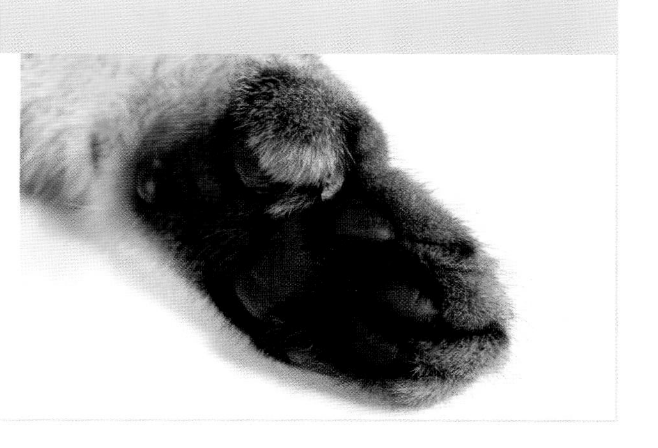

새끼고양이

킴릭(Cymric)

기원 북아메리카, 1960년대
혈통 등록기관 FIFe, TICA
체중 3.5-5.5kg (8-12lb)
털 관리 주 2-3회
색깔과 무늬 모든 컬러, 셰이드, 패턴

훌륭한 반려묘인 이 차분하고 총명한 고양이는 놀이의 유혹에 쉽게 넘어온다.

캐나다에서 개량된 킴릭은 꼬리 없는 맹크스(pp.164-165)의 장모 변종이다. 다부지고 둥근 몸을 가진 이 품종은 '롱헤어 맹크스'로 불리기도 하는데 맹크스와의 차이는 비단 같은 털의 길이뿐이다. 근육질의 후반신과 긴 뒷다리로 강력한 점프가 가능하여 높은 곳에도 쉽게 뛰어오를 수 있다. 다정한 성격으로 사람에게 강한 애착을 느낀다. 영리하고 재미있는 반려묘로, 주인에게 주목받는 것을 좋아한다.

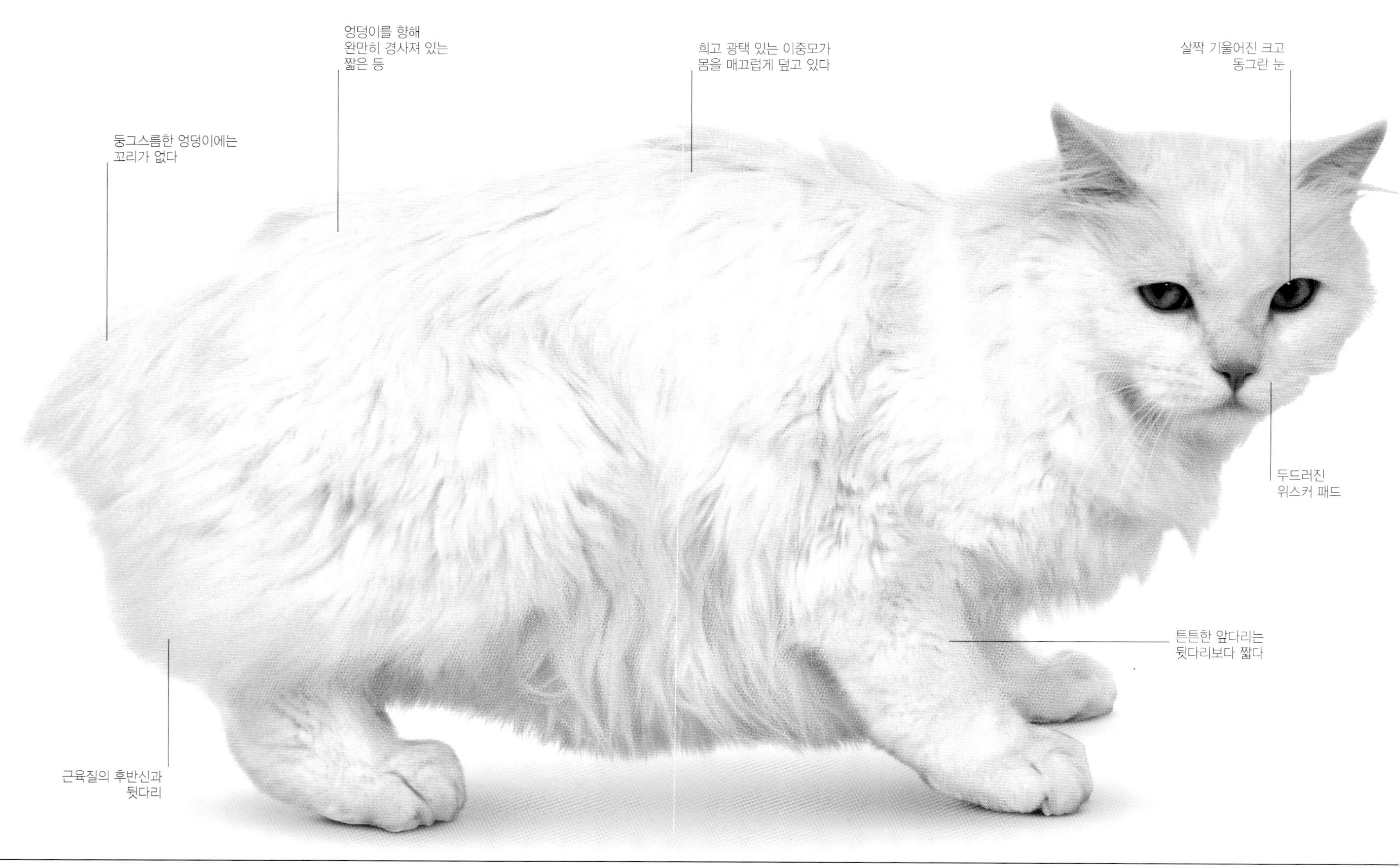

아메리칸 밥테일(American Bobtail)

기원 미국, 1960년대
혈통 등록기관 CFA, TICA
체중 3-7kg (7-15lb)

털 관리 주 2-3회
색깔과 무늬 모든 컬러, 셰이드, 패턴

야생의 고양잇과 동물을 닮았지만 가정적이고 애정이 넘치는 이 품종은 주인에게 많은 것을 요구하지 않는다.

널리 받아들여지고 있는 견해에 따르면, 이 미국 태생 고양이의 기원은 미국의 여러 주에서 자유롭게 돌아다니던 길고양이로, 선천적으로 짧은 꼬리를 갖고 있었다. 이 품종은 단모 버전(p.163)도 존재한다. 크고 튼튼한 밥테일 롱헤어는 기민한 야생의 분위기를 풍기지만 매우 유순하여 애완동물로 적합하다. 아이들에게 관대하고, 낯선 사람에게도 차분하고 친근한 모습을 보이는 것으로 잘 알려져 있다. 털은 길지만 뭉치지 않아 적당한 손질로도 충분하다.

셀커크 렉스(Selkirk Rex)

기원 미국, 1980년대
혈통 등록기관 CFA, TICA
체중 3.5-5kg (8-11lb)

털 관리 주 2-3회
색깔과 무늬 모든 컬러, 셰이드, 패턴

느긋하고 참을성 있는 이 품종은 헝클어진 곱슬한 털과 껴안고 싶을 정도로 귀여운 성격을 가진 매력적인 애완동물이다.

이 품종은 미국 몬태나주의 동물 보호시설에서 정상적인 형제들과 함께 발견된, 특이하게 곱슬한 털을 가진 암컷 새끼고양이에게서 유래한다. 일종의 호기심으로 입양된 이 고양이는 계속해서 곱슬한 새끼를 낳아 셀커크 렉스의 토대를 구축했다. 이후 페르시안 및 단모종 고양이와의 계획적인 교배를 통해 이 품종의 장모 및 단모(pp. 174-175) 계통이 탄생되었다. 이 온순하고 차분한 고양이는 껴안고 싶을 정도로 귀엽고 다행히도 주목받는 것을 좋아한다. 주기적인 털 손질이 필수적이지만 너무 세게 빗질하면 컬이 펴질 수 있으므로 주의해야 한다.

명확한 스톱이 있는 코
둥근 뺨과 넓적한 머리
잘 꺾이는 곱슬한 수염
끝이 둥근 굵은 꼬리

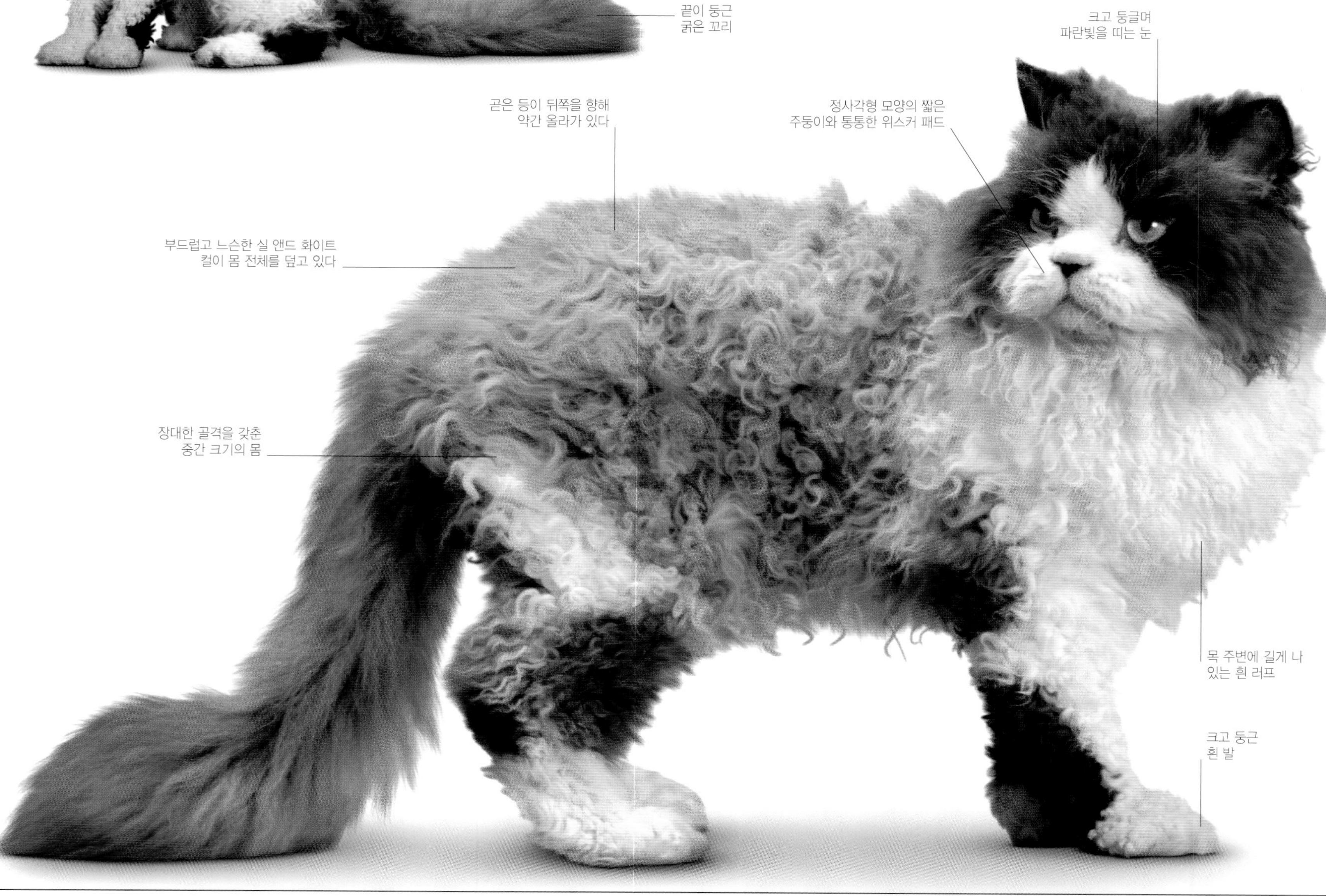

우랄 렉스(Ural Rex)

기원 러시아, 1940년대
혈통 등록기관 기타
체중 3.5-7kg (8-15lb)

털 관리 주 2-3회
색깔과 무늬 태비를 포함한 다양한 컬러 및 패턴

쾌활하고 안정된 기질을 가진 이 품종은 지명도는 낮지만 가족과 평온하게 잘 지내는 것으로 알려져 있다.

이 고양이는 20세기 말에 들어서야 일반적으로 알려지게 되었지만, 가장 오래된 렉스 계열의 하나로, 1940년대 말부터 러시아의 우랄 지역에서 서식해 온 것으로 생각된다. 우랄 렉스 롱헤어는 웨이브가 몸 전체를 뒤덮는 중장모 털을 걸치고 있다. 단모 버전(p.172)도 있지만 이것 역시 개체 수가 적다. 실험적인 번식이 보여주듯이, 우랄 렉스의 웨이브 털을 만드는 유전적 돌연변이는 코니시 렉스(pp.176-177)나 데번 렉스(pp.178-179) 등 잘 알려진 다른 렉스 계열의 유전자와는 크게 다른 것 같다.

짧고 넓적한
V자형 머리

끝이 둥그스름한
귀

선명한 광대뼈

끝이 가늘고
둥근 꼬리

느슨하고 탄력 있는
웨이브를 띠는 중장모의
초콜릿 털

날씬한 다리

여전히 **지명도**가 가장 **낮은** 품종에 속하지만 사실 가장 **오래된 렉스 품종** 가운데 하나다.

라펌(LaPerm)

기원 미국, 1980년대
혈통 등록기관 CFA, TICA
체중 3.5–5kg (8–11lb)
털 관리 주 2–3회
색깔과 무늬 모든 컬러, 셰이드, 패턴

이 영리하고 매혹적인 고양이는 온순하고 다정하며 사람과 어울리기를 좋아하는 이상적인 애완동물이다.

1982년, 미국 오리건주의 농장에 살고 있던 평범한 고양이가 라펌의 기초가 되는 곱슬한 털의 새끼고양이를 낳았다. 이 고양이는 농장의 다른 고양이와 자연스럽게 교미했고, 곱슬한 털을 가진 자손이 더 많이 출현했다. 그때 브리더들이 그 특이한 털에 관심을 갖기 시작하여 새로운 품종이 탄생했다. 라펌의 복슬복슬하면서도 우아한 털은 부드러운 웨이브에서 탄력 있는 나선형 컬에 이르기까지 상당히 다양한 유형을 보이며 단모 버전(p.173)도 있다. 다리가 길고 민첩하며 활동적이지만, 놀다가도 주인의 요구에 선뜻 부응하여 무릎 위에서 가르릉거리기도 한다. 애정을 쏟으면 기쁘게 반응하고, 지나친 관심도 대환영이다. 쓰다듬기 좋은 길고 곱슬한 털은 빠지거나 뭉치는 속털이 거의 없기 때문에 어렵지 않게 손질할 수 있다. 컬을 좋은 상태로 유지하기 위해서는 주기적인 빗질이 최선이다.

새끼고양이

수염과 컬

라펌의 탄력 있는 털은 컬의 형태 및 세 가지 유형의 털, 즉 속털의 부드러운 솜털, 중간 길이의 까끄라기털, 겉털을 형성하는 긴 보호털의 혼합으로 생겨난다. 가장 심하게 곱슬한 털은 목과 러프에, 그리고 풍성한 꼬리를 따라 나타난다. 짧고 잘 꺾이는 수염을 가진 다른 렉스 계열의 품종과 달리, 라펌은 독특하게 매우 긴 수염을 갖고 있다.

집고양이 – 롱헤어(Housecat – longhair)

혈통에 관계없이 외면할 수 없는 매력을 가진 이 고양이들은 인기 있는 애완동물이다.

잡종의 장모 고양이는 단모종만큼 흔하지는 않지만 그중에는 기원의 단서가 분명한 경우도 있다. 빽빽하고 풍부한 속털, 다부진 몸, 둥글고 납작한 얼굴은 페르시안에게서 물려받았을 것이다. 다양한 털 길이, 혼합된 색깔, 애매한 패턴을 가진 다른 고양이들의 선조는 수수께끼로 남아 있다. 장모종 집고양이에게서는 캣쇼에서나 볼 수 있는 화려하고 풍성한 털은 거의 찾아볼 수 없지만, 많은 고양이가 그 자체로 매우 아름답다.

실버 앤드 화이트
집고양이에게서 거의 볼 수 없는 실버는 흰 털을 이루는 각 털의 끝에 짙은 색깔이 티핑되어 나타난다. 순혈종의 실버는 티핑의 정도에 따라 친칠라라 불리기도 한다.

크림 앤드 화이트
레드가 희석되어 발현되는 크림은 일반적인 집고양이에게는 드문 색깔이다. 이 고양이는 '고스트' 태비 무늬를 갖고 있는데, 이는 순혈종에서는 캣 팬시어들이 가장 옅은 크림의 개체만을 번식시킴으로써 제거하려는 형질이다.

레드 앤드 화이트 태비
레드 태비의 주인 대부분은 자신의 고양이를 '진저(생강색)' 고양이라 부른다. 이 색깔은 인기가 매우 높으며, 잡종 고양이가 순혈종과 마찬가지로 깊고 풍부한 색채를 띠는 경우도 종종 있다.

블랙
제트블랙(칠흑)은 장모종에서 인기를 끈 최초의 색깔 중 하나다. 무작위로 번식된 고양이는 브라운이나 태비 패턴이 약간 가미되는 경향이 있다. 블랙 털은 그레이나 브라운의 색조를 띨 수도 있다.

브라운 태비
긴 털은 태비 패턴을 희미하게 만드는 경향이 있다. 이 고양이의 중장모 털에는 '클래식' 태비라 불리는 패턴이 들어가 있지만, 만일 단모라면 어두운 소용돌이무늬가 뚜렷하게 드러날 것이다.

매력적인 혼합

장모종 고양이는 순혈종이 아니어도 시선을 끈다. 매력적인 집고양이들은 페르시안의 혈통이 유입된 결과로 갖게 되었을 무성한 긴 털에 다양한 색깔이 뒤섞여 있다.

CHAPTER 5

고양이 기르기

맞이할 준비

새로운 애완동물을 기르는 것은 가족의 큰 행사이므로 모두들 들떠 있으면서도 조금은 걱정이 될 것이다. 고양이를 맞이할 때는 먼저 준비를 확실히 해야 한다. 조금만 신경 쓰면 고양이가 안전히 지낼 수 있는 환경을 만들 수 있다. 미리 계획하고 침착하게 있으면 된다. 대부분의 고양이는 새로운 거처에 매우 빠르게 적응할 뿐만 아니라 마치 주인인 양 행동할 것이다.

제일 먼저 고려할 사항

고양이를 사거나 입양할 결정을 하기 전에 자신의 라이프스타일에 적합한지 신중히 생각해야 한다. 또한 고양이는 20년까지도 살기 때문에 장기적인 책임이 필요하다는 점도 유념해야 한다.

매일 돌봐줄 수 있는가? 대부분의 고양이는 어느 정도 독립적이지만 하루 종일 혼자 있는 것을 싫어하는 고양이도 있다. 24시간 이상 방치해서는 안 되며, 비상시에 들러서 봐줄 수 있는 사람이 필요하다. 자주 집을 비운다면 기르지 않는 것이 좋을지도 모른다.

고양이를 기르는 것이 가족 전원에게 알맞은가? 어린아이들에게 익숙하지 않은 고양이는 그들에게서 스트레스를 받을 것이고, 알레르기나 시각장애가 있거나 몸이 불편한 가족이 있다면 고양이가 잠재적 위험이 될 것이다.

새끼고양이와 성묘 중 어느 쪽을 선호하는가? 새끼고양이는 돌보고 관리하는 데 손이 많이 가기 때문에 배변 훈련을 시키고 하루에 4번 먹이를 주는 등의 보살핌에 얼마나 많은 시간을 투입할 수 있는지 현실적으로 판단해야 한다. 성묘의 경우, 고양이가 이전에 겪은 경험에 따라 적응도가 달라진다. 예를 들어, 아이나 다른 애완동물에 익숙하지 않은 고양이가 그들과 함께 지낸다면 스트레스를 받을 것이다. 보호시설에서도 성묘를 보낼 때는 그처럼 부적당한 환경을 피하기 위해 주의를 기울인다.

실내에서 기를 것인가 아니면 밖으로도 내보낼 것인가? 실내에서 기르면 보통 더 안전하지만(pp.258-259), 대부분의 고양이가 필요로 하는 충분한 자극을 제공할 수 있는 집은 많지 않고, 항상 나다니던 성묘는 실내 생활에 잘 적응하지 못할 수도 있다(pp.260-261). 고양이는 사냥꾼이므로 밖으로 나가면 먹잇감을 물어올 수 있다는 점을 받아들여야 한다. 집 안에서는 필연적으로 털이 사방에 날리고 가구에 발톱 자국이 남을 수 있다.

조용한 고양이와 활발한 고양이 중 어느 쪽을 선호하는가? 순혈종을 택하면 품종에 따라 고양이의 기질을 예측할 수 있지만, 잡종이라면 미지수에 가깝다. 어느 경우든 어린 시절의 경험과 부모의 기질이 개체의 성격에 영향을 미칠 수 있다.

수컷과 암컷 중 어느 쪽을 바라는가? 일반적으로 중성화된 고양이는 행동과 기질 면에서 거의 차이가 없다. 중성화되지 않은 수컷은 배회하면서 소변을 뿌리고, 발정 난 암컷은 안절부절못할 것이다.

주인의 책임

- 음식과 깨끗한 물을 제공할 것
- 가까이 지내려는 요구에 응할 것
- 잠자리나 리터 박스 등 필요한 것에 대한 선택권을 제공할 것
- 건강하고 행복하게 지낼 수 있도록 충분한 자극을 부여할 것
- 필요에 따라 털을 손질해줄 것(그리고 씻겨줄 것)
- 새끼고양이를 사회화시켜 어떤 상황에서도 자신감을 갖도록 할 것
- 필요할 때 수의학적 처치를 받게 할 것
- 마이크로칩을 심고 탈착이 용이한 안전띠 및 인식표를 부착시킬 것

일과를 확립하기

고양이를 적응시키고 안정감을 주기 위해서는 일과를 초기에 습관화시키는 것이 최선이다. 고양이가 집에서 자리를 잡으면 가족의 스케줄에 따라 행동 패턴과 일과가 정착될 것이다.

털 손질(pp.276-279), 급식(pp.270-273), 놀

세계의 창
태어날 때부터 실내에서만 생활한 고양이는 집안을 자신의 영역이라고 간주하기 때문에 좀처럼 밖으로 나가려 하지 않을 것이다. 그래도 밖에서 신선한 공기를 마시고 운동하도록 하려면 고양이가 도움 없이 스스로 이용할 수 있는 캣플랩(고양이 문)을 설치하면 좋다.

양지바른 곳
고양이가 볕을 쬐면서 낮잠을 즐길 수 있는 장소를 많이 제공하자. 정원용 바구니는 느긋한 고양이에게 이상적인 침대가 된다.

이 시간(pp.284-285) 같은 주기적인 활동을 중심으로 일과를 계획한다. 몇 개월간 일관성 있게 행할 필요가 있으므로 다른 일에 지장을 주지 않도록 해야 한다. 고양이는 변화를 좋아하지 않기 때문에 자주 바뀌면 스트레스를 받는다. 이는 행동상의 문제와 공격성으로 이어질 수 있다. 규칙적인 일상은 고양이의 행동 및 건강 상태(pp.300-301)의 변화를 관찰하는 데도 도움이 될 것이다.

처음부터 급식 시간을 정하는 것도 도움이 될 것이다. 음식과 물이 담긴 그릇은 항상 같은 장소에 놓여야 하는데 이는 식욕을 확인하는 데 도움이 된다. 언제 배가 고파지는지 알면 훈련을 시키는 데도 유리해질 것이다.

고양이는 털 손질을 특별히 좋아하지는 않지만 금방 끝난다는 것을 알게 되면 참을 것이다. 주기적인 털 손질이 필요하다면 매일 같은 시각에 하는 것이 좋다. 급식이나 놀이 시간 직전에 하면 털 손질에 협조하는 동기부여가 될 것이다.

놀이 시간을 정해놓으면 그때가 오기를 기대하기 때문에 관심을 끌기 위해 흥분하며 뛰어다니는 일이 줄어들 것이다. 놀이 활동은 고양이에게 보람 있는 경험이어야 한다. 다양한 변화를 주면서 오로지 고양이를 위해 충분한 시간을 들여야 한다.

고양이 위치 파악하기

고양이는 호기심이 많고 활동적이므로 집의 환경을 조정할 때 이를 고려해야 한다. 주기적으로 문과 창문을 열어둔다면 그것을 통해 고양이가 빠져나가거나 금지 구역에 들어갈 수 있는지 확인해야 한다. 또한 고양이는 다리 사이의 틈새로 쉽게 지나갈 수 있기 때문에 문을 열 때는 뒤를 살펴야 한다. 세탁기와 건조기는 사용하지 않을 때는 닫아놓고 작동시키기 전에 안쪽을 확인한다.

실내 안전

고양이는 기어오르는 것을 좋아하기 때문에 깨지기 쉽거나 귀중한 물건은 테이블이나 선반에서 치워야 한다. 높은 선반이나 작업대에 오를 수 있는 가능한 경로를 파악하고 그에 맞춰 가구를 배치해야 한다. 의자, 스탠드형 램프, 벽에 걸린 장식품, 커튼 등에는 고양이가 오를 수 있다. 고양이는 양면테이프, 플라스틱 시트, 알루미늄 포일의 질감을 싫어하여 피하므로 접근을 막고 싶은 가구에 일시적으로 붙여두면 가까이 가면 안 된다는 것을 학습할 것이다. 기어오르고 긁는 것은 전적으로 자연적인 습성이다. 따라서 이러한 행동의 배출구로서 스크래칭 포스트와 안전하게 기어오를 수 있는 장치를 제공해야 한다. 또한 장난감, 병마개, 펜 뚜껑, 지우개 등의 작은 물건들은 삼키거나 목에 걸려 질식할 위험이 있기 때문에 아무 데나 놓여 있지 않은지 살펴야 한다. 가전제품의 배선은 보이지 않게 하고, 달려 있는 코드는 올려두어 고양이가 램프나 다리미 등을 끌고 가지 않도록 주의해야 한다.

실외 안전

실내의 안전 상태를 점검한 후에는 마당의 '안전검사'를 실시한다(pp.260-261). 날카롭거나 잠재적으로 위험한 물건을 치우고 창고나 온실에 접근할 수 없게 해야 한다. 다른 동물의 침입을 막으려 해도 마당에는 늘 '방문자'가 있을 것이다. 여우는 보통 다 자란 고양이와 그 발톱을 조심하지만 새끼고양이에게는 해를 끼칠 수 있다. 지역에 따라서는 뱀이 문제가 되는데, 고양이가 사냥하는 과정에서 물리는 일도 있기 때문이다. 고양이에게 안전한 뱀 퇴치용 제품이 시중에 나와 있다. 만일 주변 고양이와 싸움을 했다면 몸에 이상은 없는지 잘 살펴봐야 한다. 상처를 입어 치료가 필요한 경우도 있다. 도시에서는 교통사고가 가장 큰 위협이므로 고양이가 절대 도로에 나가지 못하도록 해야 한다.

천성적인 호기심
고양이는 가능한 모든 곳을 탐색할 것이다. 찬장에 들어가지 못하도록 하고 칼, 가위, 핀, 압정 등 위험한 물건을 치워두어야 한다.

실내 생활

고양이의 장기적인 안전과 행복을 위해 실내 생활이 최선이라고 판단했다면 집 안의 환경과 생활 방식을 꼼꼼하게 살펴야 한다. 완벽히 안전하게 만들 수 없다면 확실한 예방책을 마련해야 할 것이다. 또한 고양이가 활발하게 움직이고 즐겁게 놀 수 있도록 준비해야 한다.

실내 고양이

실내에서만 생활하는 고양이는 외출이 허용되는 고양이(pp.260-261)보다 더 오래 살고, 위험에 빠질 염려도 적다. 하지만 실내 생활에 문제가 전혀 없는 것은 아니므로 주인은 고양이가 안전하고 행복하고 활동적으로 살 수 있도록 배려해야 한다.

일 때문에 온종일 집을 비운다면 고양이는 규칙적인 놀이 시간(pp.284-285)이나 친구를 필요로 할 것이다. 지루하면 불만을 느끼고 스트레스를 받으며, 주인이 귀가했을 때 관심을 끌려고 계속해서 보챌 것이다. 운동량이 부족하면 비만해져 건강을 해치고, 스트레스는 원치 않는 행동으로 발현될지도 모른다(p.259).

방충망
방충망을 설치하면 고양이가 뛰어내리거나 떨어질 걱정 없이 열어놓고 환기시킬 수 있다.

가정의 위험 요소

집에 혼자 남겨진 고양이는 많은 시간을 자면서 보내지만 깨어 있을 때는 집 안을 탐색하며 논다. 따라서 호기심 많은 고양이가 관심을 보일 만한 물건 가운데 위험한 것이 있는지 확인해야 한다.

위험한 것은 대부분 부엌에 있다. 전원이 켜진 전열기, 철제 용기, 날카로운 조리기구 등 고양이가 뛰어오르거나 뒤엎을 수 있는 것들을 방치해서는 안 된다. 세탁기나 건조기의 문을 닫아두고, (먼저 안에 고양이가 없는지 확인한 후) 전원을 켜기 전에 다시 한번 확인해야 한다.

고양이는 개처럼 음식을 훔쳐 먹거나 쓰레기통을 뒤지거나 전기 코드를 씹는 일은 적지만, 그래도 건강을 해칠 수 있는 것들에 접근하지 않도록 주의해야 한다. 마르지 않은 페인트나 화학적 세정제에 가까이 가지 못하게 해야 한다. 벽이나 바닥에서 털로 쉽게 옮겨지므로 고양이가 핥고 삼킬 우려가 있다. 압정, 바늘, 깨어진 유리나 도자기의 파편 같은 것들이 카펫에 떨어져 있지는 않은지도 살펴야 한다. 작은 애완동물이나 새가 고양이의 사냥 본능을 자극하지 않도록 하고, 특히 주인이 집을 비울 때는 서로 떨어뜨려 놓아야 한다. 포식 동물인 고양이는 참지 못하고 케이지 안의 햄스터를 공격하거나 어항을 휘저어 그 안의 동물에 해를 입힐 수도 있다.

실내 식물

백합, 제라늄, 시클라멘, 수선화 등 흔히 화분에서 기르는 실내 식물 대부분이 고양이가 먹으면 중독을 일으킬 수 있다. 실내용 화초는 바닥이나 낮은 테이블에 올려놓지 말고, 화분의 흙은 나뭇조각이나 자갈로 덮어 파낼 수 없도록 해야 한다. 만일 고양이가 화초를 물어뜯는다면 애완용품이나 원예용품 전문점에서 고양이용 풀을 구입하여 — 아니면 직접 심고 길러 — 다른 식물과 멀리 떨어진 곳에 두자. 그래도 소용없다면 화초 주변에 고양이의 접근을 막아주는 감귤류 향의 액체를 뿌리는 방법도 있다.

바깥 세계의 유혹

태어나면서부터 실내에서만 생활한 고양이는 집 안을 자신의 영역이라 여기기 때문에 대부분 밖

실내의 체크리스트

- 뜨거워진 주방기구나 다리미를 방치하지 말 것
- 고양이가 접근할 수 있는 곳에 날카로운 도구와 깨지기 쉬운 물건을 두지 말 것
- 세탁기나 건조기 같은 전자기기와 찬장의 문을 닫아놓을 것
- 마르지 않은 페인트나 화학적 세정제가 묻은 곳에 가까이 가지 못하도록 할 것
- 난로에는 펜스를 설치할 것
- 높은 층의 창문에서 뛰어내리지 못하도록 할 것
- 독성이 있는 화초는 고양이가 뜯어먹거나 스치고 지나가지 못하는 곳에 둘 것

새끼고양이는 집 안의 화초에 관심을 가질 것이다.

으로 나가려 하지 않는다. 그러나 한번 외출을 경험하면 자주 나가고 싶어 하며 탈출할 기회를 엿볼 것이다. 그런 상황이 되면 문단속을 철저히 해야 한다. 특히 고층 아파트에서는 각별한 주의가 필요하다. 뛰어난 균형감각과 민첩성을 갖고 있지만 새나 곤충을 뒤쫓다가 창문에서 떨어지거나 발코니를 뛰어넘어 죽는 경우가 있기 때문이다.

가정용 화학 약품
가정용 화학 약품은 고양이가 접근할 수 없도록 따로 안전하게 보관해야 한다. 그리고 흘렸다면 즉시 닦아야 한다. 또한 카펫 클리너나 살충제 등 고양이에게 유독한 제품을 잘 확인하여 관리하자.

활동적인 생활

고양이가 건강하려면 육체적 · 정신적 활동이 필수적이다. 고양이를 실내에서만 기른다면 활동적으로 생활할 수 있도록 준비해주어야 한다.

실내 고양이는 놀 공간이 필요하므로 가능하면 여러 방에 드나들 수 있도록 하자. 고양이도 인간처럼 '개인 공간'을 필요로 하기 때문에 여러 마리를 기른다면 특히 더 신경을 써야 한다. 캣 플랩(p.261)을 통해 드나들 수 있는 현관, 테라스, 또는 발코니에 칸막이를 설치하여 신선한 공기를 마실 수 있도록 할 수 있다. 아파트에 산다면 달리기 놀이를 위해 복도에 내보내는 것도 고려해 볼 만하다.

평생 실내에서만 사는 고양이도 사냥감에 몰래 접근하여 포획하려는 자연적 본능을 유지하고 있을 것이다. 사냥 본능을 발산할 수단이 없으면 집 안에 있는 물건을 '포획하고' 씹을지도 모른다. 이를 방지하기 위해 재미있는 장난감을 많이 준비하자(pp.284-285). 그리고 매일 일정한 시간을 확보하여 고양이에게 관심을 쏟도록 하자.

원치 않은 행동

집 안에서 문제가 될 수 있는 다른 유형의 '실외' 행동도 있다. 고양이는 스크래칭을 통해 기지개를 켜고 발톱을 건강하게 유지하는데(p.278), 이는 시각적 · 후각적 영역 표시의 효과도 있다. 소파를 나무나 울타리의 대체물로 만들고 싶지 않다면 스크래칭 포스트(p.263)나 매트를 구입하여 고양이의 자연적 욕구를 충족시켜주자.

실내 고양이는 물기, 스프레잉(spraying, 소변 뿌리기), 부적절한 방뇨를 비롯한 스트레스와 연관된 행동을 보이기도 한다(pp.290-291). 그럴 때는 스프레이나 플러그식 디스펜서 타입의 페로몬 요법이 해결책이 될 수 있다.

친하게 지내기
종일 집을 비운다면 고양이를 2마리 기르는 것도 좋은 방법이다. 어릴 때 서로 알게 된 고양이들은 커서도 사이좋게 지낼 것이다.

외출

고양이는 독립적이고 자기 방식대로 살고 싶어 한다. 하지만 밖을 드나들게 할 것인지는 주인이 책임을 지고 결정할 일이다. 캣 플랩 너머에는 차량이나 다른 동물을 비롯한 위험 요소가 있으며, 고양이가 혼자 밖으로 나가면 주인이 지켜줄 수 없다. 주인이 할 수 있는 일은 집 근처의 안전하고 매력적인 장소를 고양이의 영역으로 삼도록 유도하는 것이다.

야생의 유혹

한때 집고양이는 넓은 지역을 돌아다니며 사는 데 적응한 야생동물이었다. 야생의 본능은 많이 남아 있지만, 고양이가 서식하는 환경은 급격히 달라졌다. 고양이를 기르는 사람들 대부분이 혼잡한 도로, 빌딩, 인파, 다른 동물에 둘러싸인 도시에 살기 때문에 고양이가 밖으로 나가면 이 모든 위협을 마주해야 한다. 그런데도 고양이가 자유롭게 외출할 수 있도록 허용해야 하는가?

고양이의 자유를 얼마나 제한할지 결정할 때는 고양이의 성격을 고려해야 한다. 활동적이고 호기심 많은 고양이를 실내에만 두면 대혼란을 불러올 수 있지만, 다른 한편으로 바깥에는 교통사고 등 더 큰 위험이 있다는 것을 생각해야 한다. 어두워진 후에도 외출을 허용한다면 반사 패치가 있는 목걸이를 걸어주어 차량의 헤드라이트로 식별될 수 있도록 하자. 고양이는 선천적으로 새벽녘이나 황혼녘에 더 활동적인데, 그 시간대는 보통 도로 교통의 혼잡이 최고조에 달할 때이므로 밖에 내보내지 않는 것이 좋다. 자유로운 고양이는 마당을 벗어나 야생동물, 심지어는 고양이 도둑과도 마주칠 위험이 있다.

자연적 행동
고양이에게 외출을 허용하면 자연적 본능에 어떤 제약도 받지 않게 되어 작은 설치류나 새를 뒤쫓아 죽이는 일도 있을 것이다.

뒷마당에 안식처 만들기

높은 담을 설치하면 고양이가 떠도는 것을 단념시킬 수 있겠지만 많은 비용이 든다. 외출하는 고양이를 집 가까이에 두는 가장 좋은 방법은 마당을 고양이가 즐거워할 만한 안식처로 만드는 것이다. 수풀을 조성하여 그늘과 은신처를 마련해 주고, 볕이 잘 드는 곳에 고양이가 좋아하는 향내 나는 식물 — 캣닙, 민트, 발레리안, 히스, 레몬그라스 등 — 을 심어 그 사이에서 햇볕을 쬘 수 있도록 하자. 식물에 약을 칠 때는 고양이의 간식용 풀에는 닿지 않도록 주의한다.

마당은 될 수 있으면 야생동물에게도 안전하게 만들자. 고양이의 목걸이에 방울을 달아 새나 다른 동물에게 알릴 수 있도록 하자. 새 모이통과 흩뿌려진 음식은 포식자를 끌어들이므로 가장 집요한 고양이도 근접할 수 없는 곳에 설치해두자.

영역 감시
고양이는 높은 곳에 올라가 자신의 영역을 살피는 것을 좋아한다. 창고의 지붕, 울타리의 기둥, 담장 등은 망보기에 좋은 장소이다.

영역 다툼

고양이에게 친화적인 마당이 완성되었다면 틀림없이 다른 고양이도 이끌려 올 것이다. 고양이는 영역을 강하게 의식하는 동물이기 때문에 반드시 다툼이 벌어질 것이다. 중성화 수술을 하면 수컷은 공격성이 줄어들고, 암컷은 거듭되는 임신이 방지된다. 중성화된 고양이는 상대적으로 작은 영역을 필요로 하지만 그렇다고 해서 스프레잉 행위를 저지하거나 중성화되지 않은 수컷 길고양이가 영역을 침범하여 싸움을 거는 것까지 막을 수는 없다. 싸우기 시작하면 필연적으로 물고 할퀴어 상처가 생긴다. 이는 감염의 원인이 될 수 있기 때문에 사전에 흔한 질병에 대한 예방 접종을 해야 한다.

이웃을 존중하기

모든 이웃이 고양이를 좋아하는 것은 아니다. 고양이 알레르기가 있어 어떻게든 피하려는 사람도 있다. 고양이는 아무리 훈련이 잘 되어 있을지라도 화단을 파헤쳐 배변을 하고, 식물을 씹고, 소변을 뿌리고, 쓰레기봉투를 찢고, 새를 쫓고, 남의 집에 함부로 들어가는 등 나쁜 습성이 있다. 중성화되어 있다면 적어도 배설물을 흙으로 덮고 소변의 냄새가 덜 난다는 장점은 있다.

정원의 위험 요소

고양이가 풀 이외의 것을 뜯어먹는 일은 드물지만, 정원에 독성이 있는 식물이 있는지 확인할 필요가 있다. 민달팽이 미끼나 쥐약 같은 유독물질을 놓은 곳도 주의해야 한다. 애완동물에게 안전한 제품이 있는 반면, 치명적인 제품도 있기 때문이다. 따라서 독을 삼켜 죽은 동물의 유해를 건드리거나 먹지 못하도록 해야 한다.

연못이나 어린이용 수영장도 새끼고양이에게는 위험할 수 있다. 바깥 세상에 익숙해지기 전까지는 주의 깊게 지켜볼 수 있을 때만 밖에 내놓아야 한다. 연못을 그물로 덮고 — 이로써 성묘가 물고기를 잡는 것도 막을 수 있다 — 어린이용 수영장을 쓰지 않을 때는 비워놓자.

창고나 차고의 문을 닫아서 고양이가 화학제품이나 날카로운 도구에 접촉하지 않도록 해야 한다. 또한 실수로 고양이를 가두는 일이 없도록 주의해야 한다.

정원에 온실이 있다면 항상 문을 잠가두어야 한다. 고양이가 온실 내부에 갇히면 열사병에 걸릴 위험이 있다(p.304).

정원을 고양이로부터 지켜야 한다는 것을 잊어서는 안 된다. 놀이터의 모래나 부드러운 흙은 고양이에게 매력적인 리터 박스가 되므로 커버를 씌워두고, 소중한 식물 주위에는 고양이의 접근을 막는 물질을 뿌려놓자.

단독 행동의 본성
집고양이는 야생의 선조로부터 물려받은 단독 행동의 본성을 유지하고 있다. 자신의 집이나 이웃의 마당에서 다른 고양이와 마주치면 서로 싸울 가능성이 있다.

캣 플랩

캣 플랩은 고양이에게 자유로운 외출을 허용하는 손쉬운 방법이다. 덮개를 여는 법을 한번 보여주면 금방 사용법을 익힐 것이다. 마이크로칩(p.269)이나 목걸이의 자석을 인식하는 캣 플랩을 설치하면 다른 고양이가 집으로 들어오는 것을 방지할 수 있다. 캣 플랩은 휴가로 집을 비우거나 새벽녘, 황혼녘, 혹은 불꽃놀이가 있는 저녁에 외출하지 못하도록 할 때를 위해 잠글 수 있는 것이어야 한다.

집 밖의 위험 요소

- 흰 털이나 흰 반점을 가진 고양이는 햇볕에 타기 쉬우므로 특히 코, 눈꺼풀, 귀의 끝부분을 주의해야 한다. 사람과 마찬가지로 고양이도 지속적으로 햇볕을 받으면 피부암에 걸릴 수 있기 때문에 민감한 부위에 고양이용 자외선 차단 크림을 발라주자.
- 불꽃놀이가 진행될 때는 집 안에 머물게 하고 음악을 틀어 그 소리가 들리지 않게 해야 한다. 만일 무서워하면 숨을 수 있도록 배려해주자. 그런데 이런 행동을 주인도 두려워하는 것으로 받아들일 수 있으므로 굳이 안심시킬 필요는 없다.
- 다른 고양이나 개는 위협이 될 수 있다. 여우에게 공격받은 이야기도 가끔 보고되지만 그다지 흔치는 않다. 일부 지역은 독사 때문에 위험할 수 있다.

햇볕에 의한 화상 (흰 고양이)

불꽃놀이

다른 고양이

여우

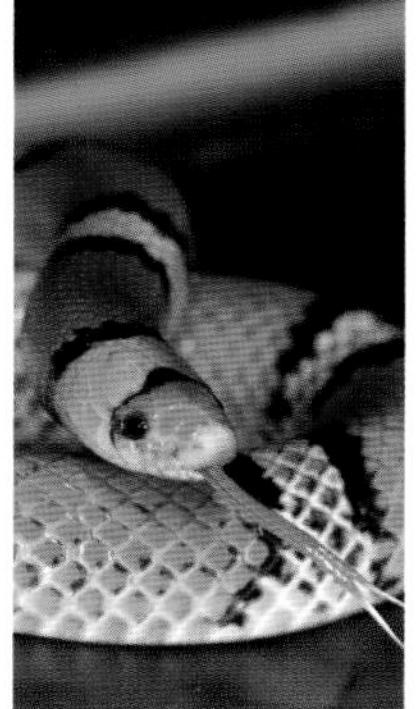

뱀

필수 용품

처음으로 고양이를 기른다면 고양이가 편안하고 행복하게 지낼 수 있도록 침대, 리터 박스, 먹이 그릇 등의 용품들을 구입해야 한다. 유명 브랜드의 최신 장신구에 끌릴지도 모르지만 무엇보다 먼저 할 일은 고양이에게 꼭 필요한 것이 무엇인지 찾아보는 것이다. 고양이를 위한 지출은 금방 늘어나므로 양질의 주요 용품부터 예산에 맞게 구비하자. 더 세련된 제품들은 나중에 살펴봐도 늦지 않는다.

편안함이 최우선

고양이는 편안히 있기의 달인으로 몸을 둥글게 말고 한숨 자는 데 제격인 장소를 틀림없이 찾아낸다. 허용만 된다면 안락의자나 베개, 혹은 침대 위의 이불 등 가족의 물건을 기꺼이 사용할 것이다. 고양이를 기르는 사람이라면 집에서 편히 지내는 고양이의 모습을 기쁘게 바라보고, 갓 세탁한 수건 더미 위에 둥지를 틀어도 용서할 것이다. 그러나 고양이는 분명히 자신만의 영역으로 인식하는 안전하고 특별한 침대를 필요로 한다.

바구니부터 텐트형, 빈 백(bean bag), 해먹에 이르기까지 다양한 고양이용 침대가 시중에 나와 있다. 주인의 입장에서는 보기 좋고 세탁이 쉬운 것이 우선이겠지만, 고양이의 입장에서는 플리스처럼 부드럽고 따뜻한 소재로 된 것과 몸을 바싹 붙이고 잘 수 있는 옆면이 폭신한 침대가 매력적이다. 고양이는 보통 몸을 감싸듯 안정감을 주는 상당히 좁은 공간에서 자는 것을 선호한다.

먹이 그릇과 물그릇

먹이와 물은 따로 주어야 하고, 2마리 이상 기른다면 마리당 한 세트의 전용 그릇이 필요하다. 그릇은 플라스틱, 도자기, 금속 등 다양한 소재가 가능하며 밟혀도 뒤집히지 않을 만큼 안정적이어야 한다. 너무 깊으면 안 되고 고양이의 수염이 그대로 들어갈 수 있을 정도로 폭이 넓어야 한다. 그릇은 최소 하루에 한 번은 세척하고 고양이가 먹다 남긴 '젖은' 먹이는 버려야 한다. 타이머로 작동하는 자동 급식기는 급식 시간이 되면 젖혀져 열린다. 고양이를 두고 외출을 하거나 고양이의 규칙적인 일과를 깨고 싶지 않을 때 유용하다.

리터 박스

고양이는 전용 리터 박스를 쓰고 싶어 하므로 고양이 수만큼의 리터 박스가 필요하다. 덮개가 있는 것과 없는 것, 수동식과 자동식, 자동 세척 기능이 있는 것 등이 판매되고 있다. 어떤 유형을 선택하든 고양이가 깔개를 긁을 때 밖으로 튀지 않을 만큼 충분히 크고 옆면이 높은 것이어야 한다.

깔개는 점토나 흡수력 있는 생분해성 알갱이로 만들어진 것이 젖었을 때 덩어리로 뭉쳐 쉽게 퍼낼 수 있기 때문에 가장 편리하다. 다양한 소재의 깔개를 시험하여 고양이가 가장 선호하는 것을 찾는 방법도 있다. 탈취제를 쓰면 악취를 방지할 수 있지만, 향이 강하면 고양이가 리터 박스를 이용하지 않을 수도 있기 때문에 주의해야 한다.

고양이는 사냥감으로부터 병원체에 감염될 수 있기 때문에 임신한 여성은 태아에 톡소플라스마증을 유발시키지 않도록 리터 박스를 만지지 말아야 한다.

빈둥거리기
해먹 스타일의 침대를 라디에이터에 매달거나 벽에 걸어두면 아늑하고 외풍 없는 보금자리가 된다. 방을 한눈에 살필 수 있는 좋은 지점이기도 하다.

멋진 침대
텐트형 침대 '이글루'(위)는 외풍을 막고 머리 위에 지붕이 있어 안정감이 있다. 부드러운 소재의 바구니형 침대(아래)는 파묻고 자기에 좋다. 쉽게 세탁할 수 있는지 확인하자.

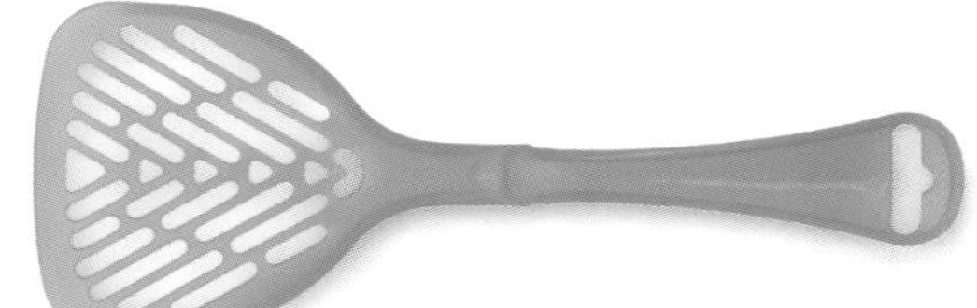

리터 박스에 필요한 것들
고양이는 리터 박스와 깔개에 대해 까다로울 수 있으므로 고양이의 취향과 세척 편의성을 동시에 만족하는 제품을 찾기까지는 시행착오가 필요할지도 모른다. 플라스틱 주걱은 배설물이 묻은 깔개를 치우는 데 유용하다.

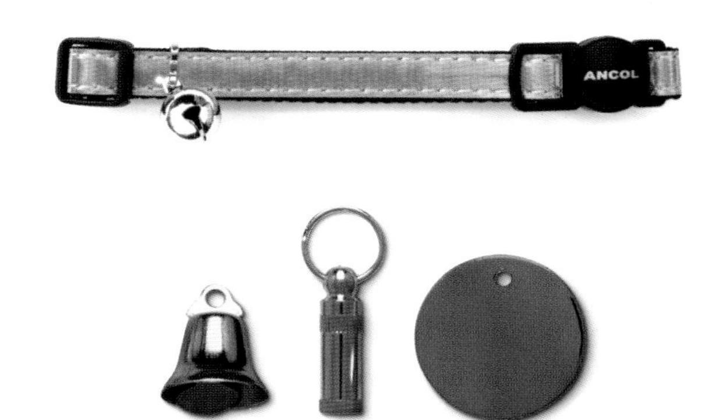

안전을 위한 도구
외출하는 고양이에게 스냅이 달린 목걸이는 필수다. 연락처를 원통형 펜던트에 넣어두거나 원판에 새겨두자. 목걸이에 방울을 달면 고양이의 접근을 경고할 수 있어 새를 보호하는 데 도움이 된다.

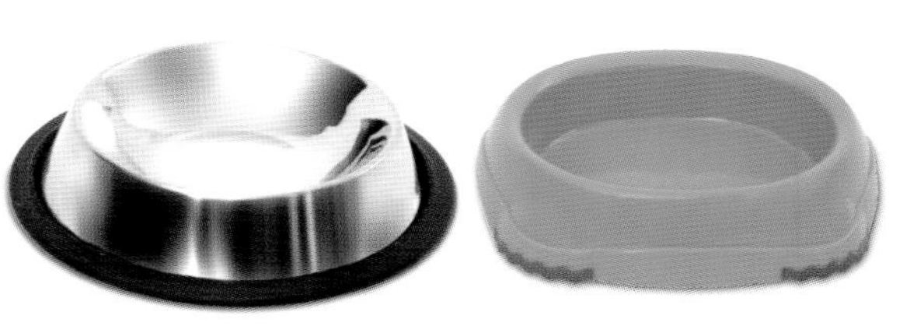

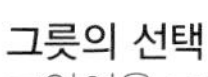

그릇의 선택
고양이용 그릇은 매우 다양한데, 고양이에게는 얕은 것이 가장 사용하기 편하다. 밑에 고무가 부착되어 있으면 먹는 도중 미끄러짐을 방지할 수 있다.

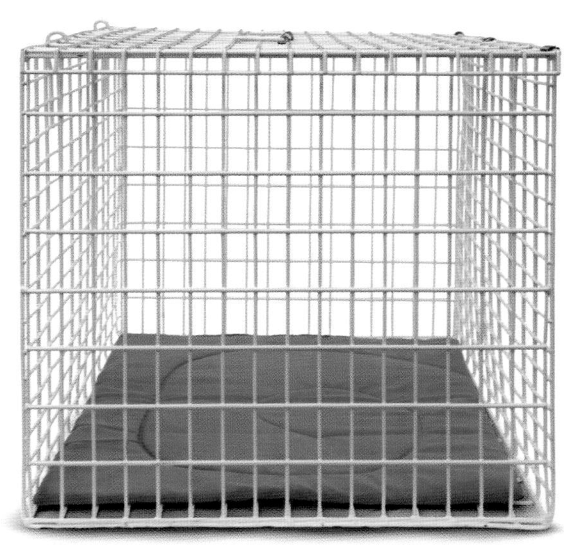

안전한 이동
캐리어는 고양이가 쉽게 출입할 수 있는 것이어야 한다. 대부분의 고양이는 갇히는 것을 싫어하기 때문에 입구가 넓은 격자 형태로 뚫려 있는 것을 고르자. 사방을 모두 볼 수 있는 케이지라면 더 암전히 있겠지만 이동을 위해 더 큰 차가 필요해진다.

목걸이와 마이크로칩

고양이에게 마이크로칩을 심어서 밖에서 길을 잃어도 식별될 수 있도록 하는 것이 중요하다. 수의사는 쌀알 한 톨만 한 이 장치를 고양이의 목 뒤쪽 늘어진 피부 아래에 삽입한다. 칩에는 스캐너로 판독할 수 있는 고유 번호가 내장되어 있다. 또한 외출하는 고양이에게는 연락처가 적힌 이름표를 목걸이에 걸어주어야 한다. 목걸이는 그 사이로 손가락 2개가 들어갈 만큼 느슨해야 하고, 어딘가에 걸렸을 때 신속하게 풀려서 분리되는 스냅이 있어야 한다. 탄력 있는 소재의 제품은 쉽게 늘어나 머리나 다리에 걸릴 수 있어 위험하다.

스크래칭 포스트

가구나 카펫을 엉망으로 만들고 싶지 않다면 스크래칭 장소를 마련해주어야 한다. 고양이는 발톱의 바깥층을 닳게 만들고 영역을 표시하기 위해 매일 스크래칭을 한다. 스크래칭 포스트는 거친 카펫이 깔린 평평한 바닥과 로프가 감긴 기둥으로 이루어지며 그 위에 카펫으로 된 플랫폼이 붙기도 한다. 고양이는 스트레칭과 스크래칭을 잠에서 깬 직후에 하기 때문에 잠자리 근처에 두면 좋다.

캐리어

고양이용 캐리어는 고양이를 이동시키는 가장 안전한 수단이다. 여러 소재의 캐리어가 있는데 몸을 돌릴 수 있을 만큼 큰 것이어야 한다. 익숙한 냄새가 나는 담요나 베개를 깔아두면 고양이가 편안함을 느낄 수 있다. 캐리어를 고양이가 쉽게 접근할 수 있는 곳에 두고 피신처로 쓰도록 유도하면 캐리어에 금방 익숙해진다. 캐리어를 안전한 장소라고 여기면, 비록 대부분 동물병원행이지만 캐리어에 실려 가는 것을 즐거워할 것이다.

처음 며칠

새로운 고양이가 집에 오면 가능한 한 빨리 적응해 편히 지내기를 바라게 된다. 가족 모두 들떠 있을 것이고 집에 아이가 있다면 더할 것이다. 사전에 조금 준비를 해두면 스트레스 없이 침착하게 고양이를 맞이할 수 있다. 대부분의 고양이는 새로운 환경에 금방 적응하고 아주 짧은 시일 내에 정착할 것이다.

미리 생각해둘 것

고양이를 데려오기 전에 집과 마당에 위험 요소가 없는지 확인해야 한다(pp.258-259, 260-261). 그리고 당장 필요한 것과 앞으로 필요한 것을 생각해야 한다. 예를 들면, 고양이 사료를 다양하게 준비하여 고양이가 가장 좋아하는 것을 알아내자.

집이 차분하고 조용한 날에 데려와 고양이에게 모든 관심을 쏟을 수 있도록 하자. 집에 아이가 있고 고양이를 처음 기르는 경우라면, 고양이는 원할 때마다 갖고 놀 수 있는 장난감이 아니라는 것을 아이에게 분명히 이해시켜야 한다.

고양이 이동시키기

안전하게 데려오기 위해서는 안전한 상자나 고양이용 캐리어가 필요하다. 익숙한 냄새의 침구 조각을 넣어 불안감을 줄여주고 한쪽 면으로만 바깥을 볼 수 있도록 캐리어에 커버를 씌우자. 차 안에서는 캐리어를 안전벨트로 고정시키거나 발 밑 공간에 두어 흔들리지 않게 해야 한다.

환영하기

먼저 고양이를 처음 며칠간 지내게 될 방에 데려온다. 적응하여 편안히 지내기 전까지는 한두 개의 방에만 두는 것이 좋다. 집 밖과 연결되는 모든 문과 창문이 닫혀 있는지 확인하고, 다른 애완동물을 기르고 있다면 다른 방에 두어 눈에 띄지 않게 하자. 바닥에 캐리어를 놓고 문을 열어 고양이가 내킬 때 밖으로 나오도록 한다. 조급하게 굴거나 직접 꺼내려고 하면 안 된다. 결국 호기심에 못 이겨 캐리어를 빠져나와 탐색하기 시작할 것이다.

고양이를 새로운 환경에 적응시키려면 침대, 리터 박스, 식사 장소, 스크래칭 포스트 등 새로운 생활의 필수 요소에도 익숙하게 만들어야 한다. 이것들은 쉽게 접근할 수 있으면서 수선스럽

캐리어에서 나오기
고양이를 캐리어에서 무리하게 빼내거나 빨리 나오도록 강요하면 안 된다. 캐리어의 문을 열어두고 가족들의 흥분을 가라앉힌 후 스스로 나올 때까지 기다리자.

새롭고 낯선 세계
고양이는 곧 대담하게 새로운 영역을 탐험할 것이다. 고양이가 자유롭게 다녀도 되는 영역을 정해놓고 마음에 드는 곳을 고를 수 있게 하자.

고양이를 대하는 법
아이가 새로운 고양이를 계속해서 들어 올리거나 지나친 관심으로 괴롭히지 못하도록 해야 한다. 고양이를 대하는 법을 직접 보여주며 가르치고, 모두가 안심할 수 있을 때까지는 아이가 고양이를 어떻게 다루는지 지켜보자.

지 않은 곳에 두자. 리터 박스부터 시작하는 것이 좋다. 운이 좋다면 곧바로 사용할 것이다. 리터 박스가 다른 방에 있다면 언제든 쓸 수 있도록 하자. 급식 그릇은 흘린 것을 쉽게 치울 수 있는 장소에 두어야 한다.

가족에게 소개하기

흥미진진한 새 고양이에게서 어린아이를 떼어놓는 것은 어려운 일이다. 큰 소리를 내거나 주위를 빙빙 돌면 고양이가 겁먹을 수 있으므로 이를 아이에게 인식시켜야 한다. 고양이를 올바로 안는 법을 보여주고 쓰다듬거나 껴안게 하자. 고양이가 불안해하면 곧바로 떼어놓자. 할퀴기라도 하면 아이가 고양이를 오랫동안 피할 수도 있다.

이미 집에서 살고 있던 고양이는 낯선 고양이가 달가울 리 없지만, 새끼고양이에게는 성묘에게만큼 공격적으로 대하지는 않을 것이다. 고양이들이 리터 박스나 먹이 그릇을 나란히 두고 알아서 친해질 것을 기대해서는 안 된다. 처음에는 떼어 놓고, 먹이 그릇이나 생활공간을 교환하면서 서로의 냄새에 익숙해지도록 하자. 일주일 정도 지나면 만나게 해주되, 적어도 서로의 존재를 용인하기 전까지 그들끼리만 있게 해서는 안 된다.

고양이와 개를 대면시킨다고 해서 꼭 문제가 되는 것은 아니다. 처음 몇 번은 개를 줄에 매고 고양이에게 뒤로 물러날 공간을 주어야 한다. 이때도 마찬가지로 서로 우호적인 관계를 맺고 있다고 확신하기 전까지는 둘만 남겨 두어서는 안 된다. 햄스터나 토끼 같은 작은 동물은 함께 두지 않는 것이 최선이며 고양이가 보거나 냄새를 맡을 수 없도록 계속 따로 길러야 한다.

일과의 확립

특히 급식과 수면에 관해서는 처음부터 기본 원칙을 세우고 시작하자. 예컨대 고양이에게 간식을 주면 항상 기대할 것이고, '이번 한 번만' 주인의 침대에서 재우면 또 그렇게 하는 것을 막기 힘들 것이다. 고양이는 습관의 동물이므로 초기에 일과를 확립하면 고양이가 적응하고 안정을 얻는 데 도움이 되고, 결국 주인의 일과에 따라 자신의 행동 패턴을 형성할 것이다.

주인의 일과도 먹이 주기, 털 손질하기, 놀아주기 등의 규칙적인 활동에 맞추어 짜도록 하자. 수개월 동안은 일과를 잘 지켜야 하므로 다른 사정과 생활 방식을 충분히 고려하여 설계해야 한다. 계속되는 변화는 고양이에게 스트레스를 주어 씹고 깨물거나 가구를 긁는 등의 문제 행동을 유발할 수 있다. 규칙적인 일상은 고양이의 건강 및 전반적인 사항의 변화를 알아채는 데도 도움이 된다. 급식 시간을 일정하게 하고 먹이 그릇은 언제나 동일한 장소에 두자. 그렇게 하면 고양이의 섭식 상태를 꾸준히 체크할 수 있다 — 언제 음식을 원하는지 알 수 있고, 그것을 이용하여 부를 때 오도록 훈련시킬 수 있다.

털 손질이 매일 필요하다면 정해진 시간에 하도록 하자. 고양이는 털 손질을 달가워하지 않을 수 있지만 항상 먹이를 주거나 놀아주기 직전에 한다면 유인책이 되어 도망가지 않고 협조할 것이다. 규칙적인 놀이 시간을 갖는 것도 좋은 생각이다. 고양이에게 무언가 기대할 만한 것을 제공하면 집 안을 휘젓고 다니거나 관심을 끌기 위해 성가시게 구는 '광란의 시간'도 줄어들 것이다. 다양한 방법으로 놀아주고 오로지 고양이만을 위한 시간을 적절히 투입하여 고양이에게 보람 있는 경험이 되도록 하자.

리터 박스의 사용
대부분의 고양이는 집에 데려올 때쯤이면 이미 리터 박스의 사용법을 알고 있다. 하지만 익숙하지 않은 리터 박스이거나 특히 깔개를 불편하게 여겨 싫어한다면 초기에 약간의 차질을 빚을 수 있다.

고양이 잠

어린 새끼고양이는 에너지 충전을 위해 잠을 많이 잔다. 부모나 형제와 떨어져 새로운 집에 온 새끼고양이에게 따스하고 부드러운 침대는 위안이 될 것이다.

첫 건강 검진

최선의 출발을 위해서는 고양이를 가능한 한 빨리 동물병원에 데려가 종합적인 건강 검진을 받게 해야 한다. 처음 방문하면 심각한 감염에 대비하기 위해 예방 접종을 실시한다. 이 기회에 중성화 수술이나 마이크로칩 이식에 관해서도 수의사와 상담할 수 있다. 건강 체크를 위해 1년에 한 번씩 주기적으로 동물병원을 방문하자.

고양이를 집에 들이기 전에 지역의 동물병원을 찾아두자. 브리더로부터 추천받을 수도 있을 것이다. 친구와 상담하거나 지역 신문이나 인터넷 광고를 찾아보거나 지역의 보호시설 또는 품종 등록단체(p.64)의 의견을 구하는 방법도 있다. 지역의 동물병원을 돌면서 시설을 확인하는 것도 도움이 된다. 예컨대 고양이와 개의 대기실이 분리되어 있는지, 캐리어를 높이 올려놓을 공간이 있는지 등 불안해하는 애완동물의 스트레스를 줄이기 위한 장치가 마련되어 있는지 체크하자.

최초의 방문

순혈종 고양이를 구입했다면 집에 데려오기 전인 생후 약 12주에 첫 예방 접종(p.269)이 완료되었을 것이다. 동물병원에 처음 방문했을 때, 브리더에게 받은 예방 접종 증명서를 수의사에게 보여줘야 한다. 예방 접종이 이루어졌어도 건강 검진을 빨리 받는 것이 중요하다. 보호시설에서 입양한 고양이가 건강 검진을 받지 않은 상태라면 데려오자마자 전체적인 검진을 받게 하자.

대부분의 고양이는 동물병원에 가면 낯선 사람, 낯선 동물과 마주치기 때문에 스트레스를 받는다. 대기실에서는 고양이를 캐리어에 넣어두고 주인의 모습을 볼 수 있도록 하여 안심시키자.

처음 방문 시 수의사는 철저한 검사를 통해 고양이의 전반적인 건강 상태를 확인할 것이다. 생후 9주가 지났는데 예방 접종이 이루어지지 않았다면 첫 번째 접종을 실시할 것이다.

수의사에게 고양이 케어에 관한 일반적인 사항뿐만 아니라 체내 기생충, 벼룩, 진드기 등의 구제에 관해서도 조언을 받을 수 있으므로 질문 목록을 미리 준비해 가자. 마이크로칩 이식(p.263)이나 중성화 수술이 실시되기 전이라면 이에 관해서도 상담하는 것이 좋다.

고양이에게 마이크로칩을 심으면 길을 잃거나 사고에 휘말려도 용이하게 식별될 수 있다.

중성화 수술

일반적으로 수의사들은 고양이가 성적으로 성숙하기 전인 생후 4개월쯤에 중성화 수술을 받기를 권장한다. 중성화 수술은 전신마취하에 암컷의 경우 난소와 자궁을, 수컷의 경우 고환을 적출하는 것이다. 원치 않는 임신을 방지하는 것 외에도 다른 이점이 있다. 중성화되지 않은 수컷은 집에서 멀리 떨어진 곳을 배회하고, 발정한 암컷을 유인하기 위해 심지어 집에서도 오줌을 뿌려 영역

정밀 검사
정기 검진을 받을 때 수의사는 머리부터 꼬리까지 검사하고 촉진을 통해 통증이 있는 부위나 응어리를 확인할 것이다. 또한 심장 박동 및 호흡 소리를 듣고 이상이 없는지 살필 것이다.

최초의 예방 접종
고양이 인플루엔자나 고양이백혈병 같은 감염성 질병에 대해 생후 9-12주 사이에 최초의 예방 접종을 실시하고, 1년에 한 번씩 평생 추가 접종을 해야 한다.

을 표시하는 습관이 있다. 이처럼 방랑하는 수컷은 매우 공격적이다. 중성화되지 않은 암컷은 빈번하게 임신하여 몸이 전체적으로 쇠약해질 위험이 있다. 발정이 나면 흥분 상태에서 수컷을 끌기 위해 끊임없이 우는데, 이 때문에 고양이와 주인 모두 스트레스를 받게 된다. 중성화 후에는 이러한 성적 행동이 사라지거나, 성적으로 성숙하기 전이라면 처음부터 나타나지 않게 된다.

중성화 수술을 받으면 또한 고양이 간의 성적 행위를 통한 감염의 가능성이 낮아지고 생식기관의 암 발병 위험이 사라진다.

수술 후에는 동물병원에 몇 시간만 입원하면 되고, 며칠 내로 회복된다. 암컷의 경우 꿰맨 자국이 조금 남거나 아예 남지 않을 것이다. 바늘땀이 녹는 유형이라면 서서히 사라질 것이며, 그렇지 않다면 수술 후 약 10일 후에 제거해야 한다.

예방 접종

주변 환경이나 다른 고양이로부터 옮을 수 있는 감염성 질병에 대해 예방 접종을 실시함으로써 고양이가 길고 건강한 삶을 보낼 가능성을 향상시킬 수 있다. 백신은 면역계를 자극하여 감염에 노출되었을 때 방어 체계를 갖추도록 준비시킨다. 고양이범백혈구감소증바이러스(FPV), 고양이칼리시바이러스(FCV), 고양이헤르페스바이러스(FHV)에 대해서는 모든 고양이가 예방 접종을 받아야 한다. 고양이백혈병바이러스(FeLV), 클라미도필라 펠리스, 광견병에 대해서는 고위험군의 고양이가 접종을 필요로 한다. 최초의 접종은 생후 약 9주(광견병에 대해서는 12주)에 실시하고, 추가 접종은 그로부터 12개월 후에 실시해야 한다(광견병 제외).

마이크로칩 삽입
마이크로칩은 쌀알 한 톨만 한 아주 작은 장치다. 수의사가 마이크로칩을 목 뒤쪽의 피부 아래에 삽입한다. 이후 수의사를 찾아가면 마이크로칩 리더를 통해 제 위치에서 제대로 작동하는지 확인할 수 있다.

고양이파보바이러스로 인해 발병하는 고양이범백혈구감소증은 고양이전염성장염 또는 고양이디스템퍼라고도 불린다. 고양이 사이에 쉽게 전염되며, 걸리면 백혈구가 공격받아 면역계가 약해진다. 새끼고양이가 출생 직전이나 직후에 감염되면 죽거나 뇌 손상을 입게 된다.

고양이칼리시바이러스와 고양이헤르페스바이러스는 '고양이 인플루엔자'라 불리는 상기도 감염증의 최대 90%의 원인이 된다. 인플루엔자의 증상에서 회복되어도 여전히 바이러스를 보유하고 다른 고양이에게 옮길 수 있다. 예방 접종으로 감염을 막을 수는 없지만 중증화하는 것을 방지할 수는 있다.

치명적일 수 있는 고양이백혈병바이러스는 타액 및 그 밖의 체액, 그리고 배설물을 매개로 감염된다. 임신했거나 수유 중인 고양이라면 새끼에게 옮길 수 있다. 바이러스를 이겨내는 고양이도 있지만, 새끼고양이나 몸이 약한 고양이는 심하게 앓을 위험이 있다. 이 바이러스는 면역계를 공격하여 백혈구를 파괴하며 림프종이나 백혈병 같은 혈액암을 일으키기도 한다. 적혈구의 전구세포를 파괴하여 빈혈을 초래하는 경우도 있다.

박테리아인 클라미도필라 펠리스는 주로 결막염을 일으키고 눈꺼풀 안쪽의 염증, 눈물의 과다 분비가 동반된다. 가벼운 고양이 인플루엔자를 일으키기도 한다. 여러 마리의 고양이가 함께 사는 경우에는 예방 접종이 권장된다. 광견병은 인간에게도 전염될 수 있는 대단히 위험한 바이러스 감염증이다. 전 세계적인 문제이며 영국을 비롯한 소수의 국가만이 영향을 받지 않고 있다. 타액을 통해 옮겨지며, 주로 감염된 동물에게 물리면서 전염된다. 예방 접종은 매우 효과적이다.

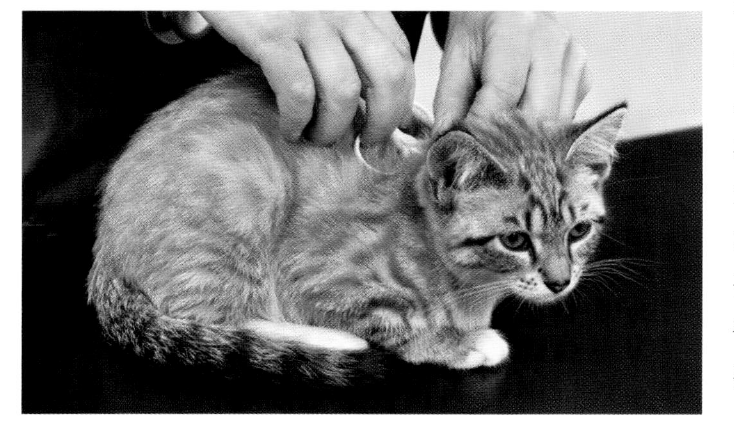

계획되지 않은 임신

고양이를 번식시킬 계획이 없다면 중성화 수술은 필수적이다. 수술을 받지 않은 암컷은 1년에 세 번까지 출산할 수 있다. 태어난 새끼고양이들에게는 책임지고 새로운 집을 찾아주어야 한다. 원치 않게 출생한 수많은 새끼고양이가 보호시설로 보내지거나 살처분된다.

가장 치명적인 감염증 중 하나로 고양이전염성복막염(FIP)을 들 수 있다. 대개 죽음을 초래하는 이 질병은 가벼운 위장염을 일으키거나 아무런 증세도 나타내지 않는 고양이코로나바이러스가 드물게 돌연변이를 일으키면서 발현된다. 예방 접종은 이미 많은 고양이가 코로나바이러스에 노출되는 생후 16주 이후에만 가능하기 때문에 보호받기가 어렵다.

정기 검진

대부분의 고양이는 최초의 검진에서 건강하다는 진단을 받지만, 건강 문제는 나이가 듦에 따라 필연적으로 발생한다. 이상이 생길 때까지 기다리지 말고 매년 정기적으로 동물병원에 방문하여 백신의 추가 접종 및 검진을 받고 잠재적인 문제를 찾아내어 초기에 해결하도록 하자.

음식과 급식

잘 먹고 영양을 충분히 섭취한 고양이는 행복하다. 가끔 밖에서 잡힌 쥐가 고양이의 영양을 보충하는 일도 있을 수 있지만, 음식은 거의 전적으로 주인에게 의존할 것이다. 그리고 그러한 의존 때문에 주인에게 큰 책임감이 따른다. 건강에 좋은 균형 잡힌 음식을 제공하면 정상적인 발육이 촉진되고 무병장수의 가능성이 높아진다.

필수영양소

고기는 고양이에게 자연스러운 음식이다. 고기를 먹는 이유는 식물질에 포함되어 있는 지방과 단백질을 신체가 제대로 기능하고 건강을 유지하는 데 필요한 지방산과 아미노산으로 변환시킬 수 없기 때문이다. 육류의 단백질에는 체내에서 합성하지 못하는 중요한 아미노산과 더불어 필요한 타우린이 들어 있다. 타우린이 부족하면 실명과 심장병으로 이어질 수 있다. 타우린은 모든 고양이용 가공식품에 포함되어 있다. 열을 가하면 손상되기 때문에 고양이 먹이를 직접 조리한다면 타우린 보충제를 지속적으로 제공할 필요가 있다. 주인이 채식주의자라고 해서 고양이에게도 채식을 강요하면 건강은 물론이고 목숨까지 위태로워진다. 고양이는 때때로 풀을 씹지만, 소화기계는 다량의 식물질을 소화시키는 데 알맞지 않다.

야생에서 포획된 먹이는 육류 단백질뿐만 아니라 고양이에게 필수적인 지방, 비타민, 뼈에 포함된 칼슘 등의 미네랄, 그리고 섬유의 공급원이 된다. 집고양이는 먹이를 구하기 위해 사냥을 하거나 쓰레기통을 뒤지지 않기 때문에 주인에게 의존하여 시판되는 제품으로든 직접 조리한 음식으로든 적절한 영양을 공급받아야 한다. 고양이는 식성이 까다롭기로 악명이 높으므로 먹이 그릇에 부리나케 뛰어가게 만들려면 다양한 타입, 식감, 맛의 음식을 시도해야 할 것이다.

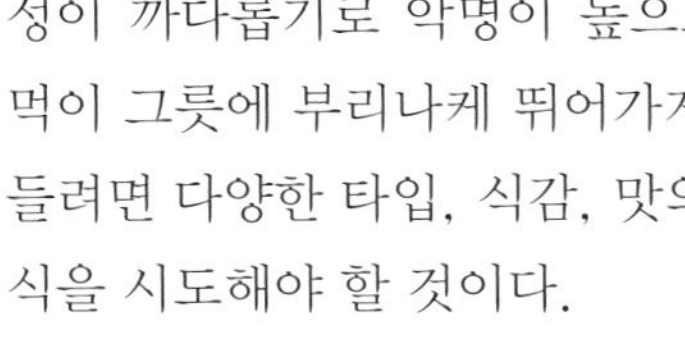

비타민과 미량영양소

비타민 A, B, D, E, K는 고양이에게 필수적인 비타민이다(고양이는 비타민 A를 체내에서 합성하지 못한다). 비타민 C도 필요하지만 너무 많은 양을 섭취하면 방광결석이 생길 수 있기 때문에 주의해야 한다. 또한 인, 셀레늄, 나트륨 등의 미량영양소도 빼놓을 수 없다. 아주 적은 양만을 필요로 하지만 결핍되면 심각한 건강상의 문제를 일으킨다. 고기에 함유된 칼슘은 양이 적기 때문에 칼슘도 공급해주어야 한다. 시판되는 고양이용 식품 대

왕성한 식욕
고양이에게는 음식의 취향이 있지만, 좋아하는 음식에 건강을 유지하기 위한 영양소가 균형 있게 포함되어 있는 것이 중요하다.

건식

습식

가정에서 요리한 음식

건식, 습식, 가정에서 요리한 음식
건식은 잘 상하지 않고, 습식은 고양이의 자연적 식이에 가깝다. 집에서 만든 음식은 가장 신선하지만 단백질 한 종류만을 사용하는 것은 피해야 한다.

부분에는 이러한 필수적인 비타민과 미량영양소가 모두 포함되어 있다.

음식의 종류

슈퍼마켓 진열대에는 가공된 고양이용 식품 코너가 넓게 마련되어 있으며 상상할 수 있는 거의 모든 맛이 구비되어 있다. 어떤 것을 선택해야 하는가? 대부분은 완전식품으로서, 필요한 모든 영양소를 갖추고 있기 때문에 특별히 추가해야 할 것이 없다. 하지만 '보조식품'이라고 표기된 제품은 다른 식품과 함께 섭취하도록 해야 균형 잡힌 영양을 공급할 수 있다. 포장에 적힌 영양 성분을 확인하여 구입해야 한다. 시판되는 대부분의 고양이용 식품은 '건식' 및 '습식'으로 분류된다. 건식은 압착하여 조리한 것을 건조시킨 것이다. 맛있게 하기 위해 겉에 지방이 뿌려진 것도 있는데 이 경우 방부제가 첨가되어 있을지도 모른다. 건식에는 비타민 C나 E 같은, 자연 유래의 항산화제가 들어 있어 고양이에게도 유익하다. 고양이에게 항상 건식만 먹여서는 안 되지만, 건식은 하루 종일 내놓아도 상하지 않는 등의 장점이 있다. 아침에 건식을 주고 저녁에 습식을 주는 방법이 있다.

습식은 밀봉된 캔이나 파우치 형태로 제공되어 따로 방부제가 필요 없다. 맛있지만 식감이 부드러워 이빨과 잇몸의 건강을 유지하는 데는 도움이 되지 않는다. 습식은 곧바로 먹이지 않고 방치하면 잘 먹으려 하지 않을 것이다.

집에서 만든 음식

집에서 직접 조리할 때는 사람이 먹어도 괜찮은 고기와 생선을 사용하자. 충분히 익혀 세균이나 기생충을 사멸시켜야 한다. 집에서 만든 음식은 가열된 뼈를 칼슘의 공급원으로 제공하는 좋은 방법이지만, 작은 뼛조각은 제거해야 한다. 또한 너무 급히 먹는 고양이에게는 뼈를 주어서는 안 된다. 뼈를 긁어내는 행위는 이빨을 좋은 형태로 유지시켜주는데, 그러한 행위가 없으면 주기적인 치아 관리가 필요할 것이다.

음용수
고양이는 언제나 깨끗한 물을 마실 수 있어야 한다. 건식을 먹는 고양이는 습식을 먹는 고양이보다 더 많은 물을 필요로 한다. 마실 물은 고양이가 쉽게 찾을 수 있도록 늘 동일한 장소에 두어야 한다.

물

고양이는 집 안에서든 밖에서든 항상 깨끗한 물을 마실 수 있어야 하며, 주로 건식을 먹는다면 특히 더 신경 써야 한다. 물은 오줌을 희석시키는 데 도움이 되며, 장에 있는 식이섬유로 흡수된다. 물그릇은 먹이 그릇과 떨어뜨려 놓아 흩어진 음식에 오염되지 않도록 하자. 물은 매일 갈아주고, 특히 마당에 있는 물그릇에는 이물질이 없는지 확인해야 한다.

자연의 식이섬유
고양이는 식이섬유를 필요로 하므로 제대로 공급해주어야 한다. 야생에서는 사냥감으로부터 필요한 식이섬유를 섭취한다.

피해야 할 음식

- 대부분의 고양이는 유제품을 소화시키는 데 필요한 효소가 없어 우유와 크림이 설사를 일으킬 수 있다. 특별히 제조된 '고양이용 우유'는 괜찮다.
- 양파, 마늘, 쪽파는 소화불량을 일으키고 빈혈로 이어질 수 있다.
- 포도와 건포도는 신장 손상을 일으킨다고 알려져 있다.
- 초콜릿에 함유되어 있는 알칼로이드 테오브로민은 고양이에게 강한 독성이 있다.
- 날달걀에는 식중독 원인이 되는 박테리아가 존재할 수 있다. 가열되지 않은 달걀 흰자위는 비타민 B 흡수를 방해해 피부에 문제를 일으킨다.
- 날고기와 날생선에는 해로운 효소가 포함되어 있고 치명적인 세균성 중독을 일으킬 수 있다.
- 조리된 음식에 들어간 작은 뼛조각은 목구멍에 걸리거나 소화관으로 내려가 장폐색을 일으키고 장의 내벽을 찢을 우려가 있다.

적당량의 식이
고양이에게는 음식의 취향이 있지만, 좋아하는 음식에 건강을 유지하기 위한 영양소가 균형 있게 포함되어 있는 것이 중요하다. 연령과 체형을 고려하여 적당량을 먹여야 한다. 필요하다면 일정한 간격을 두고 섭취량을 측정해야 한다.

체중 조절
동물용 체중계 위를 거의 넘쳐흐르는 이 응석둥이 고양이는 식이 조절로 몸무게를 줄이지 않으면 심각한 건강상의 문제로 이어질 수 있다.

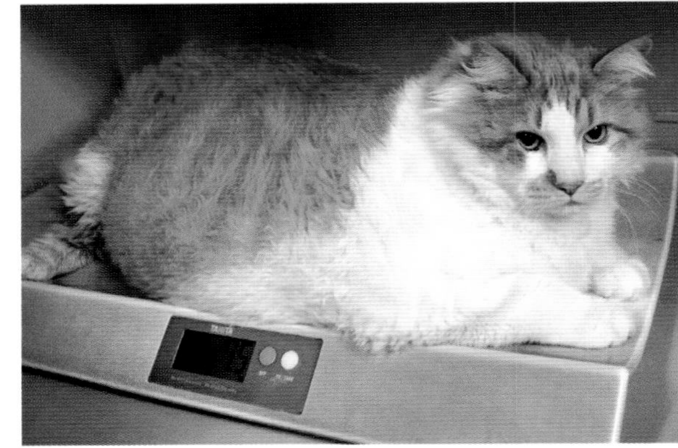

급식 시간과 양

일반적으로 하루에 두 번(보통 아침과 저녁에 한 번씩), 정해진 시간에 먹이를 주어야 한다. 이렇게 해야 고양이의 식욕을 돋우고 음식의 양을 조절할 수 있다. 규칙적인 식이 습관이 정착되면 고양이가 식욕을 잃거나 몸이 안 좋은 것을 쉽게 알아챌 수 있다. 음식의 양은 고양이가 드러내는 저체중 혹은 과체중의 징후에 따라 늘리거나 줄일 필요가 있다. 하나의 지침으로서 고양이의 늑골(갈비뼈)을 만져보면 쉽게 파악할 수 있지만 눈으로 보기만 하면 알 수 없다(오른쪽 박스 참조). 성묘에게 새끼고양이나 개를 위한 식품을 제공해서는 안 된다. 새끼고양이용 식품에는 단백질이 너무 많아서 성묘의 신장에 악영향을 끼칠 것이고, 애견용 식품에 함유된 단백질은 고양이에게 충분하지 않은 양이다. 감염을 비롯한 건강상의 문제를 방지하기 위해 음식 그릇과 물그릇은 사용 후 철저히 세척해야 한다.

균형 잡힌 식단

고양이는 다양하게 먹는 것을 좋아한다. 여러 식품을 혼합하여 충분한 영양을 섭취하도록 하는 것이 중요하다. 식이에 서서히 변화를 주면 장에 충분한 박테리아가 축적됨으로써 새로운 음식을 소화시킬 수 있게 된다. 고양이가 좋아하는 다양하고 균형 잡힌 식단을 찾아냈다면 그대로 유지하자. 식단을 끊임없이 바꾸면 편식하기 쉬워진다. 고양이는 원하는 음식을 얻을 때까지 며칠간 버틸 수 있다.

생활의 변화

고양이는 필요로 하는 영양의 종류와 양이 연령에 따라 달라진다. 새끼고양이에게는 빠른 발육을 돕기 위해 단백질이 풍부한 식단이 필요한데(pp.292-293), 이를 위해 특별히 제조된 식품이 시중에 많이 나와 있다. 생후 몇 개월 동안은 성묘에 비해 더 적은 양을 더 자주 먹여야 한다. 막 고형식을 시작한 고양이의 경우 하루에 평균 4-6번의 급식이 필요하다. 이후에는 양을 늘리고 횟수를 줄여도 된다. 급격한 변화는 소화불량을 초래할 수 있기 때문에 새로운 식이 습관을 들일 때는 서두르지 말아야 한다. 새로운 식품으로 교체

비만도 평가

고양이의 겉모습만을 보아서는 살쪘는지 혹은 말랐는지 판단할 수 없고, 장모종의 경우는 특히 더 그렇다. 손으로 등, 갈비뼈, 복부를 훑으면서 촉감으로 체형을 확인해야 한다. 정기적으로 체형을 체크하면 건강 유지에 필요한 조치를 취할 수 있기 때문에 큰 도움이 된다.

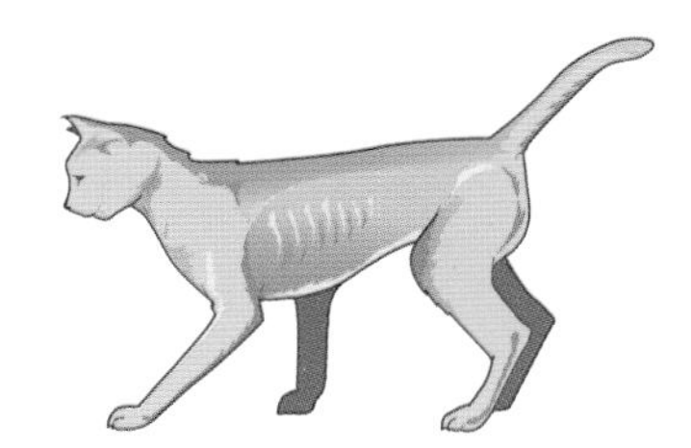

저체중
갈비뼈, 척추, 골반에 지방이 거의 또는 전혀 없다. 복부가 홀쭉하고 흉곽 뒷부분에 눈에 띄게 쑥 들어간 부위가 있다.

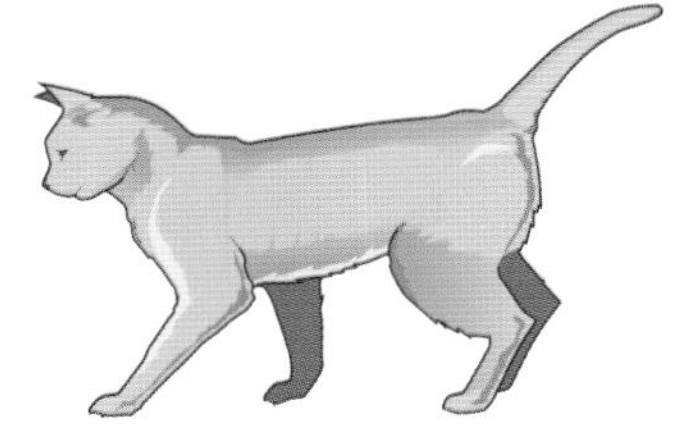

이상적인 체형
얇은 층의 지방을 통해 갈비뼈가 만져지고 흉곽 뒷부분이 살짝 가늘다. 약간의 지방이 복부를 덮고 있다.

과체중
지방층이 두꺼워 갈비뼈와 척추가 만져지지 않는다. 육중한 지방덩어리가 복부를 덮고 있고, 흉곽 뒤로 '허리선'이 보이지 않는다.

식이 및 생활 방식에 따른 급식 가이드

체중 (성묘)	2kg	4kg	6kg	10kg	12kg
비활동적	100–140kcal 습식: 120g 건식: 30g	200–280kcal 습식: 240g 건식: 60g	300–420kcal 습식: 360g 건식: 90g	400–560kcal 습식: 480g 건식: 120g	500–700kcal 습식: 600g 건식: 150g
활동적	140–180kcal 습식: 160g 건식: 40g	280–360kcal 습식: 320g 건식: 80g	420–540kcal 습식: 480g 건식: 120g	560–720kcal 습식: 640g 건식: 160g	700–900kcal 습식: 800g 건식: 200g
임신 중인 암컷	200–280kcal 습식: 240g 건식: 60g	400–560kcal 습식: 480g 건식: 120g	600–840kcal 습식: 720g 건식: 180g	800–1,120kcal 습식: 960g 건식: 240g	1,000–1,400kcal 습식: 1,200g 건식: 300g

하려면 원래 먹던 식품의 10%만큼을 새로운 식품으로 바꾸고 매일 10%씩 비율을 늘려나가면 설사를 예방할 수 있다. 만일 배탈이 났다면 원래 먹던 식품의 비율을 늘리고 더 오랜 시간을 들여 변경해야 한다.

건강한 성묘 대부분은 하루 두 번의 식이를 잘 받아들인다. 그러나 나이가 들수록 식욕이 감퇴하기 때문에 다시 조금씩 자주 주는 방식으로 되돌아가야 할 것이다. 시중에는 새끼고양이용과 마찬가지로 고령 고양이용의 식품도 나와 있다.

임신한 고양이는 단백질과 비타민을 더욱 필요로 하며, 출산에 가까워지면 더 많이 먹으려 할 것이다. 한 번의 급식 때 평소 먹는 양만큼 먹지 못하면 양을 줄이고 횟수를 늘려야 한다. 수유할 때도 더 많은 영양분이 필요해질 것이다.

고양이의 체중을 조절하려 할 때나 질병 때문에 식이요법이 필요한 경우에는 반드시 수의사에게 조언을 구해야 한다. 고양이가 임신 중이거나 수유 중일 때도 식이에 관해 상담하면 좋다.

고양이에게 음식 알레르기는 드물지만 증상이 나타났다면 수의사의 지시에 따라 제거식이를 시도하는 것이 원인을 찾는 유일한 방법이다.

이상적인 체형

고양이의 체형과 허리둘레를 주기적으로 체크하면 살찌고 있는지 혹은 너무 말라가고 있는지 금방 알 수 있다(p.272 박스 참조). 염려스럽다면

급식 시간
급식을 규칙적으로 하면 고양이가 언제 배가 고픈지 알 수 있다. 이는 새로운 재주를 가르치는 데 최적의 시간이다.

수의사에게 데려가 측정해보자. 한 그릇 더 달라고 기다리는 고양이를 무시하는 것은 어렵지만, 과도한 급식은 곧바로 비만으로 이어진다. 식욕이 꼭 활기찬 생활 방식과 관련되는 것은 아니다. 활동적이지 않은 고양이도 막대한 양의 음식을 먹어치울 수 있다. 실내에만 있는 고양이는 비만이 될 위험이 높다. 천성적으로 잘 움직이지 않는 고양이는 가끔 소파에서 내려와 운동하도록 격려할 필요가 있다. 외출하는 고양이는 음식에서 얻은 에너지를 잘 연소시킨다.

시판되는 가공식품에는 급식량에 관한 표기가 있지만 어디까지나 대략적인 지침일 뿐이다. 급식량에 신경을 쓰고 있는데도 고양이가 통통해지고 있다면 다른 곳에서 음식을 얻어먹고 있지는 않은지 의심해보자.

급식량은 그대로인데 체중이 줄고 있다면 질병의 징후일 수 있다. 고령의 고양이는 날씬해지는 경향이 있지만 이빨 등 다른 문제가 없는지 확인해야 한다. 음식을 거부하거나 씹는 데 어려움을 겪는다면 동물병원에서 진찰을 받아야 한다.

간식 주기

훈련에 대한 보상이든 유대 관계를 맺기 위해서든 간식을 줄 때는 고양이가 살찌지 않도록 양을

제한하자. 간식은 대체로 불필요하지만 그래도 주고 싶다면 필요한 칼로리 섭취량의 10%를 넘지 않도록 하고, 그에 맞게 급식의 양을 조정해야 한다. 영양적으로 우수한 간식도 있지만 영양가 없고 지방으로만 가득한 것도 많다.

고양이 다루기

고양이는 자신을 만져도 되는 사람을 까다롭게 고르는 것으로 악명 높다. 그러니 안아 올리거나 쓰다듬는 것은 말할 필요도 없다. 어떤 고양이는 안기는 것 자체를 싫어해서 무리하게 안으면 빠져나가려고 몸부림칠 것이다. 고양이를 다루는 데는 옳은 방법과 그른 방법이 있으므로 올바로 배운다면 고양이가 가까이 오려 할 것이다. 안겨도 편안히 있다면 털 손질이나 건강 검진이 훨씬 쉬워질 것이다.

조기에 시작하기

만지는 것을 자연스럽게 받아들이게 하는 가장 좋은 시기는 새끼고양이일 때다. 생후 2-3주 때부터 일상적으로 만지면 더 빨리 성장할 뿐만 아니라 사람이 만지는 것을 좋아하는, 더 행복한 고양이가 될 수 있다. 아이가 있다면 차분하게 만지도록 가르치자. 잘못된 취급을 받은 새끼고양이는 사람과 거리를 두고, 껴안거나 쓰다듬는 것을 싫어하는 고양이로 자란다. 고양이는 기억력이 좋아서 자신을 거칠게 다룬 아이들을 항상 피할 것이다.

어렸을 때의 경험과 관계없이 감정을 잘 드러내지 않는 고양이도 있다. 고양이가 어느 정도 거리를 두려고 한다면 그 의사를 존중해야 한다.

스트레스 완화
고양이는 쓰다듬고 싶게 만드는 구석이 있다. 고양이를 어루만지는 것이 스트레스 감소에 효과가 있다는 연구 결과도 있다. 그리고 다행히 대부분의 고양이도 그것을 좋아한다.

안아 올리기

고양이는 자신을 들어 올리는 것을 좀처럼 좋아하지 않는다. 만일 호의적이지 않다면 필요할 때만 안아 올려야 한다. 침착하고 조용히 머리, 등, 뺨을 쓰다듬어 긴장을 풀게 하자. 다시 내려가고 싶어지면 감정을 분명히 표시할 것이다.

아주 어린 새끼고양이는 어미가 하는 것처럼 목덜미를 잡고 들어 올릴 수 있지만, 나이가 들고 무거워지면 손으로 받쳐야 한다. 어미 고양이가 물어 올리는 것을 그만둘 무렵에는 사람도 이에 따라야 한다. 이후에는 옆으로 접근하여 한 손을 앞다리 바로 뒤에 있는 흉곽에 딱 붙이고 다른 한 손으로 후반신 아래쪽을 받쳐서 안아 올려야 한다. 양팔로 떠받치며 가로로 눕히면 불안해 할 수 있으므로 똑바른 자세로 있게끔 안아야 한다.

쓰다듬기

고양이는 다른 애완동물에 비해 독립적이다. 많은 고양이가 쓰다듬거나 안아주는 것을 좋아하지만 그럼에도 자신만의 공간을 소중히 여긴다. 손이나 손가락을 내밀어 냄새를 맡도록 했을 때 코를 대거나 뺨 또는 몸을 문지른다면 만져도 좋은 상태다. 관심을 보이지 않는다면 다음 기회로 미루자.

쓰다듬는 것을 잘 받아들이게 되면 먼저 등을 따라 느리고 연속적인 동작으로 어루만지자. 항상 머리에서 꼬리를 향해 쓰다듬어야 하며 털이 난 방향을 거슬러서는 안 된다. 꼬리가 시작되는 부위에서 멈추자. 기분이 좋아지면 손의 압력을 높이려고 등을 굽힐 것이다.

어떻게 쓰다듬으면 고양이가 좋아하는지 알아야 한다. 대개 정수리 부분, 특히 두 귀 사이와 뒤쪽을 어루만지면 좋아한다.

요령 있게 안기
고양이를 들어 올리고 나면 가능한 한 똑바로 안고 있자. 한 손으로 '겨드랑이' 아래를 붙잡고 다른 한 손으로 궁둥이를 받쳐 안전하게 안아야 한다. 등을 받쳐 옆으로 눕히는 것은 고양이에게 부자연스러운 자세이므로 위험과 불안을 느낄 것이다.

이러한 특정 부위를 쓰다듬으면 어미가 혀로 핥아준 기억이 되살아나는 것으로 생각된다. 턱 밑을 어루만지면 좋아하는 고양이도 있다. 원을 그리듯 뺨을 문질러 주면 자신의 냄새를 손가락에 묻힐 수 있어 많은 고양이가 좋아한다. 손가락으로 살살 긁어주어도 좋아하겠지만 한 곳만 집중적으로 긁어서는 안 된다. 가볍게 두드리는 것은 대부분 싫어하며 특히 옆구리는 피해야 한다.

고양이가 무릎 위로 뛰어올라 드러누울 때는 한번 쓰다듬어 보고 관심을 구하는지 아니면 따뜻한 곳에서 자고 싶어 하는지 확인하자. 꼼지락거리거나 꼬리를 씰룩거린다면 쓰다듬는 것을 멈춰야 한다. 기분이 좋다면 자세를 바꾸어 쓰다듬어주기를 바라는 부위를 손 가까이로 치켜 올릴 것이다.

올바른 부위
고양이는 보통 머리를 긁어주면 기분 좋은 반응을 보인다. 천천히 부드럽게 쓰다듬으며 가장 좋아하는 부위를 찾아보자.

거친 고양이

거친 놀이를 좋아해서 배를 문지르려고 하는 손을 붙잡고 '장난으로 깨무는' 고양이도 있다. 단단히 움켜잡고 있다면 그만둘 때까지 가만히 있자. 고양이 쪽으로 밀어붙이면 놀라서 가버릴 것이다. 보통 손을 움직이지 않으면 고양이도 그만둔다. 만일 뒷발로 손을 찬다면 발을 만져달라는 뜻이 아니다. 그때는 한쪽 발을 털의 방향에 따라 손가락으로 가볍게 쓰다듬자. 귀를 납작하게 하고 발을 빼거나 가버린다면 그대로 두자.

멈출 때를 판단하기

고양이의 보디랭귀지를 관찰하고 화가 난 것처럼 보이면 쓰다듬는 것을 멈추자(pp.280-281). 불편함을 느낄 때 드러내는 경고 신호 중 하나는 입술을 핥는 것이다. 배를 드러내고 누워 있을 때는 꼭 쓰다듬어도 된다는 의미는 아니기 때문에 주의해야 한다. 이때 머리를 만지는 것은 용인할지도 모른다. 평소에 유순한 고양이일지라도 배를 드러내는 것은 공격적인 방어 자세를 취하고 있는 것이다.

고양이의 기분을 잘못 판단하고 물리거나 할퀴는 공격을 받아 피부에 상처가 생겼다면, 상처 난 곳을 비누와 물로 씻고 소독해야 한다. 물린 부위가 붓거나 붉어지고 분비물이 나온다면 병원에 가야 한다. 긁힌 부위를 통해 감염되면 몸의 다른 부위에도 증상이 나타날 수 있고, 드물게 인플루엔자와 유사한 질환을 앓는 경우도 있다.

조심스러운 접근

낯선 고양이를 다짜고짜 들어 올리거나 쓰다듬으려 해서는 안 된다. 냄새를 맡고 살필 시간을 주고 나서 차분한 목소리를 내며 쓰다듬어보자. 다정한 태도에 익숙해지면 점차 만지는 것을 허용할 것이다. 불안해 보인다면 공격할 수도 있으므로 뒤로 물러서야 한다.

길고양이가 애정을 갈구하는 것처럼 보이더라도 안아 올리거나 쓰다듬을 때는 주의해야 한다(pp.20-21). 사람이 좋은 뜻에서 다가가도 길고양이가 보이는 가장 자연스러운 반응은 도망가는 것이다 — 음식이 없는 한. 궁지에 몰리거나 위협받는다고 느끼는 동물은 본능적으로 공격 태세로 나올 수 있다. 일부 국가에서는 길고양이에게 물리면 광견병에 걸릴 위험이 있다.

만나서 인사하기
집고양이는 특히 주인이 잠깐 집을 비웠다가 돌아오면 적극적으로 접촉하려 할 것이다. 그것이 식사 시간이라고 알려주는 것일지도 모르지만, 안부 인사로 받아들이고 화답하도록 하자.

털 손질과 위생

털이 깨끗해야 건강하고 쾌적하게 지낼 수 있기 때문에 고양이는 자연스럽게 그루밍을 한다. 추가적으로 털을 손질해주면 — 특히 장모종인 경우 더욱 중요하다 — 보기에도 좋을 뿐만 아니라 깊은 유대 관계도 맺을 수 있다. 최고의 컨디션을 유지시키기 위해서는 이빨을 닦아주고 가끔 목욕을 시키는 등 기본적인 위생에 신경 쓰는 것도 중요하다.

그루밍

고양이는 하루의 많은 시간을 스스로 그루밍하며 보낸다. 고양이의 털은 매끈하고 상태가 좋아야 방수성과 보온성이 유지되고 감염으로부터 피부를 보호할 수 있기 때문에 이는 중요한 행위다.

고양이는 언제나 동일한 순서로 그루밍을 한다. 먼저 입술과 발을 핥고, 젖은 발을 사용하여 머리의 측면을 닦는다. 타액을 통해 최근에 먹은 음식의 냄새를 없애고 '무취'로 만들어 후각이 발달한 천적의 접근을 방지한다. 다음으로 거친 혀를 이용하여 앞다리, 어깨, 옆구리를 다듬는다. 혀의 표면은 작은 돌기로 덮여 있어 피부의 각질이나 빠진 털을 쓸어내고 엉겨 붙거나 헝클어진 털을 정돈할 수 있다. 또한 혀를 통해 피부에서 분비된 유분을 몸 전체에 발라 털의 건강을 유지시키고 방수성을 높인다. 심하게 엉킨 털은 작은 앞니를 써서 뜯어낼 것이다. 척추가 유연해서 항문부와 뒷다리, 그리고 꼬리의 뿌리에서 끝부분까지 깨끗이 할 수 있다. 나아가 뒷발을 빗살이 성긴 빗처럼 활용하여 머리를 긁는다. 고양이는 따로 도와줄 필요가 없어 보일 정도로 매일 공들여서 그루밍을 한다.

기본적인 털 손질 도구
빗과 강모 브러시는 엉클어진 털을 풀 때, 슬리커 브러시는 빠진 털과 각질을 쓸어낼 때 사용한다. 진드기 제거기나 발톱깎이 등의 용품을 올바로 사용하려면 전문가의 조언을 구하는 것이 좋다.

털 손질의 시간

고양이의 털을 손질해주면 다음과 같은 이점이 있다. 먼저 고양이와 긴밀한 유대 관계를 맺을 수 있고, 기생충, 숨겨진 상처, 부스럼과 응어리, 체형의 변화 등의 문제를 인지할 수 있다. 또한 고양이가 그루밍하면서 삼키는 털의 양을 줄일 수 있다. 이러한 털은 보통 무해한 털 뭉치로 토해지지만, 위를 통과하고 장에 박혀 심각한 문제를 일으킬 수도 있다. 고양이는 나이가 들수록 그루밍의 효율이 떨어지기 때문에 사람이 털 손질을 해주면 큰 도움이 된다. 고양이가 나이에 상관없이 그루밍을 갑자기 중단했다면 몸이 좋지 않다는 뜻이므로 수의사의 진찰을 받게 해야 한다.

어려서부터 털 손질하는 데 길들이면 고양이는 주인을 어미라 여기고 손질받는 것을 좋아할 것이다. 털 손질을 시작하기 전에는 항상 쓰다듬고 달래는 듯한 목소리로 진정시켜야 한다. 언제나 조급하게 굴지 말고, 꼬리를 휙휙 움직이거나 수염을 앞으로 내미는 등 불편한 기색을 보이지 않는지 세심히 살펴야 한다. 그러한 경우에는 중단하고 나중에 혹은 다음날에 다시 시도하자. 귀, 눈, 코, 이빨도 체크하여 필요한 경우에는 닦아주어야 한다. 발톱을 깎아주고 목욕을 시킬 필요

단모종의 털 손질

먼저 빗살이 촘촘한 금속제 빗으로 머리에서 꼬리까지 털이 난 방향을 따라 쓸면서 빠진 털과 각질을 떼어낸다. 귀, 아랫면(겨드랑이, 배, 사타구니), 꼬리 등 특히 민감한 부위를 손질할 때는 더 주의를 기울여야 한다.

슬리커 브러시나 부드러운 강모 브러시를 털의 방향으로 쓸면서 빠진 털과 각질을 제거한다. 털을 매끄럽고 빛나게 하기 위해 마지막에 비단이나 섀미 등으로 '윤내는' 방법도 있다.

단정하고 깨끗이
고양이는 천성적으로 깔끔한 동물로 많은 시간을 써서 체계적인 그루밍을 한다. 머리에서 시작하여 몸의 아래쪽을 향해 늘 정해진 순서대로 다듬는다.

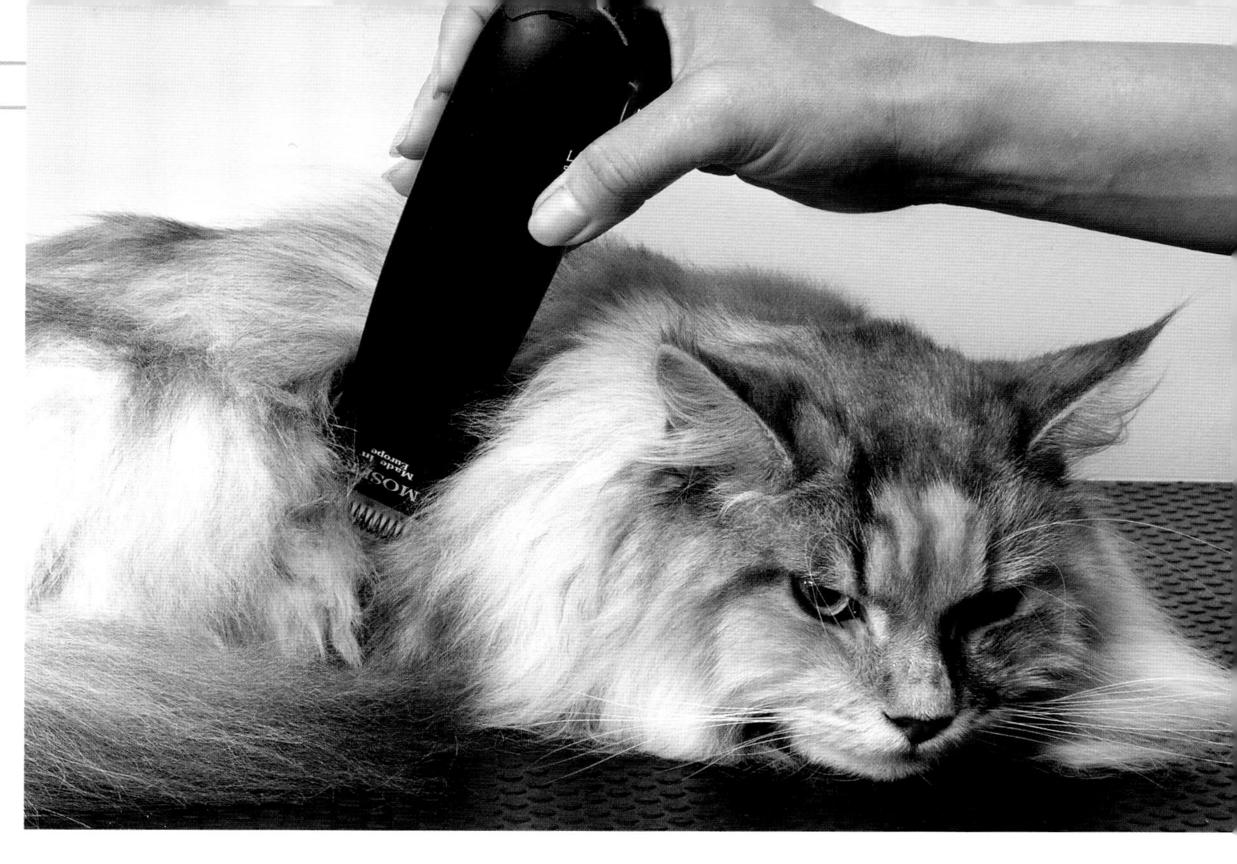

뭉친 털 잘라내기
심하게 뭉친 장모종의 털은 최후의 수단으로서 이발 기구로 깎아내야 한다. 이 작업은 미숙한 사람이 시도하면 고양이의 피부에 상처를 입힐 수 있기 때문에 전문 미용사나 수의사에게 맡겨야 한다.

도 있을 것이다(pp. 278-279). 털 손질이 끝나면 늘 칭찬해주고 간식을 주자.

털의 유형

페르시안 같은 장모종은 속털이 매우 빽빽하다. 털은 집과 마당 주변에서 티끌을 모아들일 뿐만 아니라 아무리 핥아도 풀 수 없을 정도로 잘 엉키는 경향이 있다. 엉킨 털을 방치하면 덩어리처럼 단단하게 뭉치며, 귀의 뒤쪽과 겨드랑이 밑, 사타구니처럼 마찰이 있는 부위는 특히 심하다.

장모종은 유난히 깔끔한 것을 좋아하는 고양이조차 자신의 힘으로는 좋은 상태의 털을 유지할 수 없기 때문에 주인이 추가적으로 털 손질을 해주어야 한다. 극단적인 경우에는 뭉친 털을 잘라내는 수밖에 없으며, 이 작업은 전문 미용사나 수의사에게 맡겨야 한다. 또한 장모종은 큰 털 뭉치가 생길 위험이 단모종에 비해 크다. 장모종을 기르는 경우에는 매일 털 손질이 필요하다(아래 박스 참조). 메인 쿤(pp. 214-215)과 발리니즈(pp. 206-207)를 비롯한 중장모종은 부드러운 겉털과 최소한의 속털을 갖고 있으므로 털이 잘 엉키지 않는다. 브러시와 빗으로 주 1회만 손질해주면 된다.

코니시 렉스(pp. 176-177)처럼 가늘고 곱슬곱슬한 털을 가진 고양이도 있고, 털이 더 길게 말린 품종도 있다. 그러한 털은 많이 빠지지 않으므로 그리 어렵지 않게 좋은 상태를 유지시킬 수 있다. 털 손질을 너무 세게 하면 털의 모습을 망칠 수 있으므로 이런 유형의 고양이에게는 솔질 대신 목욕이 적합하다. 단모종은 매끄러운 보호털로 이루어진 겉털과 잔털처럼 부드럽고 굵기가 제각각인 속털을 갖고 있다. 속털은 특히 따뜻한 계절에 상당히 많이 빠질 수 있지만 일반적으로 매우 쉽게 좋은 상태를 유지시킬 수 있다. 단모종은 대개 주 1회의 털 손질로 충분하다(p. 276).

스핑크스(pp. 168-169) 같은 헤어리스 고양이는 보통 털이 전혀 없는 것이 아니라 가는 솜털로 뒤덮여 있다. 이러한 얇은 층의 솜털은 피부에서 분비되는 유분을 충분히 흡수할 수 없기 때문에 기름투성이가 되기 쉽다. 이 유분이 사람의 옷이나 가구에 묻을 수 있으므로 주기적인 목욕이 필요하다.

장모종의 털 손질

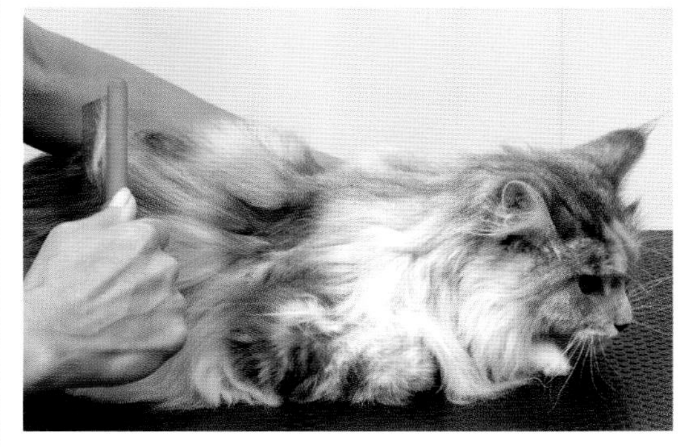

먼저 빗살이 성긴 빗으로 머리부터 꼬리까지 털이 난 방향을 따라 빗겨준다. 엉킨 곳은 세게 잡아당기지 말고 고양이용 무향 탤컴파우더를 묻혀 손가락으로 살살 풀어야 한다. 그 파우더는 여분의 유분도 흡수할 것이다.

핀이 가는 슬리커 브러시나 부드러운 강모 브러시를 털의 방향으로 쓸면서 겉털과 속털 양쪽으로부터 빠진 털, 피부의 각질, 남아 있는 탤컴파우더를 모은다. 털을 풍성하고 빛나게 만드는 데 도움이 될 것이다.

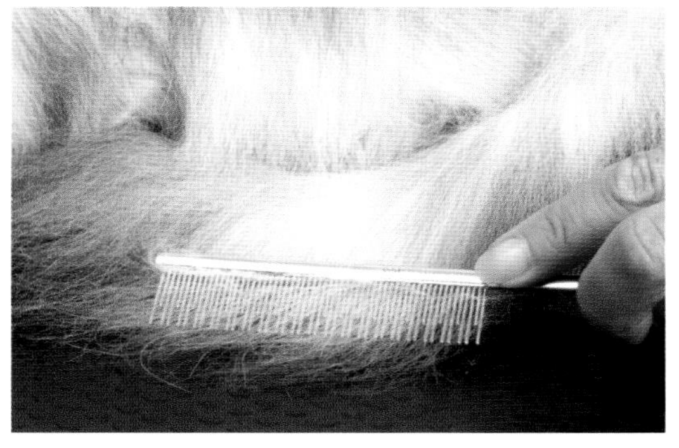

마지막으로 브러시나 빗살이 성긴 빗을 이용하여 털을 부풀리고 꼬리의 긴 털을 빗질한다. 페르시안의 경우는 목의 털을 빗겨 올려 러프로 만들자. 장모종의 털을 좋은 상태로 유지하려면 이러한 털 손질을 매일 15-30분씩 하는 것이 이상적이다.

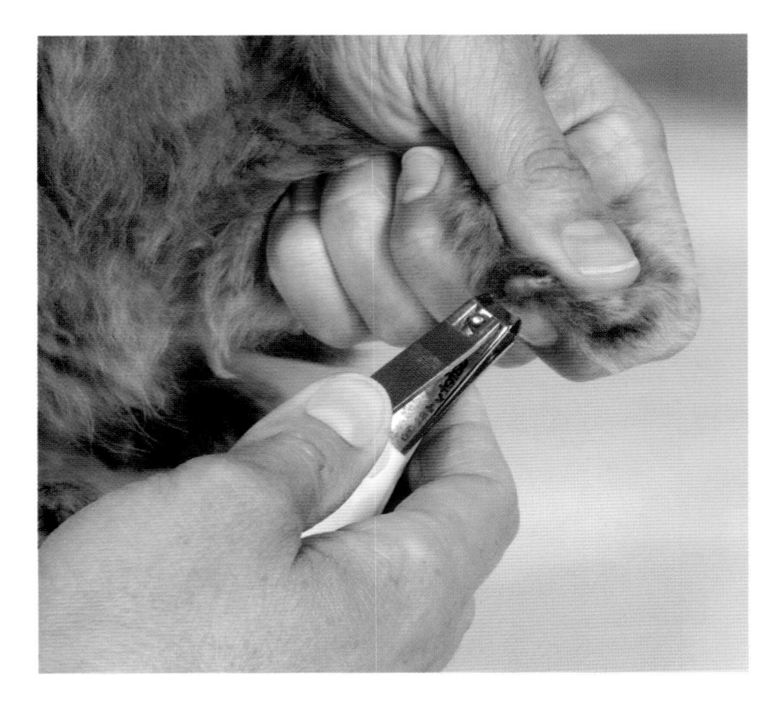

발톱 내밀기
고양이의 발톱을 깎을 때는 발톱 바로 뒤의 뼈를 손가락으로 아주 살살 눌러야 한다. 그러면 발톱이 완전히 나올 것이다. 만일 고양이가 싫어하고 몸부림친다면 보내주고 다음 날 다시 시도하자.

발톱 깎기

고양이는 움직이고 긁고 기어오르면서 발톱을 자연스럽게 마모시키며 발톱을 물어뜯기도 한다. 실내 고양이, 특히 고령의 고양이는 발톱을 마모시키는 운동을 충분히 하지 않기 때문에 발톱이 길게 자라 발볼록살로 파고들 위험이 있다. 이를 방지하기 위해 고양이의 발톱을 주기적으로 체크하고 2주에 한 번 정도 발톱깎이로 깎아주어야 한다. 고양이를 단단히 붙들고 발톱의 끝부분만 조금 깎는다. 조금만 아래로 내려가도 분홍색 부위, 즉 '생살'을 깎아 고통과 출혈을 일으킬 수 있다 — 이런 일이 생기면 이후 발톱을 깎을 때마다 극도로 저항할 것이다.

어려서부터 발톱을 깎는 것에 길들여야 한다. 이 작업이 너무 어렵다면 수의사에게 맡기자.

얼굴 씻기

고양이의 귓속은 청결하고 냄새가 없어야 한다. 귀지는 솜이나 티슈로 제거한다. 진드기일 가능성이 높은 모래 같은 진한 알갱이가 보이거나 분비물이 있다면 동물병원에 데려가야 한다. 젖은 솜은 눈과 코 주위를 닦는 데도 쓸 수 있다. 샴처럼 주둥이가 긴 고양이는 눈가에 점액이 고일 수 있다. 페르시안처럼 얼굴이 짧은 고양이는 흔히 눈물이 넘쳐흘러 눈 주변의 털에 적갈색 얼룩을 남긴다. 눈이나 코에서 분비물이 나오거나 눈이 오랫동안 빨갛다면 수의사와 상담해야 한다.

이빨 닦기

일주일에 한 번씩 이빨을 닦아주면 구강 질환의 징후를 확인할 수 있다. 치아의 변색, 잇몸의 염증, 구취가 나타난다면 동물병원에서 진찰을 받아야 한다.

이빨을 닦아줄 때는 부드러운 어린이용 칫솔이나 손가락에 끼워 쓰는 고양이 전용 칫솔을 사용한다. 아니면 손가락 끝에 거즈를 말아도 된다. 치약은 고양이 전용으로 만들어진 것만을 써야 하며 보통 고기 맛 치약이 인기 있다. 절대로 사람이 쓰는 치약을 사용해서는 안 된다.

고양이의 머리를 꽉 붙들고 천천히 입을 연다. 어금니부터 시작하여 이빨 하나하나를 원을 그리듯 조심히 닦고 잇몸을 마사지한다.

만일 고양이가 이빨 닦는 것을 거부하면 수의사에게 구강 소독제를 요청하여 잇몸에 직접 발라주어야 한다. 고양이를 위한 안티플라크 용액도 애완동물 가게나 동물병원에서 구입할 수 있다. 이러한 제품은 마실 물에 섞기만 하면 되며 맛도 좋다. 매일 새로운 물에 신선한 용액을 첨가하여 먹이자.

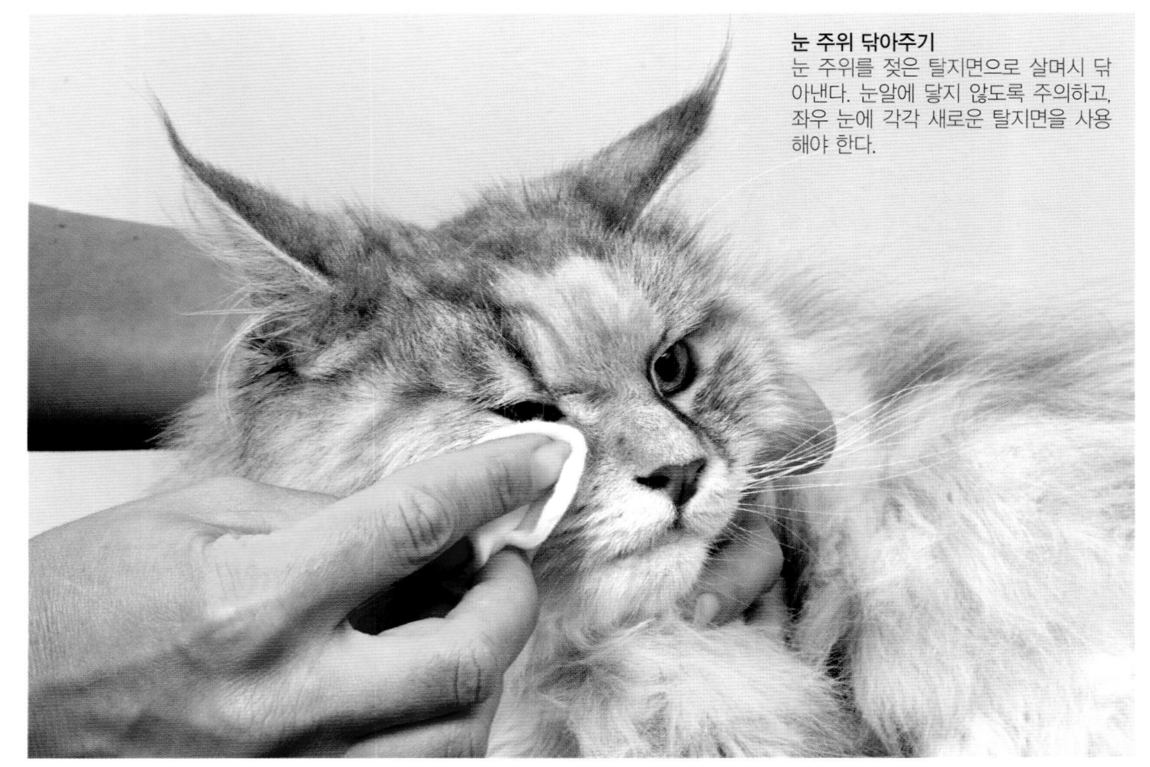

눈 주위 닦아주기
눈 주위를 젖은 탈지면으로 살며시 닦아낸다. 눈알에 닿지 않도록 주의하고, 좌우 눈에 각각 새로운 탈지면을 사용해야 한다.

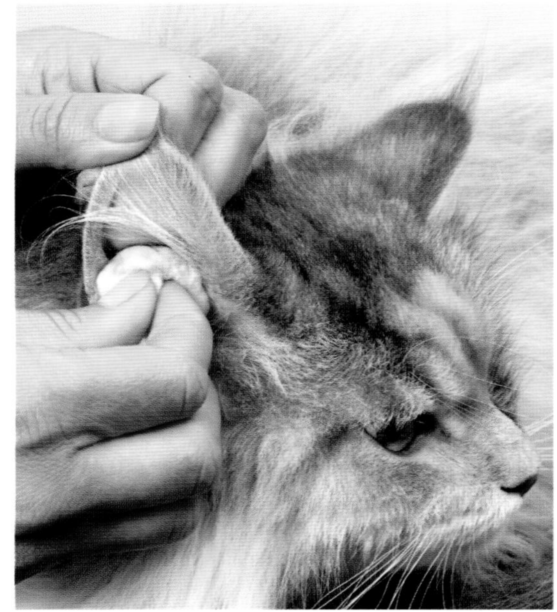

귀 닦아주기
물 또는 고양이용 세척액에 적신 탈지면으로 귓속을 조심스럽게 닦는다. 좌우 귀에 각각 새로운 탈지면을 사용해야 하며 외이도에 아무것도 밀어 넣어서는 안 된다.

목욕시키기

외출하는 고양이는 가끔씩 털의 기름기와 벼룩 같은 기생충을 씻어내기 위해 스스로 모래 속에서 뒹굴며 목욕을 한다. 이와 비슷한 작용을 하는 고양이용 드라이 샴푸도 구입할 수 있다. 단모종은 기름이나 자극적인 냄새가 나는 물질이 묻었을 때 물로 목욕을 시켜야 한다. 장모종이라면 더 자주 목욕을 시킬 필요가 있다. 목욕을 시킬 때는 고양이용 샴푸만을 쓰고 고양이의 눈, 귀, 코, 입에 닿지 않게 주의해야 한다. 피부 질환을 치료하기 위해 약제가 든 샴푸를 쓰는 경우에는 더욱 주의해야 한다.

목욕을 좋아하는 고양이는 거의 없는 편이지만, 어려서부터 익숙하게 만들어주면 고양이와 주인 서로에게 편하다. 조급하게 굴어서는 안 된다. 목욕하는 동안 계속해서 달래고, 끝마치면 보상으로 간식을 주는 것을 잊지 말아야 한다.

꼬리 아래쪽 닦기

모든 고양이는 항문 부위를 닦지만, 특히 고령이거나 장모종 고양이라면 추가적으로 씻겨줘야 한다. 털을 손질해줄 때마다 꼬리 밑을 체크하고 필요하면 젖은 천으로 살며시 닦아주자.

목욕 시간

고양이를 샤워기가 달린 욕조나 싱크대에서도 씻길 수 있는데 물줄기를 매우 약하게 해야 한다. 시작하기 전에 모든 문과 창문을 닫고, 방을 따뜻하게 그리고 외풍이 들지 않게 한다. 목욕에 앞서 고양이의 털을 전체적으로 빗질하자. 욕조나 싱크대의 바닥에 고양이가 쥘 수 있는 고무 매트를 깔면 미끄러짐을 방지하고 안심시킬 수 있다.

1 고양이를 잘 달래면서 싱크대나 욕조에 내려놓는다. 될 수 있는 한 체온(38.6℃)에 가까운 따뜻한 물을 뿌리고 털을 전체적으로 적신다.

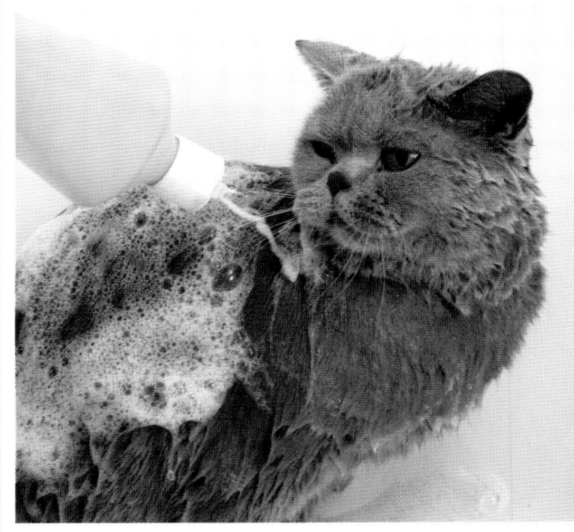

2 고양이용 샴푸만을 써야 한다. 개나 사람용 제품에는 고양이에게 유해한 성분이 들어 있을 수 있다. 샴푸가 고양이의 눈, 귀, 코, 입에 들어가지 않도록 한다.

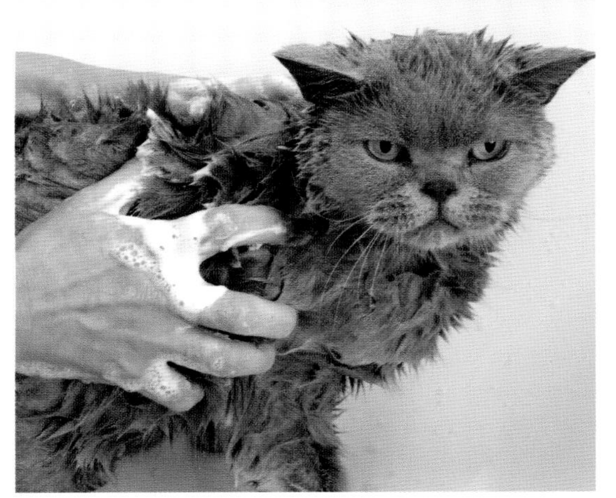

3 샴푸로 충분히 거품을 낸 후 완전히 닦아낸다. 다시 한번 샴푸로 씻기거나 컨디셔너로 문지른 뒤 닦아낸다. 씻기는 내내 고양이를 안심시켜야 한다.

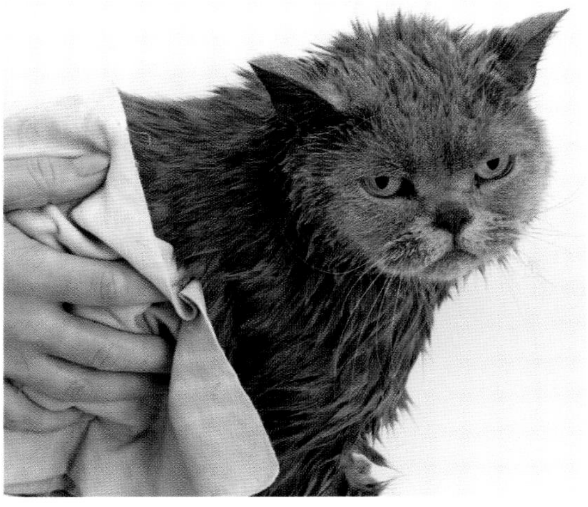

4 수건이나 헤어드라이어로 말린다. 헤어드라이어는 고양이가 소리에 놀라지 않도록 약하게 설정한다. 털을 빗질하고 따뜻한 방에서 완전히 건조시키자.

고양이 이해하기

**고양이는 보통 단독으로 생활하는 동물이다.
독립심이 강하여 미묘하고 복잡한 행동 및 소통 방식을 발달시켜왔기 때문에
주인에게 영문을 알 수 없는 메시지를 보내는 경우가 많다.
하지만 이해할 수 있는 다양한 신호를 보이기도 한다.**

표정과 보디랭귀지

고양이는 귀, 꼬리, 수염, 눈을 사용하여 신호를 보낸다. 귀와 수염은 대개 같이 움직인다. 평소에 귀는 정면을 향해 꼿꼿이 서 있고 수염은 정면이나 측면을 향해 있는데, 이는 경계하면서도 무언가에 흥미가 있다는 뜻이다. 귀가 뒤로 돌아가 납작해지고 수염이 정면을 향해 있을 때는 공격적이라는 것을 나타낸다. 귀가 양옆으로 납작해지고 수염이 뺨에 딱 붙어 있다면 겁을 먹은 것이다.

고양이는 눈을 마주치는 것을 좋아하지 않기 때문에 방 안에서는 주로 자신을 못 본 척하는 사람 쪽으로 간다. 이는 우호적인 행위라 해석된다. 하지만 낯이 익게 되면 눈을 마주쳐도 덜 위협적으로 느낄 것이다. 동공의 확대는 흥미가 있고 들떠 있다는 것과 두려워하고 공격적이라는 것 중 하나를 의미하므로 다른 신호를 찾아야 행동을 파악할 수 있다.

자세

고양이가 취하고 있는 자세의 의미는 '저리 가'와 '가까이 와', 둘 중 하나다. 엎드려 있거나 느긋하게 앉아 있거나 이쪽으로 오고 있다면 접근해도 괜찮다는 뜻이다. 고양이가 배를 드러내고 누워 있는 것은 개처럼 순종적임을 보여주는 것이 아니라 할퀴거나 깨물 준비가 되어 있는 싸우려는 자세다. 그때 몸을 좌우로 굴리면 놀고 싶다는 것이지만, 배를 많이 만지면 할퀴거나 깨물 수 있으므로 주의해야 한다. 엉덩이를 씰룩거리는 것은 놀고 싶다는 또 다른 신호다. 곁눈질하거나 꼬리를 몸에 두른 상태에서 웅크리고 있다면 도망치거나 덮치거나 선제공격할 기회를 엿보고 있는 것이다.

경고 자세
고양이가 엉덩이를 들거나 등을 굽히고 서 있다면 위협을 받아 공격할 것이라는 경고의 의미다. 몸 전체의 털을 세우기도 한다.

후각과 촉각

고양이는 뛰어난 후각을 갖고 있으며 오줌과 냄새로 다른 고양이에게 자신의 영역임을 표시한다. 편안함을 느끼는 곳에는 머리를 문질러 냄새를 퍼뜨리고, 위협을 느끼는 곳에는 오줌을 뿌린다. 중성화 수술을 받지 않은 고양이는 스프레잉을 통해 자신의 존재를 알리고, 라이벌을 위협하며, 교미할 준비가 되었다고 선전한다. 만일 중성화된 고양이가 계속 오줌을 뿌린다면 불안하다는 표시이므로 그 원인을 찾아야 한다.

고양이는 또한 뺨, 발, 꼬리를 물건이나 다른 고양이에게 문질러 분비샘에서 나오는 냄새를 퍼뜨린다. 이러한 냄새는 영역을 표시하고 사회적 유대관계를 형성하는 데 도움이 된다. 함께 생활하는 고양이들은 옆구리나 머리를 서로 비벼 무리의 냄새를 만들고, 이를 통해 외부 고양이의 침입을 서로에게 알린다. 주인의 가족에게도 문질러 모두 자신의 '무리'임을 표시할 것이다. 고양이들은 서로 마주치면 코를 맞대고 냄새를 맡는다. 낯선 고양이끼리는 그것으로 끝이지만, 친한 사이라면

겁주기 위한 눈 마주침
고양이는 겁을 주어 싸움을 회피하기 위해 눈을 마주친다. 노려보는 것은 위협으로 인지되며, 한 쪽이 눈길을 돌리거나 슬그머니 도망칠 때까지 서로 쏘아볼 것이다.

꼬리의 신호

고양이의 기분을 가장 분명히 나타내는 것은 시각적인 신호다. 고양이는 온몸을 사용해서 신호를 보내는데, 감정 상태를 보여주는 가장 좋은 지표 가운데 하나는 꼬리다. 꼬리의 상태와 움직임을 보면 어떤 감정을 느끼고 있는지 분명히 알 수 있다. 꼬리의 모양과 그 의미를 알아보자. 고양이의 기분은 금방 바뀔 수 있다는 것을 기억해야 한다. 문제 행동은 주로 잘못된 의사소통의 결과로 빚어지므로 꼬리를 통한 이야기를 인식하는 것은 매우 유익하다.

	꼬리	의미
	양옆으로 휙휙 움직인다	약간 짜증이 난다
	바닥을 친다	불만이나 경고의 표시다
	n자 모양으로 구부리거나 낮춘 상태에서 휙휙 움직인다	공격적인 상태다
	세게 휘갈기듯 움직인다	기분이 좋지 않고 다가가면 공격받을 수 있으니 뒤로 물러서야 한다
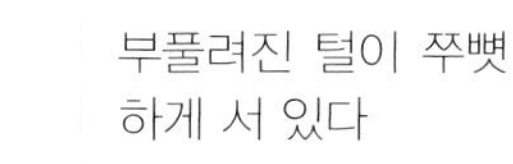	부풀려진 털이 쭈뼛하게 서 있다	불안감이 커지고 위협을 받는다고 느낀다
	등 위로 구부러져 있다	당장이라도 공격할 태세다
	다리 사이에 끼어 있다	복종을 나타낸다
	수평이거나 약간 낮은 위치에 있다	아무 문제없이 편안하고 차분한 상태다
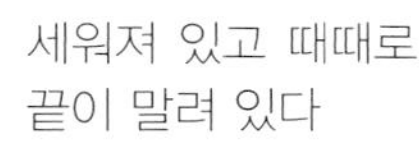	세워져 있고 때때로 끝이 말려 있다	우호적이고 접촉하는 데 관심이 있다
	위를 향해 똑바로 세우고 떨고 있다	기쁨과 흥분에 떨고 있다

접촉하는 고양이
집고양이는 자주 먼저 다가와서 부딪거나 스칠 것이다. 응석을 받아줄 상황이 아니더라도 관심이 있다는 것을 느낄 수 있게 적어도 한두 번은 쓰다듬어주자.

곧바로 머리를 비비거나 서로의 얼굴 또는 귀를 핥는다. 스크래칭은 냄새를 남기는 또 다른 행위이자 자신의 존재를 알리는 시각적 신호다.

고양이가 내는 소리

고양이의 소리는 대부분이 침입자를 내쫓기 위한 것이다. 이 의미를 알게 되면 무슨 말을 하려고 하는지 이해하는 데 도움이 될 것이다.

고양이가 주로 내는 소리로는 쉭쉭거리는 소리, 으르렁거리는 소리, 야옹거리는 소리, 가르릉거리는 소리가 있다. 쉭쉭거리는 소리와 으르렁거리는 소리는 자신의 영역에 무단으로 들어온 자에게 경고하는 것으로, 동시에 이빨을 드러내거나 발톱을 꺼내기도 한다. 야옹거리는 소리는 주로 새끼고양이가 어미에게 보내는 신호이며 성묘 간에는 거의 쓰이지 않는다. 집고양이는 자신의 존재를 알리기 위해 야옹거릴 것이다. 높은 소리로 짧게 짹짹거리거나 찍찍거리는 것은 보통 흥분했거나 무언가를 애원하는 것이지만, 길게 끄는 낮은 소리는 불쾌함이나 요구를 나타낸다. 크고 격앙된 소리를 빠르게 반복하는 것은 불안감을 의미한다. 길게 끌며 울거나 비명을 지르는 것은 아프거나 싸우고 있다는 신호다. 교미 중인 고양이는 날카로운 소리로 길게 울부짖는다. 가르릉거리는 소리는 대개 만족감을 뜻하지만, 아프거나 불안할 때 스스로 위로하는 소리이기도 하다.

고양이의 언어
인간의 언어가 아닌 고양이의 언어로 말하자. 용납할 수 없는 행동을 제지할 때 쉭쉭거리거나 으르렁거리는 소리를 내면 고양이는 자신이 무언가 잘못하고 있다고 이해할 것이다. 이는 소리치는 것보다 훨씬 더 효과적이다.

고양이 사회화시키기

고양이는 선천적으로 단독 행동을 하지만, 일부 고양이는 상당히 만족하면서 무리를 지어 살 수 있다. 집에 새로 들어온 고양이는 주변의 사람과 다른 동물에 대한 관점이 송두리째 바뀔 것이다. 신중하고 세심하게 대면시켜주면 다양한 사회적 상황에 대처할 수 있는 자신감 있고 우호적인 고양이로 성장할 것이다.

조기에 시작하기

사회화는 새끼고양이 시기에 시작해야 한다. 새로운 사람, 고양이, 개와 만날 기회를 많이 주고 이를 신나고 보람 있는 경험으로 만들어주어야 한다. 어렸을 때 친구, 이웃, 수의사와 대면시켜야 하며, 첫 만남은 짧게 하고 잘 대응했다면 보상으로 간식을 주자. 어려서 새로운 상황에 맞닥뜨리는 경험을 하지 않으면 소심하고 겁이 많은 고양이로 자랄 것이고, 낯선 사람이나 동물이 만지거나 접근해오면 서투르게 반응할 것이다.

새끼고양이 시기에 사람 손에 길들고 사냥 기술을 연마하도록 다양한 놀이를 제공하는 것이 중요하다. 하지만 졸려 보일 때는 재우자.

성묘의 사회화

성묘를 입양했다면 새끼고양이에 비해 새로운 사람과 환경에 적응시키는 데 더 오래 걸릴 것이다. 성묘는 일상이 변화하면 당황한다. 전 주인이나 보호센터로부터 고양이의 습관, 성격, 좋아하는 음식과 장난감에 관한 정보를 가능한 한 많이 얻어야 한다. 익숙한 물건이 있으면 적응하는 데 도움이 되므로 이전에 쓰던 침구나 장난감을 가져와서 더 안심할 수 있도록 하자. 또한 안에 들어가서 안전하다고 느낄 만한 캐리어나 상자 등 피신처를 제공하자.

성묘는 처음에는 새 주인을 경계하고 손길을 거부할지도 모른다. 내킬 때 주변을 탐색할 수 있게 하자. 그리고 달래듯 낮은 목소리로 말을 걸어 주인의 존재와 목소리에 익숙하게 만들자. 사회화가 이루어지지 않은 고양이의 주요한 문제 중 하나는, 원하는 것을 얻기 위해 깨물거나 할퀴는 등 너무 거칠게 노는 것이다. 그러한 경우에는 놀이를 중단하고 단호한 목소리로 "안 돼"라고 말하며 다른 장난감을 주자. 주인과 문제없이 잘 놀았을 때는 많은 칭찬을 해주고, 공격성을 장난감에 드러냈을 때도 칭찬을 해주자. 그렇게 하면 장난감은 거칠게 다루어도 되지만 주인에게는 그래서는 안 된다는 것을 학습할 것이다.

낯선 사람과 대면하도록 강요하지 말고 내킬 때 스스로 다가가도록 하자. 나쁜 일이 일어나지 않는다는 것을 깨닫게 되면 자신감이 생기고 사람을 믿게 될 것이다. 고양이를 친구나 이웃에게 맡겨야 한다면 그들이 돌봐주기 전에 낯익게 만들어야 한다.

아기와 대면시키기

고양이가 늘 가족의 주목을 받아왔다면 아기가

어미 고양이의 사회화 교육
새끼고양이는 생후 8-12주 동안에 어미로부터 사회적 기술을 배운다. 필수적인 삶의 기술을 배우고 많은 사회화 교육을 받아야 하는 시기이기 때문에 생후 12주가 지난 뒤에 입양하는 것이 좋다.

아이들에게 익숙해지기
새로운 고양이는 아이들에게 참을 수 없을 만큼 매력적일 것이다. 아이들에게 올바로 다가가고 만지는 법을 가르쳐주어야 하고, 처음 만났을 때는 잘 지켜봐야 한다.

좋은 친구
형제가 아닌 고양이들은 어렸을 때 대면시키는 것이 가장 좋다. 주인이 종일 집을 비우더라도 서로 좋은 친구 및 놀이 상대가 될 것이다.

태어났을 때 경쟁자로 인식하여 질투할지도 모른다. 면밀한 준비를 통해 이를 방지할 수 있다. 아기가 태어나기 전에 아기의 방과 용품을 탐색시키되 방에 마음대로 들어가거나 유아용 침대, 요람, 유모차에 접근하게 해서는 안 된다. 고칠 필요가 있는 문제 행동이 있는 경우, 아기가 태어나면 더 심해질 수 있기 때문에 당장 해결해야 한다.

아기를 처음 데려왔을 때는 고양이를 아기 옆에 앉혀놓고, 문제없이 있으면 간식을 주어 아기와 있는 것이 긍정적인 경험이라고 인식시키자. 아기와 고양이만 같이 있게 해서는 안 된다. 아기가 자고 있을 때는 방문을 닫자. 고양이의 일과를 가능한 한 평소처럼 유지하고, 가족 중 누군가가 계속해서 관심을 주어야 한다.

함께 사는 고양이

집고양이는 집을 자신의 영역으로 여기기 때문에 다른 성묘를 데려오면 위협으로 느낄 수 있다. 새끼고양이를 데려왔다면 좀 더 너그러운 태도를 취하겠지만 괴롭히거나 질투하지 않는지 살펴봐야 한다. 괴롭히는 것처럼 보인다면 새끼고양이가 스스로 대처할 수 있을 때까지 떼어놓자. 집은 원래 있던 고양이의 영역이며, 침입자가 아무리 작아도 본능적으로 자신의 영역을 지키려 한다는 것을 잊어서는 안 된다. 사랑과 관심을 쏟고 얌전하게 굴었다면 보상의 의미로 간식을 주자. 서서히 서로 익숙해지면 휴전을 맺고 사이좋게 지낼 것이다.

다른 애완동물

개에게 새로운 고양이를 소개시킬 때와 고양이에게 새로운 개를 소개시킬 때, 서로 비슷한 방식으로 어울리게 할 수 있다. 새로운 고양이를 집에 처음 데려왔을 때, 고양이가 적응할 때까지는 개가 들어가지 않아도 되는 방에 두자. 장벽을 설치하거나 개를 케이지에 넣어두는 방법도 있다. 고양이가 새로운 환경에 익숙해지는 동안, 고양이를 문지른 수건을 다시 개에게 문질러 고양이의 냄새를 맡게 하거나 고양이를 만진 손의 냄새를 맡게 하고, 고양이에게도 똑같이 하자. 개가 고양이의 냄새에 익숙해지면 개를 줄에 매고 고양이가 있는 방의 문 앞으로 데려온다. 짖거나 긁거나 달려들지 못하게 해야 한다. 개가 올바로 행동한다면 줄을 풀어주자. 불행히도 안심하고 고양이와 함께 둘 수 없는 개도 있다. 그러한 경우에는 서로 격리하거나, 마주치지 않는지 항상 감시해야 한다.

고양이의 사냥 본능은 금방 드러나기 때문에 햄스터나 토끼 같은 작은 애완동물은 고양이에게 보여주지 않는 것이 최선이다.

친구 되기
고양이와 개는 천성적으로 사이가 좋지는 않다. 개가 고양이와 있을 때 과도하게 흥분하지 않도록 해야 고양이도 안심하고 곁에 있을 것이다.

놀이의 중요성

고양이가 육체적 · 정신적으로 건강하게 살기 위해서는 자극이 필요하며
특히 종일 혼자 있는 집고양이라면 더더욱 그렇다.
약간의 생각과 노력으로 고양이가 즐거운 생활을 누릴 수 있다.
함께 놀아주는 것은 고양이와 교감하는 좋은 방법이지만,
혼자 놀도록 유도하는 것도 중요하다.

놀이는 넘치는 에너지를 발산하기 위한 중요한 수단이다. 다른 동물을 사냥하거나 뒤쫓을 기회가 없는 고양이는 지루해하고 스트레스를 받기 쉬우며 문제 행동으로도 이어질 수 있다(pp.290–291). 놀이를 통해 얻는 정신적 · 육체적 자극은 새끼고양이뿐만 아니라 성묘에게도 중요하다. 대부분의 고양이, 특히 중성화 수술을 받은 고양이는 나이가 들어서도 놀고 싶어 하는 마음을 유지한다.

자극의 결여는 실내 고양이에게 심각한 문제가 될 수 있다. 혼자서 지루한 날을 보내고 나면 주인이 귀가했을 때 관심을 요구하며 끊임없이 괴롭힐 것이다. 외출하는 고양이는 위험하기는 하지만 더 활동적이고 자극이 되는 생활을 누릴 것이다(pp.260–261). 달리고 뛰어오를 수 있는 공간이 충분하고 새로운 경험이 가능하기 때문에, 탐험하고 추적하고 사냥하는 자연적 본능을 마음껏 펼칠 수 있다. 집고양이도 주기적으로 기분을 풀 필요가 있다. 이 때문에 보통 집 안을 이리저리 날뛰며 가구 위로 뛰어오르고 커튼에 기어오르는 '광란의 시간'이 연출된다. 이는 매우 자연스러운 행위지만 도가 지나치면 집을 망가뜨리고 상처를 입을 위험이 있다. 이러한 행동을 막기 위해서는 포식성의 본능을 쌍방향 장난감과 적극적인 놀이로 돌려야 한다.

타고난 기술을 연마하기
새끼고양이 앞에서 리본을 달랑거리거나 질질 끌면 뒤쫓아 사냥하려는 타고난 충동을 불러일으킬 것이다. 이러한 놀이를 통해 먹잇감을 잡고 깨무는 등 보통 야생에서 생존하기 위해 필수적인 기술도 배울 수 있다.

다양한 장난감

고양이는 뒤쫓고 몰래 접근하고 덮치려는 본능을 불러내는 장난감을 좋아하므로(p.285 박스 참조) 확실한 대용물을 제공하여 사냥의 필요를 충족시켜주자. 깃털이 달린 놀이용 봉이나 캣닙 마우스 같은 쌍방향 장난감은 붙잡거나 발로 치고 바닥 위로 끌릴 때 뒤쫓을 수 있다. 또한 놀이용 봉을 사용하면 고양이가 '사냥감'을 공격할 때 놀아주는 사람의 손을 고양이의 발톱과 이빨로부터 보호할 수 있다.

함께 놀아주는 것만으로는 부족하기 때문에 고양이가 혼자서도 갖고 놀 수 있는 장난감을 주어야

숨기와 탐색하기
종이봉투와 판지 상자는 고양이의 호기심을 자극하여 살피게 만들거나 불안할 때 숨을 곳을 제공한다. 나오고 싶을 때 언제든 나올 수 있도록 해야 한다.

밖에서의 놀이
잘 길들여진 고양이도 사냥의 욕구를 유지하고 있으며, 정신적 자극을 필요로 한다. 외출이 허용된 고양이에게는 본능에 따라 행동할 기회가 많이 있다.

한다. 고양이는 움직이거나 감촉이 흥미롭거나 캣닙의 냄새가 나는 장난감에 가장 큰 관심을 보인다. 태엽이나 배터리로 작동하는 장난감이 바닥을 돌아다니면 특히 호기심을 발동시킬 것이다.

장난감은 조각이 떨어져나가면 고양이가 삼킬 수 있기 때문에 상태가 좋아야 한다. 고양이가 씹거나 찢을 수 있는 장난감을 갖고 놀 때는 잘 지켜봐야 한다. 끈이나 천 조각을 삼키면 장폐색을 일으킬 수 있고, 날카로운 모서리 때문에 입을 다칠 수 있다.

소박한 즐거움

고양이에게 값비싼 액세서리나 장난감을 사줄 필요는 없다. 구겨진 신문, 실타래, 연필, 솔방울, 코르크, 깃털 등 소박하고 일상적인 것으로도 혼자 즐겁게 놀 수 있다. 고양이는 숨는 것을 좋아하므로 오래된 판지 상자나 종이봉투처럼 숨바꼭질할 수 있는 물건을 챙겨주자. 비닐봉지는 그 안에서 질식하거나 손잡이에 걸려 목이 졸릴 위험이 있기 때문에 절대로 가지고 놀게 해서는 안 된다.

또한 커튼과 블라인드의 줄은 고양이가 좋은 놀잇감으로 여길 수 있으므로 쉽게 접근할 수 있는 곳에 달아서는 안 된다. 아무리 민첩한 고양이일지라도 쉽게 얽히거나 목이 졸릴 수 있다.

자극 있는 생활

고양이에게 새로운 재주를 가르쳐주면 놀이 시간이 더 재미있어진다(pp.288-289). '우두머리'를 즐겁게 하기 위해 재주를 배우는 개와 달리, 고양이에게는 다른 동기 부여, 즉 음식이 필요하다. 가르치기에 가장 좋은 시간은 배가 고플 때인 급식 시간 직전이다. 정신을 집중할 수 있는 조용한 곳에서 해야 하며, 매 훈련마다 몇 분을 넘겨서는 안 된다. 고양이의 연령과 재주의 난이도에 따라 하루에 몇 번씩 몇 주간 반복할 필요가 있다. 재주를 익히는 데 진전이 있다면 약간의 간식과 함께 많은 칭찬을 해주자. 고양이는 즐거워야만 기꺼이 훈련에 참여할 것이다. 하기 싫어하는 것을 강요하거나, 관심을 보이지 않는다고 해서 화를 내서는 안 된다.

고양이가 재주를 익히는 데 협조하지 않을지라도 퍼즐 피더를 구입하거나 만들면 즐거운 시간을 보낼 수 있다. 장치를 발로 건드리고 냄새를 맡으며 돌아다녀야 음식이 나온다. 또한 고양이가 '사냥'해야 먹을 수 있도록 건식을 그릇에 넣지 말고 집 안에 흩뿌려놓는 방법도 있다.

액티비티 센터
고양이는 주변 환경을 다각도로 탐색하는 것을 좋아하므로 한눈에 살피기 적당한 곳을 마련해주는 것이 중요하다. 높은 플랫폼이 달려 있는 튼튼한 스크래칭 포스트가 있으면 뛰어오르고 기어오르려는 고양이의 욕구를 만족시킬 수 있다.

장난감 퍼레이드

고양이의 장난감은 매우 다양한 종류가 나와 있다. 대부분은 먹잇감을 추적하고 사냥하려는 욕구를 자극하기 위한 것이다. 적합한 장난감으로는 작고 가벼운 볼, 빈 백(bean bag), 펠트나 로프로 만들어진 쥐 모양 인형, 방울, 깃털 등이 있다. 애완동물 가게에 가면 캣닙 냄새가 나는 장난감과 간식이나 적은 양의 음식을 숨겨놓을 수 있는 속이 빈 공도 구입할 수 있다. 스크래칭 포스트, 플레이 스테이션, 캣 짐은 높은 곳에 올라가려는 타고난 성향을 자극할 것이다. 멀티액티비티 센터는 아늑한 은신처, 스크래칭 포스트, 앉을 곳, 매달린 장난감 등 다양한 것을 제공한다.

즐거운 놀이 시간

대부분의 고양이는 나이가 들어도 놀이를 좋아한다. 혼자서도 잘 놀지만, 주인과 함께 하는 적극적인 놀이를 통해 더 많은 자극을 받을 수 있다.

고양이 훈련시키기

고양이는 천성적으로 활발하기 때문에 정신적 · 육체적 건강을 위해 많은 자극이 필요하다. 고양이에게 어떤 행동이 좋은지 가르쳐주고 함께 놀이를 하면 고양이와 적극적으로 교감할 수 있다. 유익하고 효과적인 훈련을 시키려면 규칙을 정해놓고 '좋은' 행동에는 보상을, '나쁜' 행동에는 무시를 해야 한다. 이로써 고양이를 다루고 통제하는 것이 더 용이해진다.

음식을 이용한 교육

고양이는 보상이 먹을 것이라면 즐겁게 배우지만, 개와 달리 훈육에는 반응하지 않는다. 단지 부르기만 해서는 앉거나 주인에게 오라고 가르칠 수 없지만, 말린 닭고기나 건조 새우 등 맛있는 음식 한 조각을 주고 적당히 칭찬해주면 효과가 있을 것이다. 고양이는 배고플 때 가장 잘 배우므로 급식 시간 직전에 훈련시켜보자. 간식을 많이 주면 허기가 사라져 금방 흥미를 잃기 때문에 조금씩만 줘야 한다.

생후 4개월경부터 학습이 잘 이루어진다. 더 어린 고양이는 집중력이 없고, 나이 든 고양이는 흥미를 보이지 않는다. 샴(pp.104-109)처럼 활동적인 단모종은 다른 품종에 비해 훈련이 쉽다.

스크래칭 포스트
기둥은 쓰러지지 않도록 견고해야 하고 표면은 발톱이 낄 위험이 없어야 한다. 액티비티 센터의 기능을 겸하는 제품도 있다.

이름 훈련

고양이를 훈련시키려면 이름이 있어야 한다. 고양이가 쉽게 인식하고 반응할 한두 음절의 짧은 이름이 좋다. 만일 성묘를 입양했다면 이름이 마음에 들지 않아도 바꾸지 않는 것이 좋다. 훈련 시간은 1-2분이어야 하고 더 길어서는 안 된다. 집중할 수 있는 조용한 방에서 하도록 하자.

고양이를 다가오게 하려면 간식으로 유혹하면서 이름을 부르자. 가까이 오면 한 걸음 뒤로 물러나 "이리 와"라고 하자. 더 다가오면 즉시 간식을 주고 칭찬해주자. 고양이가 명령을 듣고 다른 방에서 뛰어올 때까지 매번 거리를 늘려서 반복하자. 그때부터는 서서히 간식을 줄여도 여전히 부르는 소리를 듣고 반응할 것이다.

불렀을 때 오는 것을 익혔다면, 신호에 맞춰 야옹거리는 훈련을 시작할 수 있다. 손에 간식을 쥐고 부른 뒤에 야옹거리기 전까지는 간식을 주지 말자. 고양이가 낚아채가려고 해도 참아야 한다. 야옹거리면 곧바로 고양이의 이름을 부르고 간식을 넘겨준다. 이름을 부를 때마다 야옹거리게 될 때까지는 보다 효과적인 반응을 위해 간식을 주는 훈련과 주지 않는 훈련을 번갈아서 하자.

클리커 훈련

고양이에게 몇몇 기본적인 재주 — 예컨대 캐리어 안으로 들어가기 — 를 가르치고 싶다면 클리커 훈련이 매우 효과적이다. 클리커는 누르면 찰칵 소리가 나는 금속 탭이 달린 작은 장치다. 고양이가 '옳은' 일을 할 때 찰칵 소리를 내고 곧바로 간식을 주면, 찰칵 소리를 착한 일과 연관시켜 바람직한 행동을 하도록 훈련할 수 있다.

현실적 기대

집 안의 생활은 고양이의 포식 본능을 좌절시킬 수 있다. 고양이는 사냥하고 기어오르고 뛰어오르고 할퀴려는 의욕이 있기 때문에 이러한 행동을 정상으로 받아들여야 한다. 하지만 문제가 된다면 쌍방향 장난감이나 스크래치 포스트처럼 안전하고 고양이가 받아들일 만한 대체물을 설치해주자. 본능적인 행동을 했다고 해서 벌을 주거나 강제로 저지해서는 안 된다. 고양이가 다치거나 재물이 파손될 위험이 있다면 물리적인 장벽을 설치하자.

캣 플랩 사용하기
고양이가 진정으로 독립적이라면 캣 플랩을 설치하여 내킬 때 드나들 수 있도록 하자. 그렇지 않으면 고양이가 들어오거나 나가고 싶어 하는지 확인하기 위해 끊임없이 문과 창문을 열어봐야 한다.

'찰칵' 소리 듣기

클리커 훈련을 시작하려면 고양이가 '찰칵' 소리와 보상의 관련성을 이해하고 있어야 한다. 고양이가 지루해하지 않도록 훈련은 짧게 하자.

문제 행동

**가구 긁기, 부적절한 배설, 갑작스런 공격성 표시 등
애완용 고양이의 용납할 수 없는 행동에 대해서는 그 원인을 찾아야 한다.
어딘가 불쾌하거나 건강에 이상이 있다는 신호일지도 모른다.
주인은 그러한 행동이 질병, 스트레스, 혹은 지루함에서 비롯되는지 아니면
그냥 본능적인 것인지 알아내야 한다.
인내심을 가지고 대처하면 문제를 해결하거나 최소화할 수 있을 것이다.**

문제 해결을 위한 주요 전략

- 건강 검진을 통해 숨어 있는 건강상의 문제를 제거한다
- 문제 행동을 일으킨 최초의 원인과 현재의 유발 요소를 알아낸다
- 가능하다면 유발 요소로부터 고양이를 보호한다
- 부적절한 행동에 벌을 주거나 주목하지 않는다
- 긁기 같은 정상적인 행동은 더 적절한 대상으로 돌린다
- 수의사와 상담하여 자격과 경험을 갖춘 고양이 행동 전문가를 소개받는다

공격성

함께 놀아줄 때 고양이가 깨물거나 할퀸다면 즉시 중지해야 한다. 지나치게 흥분했거나 복부 등 민감한 부위를 만지는 것이 싫은 것일지도 모른다. 고양이와 놀 때 손을 '장난감'처럼 사용하면 쉽게 깨물거나 할퀼 수 있으므로 자제해야 한다. 거친 놀이는 공격성을 촉발시킬 수 있기 때문에 아이들에게 얌전히 놀도록 하고, 놀이를 중단해야 할 시점을 가르쳐주자. 만일 애완견이 있다면 반격을 방지하기 위해 고양이를 괴롭히지 않도록 훈련시켜야 한다. 고양이가 매복했다가 발목을 습격하거나 어깨 위로 뛰어오르는 것을 좋아한다면 그러려고 할 때 장난감으로 주의를 돌려야 한다.

분명한 이유 없이 공격적으로 변했다면 통증 때문에 그럴 가능성이 있으므로 동물병원에 데려가자. 공격성이 오래 이어진다면 새끼일 때 사회성을 제대로 익히지 못한 결과일 수도 있다. 항상 사람을 경계하겠지만 인내심을 가지고 대하면 결국 신뢰를 얻을 것이다. 중성화 수술을 받으면 대개 훨씬 온순해진다.

씹기와 긁기

지루함은 스트레스 및 파괴적인 행동으로 이어질 수 있다. 고양이가 평생 실내에만 있고 특히 자주 홀로 남겨진다면 무료함을 달래기 위해 집 안의 물건들을 씹을지도 모른다. 그러한 경우에는 장난감을 많이 주고 매일 일정 시간을 확보해서 놀아주어야 한다.

긁기는 발톱을 다듬고 영역을 시각적 · 후각적으로 표시하기 위한 자연스러운 행위다. 소파가 심하게 긁혀 있다면 소파 대신 영역을 표시할 수 있는 스크래칭 포스트를 마련해주자. 대부분의

끝까지 싸운다
고양이는 선천적으로 자신의 집단 밖의 존재를 위협으로 느낀다. 특히 급식 구역이나 리터 박스 등을 공유할 수밖에 없는 고양이들 사이에서 이해의 충돌은 흔히 싸움으로 이어진다.

영역 점유하기
고양이는 분쟁 중인 영역의 소유를 주장하기 위해 오줌을 뿌린다. 특정 영역에서 다른 고양이와 충돌이 있으면 마당뿐만 아니라 집 안에서도 스프레잉을 할 것이다. 소음이나 환경의 변화 등으로 스트레스를 받아서 부적절한 장소에 스프레잉을 하는 경우도 있다.

스크래칭 포스트는 거친 로프나 헤시안(hessian)으로 덮여 있어 긁기에 좋다. 고양이가 잘 긁는 곳 근처에 두고, 잘 쓰려 하지 않으면 캣닙을 발라서 유혹하자. 만일 카펫을 주로 긁는다면 바닥에 까는 스크래칭 매트를 준비하자. 지속적으로 가구를 긁는다면 긁힌 부분을 깨끗이 닦아 고양이의 냄새를 제거하고 고양이가 싫어하는 양면테이프 등을 붙여 단념하도록 하자.

고양이가 자연스럽게 영역 표시로 쓰는 안면 호르몬의 복제 물질이 함유된 액체를 잘 긁는 가구에 뿌려두는 것도 해결책이 될 수 있다. 플러그식 디퓨저 형태로도 나오는 이 제품은 고양이를 안심시키는 물질을 방출함으로써 불안감을 완화시키고 스트레스와 관련된 행동을 줄이는 데 효과가 있다고 알려져 있다.

스프레잉

스프레잉도 스크래칭과 마찬가지로 영역을 표시하는 행위지만 중성화 수술을 받으면 대부분 사라진다. 하지만 아기가 태어나거나 애완동물이 늘어나는 등 환경의 변화로 스트레스를 받게 되면 재발할 수 있다.

실내의 스프레잉을 막으려면 고양이가 오줌을 뿌리려 꼬리를 든 순간에 주의를 딴 데로 돌려야 한다. 꼬리를 눌러 내리고 장난감을 던져서 갖고 놀게 하자. 한 곳에 반복해서 스프레잉을 한다면 그곳을 철저히 닦고 먹이 그릇을 두어 더 이상 못 하도록 하자. 닦을 때는 안전한 생물학적 세정제만을 사용하고, 암모니아나 냄새가 강한 화학물질은 피해야 한다. 고양이는 알루미늄 포일에 오줌이 부딪히는 소리를 싫어하므로 그것을 스프레잉하는 곳에 깔아두는 방법도 있다.

파손되는 가구
스크래칭은 발톱을 좋은 상태로 유지하고 메시지를 남기기 위한 자연적인 행위다. 다른 고양이와 충돌할 가능성이 있는 곳에 스크래칭을 한다면 자신의 지위에 불안감을 느껴 영역 표시를 남기려는 것일지도 모른다.

리터 박스 문제

고양이가 배설을 할 때 통증을 느끼게 되면 리터 박스를 통증과 연관지어 더 이상 쓰지 않을 수 있다. 따라서 리터 박스 밖에서 배설을 한다면 수의사에게 조언을 구해야 한다. 건강상의 문제가 없다면 원인은 다른 데 있을 것이다. 리터 박스를 제대로 청소하지 않으면 고양이가 그 냄새를 지독하다고 느낄 수 있다. 또 냄새를 차단하려고 리터 박스에 커버를 씌우면 내부의 냄새는 더 심해질 것이다. 깔개를 새 유형으로 바꾼 경우에도 고양이가 그 감촉을 불쾌하다고 느끼면 문제가 생길 수 있다.

책임 있는 번식

순혈종 고양이의 번식은 즐겁고 잠재적으로 수익성 있는 시도인 것 같지만, 진지하게 생각해야 한다. 성공한 브리더들 대부분은 오랜 경력이 뒷받침되어 있다. 번식을 결심하려면 임신할 고양이와 태어날 새끼들을 위한 조사와 준비, 그들을 돌보는 데 많은 시간과 돈을 들일 각오가 필요하다. 또한 새끼고양이들의 장래도 미리 계획해야 한다.

신중한 결정

태어날 모든 새끼고양이에게 집을 찾아줄 자신이 없다면 번식을 고려하지 말아야 한다(p.269).

번식을 시작하기 전에 가능한 한 많은 조언과 상세한 정보를 구해야 한다. 순혈종 암컷 고양이를 판매한 브리더로부터 적합한 순혈종 수컷을 찾는 방법 등 귀중한 조언을 얻을 수 있을 것이다. 고양이 유전학에 대한 이해도 필요한데, 새끼고양이에게는 다양한 특징이 발현될 수 있으므로 특히 털의 색깔과 무늬의 유전에 관해 잘 알아야 한다(pp.51-53). 또한 해당 품종과 관련된 유전병의 지식도 갖추어야 한다(pp.296-297). 순혈종 새끼고양이는 고가에 팔 수 있지만, 그 수익은 번식 및 진찰 요금, 난방 장치, 혈통 등록비, 어미 고양이와 젖을 뗀 새끼의 식비 등으로 상쇄된다.

임신
집고양이의 임신 기간은 통상 63-68일이다.

임신 및 산전 관리

성공적으로 교배를 마쳤다면 첫 신호 중 하나로 임신 3주차쯤 고양이의 유두가 살짝 붉어질 것이다. 그 이후 몇 주간 계속해서 몸무게가 증가하고 체형이 바뀔 것이다. 고양이의 상태를 직접 살피는 것은 해로울 수 있으므로 하지 말아야 한다.

출산을 앞둔 고양이는 많은 영양을 필요로 한다. 수의사와 상담하면 급식에 관해 안내해주고 필요에 따라 보충제를 추천해줄 것이다. 또한 기생충이 있으면 새끼에게 옮을 수 있기 때문에 검사는 필수다(pp.302-303). 수의사는 대변 샘플을 검사하여 장내 기생충을 확인하고, 필요하면 벼룩 퇴치에 관해서도 조언해줄 것이다.

원래 활동적인 고양이라면 뛰어오르거나 기어오르는 것을 막을 필요는 없지만, 출산 직전의 2주간은 실내에서 지내야 한다. 정말로 필요한 경우가 아니라면 안아 올리지 말고, 아이들에게도 살살 만질 것을 당부해야 한다.

출산이 가까워지면 조용한 모퉁이에 분만용 상자를 준비하자. 시판되는 제품을 구입해도 좋지

성장의 단계

갓 태어난 고양이는 눈이 안 보이고 귀가 안 들려 어미에게 전적으로 의존하지만 이내 빠르게 성장한다. 무력한 젖먹이는 몇 주 만에 고양이로서의 기본 교육을 마친 활기 넘치는 새끼고양이가 된다. 생후 3주쯤 걸을 수 있게 되면 어미 고양이를 흉내 내고, 어미를 따라 리터 박스도 사용한다. 생후 4주에는 모유에서 고형 음식으로 식성이 바뀌기 시작하며, 어미가 그릇 안의 음식을 먹는 모습을 모방한다. 영양 면에서 어미에게 점점 덜 의존하게 되고 보통 생후 8주가 되면 완전히 젖을 뗀다. 일반적으로 생후 12개월쯤에는 성묘가 되지만 더 오래 걸리는 고양이도 있다. 성묘가 되기 전에 성적으로 성숙해지며 생후 4개월부터 중성화 수술이 가능하다.

생후 5일
아직 눈을 뜨지 못하지만 주변 세계를 감지할 수 있다. 귀가 머리에 납작하게 붙어 있고 청각이 완전히 발달되어 있지 않다. 생후 첫 주에는 어미에게서 떨어지지 않고, 젖을 빨거나 자는 것 외에는 거의 아무것도 하지 않는다.

생후 2주
눈은 떴지만 시각이 불완전하다. 눈은 몇 주간 파랗지만 이후 서서히 색상이 나타난다. 후각이 발달하여 익숙하지 않은 냄새가 나면 쉭쉭거리거나 으르렁거리며 방어적인 반응을 보인다.

최초의 목욕
새끼고양이가 태어나면 곧바로 어미가 깨끗하게 핥아준다. 혀를 세차게 움직여 새끼의 몸에 붙어 있는 점막을 제거하고, 자극을 주어 호흡을 촉진시킨다.

만 튼튼한 판지 상자로도 충분하다. 쉽게 들어갈 수 있게 한쪽 면이 뚫려 있어야 하지만 새끼고양이가 기어 나올 수 있으므로 입구가 너무 낮으면 안 된다. 찢겨도 괜찮은 종이를 두껍게 깔아두면 상자 안이 따뜻하고 편안해지며, 더러워져도 쉽게 치울 수 있다. 고양이를 출산 전에 분만용 상자에서 지내도록 유도하면 그곳을 편안하게 느껴 진통이 시작됐을 때 이용할 것이다.

출산

출산할 때가 되면 그냥 잘 지켜보고 문제가 생겼을 때 수의사에게 연락해야 한다. 그리고 무슨 일이 일어날지 예상할 수 있어야 한다 — 수의사와 상담하면 출산의 각 단계에 대해 조언해줄 것이다. 대개의 경우 새끼고양이는 문제없이 태어나며, 어미 고양이는 초산일지라도 어떻게 대처해야 하는지 본능적으로 알고 있다.

처음 몇 주간

젖을 떼지 않은 새끼고양이는 어미와 형제들과 내내 함께 있어야 한다. 어미 고양이는 보호자이자 영양의 원천일 뿐만 아니라 고양이로서의 행동을 가르쳐주는 선생님이기도 하다. 또한 새끼고양이는 형제와의 상호 작용을 통해 사회성을 기르고 삶에 필요한 기술을 연마한다. 정말 필요한 경우가 아니면 새끼고양이를 가족으로부터 떼어놓아서는 안 된다.

생후 4주가 되면 놀이를 시작하며, 자극이 되는 장난감이 있으면 도움이 된다. 굴러가는 장난감이 인기 있지만 작은 발톱이 걸릴 수 있는 것은 피해야 한다. 놀이는 자주 거칠어지는데, 새끼고양이 전체가 뒤엉켜 하나의 털 뭉치가 되어도 떼어놓을 필요는 없다. 서로를 해치지 않으며 이러한 모의 싸움도 성장 과정의 일부다. 걸음마를 떼고 분만용 상자에서 기어 나올 수 있게 되면 행방을 늘 주시해야 한다. 어디든 돌아다니므로 밟히거나 다치기 십상이다. 그리고 예방 접종을 마치기 전까지는 실내에만 두어야 한다.

새로운 주인 찾기

생후 12주를 맞이하면 새로운 주인에게 갈 준비가 된 것이다. 태어날 때부터 돌보아왔기 때문에 새끼고양이와 헤어지고 싶지 않을 것이다. 끝까지 맡아 기를 계획이 없었을지라도 견디기 힘든 일이다. 새 주인에게 맡기기 전에, 최선을 다해서 최적의 환경을 확보해주어야 한다. 질문할 사항을 미리 준비하고, 만족스러운 답변을 얻지 못했을 경우에는 합의하지 말아야 한다.

인공 수유
사람의 손으로 직접 수유를 해야 하는 경우도 드물게 있다. 정확한 성분의 분유를 올바른 기구와 방법으로 먹이는 것이 필수적이므로 항상 수의사에게 조언을 구해야 한다.

생후 4주
꼬리를 곧추세워 균형을 잡으며 활발하게 탐색하기 시작한다. 시각과 청각이 충분히 발달되어 있다. 유치가 몇 개 나 있고 고형 음식도 소화시킬 수 있다. 어미 고양이는 젖을 떼기 시작한다.

그루밍을 배운다

생후 8주
매우 활동적이고 모든 것에 흥미를 가진다. 그루밍 같은 고양이 특유의 습성을 본능적으로 익히고, 장난감이나 형제를 덮치면서 사냥을 연습한다. 이 시기에는 젖을 완전히 뗀다.

생후 10주
완전하지는 않지만 고양이다워진다. 독립적인 기질이 발달되어 있으며 곧 집을 떠날 준비가 갖춰질 것이다. 뛰어오르거나 기어오르는 등의 대담한 행동을 시도할 때는 지켜볼 필요가 있다. 이 시기에는 최초의 예방 접종이 완료되어야 한다.

생애 첫 일주일

갓 태어난 고양이는 각각 어미의 젖꼭지를 하나씩 정해놓고 냄새를 통해 그 젖꼭지를 찾아 젖을 먹는다. 첫 일주일은 젖을 빨고 자는 것 외에는 아무것도 하지 않을 것이다.

유전성 질환

유전성 질환은 한 세대에서 다음 세대로 전달되는 유전자의 문제로 발병한다. 품종에 따라 특정 질환이 연관되는 경우도 있다. 여기서는 가장 대표적인 몇 가지만 소개한다.

유전적 문제는 왜 발생하는가?

유전성 질환은 유전자의 결함 때문에 생긴다. 유전자란 세포 내 DNA의 일부로, 고양이의 성장, 몸의 구조 및 기능에 관한 '지시'를 담고 있다. 유전적 질환은 보통 작은 집단 내에서 나타나거나 혈연관계가 너무 가까운 개체끼리 교미했을 때 발병한다. 이러한 이유로 순혈종 고양이에게 더 흔하다. 유전성 질환을 확인하기 위해 스크리닝 검사(선별검사)가 실시되기도 한다.

품종 특유의 질환

순혈종 고양이는 품종 내의 유전자풀이 상당히 작기 때문에 개체군이 큰 잡종에 비해 결함 유전자의 영향을 더 많이 받는다. 잡종의 경우에는 결함 유전자가 있어도 몇 세대를 거치면 대개 사라진다. 비대성심근증(HCM) 같은 질병은 주로 메인 쿤(pp.214-215)과 랙돌(p.216)에게 나타나며 하나의 결함 유전자와 연관되어 있다. 이 질환에 걸리면 심장의 벽을 이루는 근육이 두꺼워지고 탄력이 떨어지기 때문에 심장 내부의 공간이 좁아지고 심장이 내보낼 수 있는 혈액량이 감소하며 결국 심장의 기능이 상실된다. 유전성 질환이 고유의 특징인 품종도 있다. 예컨대 과거 샴에게 나타난 사시 눈은 시각적 문제에 기인한다.

유전성 질환은 태어날 때부터 앓는 경우와 나중에 발병하는 경우가 있다. 결함 유전자를 갖고 있어도 증상이 나타나지 않는 고양이도 있다. 보인자(保因者)라 불리는 이러한 고양이가 동일한 결함 유전자를 가진 고양이와 교미하면 유전성 질환을 가진 새끼를 낳을 수 있다.

고양이의 질병은 유전성인 경우가 많다고 하지만, 그것을 증명하는 결함 유전자가 다 발견되지는 않았다. 표(p.297)에 있는 질환은 모두 유전성으로 밝혀진 것들이다. 스크리닝 검사가 가능한 일부 질환에 대해서는 결함 유전자의 보유 여부를 확인할 수 있다.

주인이 할 수 있는 일

유전성 질환을 근절하기 위해 브리더는 질환을 앓거나 보인자로 알려진 고양이에게 중성화 수술을 실시하여 번식에 이용되지 않도록 해야 한다.

기르는 고양이에게 유전성 질환이 있거나 발병했다면 그 질환에 관해 가능한 한 많은 정보를 입수해야 한다. 대부분의 유전성 질환은 치료가 불가능하지만, 세심한 관리를 통해 증상을 완화시키고 삶의 질을 높여줄 수 있다.

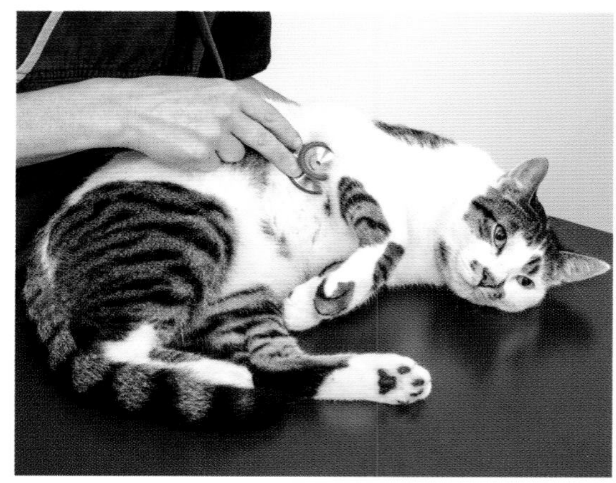

심장 박동 및 호흡 검사
수의사는 청진기로 고양이의 심장 박동과 호흡을 체크한다. 이는 유전성 질환으로 인한 흉부의 비정상적인 잡음을 감지하는 데 도움이 될 수 있다.

신장 질환
페르시안(pp.186-205)은 수많은 유전성 질환의 위험을 안고 있다. 그중 하나인 다낭포성신장질환(PKD)은 신장에 유체(流體)로 채워진 낭포가 생겨나 결국 신장의 기능이 상실되는 질병이다.

품종 특유의 유전성 질환

병명	특징	스크리닝 검사 가능 여부	관리법	관련 품종
■ 원발성지루증	피부 및 털에 각질이 생기거나 기름이 많다.	불가하다.	약용 샴푸로 자주 씻긴다.	페르시안, 이그조틱
■ 선천성빈모증	선천적으로 털이 없어 감염에 취약하다.	희귀성 질환으로 현재는 불가능하다.	치료법이 없다. 따뜻한 실내 환경에만 머물게 하고 잠재적 감염원을 차단시킨다.	버만
■ 출혈성 질환	상처가 나면 과도하거나 비정상적인 출혈이 나타난다.	몇 가지 유형에 대해 가능하다.	아물지 않은 상처를 찾아 출혈이 멎도록 처치하고 수의사에게 조언을 구한다.	버만, 브리티시 쇼트헤어, 데번 렉스
■ 피루브산키나아제 결핍증	적혈구에 영향을 미쳐 빈혈을 일으키고 수명을 감소시킨다.	유전자 검사가 가능하다.	수혈이 필요한 경우가 있다.	아비시니안, 소말리
■ 비대성심근증	심근이 두꺼워지고 대개 심부전을 일으킨다.	유전자 검사가 가능하다.	심부전의 영향을 최소화하기 위해 약물을 투여한다.	메인 쿤, 랙돌
■ 당원축적증	포도당 대사가 제대로 이루어지지 않아 중증 근력 저하를 불러오고 심부전을 일으킨다.	유전자 검사가 가능하다.	치료법이 없다. 단기적 수액요법이 필요하다.	노르웨이숲고양이
■ 척수성근위축증	진행성 근력 저하가 뒷다리부터 시작된다. 생후 15주 이후에 증상이 나타난다.	유전자 검사가 가능하다.	치료법이 없다. 잘 보살펴주면 충분히 질적인 삶을 누리는 경우도 있다.	메인 쿤
■ 데번 렉스 근육병증	전신에 근력 저하가 나타나고 걸음걸이가 비정상적이며, 삼키는 데 어려움이 있다.	불가능하다. 증상은 생후 3-4주에 처음 나타난다.	치료법이 없다. 기도폐색을 방지하기 위해 유동식을 소량씩 줘야 한다.	데번 렉스
■ 저칼륨성다발근육병증	근력 저하를 일으키며 신부전과 관련되어 있다. 보통 걸음걸이가 뻣뻣하고 머리가 떨린다.	버미즈 품종은 유전자 검사가 가능하다.	칼륨의 경구 투여로 증상을 관리할 수 있다.	버미즈, 아시안
■ 리소좀축적증	효소의 결핍으로 신경계를 포함한 신체 시스템에 영향을 미친다.	몇 가지 유형에 대해 가능하다.	효과적인 치료법이 없다. 보통 어려서 죽는다.	페르시안, 이그조틱, 샴, 오리엔탈, 발리니즈, 버미즈, 아시안, 코랫
■ 다낭포성신장질환	신장에 유체로 채워진 주머니(낭포)가 생겨 결국 신부전을 일으킨다.	유전자 검사가 가능하다.	치료법이 없다. 약물 투여로 신장의 부하를 경감시킬 수 있다.	브리티시 쇼트헤어, 페르시안, 이그조틱
■ 진행성망막위축증	눈의 망막에 있는 간상체와 추상체가 변성되어 조기에 실명으로 이어진다.	아비시니안과 소말리에게 나타나는 한 가지 유형에 대해 가능하다.	치료법이 없다. 가능한 잠재적 위협을 피해 안전한 곳에서 길러야 한다.	아비시니안, 소말리, 페르시안, 이그조틱
■ 골연골이형성증	통증을 동반하는 퇴행변성관절질환으로, 꼬리, 발목, 무릎의 뼈가 융합된다.	불가능하다. 이 질환을 방지하기 위해 귀가 접힌 고양이는 귀가 정상인 고양이와만 교배해야 한다.	완화 요법으로 통증과 관절의 부기를 경감시킬 수 있다.	스코티시 폴드
■ 맹크스증후군	척추가 너무 짧아서 척수 손상을 일으키고 방광, 장, 소화에도 영향을 미친다.	이처럼 극단적인 형태로 꼬리가 없으면 검사가 불가능하다.	치료법이 없다. 질병이 확인되면 대부분 안락사시킨다.	맹크스

건강한 고양이

고양이를 데려온 첫날부터 평상시의 몸 상태와 행동을 파악하여 건강한 상태를 인지하고 질병의 증후를 신속하게 감지할 수 있도록 하자. 활동이나 행동의 변화를 관찰함으로써 질병이나 부상을 초기에 알아챌 수 있다. 또한 정기 검진을 받게 하면 각 시기의 고양이 상태를 평가하고 그 기록을 남길 수 있다.

겉모습과 행동

고양이는 처음에 보통 겁을 먹지만 익숙해지면 원래의 성격이 드러난다. 본래 외향적이든 내성적이든 일반적으로 기민하고 즐거워 보일 것이다. 고양이가 어떻게 움직이고(빠른지 느긋한지) 어떤 소리를 내는지(야옹거리는지 짹짹거리는지), 주인 및 가족을 어떻게 대하는지 살펴봐야 한다. 자신에게 음식을 주는 사람이라고 인식하면 주인을 신뢰하고 볼 때마다 기뻐할 것이다.

고양이가 어떻게 먹고 마시는지도 관찰하자. 식성이 좋고 별 탈 없이 먹어야 한다. 고양이는 적게 자주 먹는 것을 선호한다(pp.270-273). 수분을 대부분 음식에서 보충해 물을 자주 마시지는 않지만, 건식만을 먹는다면 더 많이 마실 것이다.

리터 박스를 사용하는 경우에는 하루에 몇 번씩 배설물을 치워야 한다. 이때 얼마나 자주 대소변을 보는지 알 수 있다. 마지막으로, 어느 한 부위를 과도하게 핥거나 얼굴을 긁거나 머리를 흔드는 등의 이상한 행동을 하지는 않는지 주시해야 한다. 상처가 났거나 기생충이 있거나 피부 또는 털에 무언가가 붙어 있을 가능성이 있다.

건강함을 보여주는 행동

- 표정이 밝고 기민하다
- 자유롭게 달리고 뛰어오른다
- 사람에게 우호적이거나 차분하게 있다
- 그루밍을 원활하게 한다
- 먹고 마시는 양이 평소와 다름없다
- 대소변을 정상적으로 본다

차갑고 축축하며 분비물이 없는 코
깨끗하고 귀지가 많지 않은 귀
과도한 눈물, 분비물, 딱지가 없는 눈과 보이지 않는 순막(瞬膜)
살집이 좋지만 뚱뚱하지는 않고 품종 표준에 적합한 체형
깨끗한 입, 온전한 이빨과 건강한 잇몸
통증이나 분비물이 없고 깨끗한 꼬리 밑
윤이 나는 털, 상처나 질환이 없는 피부

건강한 고양이
고양이는 겉으로 건강해 보일 뿐만 아니라 기민하고 자유롭게 움직일 수 있어야 한다. 주기적으로 그루밍을 하고, 주인과 함께 있을 때 우호적이거나 평온해야 한다.

가정에서의 건강 체크

고양이의 머리부터 꼬리까지 주기적으로 체크하자. 새로 온 고양이라면 매일 하고, 고양이를 어느 정도 파악했다면 2-3일에 한 번 한다. 필요에 따라서 체크할 대상을 나누어 몇 분씩 진행한다.

먼저 손으로 머리, 몸통, 다리를 훑는다. 복부를 부드럽게 쥐어 응어리나 아픈 곳이 없는지 살피고 다리와 꼬리가 잘 움직이는지 확인한다. 늑골(갈비뼈)을 만져보고 허리 부분을 관찰하여 너무 살찌거나 말라가고 있지는 않는지 체크하자.

다음으로 눈을 깜빡이는 빈도를 살피자. 고양이는 사람보다 느리게 깜빡인다. 동공이 빛과 어둠에 제대로 반응하고 순막(제3안검)이 거의 보이지 않는 것을 확인한다. 그리고 귀와 머리가 이상하게 기울어져 있지는 않는지 체크하자. 귀에 통증, 기생충, 검은 귀지가 없는지 살피고, 코가 차갑고 축축한지, 과도한 점액은 없는지 확인한다.

입 안을 들여다보고 잇몸에 염증이나 출혈은 없는지, 입김에서 악취가 나지는 않는지 살핀다. 바깥쪽 잇몸을 잠시 눌렀을 때 색깔이 옅어졌다가 곧바로 분홍빛으로 돌아와야 정상이다.

털은 기름지지 않고 매끄러워야 한다. 혹, 상처, 탈모 부위, 기생충 등이 없는지 살펴본다. 목덜미를 살짝 들어 올렸다 놓았을 때 피부가 원래의 위치로 재빨리 돌아가야 한다. 발톱은 오므리고 있을 때 보이지 않고, 카펫이나 바닥에 걸리지 않아야 한다. 꼬리 아래쪽이 깨끗한지 살펴보고 홍반, 부기, 기생충의 자국이 없는지 확인한다.

문제를 인지하기

고양이는 통증, 질병, 상처의 징후를 잘 숨기는 것으로 악명 높다(pp.300-301). 야생에서는 포식자의 주의를 끌지 않도록 약점을 드러내지 않는 데에 생존이 걸려 있다. 하지만 이러한 전략은 증상이 심각해질 때까지 주인이 알아채기 힘들다는 문제를 안고 있다.

고양이가 평소보다 더 배고파 하거나 목마른 모습을 보인다면, 혹은 음식을 먹지 않거나 살이 빠졌다면 동물병원에 데려가야 한다. 배변 또는 배뇨 시 울거나 안간힘을 쓴다면, 혹은 아무 데나 용변을 본다면 내부 질환의 가능성이 있으므로 즉시 진찰을 받도록 해야 한다.

행동의 변화도 주의 깊게 살펴야 한다. 주인에게 오려고 하지 않거나 숨고, 평소보다 활동성이 떨어지거나 더 많이 자고, 비정상적으로 소심하거나 공격적인 태도를 보이는 경우도 있다. 이러한 조짐이 보인다면 즉시 수의사와 상담하자.

정기 검진

적어도 일년에 한 번은 정기적인 건강 검진을 받아야 한다. 수의사는 머리부터 꼬리까지 살펴보고 민감한 부위나 혹이 있는지 체크하면서 건강 상태를 평가할 것이다. 백신의 추가 접종, 기생충 검사 등을 실시하고, 벼룩 및 기생충 관리에 관해 가르쳐줄 것이다. 특히 집고양이나 고령의 고양이라면 필요에 따라 발톱을 다듬는 경우도 있다.

고양이의 체중 측정
고양이의 체중은 건강 상태의 지표가 되므로 정확히 기록해둔다. 과체중이거나 체중이 갑자기 감소했다면 수의사와 상담한다.

일상적인 체크

눈
눈이 맑고 촉촉한지 살펴본다. 눈꺼풀을 살살 움직여가며 결막(눈꺼풀의 뒷면)이 옅은 분홍빛을 띠는지 확인한다.

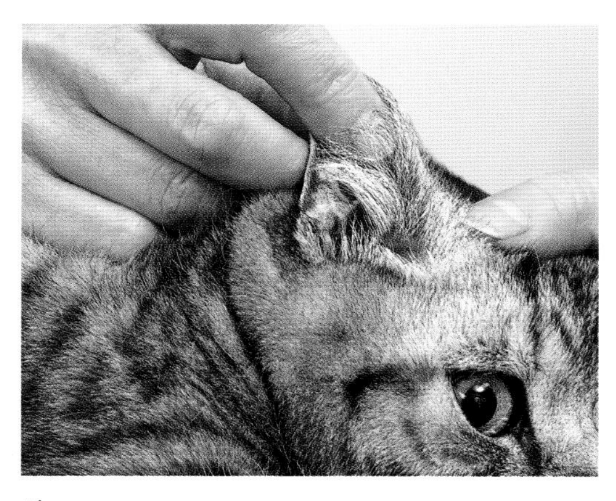

귀
귓속을 들여다보고 내부가 깨끗하고 분홍빛인지, 상처, 통증, 분비물, 기생충, 검은 귀지가 없는지, 악취가 나지는 않는지 확인한다.

이빨과 잇몸
입술을 살짝 치켜 올려 이빨과 잇몸의 상태를 체크하고 입속을 들여다본다. 이빨은 손상이 없고 잇몸은 옅은 분홍빛이어야 한다.

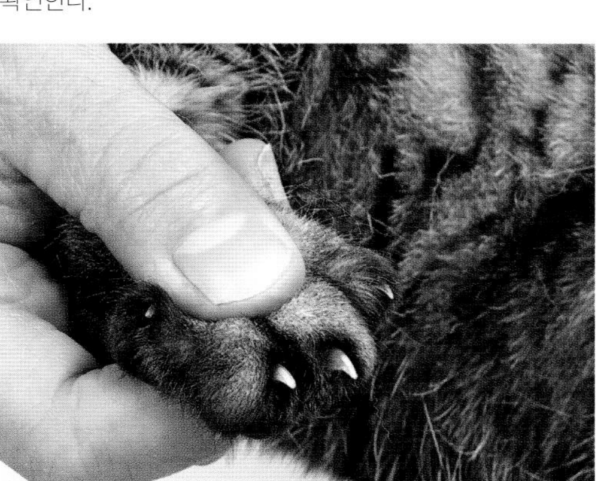

발톱
발끝을 살짝 눌러 발톱을 노출시킨다. 손상되었거나 빠진 발톱이 있는지 확인한 후에 발가락 사이의 피부에 상처가 있는지 체크한다.

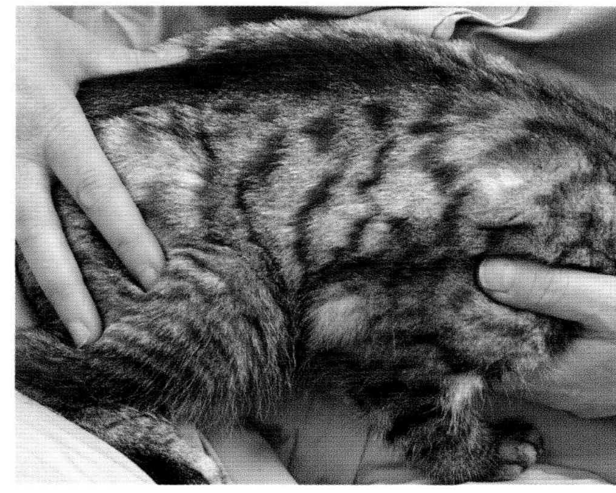

체중
손으로 등, 갈비뼈, 복부를 살살 훑으면서 비만도를 가늠한다. 갈비뼈 부분은 만져보지 않으면 잘 알 수 없다.

질병의 징후

야생에서 약점을 보이면 포식자의 주의를 끌기 때문에 고양이는 통증이나 질병의 징후를 본능적으로 숨긴다. 고양이의 이러한 습성 때문에 사태가 심각해질 때까지 주인이 문제를 파악하지 못하는 경우가 있다. 그러므로 겉모습과 행동의 변화를 주기적으로 관찰하여 건강상의 문제를 초기에 발견해야 한다.

흔한 건강상의 문제

일생 동안 건강상의 문제를 겪지 않는 고양이는 없을 것이다. 어쩌다 한 번 있는 구토나 설사는 큰 문제가 아니므로 동물병원에 데려갈 필요는 없다. 장내 기생충이나 벼룩 같은 문제는 수의사의 지시에 따라 집에서도 쉽게 처치할 수 있다. 하지만 더 심각한 질환이 생기면 급히 수의사의 치료를 받아야 한다. 구토나 설사가 반복된다면 드러나지 않은 질병을 앓고 있을 가능성이 높다. 요로 감염이나 폐색 때문에 배뇨 통증이 유발되거나, 결막염이나 순막이 드러나는 안과 질환도 발생할 수 있다. 다른 고양이와 싸워서 농양이 생기거나, 구강 질환 때문에 음식을 먹지 못하는 경우도 있다.

경고 신호

고양이는 자신이 약해져서 공격받기 쉽다고 느낄 때는 묵묵히 견디고 관심을 끌지 않으려고 한다.

건강상의 문제 인식하기

- 무기력하고 몸을 숨긴다
- 호흡이 몹시 빠르거나 느리거나 곤란하다
- 재채기나 기침을 한다
- 벌어진 상처, 부기, 출혈이 있다
- 대변, 소변 또는 토사물에 피가 섞여 있다
- 다리를 절고, 몸이 뻣뻣하고, 가구 위로 뛰어오르지 못한다
- 뜻하지 않게 체중이 감소한다
- 예기치 않게 체중이 증가하고 특히 복부가 비대해진다
- 적게 먹거나, 음식을 피하거나, 식탐이 지나치거나, 음식 섭취가 곤란해지는 등 식욕에 변화가 생긴다
- 구토를 하거나 먹은 직후 소화되지 않은 음식이 그대로 역류한다
- 갈증이 증가한다
- 설사를 하거나 배변에 어려움을 겪는다
- 배뇨 시 울거나 배뇨가 곤란해진다
- 가려움증이 생긴다
- 비정상적인 분비물이 생긴다
- 털에 변화가 생기고 털이 과도하게 빠진다

평소 생활 및 행동의 변화는 치료가 필요한 질환의 징후일 수 있으므로 주인으로서 책임지고 주의 깊게 지켜봐야 한다.

고양이는 많은 시간을 자거나 쉬면서 보내기 때문에 무기력함을 알아채기 어렵다. 그렇지만 뛰어오르려 하지 않는 등 활동성이 저하되었거나 주의력이 약해졌다면 통증이 있거나 질환을 앓고 있을 가능성이 높다. 무기력함은 비만과도 관련이 있기 때문에 과체중에서 벗어나면 사라지기도 한다.

식욕의 변화는 대개 질병이 있다는 신호다. 식욕이 없다면 치통 등의 구강 질환이 원인일 수도 있지만, 신부전 같은 더 심각한 질병일 가능성도 있다. 식욕은 늘었는데 체중이 줄고 배뇨 및 갈증이 함께 늘었다면 갑상선기능항진증이나 당뇨병을 의심해볼 수 있다.

비정상적이거나 고통스러운 호흡은 흉부 부상 때문에 발생하거나, 기도 폐색, 상기도감염, 쇼크 등으로 인한 증상일 수 있다. 쌕쌕거린다면 천식이나 기관지염일 가능성이 있다. 호흡 곤란이 오면 서둘러 동물병원에 데려가야 한다.

생명을 위협하는 탈수증은 구토, 설사, 배뇨량 증가, 열사병 등 다양한 원인으로 발병한다. 탈수 증세가 있는지 확인하는 간단한 방법이 있다. 목덜미의 피부를 살살 들어 올렸다가 놓았을 때, 원래의 위치로 튕기듯 되돌아가면 건강한 것이고, 천천히 되돌아가면 탈수증이라는 신호다. 잇

식욕 부진
평소 식성이 좋은 고양이가 음식에 흥미를 잃었다면 우려할 만한 일이다. 즉각적인 치료가 필요한 통증이 있거나 질병을 앓고 있는지도 모른다.

행동의 변화
고양이의 질병은 곧바로 드러나지 않을 수 있지만 행동에서 단서를 얻을 수 있다. 활동적인 고양이가 무기력해지거나 느긋한 고양이가 평소보다 더 반응하지 않는다면 건강에 문제가 있을지도 모른다.

몸을 손가락으로 만졌을 때 말라 있거나 끈적끈적한 것도 탈수증을 가리킨다. 긴급하게 수분을 공급해야 할 때는 수의사가 피하 또는 정맥에 직접 수액을 주입한다.

잇몸의 색깔을 보면 건강한지 심각한 질환을 앓고 있는지 알 수 있다. 건강한 고양이의 잇몸은 분홍빛이다. 엷거나 흰 잇몸은 쇼크, 빈혈, 또는 혈액 손실을, 노란 잇몸은 황달을, 빨간 잇몸은 일산화탄소 중독, 열, 또는 구강 내 출혈을, 파란 잇몸은 혈액 내 산소 부족을 의미한다.

피부의 혹도 건강이 좋지 않다는 하나의 지표이며, 이는 주기적인 털 손질을 통해 체크할 수 있다(pp.276-279). 그루밍을 평소보다 잘 하지 않거나, 털의 감촉이 달라지거나, 털이 빠지거나, 리터 박스를 사용하지 않는 것도 건강에 문제가 있다는 징후일 수 있다.

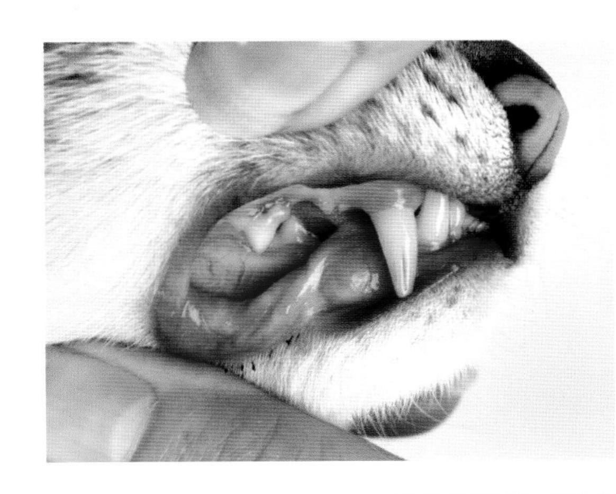

잇몸 체크
잇몸 색깔의 변화는 건강 상태의 변화를 의미한다. 수의사에게 잇몸과 이빨의 올바른 검사법을 배우고 고양이의 건강 및 위생 관리의 일환으로서 입 안을 정기적으로 체크하자.

진찰 시간
고양이의 건강이 염려된다면 주저하지 말고 수의사에게 연락하자. 갑자기 심각한 증상이 나타나거나 중상을 입은 경우에는 즉각 동물병원에 전화하여 도착하자마자 진료를 받을 수 있도록 하자.

응급 상황의 판단

고양이에게 심각한 건강상의 문제가 있다고 의심될 때 대처 속도가 생사를 좌우할 수 있다. 눈에 잘 띄는 곳에 단골 동물병원 및 응급실의 전화번호를 적어두자. 아래의 증상 가운데 하나라도 해당된다면 즉시 수의사에게 연락해야 한다.

- 의식 상실(기도가 막히지 않았는지 반드시 확인할 것)
- 발작
- 빠른 호흡, 헐떡임, 호흡 곤란
- 빠르거나 약한 맥박 — 뒷다리 안쪽, 사타구니 근처를 측정한다(분당 110-180회가 정상이다)
- 높거나 낮은 체온 — 귀와 발볼록살을 확인한다
- 창백한 잇몸
- 다리를 절거나, 걷는 데 어려움이 있거나 마비 증상이 있다
- 서 있지 못하거나 쓰러져 있다
- 심한 상처 — 사고를 당한 경우에는 상처가 보이지 않더라도 내출혈의 가능성이 있기 때문에 수의사의 진찰을 받아야 한다

건강과 보살핌

고양이의 주인으로서 가장 크게 책임져야 할 것은 고양이의 건강이다. 정기적으로 예방 접종 및 건강 검진을 받게 해주고 신체나 행동의 변화를 알아채어 적절한 치료를 받게 하는 것은 주인의 몫이다. 주요 질병에 관한 지식을 쌓고, 고양이가 병에 걸렸거나 수술에서 회복 중이거나 응급 상황에 처했을 때 보살피는 법을 배워야 한다.

일생 동안 건강상의 문제를 겪지 않는 고양이는 없을 것이다. 하지만 고양이는 약해져서 공격받기 쉽다고 느낄 때는 묵묵히 견디고 관심을 끌지 않으려고 한다. 무기력해지거나 식욕이 변하는 등 생활이나 행동이 평소와 달라지면 치료가 필요한 질환의 징후일 수 있으므로 주의 깊게 지켜봐야 한다. 가정에서의 건강 체크를 주기적으로 실시하면(pp.300-301) 질병이나 통증을 나타내는 흔한 징후를 발견하는 데 도움이 되지만, 매년 정기 검진을 받도록 해야 하며 증상에 따라서는 추가적인 검사가 필요할지도 모른다.

기생충과 질병

체외 및 체내 기생충, 감염성 질병, 치아 및 치주 질환처럼 조기에 발견하면 쉽게 해결할 수 있는 문제도 있다.

체외 기생충은 고양이의 피부에 들러붙는 벼룩, 진드기 등의 작은 생물이다. 물리면 기생충의 타액이 피부를 자극하고, 촌충 같은 일부 기생충은 감염증의 원인이 될 수 있다. 진드기는 라임병을 옮기기도 한다.

고양이의 체내 조직에 서식하는 기생충도 있다. 주로 장에 기생하지만 폐를 비롯한 다른 곳에 기생하기도 한다. 체외 및 체내 기생충에 대해서는 수의사가 약을 처방하거나 치료법을 제안하고, 예방을 위한 약물에 관해서도 조언해줄 것이다.

감염증은 주위 환경이나 다른 고양이로부터 옮게 된다. 특히 고령의 고양이나 새끼고양이에게는 심각할 수 있지만, 예방 접종을 통해 감염을 방지할 수 있다. 큰 집단에서 생활하거나 다른 고양이와 접촉하는 고양이는 싸우거나 그루밍을 받거나 리터 박스 및 먹이 그릇을 공유함으로써 감염될 수 있다.

고양이는 입을 사용하여 음식을 먹고 그루밍을 한다. 입은 타액을 분비하여 건강을 유지하는데, 정기적으로 체크하고 이빨을 닦아주면 플라크의 생성 같은 문제를 미연에 방지할 수 있다.

질병과 상처

상처나 질병의 징후를 발견했다면 동물병원에 데려가야 한다. 수의사에게 처방받은 약만을 투여하고 지시에 잘 따라야 한다. 신속한 진찰이 필요한 심각한 증상으로는 반복적인 구토나 설사, 요로 감염, 결막염이나 순막이 드러나는 안과 질환, 피부의 농양, 음식 섭취가 곤란한 구강 질환 등이 있다.

질병이나 상처는 눈이나 눈꺼풀, 혹은 양쪽의 구조에 영향을 미칠 수 있다. 안과 질환은 가벼운 증상이라도 방치되면 실명에까지 이를 수 있기

과도하게 긁기
만일 고양이가 몸을 지나치게 긁거나 핥는다면 피부나 털에 질환이 있을 수 있다. 긁으면 가려움증이 더욱 악화될 것이고, 발톱에 있는 세균 때문에 감염증에 걸릴 수도 있다.

기생충
기생충은 주변 환경이나 다른 고양이로부터 쉽게 옮을 수 있다. 가장 흔한 네 종류의 체외 기생충은 오른쪽과 같다.

벼룩

진드기

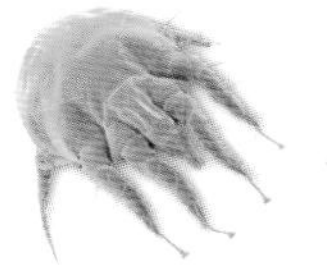
귀진드기

털진드기

때문에 즉각적인 진료가 필요하다. 귀와 관련된 문제는 외부의 상처부터 평형감각에 영향을 줄 수 있는 내이의 질환에 이르기까지 다양하다. 유전성 질환으로 인해 난청을 앓는 경우도 있다.

고양이는 스스로 그루밍을 하여 털과 피부를 건강하게 유지하지만, 그래도 피부 질환은 생길 수 있다. 피부에 각질이 일어나거나 털에 기름기가 많아지는 등의 증상은 보통 쉽게 발견되며 즉각적인 치료가 필요하다.

소화기계는 음식물을 분해하여 영양소를 방출하고, 영양소는 세포에서 에너지로 변환된다. 식이, 소화 또는 노폐물 제거에 문제가 생기면 건강 전반에 영향이 미칠 수 있다.

비정상적이거나 고통스러운 호흡은 흉부 부상 때문에 발생하거나, 기도 폐색, 상기도감염, 쇼크 등으로 인한 증상일 수 있다. 쌕쌕거린다면 천식이나 기관지염일 가능성이 있다. 호흡 곤란이 오면 서둘러 동물병원에 데려가야 한다.

고양이가 부상을 입었을 때 동물병원에 데려가기 전에 응급 처치를 실시해야 하는 경우도 있다 (pp.304-305).

건강 진단 및 검사

고양이에게 정기적으로 건강 검진을 받게 하는 것이 중요하며 고령의 경우 1년에 2번 정도가 적당하다. 수의사는 고양이의 귀, 눈, 이빨, 잇몸, 심장 박동, 호흡, 체중을 확인하여 건강 상태를 평가하고, 촉진으로 온몸의 이상 여부를 판단할 것이다. 경우에 따라서는 질병의 진단을 위해 추가 검사를 권장하는 일도 있을 것이다.

유전성 질환(pp.296-297)은 특정 품종과 관련되어 나타나기도 한다. 일부 질환에 대해서는 스크리닝 검사가 가능하다.

근골격계의 질환에는 골절과 인대 파열 등이 있으며 관절염도 발병될 수 있다. 근골격계 질환이 의심되는 경우 X선 검사나 정밀 촬영이 실시될 것이다.

심장, 혈관, 적혈구와 관련된 문제가 생기면 몸이 허약해지거나 심하면 쓰러질 수도 있다. 호르몬은 특정한 기능을 제어하는 체내 화학물질로, 특정 샘(gland)에서 생성되고 혈류로 운반된다. 호르몬의 과잉 생산이나 과소 생산은 당뇨병이나 갑상선기능항진증 등의 질병으로 이어진다.

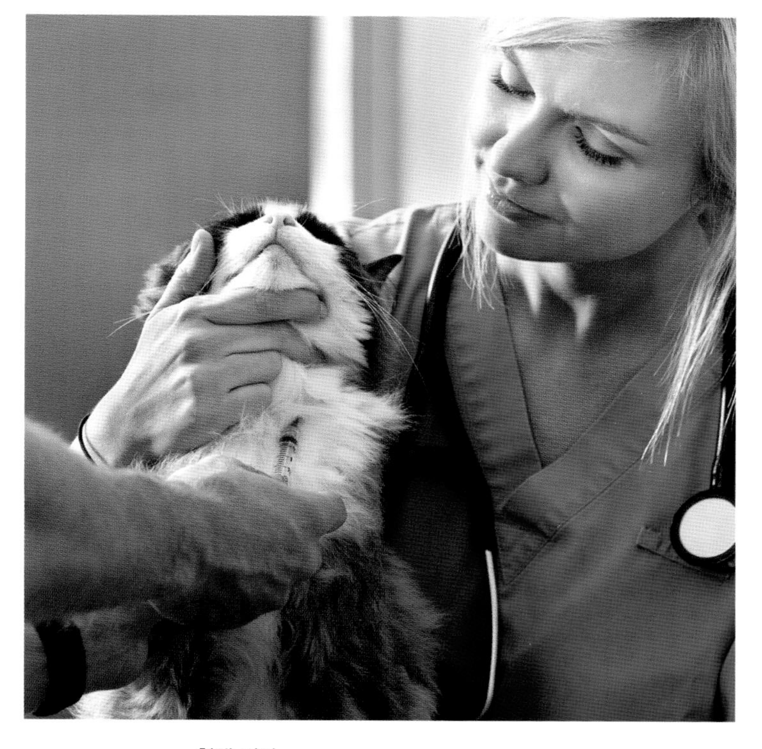
혈액 검사
수의사는 혈액 샘플 채취로 다양한 증상의 원인이 되는 질병 — 예컨대 간질로 인한 발작 — 을 알아내거나 당뇨병을 진단한다.

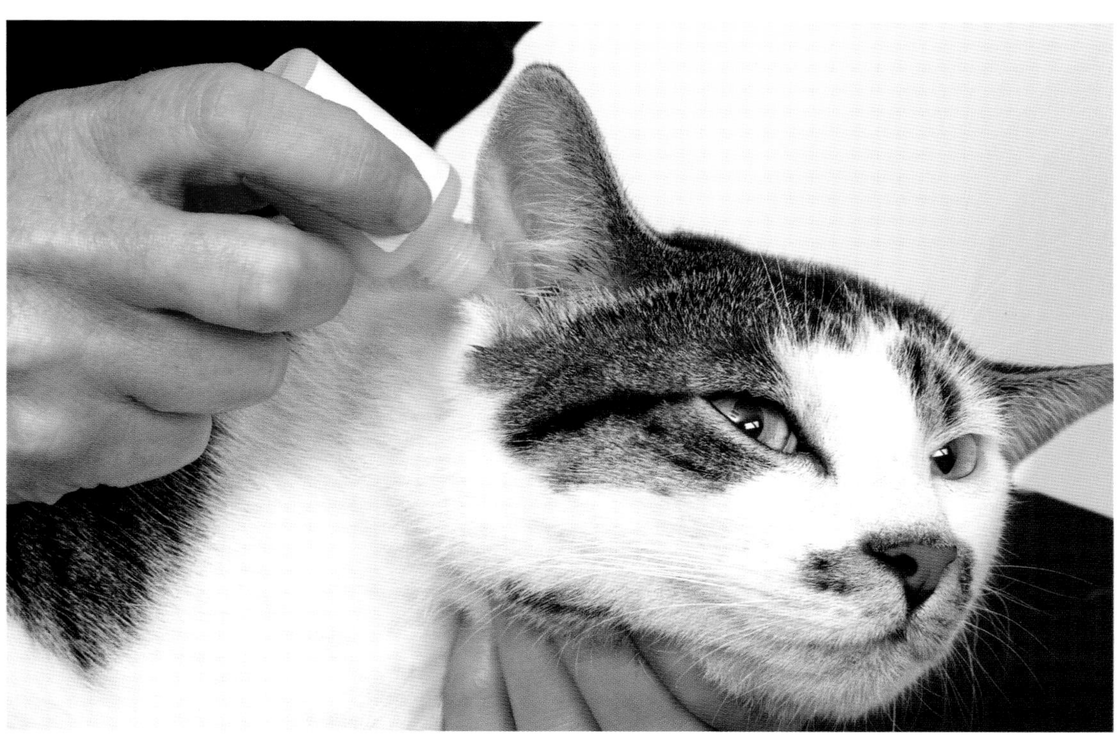
귀에 물약 넣기
귀에 넣는 물약은 감염증의 치료로 처방될 수 있다. 투약할 때는 물약을 넣을 귀가 위쪽을 향하도록 머리를 붙잡고 약을 넣은 후 귀의 뿌리 부분을 마사지한다.

변비약
변비를 완화하는 설사약은 연고, 젤, 액체의 형태가 있으며 손가락이나 주사기를 통해 주입한다. 수의사에게 처방받은 약만을 투여해야 한다.

상처 입은 고양이 다루기

골절, 상처, 출혈을 확인하고 움직이지 않도록 해야 한다. 아무리 충실한 애완동물일지라도 극심한 통증이 있으면 깨물거나 공격할 수 있으므로 주의하자.

골절되었거나 심한 상처가 있다면 부상을 입은 부위가 위로 가도록 담요 위에 눕히고 상처를 살살 감싼다. 골절 부위에 부목을 대서는 안 된다.

심한 출혈이 있다면 출혈 부위를 가능하면 심장보다 높이 올린 후 옷가지를 대고 압박하여 출혈을 멎게 한다.

한 손으로 고양이의 어깨 밑을, 다른 손으로 엉덩이 밑을 잡고 조심스럽게 들어 캐리어에 넣는다.

응급 처치

고양이가 부상을 입었다면 수의사에게 진찰을 받기 전에 응급 처치를 실시해야 한다. 상처에 다량의 출혈이 있는 경우나 다른 동물에게 물리거나 긁힌 경우에는 (감염되었을 가능성이 있으므로) 신속하게 동물병원으로 데려간다. 그리고 잊지

과열 상태
온실, 일광욕실, 큰 창이 있는 방에 직사광선이 내리쬐면 매우 뜨거워질 수 있다. 고양이가 이러한 곳에 갇혀 있으면 열사병에 걸릴 위험이 있다.

말고 출발 전에 연락을 해두어야 한다. 출혈을 멎게 하기 위해 거즈나 마른 천을 깨끗한 냉수에 적셔 상처 부위에 대고 압박한다. 화장지는 상처에 달라붙으므로 써서는 안 된다. 2분이 지나도 출혈이 멈추지 않으면 깨끗하고 마른 패드(혹은 천)로 상처를 덮고 그대로 감는다.

출혈이 과다하거나 상처가 심해서 붕대가 피로 물들었을지라도 풀지 말고 그대로 수의사에게 데려간다. 상처에 무언가가 박혀 있어도 제거하면 출혈이 심해질 수 있으므로 그 상태로 수의사에게 데려가야 한다. 눈을 다쳤다면 거즈를 눈에 대고 테이프를 붙인다.

고양이가 의식이 없다면 기도를 확보하고 호흡 여부를 소리와 모습으로 확인한다. 또한 뒷다리 안쪽의 사타구니 부근에 있는 대퇴동맥에 손가락을 짚어 맥박을 확인한다. 호흡하지 않는 경우에는 콧구멍에 공기를 살살 불어넣는 인공호흡을 실시한다. 심장이 뛰지 않으면 인공호흡과 초당 2회의 흉부 압박 30회를 번갈아가며 10분간 지속한다. 그 이후에는 살아날 가능성이 거의 없다.

가벼운 상처

살짝 베이거나 벗겨진 상처는 집에서 처치할 수 있다. 출혈 부위, 젖은 털, 딱지, 고양이가 집중적으로 핥는 부위를 찾아 식염수 — 깨끗한 온수 500ml에 소금 1티스푼을 섞는다 — 에 적신 탈지면으로 피와 먼지를 닦아낸다. 그리고 상처 주변

쇼크에 대처하기
쇼크 상태에 있는 고양이는 체온이 저하될 수 있다. 고양이를 담요나 플리스로 느슨하게 감싸고 수의사에게 데려가야 한다.

정상적인 바이털사인

체온: 38-39℃
맥박: 분당 110-180회
호흡: 분당 20-30회
모세혈관 재충만 시간*: 2초 미만

* 잇몸을 손가락으로 살짝 눌렀을 때 창백해졌다가 원래 의 분홍빛으로 되돌아오는 데 걸리는 시간

의 털을 끝이 무딘 가위로 잘라낸다.

가벼운 상처라도 체내에 광범위한 손상을 일으킬 수 있다. 열, 부기, 상처 주변 피부의 변색이 없는지 확인하고 통증 및 쇼크의 징후에 주의해야 한다. 또한 감염의 가능성이 있으므로 부기나 고름 등 농양이 생길 조짐이 있는지 살펴봐야 한다.

화상

화재, 뜨거운 표면, 뜨거운 액체, 전기 기구, 화학 약품 등으로 인해 화상을 입을 수 있다. 화상은 깊은 조직의 손상을 동반하는 매우 심각한 경우도 있으므로 긴급히 동물병원에 데려가야 한다.

불이나 뜨거운 물에 데었다면 고양이를 열원으로부터 떼어 놓되 부상에 조심해야 한다. 화상을 입은 부위를 깨끗한 냉수에 10분 이상 담근 후 축축한 멸균 붕대로 덮는다. 동물병원에 향하는 도중에는 고양이를 따뜻하게 해주어야 한다.

전기 코드를 씹거나 해서 감전되었을 때는 먼저 전원을 끄고, 나무로 된 빗자루 등을 사용하여 고양이를 떼어놓는다. 응급 처치를 실시하고 곧바로 동물병원으로 데려가야 한다.

화학 약품에 의한 화상의 경우, 즉시 수의사에게 전화하여 어떤 약품인지 전한다. 씻어내라고 하면 약품이 손에 닿지 않도록 고무장갑을 끼고 화상 부위에 물을 흘려 조심스럽게 씻어낸다.

쏘이거나 물린 상처

고양이가 벌에 쏘였다면 더 쏘이기 전에 벌이 없는 곳으로 옮긴다. 수의사에게 연락하여 조언을 구하고, 호흡 장애를 일으키거나 휘청거리면 집 안으로 데려간다. 쇼크로 이어졌다면 즉시 동물병원으로 운송해야 한다.

꿀벌에 쏘이면 베이킹 소다를 섞은 따뜻한 물로 해당 부위를 씻기고, 말벌에 쏘였다면 물로 희석시킨 식초로 씻긴다.

붕대를 감은 다리
다리에 상처가 나면 붕대를 감는 것은 수의사에게 맡겨야 한다. 붕대를 하고 있는 동안에는 밖에 내보내서는 안 된다. 붕대가 더러워지거나 젖거나 느슨해지거나 불편해지면 다시 동물병원에 데려가 교체받아야 한다.

모기나 각다귀 같은 작은 벌레에 물렸을 경우, 대부분의 고양이는 가벼운 염증만을 일으킨다. 하지만 모기에 극심한 알레르기 반응을 일으키는 고양이도 있다. 만일 모기에 물렸을 때 과민반응을 보인다면 새벽녘과 황혼녘에는 실내에만 두어 모기에 노출되지 않도록 해야 한다.

독을 가진 동물

고양이는 다른 고양이에게 물리기도 하지만 독을 가진 동물에게 물리면 훨씬 심각할 수 있다. 뱀, 두꺼비, 전갈, 거미 등의 위험성은 국가별로 다르다. 한국에서는 살무사가 유일한 독사다[유혈목이도 독을 분비할 수 있다](사육되는 외래 파충류도 위험할 수 있다).

독사에 물리는 일은 드물지만, 한번 물리면 심각한 부기, 구역질, 구토, 현기증이 생길 수 있다. 고양이는 물린 부위를 핥을 것이고, 피부에 물린 구멍 2개가 보일 것이다. 몇몇 종의 두꺼비는 피부로 독소를 분비하기 때문에 입에 들어가면 염증 및 구역질을 일으킬 수 있다.

만일 독을 삼켰다면 즉시 수의사에게 어떤 종류의 동물인지 보고하여(가능하면 사진을 찍어두자) 올바른 해독제를 구해놓을 수 있도록 하자. 그리고 고양이를 가능한 한 빨리 동물병원에 데려가야 한다.

질식과 중독

고양이는 다양한 물체로 인해 질식할 수 있다. 새의 뼈가 입 안에 끼거나 조약돌이 기도를 막는 경우가 있다. 장식용 조각, 리본, 끈, 실 등이 혀에 얽히거나, 삼켜서 장에 문제가 생기는 경우도 있다. 목이 막히면 기침을 하고 침을 흘리고 구역질을 하며 미친 듯이 발을 입에 대려고 할 것이다. 기도가 막혔다면 숨을 쉬기 위해 안간힘을 쓰며 의식을 잃기도 한다.

수의사에게 연락하고 집 안으로 데려가 수건으로 감싼다. 한 손으로 머리 위를 잡고 다른 손으로 아래턱을 열어 입 안을 들여다본다. 물체를 쉽게 꺼낼 수 있을 것 같으면 핀셋으로 제거하자.

고양이는 사냥감, 독성 식물, 가정의 화학 약품, 약제, 때로는 인간의 음식물로부터 독을 삼킬 수 있다. 고양이가 독을 삼켰다고 생각되면 증상이 나타나지 않아도 수의사에게 연락하자. 중독의 징후가 보인다면 삼킨 것을 지참하여 동물병원에 데려가야 한다.

부상과 쇼크

차에 치이는 등의 사고를 당했다면 눈에 보이는 상처가 없어도 내출혈로 인해 쇼크로 이어질 가능성이 있기 때문에 동물병원에 데려가야 한다. 쇼크가 일어나면 혈류가 감소하고 각 조직에 영양분이 부족해지기 때문에 생명이 위험할 수 있다. 쇼크의 징후로는 불규칙적인 호흡, 불안, 창백하거나 파란 잇몸, 저체온 등을 들 수 있다. 쇼크 상태에 빠졌다면 곧바로 동물병원에 데려가면서 몸을 따뜻하게 유지하고 후반신을 들어 올려 뇌로 가는 혈류를 늘려야 한다.

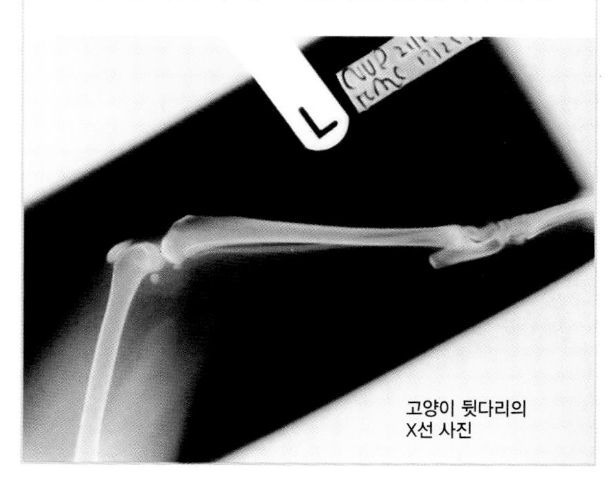

고양이 뒷다리의 X선 사진

병실 만들기

아프거나 상처 입은 고양이는 실내에 두고 주의 깊게 살펴볼 필요가 있다. 따뜻하고 조용한 방이나 와이어 크레이트에서 나오지 못하게 해야 한다. 음식과 물을 공급하고, 음식에서 떨어진 곳에 리터 박스를 둔다. 쉬운 접근을 위해 바닥에 따스한 잠자리를 마련해주자. 더러워졌을 때 쉽게 치울 수 있도록 판지 상자를 이용해도 된다. 상자의 한쪽 면을 잘라낸 뒤 바닥에 신문지를 깔고 포근한 담요와 뜨거운 물주머니를 넣어두자.

고양이의 상태를 주기적으로 확인하고 잠자리가 더러워졌다면 갈아주어야 한다. 평소에 외출하는 고양이라면 회복하는 동안 실내에만 두고 접근하기 쉬운 곳에 물그릇과 리터 박스를 놓아두자.

안전한 공간
와이어 크레이트는 고양이가 돌아다닐 수 있을 정도로 커야 한다. 바닥에 신문지를 깔고 음식 그릇과 물그릇, 깔개, 리터 박스를 넣어주자.

고양이 다루기

아프거나 다친 고양이는 몸을 숨기고 싶어 하고, 투약이나 다른 처치로 인한 스트레스를 피하려 할 것이다. 고양이를 침착하고 느긋하고 자신감 있게 다루자. 주인이 불안해하면 고양이가 스트레스를 받고 협조하지 않을 수 있다. 주인을 오로지 투약과 관련지어 생각하지 않도록 조용히 말을 걸고 (만일 허락한다면) 살살 쓰다듬기만 하는 시간을 따로 마련하면 고양이도 안심할 수 있을 것이다.

고양이가 병을 앓고 있거나 수술이나 사고로부터 회복하는 기간에는 껴안고 어루만지고 싶은 유혹을 이겨내야 한다. 회복 기간 초기에는 만지는 것을 좋아하지 않을 것이다. 고양이가 관심을 분명히 드러낼 때만 어루만지거나 쓰다듬어야 한다. 따스한 잠자리를 마련해주어 조용히 회복할 수 있도록 하자.

투약

수의사에게 처방을 받은 약만을 투여해야 한다. 수의사의 지시에 따르고 특히 항생제의 경우 끝까지 제대로 투약하는 것도 매우 중요하다. 눈이나 귀에 넣는 물약의 투여법이나 주사기의 사용법(p.303)에 대해 확신이 없을 때는 수의사에게 요청하자.

음식과 함께 먹어도 되는 경우에 한해, 알약을 고깃덩어리 안에 숨기거나 끈적끈적한 간식에 섞어서 먹이는 방법도 있다. 약을 따로 먹어야 하거나, 고양이가 알약을 거부하거나 뱉어낸다면 입 안에 직접 넣어야 한다. 투약할 때 고양이를 붙잡아줄 사람이 있다면 가장 좋다(p.307 박스 참조). 도와줄 사람이 없다면 고양이를 머리만 남기고 수건으로 감싸서 움직이지 못하도록 해야 한다.

회복기의 보살핌
조용한 곳에 아늑한 잠자리를 마련해주고 전자레인지로 데우는 패드나 수건으로 싼 뜨거운 물주머니를 넣어주자.

물약도 많은 종류가 나와 있는데, 플라스틱 점적기나 바늘 없는 주사기를 사용하여 입 안의 어금니와 뺨 사이에 주입해야 한다. 눈이나 귀에 넣는 물약은 머리가 움직이지 않도록 살짝 누른 채로 투여한다. 점적기나 주사기가 눈이나 귀에 직접 닿지 않도록 주의해야 한다.

어떤 종류의 약이든 저항이 너무 심해서 투약할 수 없는 경우에는 매일 수의사에게 데려가거나 동물병원에 입원시켜야 한다.

음식과 보살핌

고양이는 아프거나 후각이 손상되면 음식에 흥미를 잃게 될 것이다. 음식을 거르면 간에 해롭기 때문에 특히 과체중인 경우 하루 이상 음식을 먹지 않았다면 수의사에게 연락해야 한다. 음식은 실온에 맞추거나 살짝 데우면 냄새가 잘 퍼져 식욕을 돋울 수 있다. 냄새가 강하고 맛있는 음식을 잘게 잘라서 주거나 직접 떠먹여준다.

구토나 설사의 증세가 있다면 수의사에게 연락해야 한다. 탈수 증상을 막기 위해 삶은 닭의 살코기 같은 담백한 음식이나 적절한 조제 식단을 매시간 1티스푼씩 먹이자. 증세가 사라져도 음식의 양을 서서히 늘리면서 3-4일 정도 지속한 후에 평소 식단으로 돌아가야 한다. 그리고 끓여서 식힌 물을 언제든 마실 수 있게 하자.

털의 손질도 도와줄 필요가 있을 것이다. 특히 눈의 분비물을 잘 닦아주고, 코와 입을 청결하게 유지시켜 숨 쉬고 음식 냄새를 맡는 데 지장이 없도록 해야 하며, 설사 증세가 있는 고양이의 경우에는 꼬리 밑도 깨끗이 닦아주자. 이때 깨끗하고 따뜻한 물에 적신 탈지면을 사용한다. 피부 가려움증이나 가벼운 상처가 있으면 식염수 — 깨끗한 온수 500ml에 소금 1티스푼을 섞는다 — 로 세척해야 한다. 고양이가 저항하면 수건으로 감싸고 해당 부위만 노출시켜 닦아주면 된다.

엘리자베스 칼라
수술 후에는 며칠간 원뿔형의 칼라를 장착하여 봉합된 상처 부위를 핥거나 깨물지 않도록 해야 한다.

수술 후의 보살핌

전신마취를 겪은 고양이는 정신이 돌아올 때까지 옆에서 지켜보자. 상처가 아물고 붕대나 실밥을 제거할 때까지 실내에서만 지내게 한다. 상처에 신경 쓰지 않도록 목 칼라를 사용하는 경우도 있는데, 급식 시에는 벗겨줘야 한다. 다리에 가벼운 상처가 있다면 핥지 못하도록 고양이가 싫어하는 맛이 나는 붕대를 감기도 한다. 붕대나 깁스가 청결하고 건조한 상태에 있는지 하루에도 몇 번씩 확인해야 한다. 통증이 있는 것처럼 보이거나, 또는 붕대를 교체할 때 상처 부위가 빨갛거나 분비물이 나온다면 수의사에게 연락하자.

알약 먹이기 약물 투여는 반드시 어른이 책임지고 실시해야 한다. 알약은 직접 손으로 먹여 제대로 삼켰는지 확인하고, 다른 애완동물이 먹지 않도록 주의해야 한다. 잘게 부순 알약을 소량의 맛이 강한 음식에 섞는 것도 도움이 될 수 있다. 약을 먹이는 동안 고양이가 궁지에 몰렸다고 느끼지 않도록 주의하고, 약을 잘 삼켰다면 간식을 주고 칭찬하자.

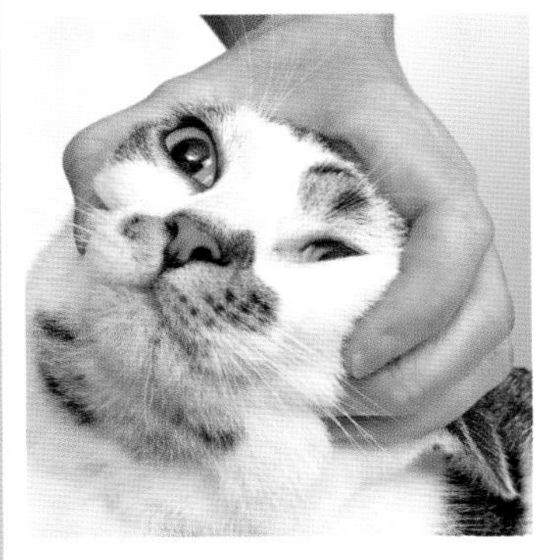

1 한 손으로 고양이의 머리를 붙잡고 엄지와 검지를 입의 양옆에 둔다. 머리를 살며시 뒤로 젖히고 위아래의 턱을 천천히 펼친다.

2 한 손으로 머리를 쥐고 다른 손으로 입을 벌려놓는다. 고양이가 저항하면 투약할 때 머리를 잡아줄 사람을 구한다.

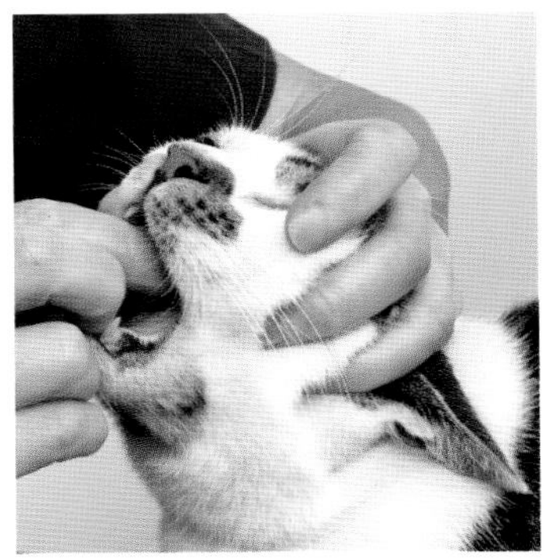

3 알약을 최대한 혀 깊숙이 집어넣어 잘 삼키도록 한다. 약을 삼키는 동안 가볍게 문질러준다.

고령의 고양이

고양이는 충분한 보살핌을 받으면 14-15년까지 살 수 있고 가끔 20년까지 사는 경우도 있다. 질병 예방법의 발달, 식이 개선, 약물 및 치료법의 발전, 실내 생활로 인한 교통사고의 감소 등에 따라 기대 수명도 늘어나고 있다.

노년기

고양이는 10살 정도가 되면 노화 현상이 나타나기 시작한다. 노화의 징후로는 체중 감소(혹은 증가), 시력 감퇴, 구강 질환, 활동성 저하, 소홀해지는 그루밍, 숱과 광택이 적어지는 털 등이 있다. 성격도 변할 수 있으며 특히 밤이 되면 쉽게 신경질을 내거나 부산해진다. 노년기에 접어들면 방향 감각을 잃고 리터 박스 밖에 배설을 하는 경우도 있다.

고령의 고양이에게는 더 잦은 건강 체크가 필요하다. 동물병원의 건강 검진은 1년에 2번 받는 것이 좋다. 현재 많은 동물병원에서 노화에 따른 질환을 발견하고 치료하기 위한 고령 고양이 클리닉을 제공하고 있다. 최근에는 치매를 비롯한 만성적인 질환의 관리에 도움이 되는 처치법도 많이 등장했다.

가정에서의 보살핌

나이가 든 고양이가 최대한 안락하고 건강하게 지낼 수 있도록 식이 및 생활환경을 바꿀 필요가 있다. 물질대사와 소화 과정의 변화에 따른 적절한 영양 섭취를 위해 '시니어용' 식단을 권장하는 수의사도 있다. 고령의 고양이는 적은 양의 음식을 자주 먹는 것을 선호할 것이다. 먹는 데 별 관심이 없다면 더 따뜻하고 맛있는 음식으로 유혹해야 한다. 2주마다 체중을 재는 것도 도움이 된다. 나이 든 고양이는 활발하지 않아 체중이 증가하는 경우도 있고, 식이에 문제가 생기거나 질병 때문에 체중이 감소하는 경우도 있기 때문이다. 예컨대 갑상선기능항진증은 호르몬 장애로 인해 고령의 고양이에게 흔히 나타난다.

적은 양의 음식을 자주 주기
고령의 고양이 대부분은 젊은 시절의 왕성한 식욕을 잃는다. 영양 섭취가 제대로 이루어질 수 있도록 적은 양의 음식을 자주 주고 맛있는 간식을 추가로 제공하는 것이 바람직하다.

몸의 유연성이 떨어지기 때문에 잘 닿지 않는 부위는 털 손질을 도와줄 필요가 있다. 일주일에 몇 번씩 가볍게 빗질을 해주면 청결하고 쾌적하게 지낼 수 있다. 발톱은 더 딱딱해지며 활동적이지 않으면 너무 길게 자라날 수 있으므로 주기적으로 깎아주거나 수의사에게 요청해야 한다.

예전처럼 민첩하지 않으므로 음식이나 물을 높은 곳에 두어 뛰어오르게 해서는 안 된다. 그릇과 리터 박스를 층마다 방해받지 않을 조용한 장소에 두자. 상자나 가구를 '디딤돌'처럼 배치하여 고양이가 좋아하는 높은 곳이나 창턱에 쉽게 갈 수 있도록 하자.

집 안 곳곳에 바로 잘 수 있는 따뜻하고 편안한 잠자리를 마련해두면 아늑한 자리를 찾아 멀리 가지 않아도 된다. 배설 활동에 문제가 있다면 세탁 가능한 이불을 쓰거나, 버릴 수 있는 판지 상자에 신문지를 깔아 사용하자.

대소변을 집 밖에서 보는 것을 선호할 경우에도 집 안에 리터 박스를 두는 것이 좋다. 나이 든 고양이는 다른 고양이와의 대립을 피하고 싶어하고, 사냥하고 탐색하려는 충동이 더 이상 없기 때문에 밖으로 잘 나가려 하지 않는다.

고령이어도 여전히 놀이는 좋아하므로 장난감을 주자. 고양이와 함께 놀이를 하면 활기를 되찾고 본능을 발휘시키는 데 도움이 되지만, 예전보다는 부드럽게 놀아야 한다.

수명의 비교

고양이의 1년은 인간의 7년과 같다고 자주 이야기된다. 하지만 최근 애완용 고양이의 기대 수명이 늘어났기 때문에 이는 신뢰할 만한 비교가 아니다. 또한 고양이와 인간이 성년에 도달하는 속도도 고려되지 않았다. 1살의 고양이는 번식하고 새끼를 기를 수 있기 때문에 7살의 인간에 비해 성숙 단계가 훨씬 앞서 있다. 3살 고양이는 인간의 40대 초반에 상응되고, 그 이후로는 고양이의 1년이 인간의 3년에 해당된다. 아래의 도표를 참고하면 고양이의 '인간 나이'를 헤아려 볼 수 있다.

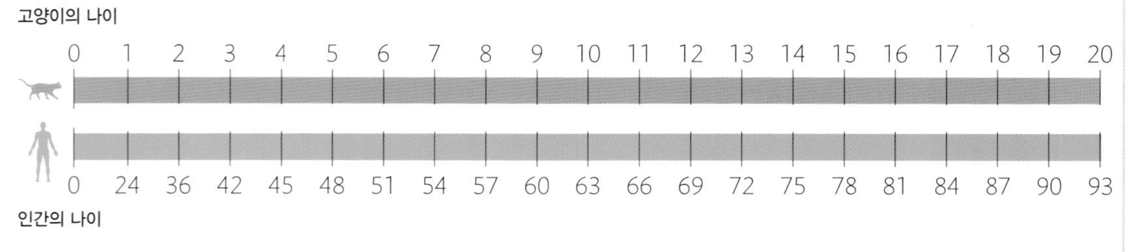

돌아다니기
관절이 뻣뻣해지기 시작하는 고령의 고양이에게 계단을 오르내리는 것은 쉬운 일이 아니다. 그릇과 잠자리를 접근하기 쉬운 곳에 두고, 리터 박스를 각 층에 배치하자.

경고 신호

고령의 고양이는 더욱 주시하여 평소의 습관에 어떤 변화가 있는지 알아채야 한다. 특히 다음과 같은 변화가 나타나면 수의사와 상담해야 한다.

식욕이 늘고 몹시 배고픈 듯 보이지만 규칙적으로 급식을 제공해도 체중이 감소하는 경우는 주의해야 한다. 반대로 배가 고픈 상태인데 특정 음식(특히 딱딱한 음식)을 외면하거나 발을 입에 가져간다면, 이빨이 흔들리거나 치통이 있거나 음식물을 넘기는 데 문제가 있을 가능성이 있다.

갈증이 나면 리터 박스를 평소보다 더 자주 사용하고, 연못이나 욕실의 수도꼭지 등 뜻밖의 장소에서 물을 마신다. 고령의 고양이는 탈수 증세를 일으키기 쉬우므로 목덜미를 쥐었다 놓는 방법으로 확인해야 한다. 목덜미의 피부가 즉시 원위치로 돌아가지 않으면 수분이 부족하다는 뜻이다.

배변이나 배뇨 시 안간힘을 쓰거나 운다면, 또는 집 안에서 '실례'를 하기 시작했다면 수의사에게 곧바로 알려야 한다. 장이나 방광 질환이 있는지 검사할 필요가 있다.

고령의 고양이는 관절이 뻣뻣해지거나 관절염을 앓기 때문에 달리거나 뛰어오르는 데 어려움을 겪으며, 계단을 오르는 것조차 힘들어질 수 있다. 또한 시력 감퇴로 인해 물체에 부딪히거나 높이를 잘못 판단하게 된다.

물 마시는 습관의 변화
고양이가 평소보다 물을 많이 마시거나, 평소와 달리 웅덩이나 수도꼭지를 통해 마신다면 수의사에게 알려야 한다. 과도한 갈증은 고령의 고양이에게 흔한 질병 때문에 생길 수 있다.

몸 상태가 매우 안 좋거나 치매의 징후를 보이는 고양이에게는 더 내성적이거나 공격적으로 변하고, 숨어버리고, 평소보다 더 자주 야옹거리는 등의 증상이 나타난다.

안락사

매우 늙었거나 극심한 질환을 앓고 있을 때, 품위 있고 평안한 최후를 맞게 하는 것이 고양이에게 해줄 수 있는 가장 인도적인 처우인 경우가 있다. 안락사는 보통 동물병원에서 이루어지지만 집에서도 가능하다(미리 예약할 필요가 있다). 수의사는 앞다리의 정맥에 마취제를 과량으로 주입할 것이다. 이 과정은 고통을 동반하지 않으며 고양이는 숨을 거두기 전에 의식을 잃게 될 것이다. 불수의적으로 움직이고, 방광이나 장에서 배설물이 나올 것이다.

사체는 화장을 요청하거나 집에 데려올 수 있다. 많은 주인이 고양이가 좋아했던 마당이나 애완동물 묘지를 선택한다.

용어 해설

몸의 형태
품종별로 조금씩 차이는 있지만 모든 고양이는 기본적으로 동일한 몸의 형태를 갖추고 있다. 선택적 번식을 통해 다리가 짧은 품종이나 밥테일 등 더욱 다양한 변종이 생겨났다.

[색깔, 무늬]

- 고스트 무늬(ghost marking): 빛을 받으면 드러나는, 솔리드 컬러 고양이의 희미한 태비 무늬.
- 라일락(lilac): 따뜻한 계열의 핑크-그레이 컬러. 희석된 브라운.
- 러디(ruddy): 아비시니안의 색깔을 미국에서 일컫는 말. 영국에서는 '유주얼(usual)'이라 불린다.
- 레드(red): 아비시니안과 소말리의 적갈색 털 색깔. '소럴(sorrel)'이라고도 알려져 있다.
- 마블드(marbled): 클래식 태비의 변이로, 벵골 등 살쾡이와의 교잡종에 주로 나타난다.
- 매커럴 태비(mackerel tabby): '태비' 항목 참조.
- 미티드(mitted): 발이 화이트인 컬러 패턴. 미튼(벙어리장갑)이나 삭스(양말)라고도 불린다.
- 바이컬러(bicolour): 화이트와 다른 색깔이 어우러진 털 패턴.
- 바탕색(ground colour): 태비에서 배경을 이루는 색깔. 많은 변이가 있으며 브라운, 레드, 실버가 대표적이다.
- 블로치드 태비(blotched tabby): 클래식 태비의 다른 말.
- 블루(blue): 밝은 그레이에서 중간 그레이에 이르는 희석된 블랙. 털의 색깔이 오로지 블루인 품종으로는 러시안 블루, 코랫, 샤르트뢰가 있다.
- 세피아(sepia): 옅은 바탕색에 적갈색 티킹이 있는 것.
- 셰이디드(shaded): 각 털의 끝 4분의 1 정도가 색깔을 띠는 털 패턴.
- 소럴(sorrel): 아비시니안과 소말리의 적갈색 털 색깔을 영국에서 일컫는 말. 미국에서는 '레드(red)'라 불린다.
- 솔리드(solid): 각 털 줄기에 한 가지 색깔이 고르게 퍼져 있는 털을 미국에서 일컫는 말. 영국에서는 '셀프(self)'라 불린다.
- 실(seal): 바다표범 빛깔의 어두운 브라운 컬러. 주로 '실 포인트' 패턴으로 드러난다.
- 스모크(smoke): 각 털 줄기의 아랫부분은 옅고 털 길이의 절반이 색깔을 띠는 털 패턴.
- 스포티드 태비(spotted tabby): '태비' 항목 참조.
- 유주얼(usual): 아비시니안의 색깔을 영국에서 일컫는 말. 미국에서는 '러디(ruddy)'라 불린다.
- 초콜릿(chocolate): 밝은 브라운에서 중간 브라운에 이르는 털 색깔.
- 카메오(cameo): 레드, 또는 레드가 희석된 크림의 털. 털 줄기의 3분의 2가 화이트다.
- 캘리코(calico): 화이트의 비율이 높은 토터셸을 미국에서 일컫는 말. 영국에서는 '토티 앤드 화이트(tortie and white)'라 불린다.
- 컬러포인트(colourpoint): '포인티드' 항목 참조.
- 클래식 태비(classic tabby): '태비' 항목 참조.
- 태비(tabby): 유전적으로 우성인 털 패턴으로 4가지 유형이 있다. 클래식 태비는 블로치드(크고 불규칙적인 반점) 또는 소용돌이 패턴, 매커럴 태비는 '고등어' 줄무늬, 스포티드 태비는 작은 반점 또는 장미 꽃무늬, 틱트 태비는 틱트 털에 희미한 패턴이 나타난다.
- 토터셸(tortoiseshell): 블랙과 레드, 혹은 블랙과 레드가 희석된 색깔이 뒤섞여 얼룩을 이루는 털 패턴.
- 토티(tortie): '토터셸'의 약칭.
- 토티 앤드 화이트(tortie and white): 화이트의 비율이 높은 토터셸을 영국에서 일컫는 말. 미국에서는 '캘리코(calico)'라 불린다.
- 토티-태비(tortie-tabby): 태비 무늬가 있는 토터셸을 영국에서 일컫는 말. 미국에서는 '패치드 태비(patched tabby)'라 불린다.
- 트라이컬러(tricolour): 두 가지 색깔에 화이트가 추가된 털을 일컫는 말.
- 틱트(ticked): 각 털 줄기에 옅고 진한 색깔의 띠가 번갈아가며 나타나는 털 패턴. '아구티'라고도 불린다. '태비' 항목 참조.
- 팁트(tipped): 각 털의 끝부분에만 색깔이 입혀진 털 패턴.
- 파티컬러(parti-colour): 2개 이상의 색깔이 들어간 털 패턴을 일반적으로 일컫는 말. 흔히 화이트가 포함된다.

- **패치드 태비(patched tabby)**: 태비 무늬가 있는 토터셸을 미국에서 일컫는 말. 영국에서는 '토티-태비(tortie-tabby)'라 불린다.
- **포인티드(pointed)**: 몸통의 색깔은 엷고 머리, 꼬리, 다리의 색깔은 진한 털 패턴. 샴에 전형적으로 나타난다.
- **희석(dilute/dilution)**: 희석 유전자에 의한 더 엷어진 색깔의 생성. 희석되면 블랙은 블루, 레드는 크림이 된다.

[부위, 생김새]

- **겉털(top coat)**: 보호털로 이루어지는 바깥쪽 털.
- **까끄라기털(awn hair)**: 살짝 긴 뻣뻣한 털로, 부드러운 솜털와 함께 속털을 구성한다.
- **단일모(single coat)**: 발리니즈와 터키시 앙고라 등에게 나타나는 1개 층으로 이루어진 털로, 보통 보호털의 겉털을 일컫는다.
- **러프(ruff)**: 목 주변과 흉부에 보이는 긴 털의 프릴.
- **렉스 코트(rex coat)**: 데번 렉스와 코니시 렉스에 나타나는 컬이나 웨이브가 있는 털.
- **마스카라 라인(mascara lines)**: 눈가에서 이어지거나 눈의 둘레를 이루는 짙은 라인.
- **마스크(mask)**: 보통 주둥이와 눈 주위에 나타나는 얼굴의 어두운 부분.
- **말린 귀(curled ears)**: 아메리칸 컬에 나타나는 뒤쪽으로 구부러진 귀.
- **보호털(guard hair)**: 고양이의 겉털을 이루며 비바람을 막아주는 길고 끝이 가는 털.
- **브레이크(break)**: '스톱(stop)' 항목 참조.
- **브리치(breeches)**: 장모종 고양이 뒷다리의 뒤쪽 윗부분에 나 있는 매우 긴 털.
- **속털(undercoat)**: 겉털 아래쪽의 털이 이루는 층. 대개 짧은 잔털이다.
- **솜털(down hair)**: 몇몇 품종에서 속털을 이루는 짧고 부드럽고 가는 털.
- **스톱(stop)**: 주둥이와 정수리 사이의 움푹 들어간 부분. '브레이크(break)'라고도 불린다.
- **아몬드 모양의 눈(almond-shaped eyes)**: 아비시니안이나 샴 같은 품종에 나타나는, 끝부분이 납작한 타원형의 눈.
- **와이어헤어(wirehair)**: 유전적 돌연변이로 인해 털끝이 꼬이거나 구부러져 촉감이 거칠고 탄력 있는 희소한 털 유형. 아메리칸 와이어헤어에게 나타난다.
- **위스커 패드(whisker pads)**: 주둥이의 양 옆에 수염이 줄지어 나 있는 살집이 두꺼운 부분.
- **이중모(double coat)**: 빽빽하고 부드러운 속털과 이를 덮는 긴 보호털의 겉털로 이루어지는 털.
- **접힌 귀(folded ears)**: 스코티시 폴드 등의 품종에 나타나는, 앞쪽 아래로 젖혀 있는 귀.
- **채찍 모양(whippy)**: 가늘고 탄력 있는 꼬리의 모양.
- **코 피부(nose leather)**: 코 끝부분의 털이 없는 부위. 털 색깔에 따라 다양한 색을 띠며 순혈종의 품종 표준에 규정되어 있다.
- **코비 체형(cobby body)**: 페르시안 같은 체형에 나타나는 다부지고 골격이 장대한 근육질의 체형을 영국에서 이르는 말.
- **터프트(tufts)**: 발가락 사이나 귀 등에 나타나는 긴 털의 무리.
- **팔찌 모양(bracelets)**: 태비 고양이의 다리에 나타나는 짙은 가로줄.
- **페더링(feathering)**: 다리, 발, 꼬리 등에 나 있는 긴 털.
- **M자 무늬('M' mark)**: 태비 고양이의 이마에 나타나는 전형적인 M자 모양의 무늬. '프라운(찌푸린)' 무늬로도 알려져 있다.
- **V자형(wedge)**: 납작한 얼굴의 페르시안을 제외한 대부분의 고양이에게 나타나는 세모난 얼굴 형태. 샴과 오리엔탈 등의 품종은 길쭉한 형태를 띤다.

[혈통, 품종, 유전자]

- **교잡종(hybrid)**: 서로 다른 2종의 동물 사이에서 태어난 자손. 예컨대 벵골은 집고양이(*Felis silvestris catus*)와 표범살쾡이(*Felis bengalensis*)의 교잡종이다.
- **길고양이(feral)**: 가축화되었다가 야생의 상태로 되돌아간 고양이.
- **다지증(polydactyly)**: 유전적 돌연변이에 의해 발가락이 정상보다 많이 만들어지는 질환. 몇몇 품종에서 흔히 나타나지만 품종 표준의 형질로 인정되는 것은 픽시밥뿐이다.
- **돌연변이(mutation)**: 우연히 발생하는 DNA의 변화. 고양이의 유전적 돌연변이에 의해 무모성, 접히거나 말린 귀, 곱슬곱슬한 털, 짧은 꼬리 등이 나타난다.
- **백색증(albinism)**: 피부, 털, 눈의 색깔을 나타내는 색소의 결핍. 고양이에게 완전한 백색증은 매우 드물지만, 부분적 백색증에 의해 샴처럼 털에 포인티드 패턴이 나타나거나 실버 태비처럼 색깔의 변이가 생긴다.
- **선택적 번식(selective breeding)**: 특정한 털 컬러나 패턴 등 원하는 특질을 가진 동물끼리 교배하는 것.
- **열성 유전자(recessive)**: 부모 양쪽으로부터 물려받아야만 발현될 수 있는 유전자. 부모로부터 열성 유전자와 우성 유전자를 각각 물려받았다면 열성 유전자는 발현되지 않는다. 고양이의 특정 눈 색깔과 긴 털을 나타내는 유전자는 열성이다.
- **염색체(chromosome)**: 세포핵 내에 DNA가 실타래처럼 얽혀 있는 구조. DNA의 가닥을 따라 유전자가 배열되어 있다. 집고양이는 38개의 염색체가 2개씩 19쌍을 이룬다(인간은 23쌍 46개).
- **우성 유전자(dominant)**: 부모 중 한쪽에게서 물려받은 유전자가 다른 한쪽에게서 물려받은 열성 유전자보다 우선적으로 발현될 때 그 유전자를 일컫는 말. 예컨대 태비 털의 유전자는 우성이다.
- **유전자풀(gene pool)**: 상호 교배 집단 내에 존재하는 유전자의 총체.
- **잡종(random-bred)**: 무작위로 번식되어 혈통이 뒤섞여 있는 고양이.
- **집고양이(domestic cat)**: 순혈종, 잡종 관계없이 모든 고양이를 가리킨다. 학명 *Felis silvestris catus*.
- **캣 팬시어(cat fancier)**: 순혈종 고양이의 번식 및 캣쇼의 출전에 열광적인 사람.
- **크로스브리드(crossbreed)**: '교잡종' 항목 참조. 또한 서로 다른 두 품종의 교배를 뜻한다.
- **품종 표준(breed standard)**: 순혈종 고양이에게 요구되는 체형, 털, 컬러의 기준에 대한 상세한 설명으로, 혈통 등록 단체가 작성한다.
- **혈통 등록기관(cat registry)**: 품종 표준을 결정하고 순혈종의 등록을 담당하는 조직.
- CFA(The Cat Fanciers' Association): 고양이애호가협회. 북미에 근거지를 둔 세계 최대의 순혈종 고양이 등록기관.
- FIFe(Fédération Internationale Féline): 국제고양이연맹. 유럽의 주도적인 고양이 혈통 등록기관.
- GCCF(The Governing Council of the Cat Fancy): 고양이애호가 관리협회. 영국의 주도적인 고양이 혈통 등록기관.
- TICA(The International Cat Association): 국제고양이협회. 세계적인 혈통 등록기관.

찾아보기

주 표제어가 있는 페이지의 숫자는 굵은 서체로 표기하였다.

ㄱ

가구 256, 257, 284, 290-91
가려움증 300
가르릉거리기 8, 59, 281
가정
  고양이를 맞이할 준비 **256-57**, 258
  고양이에게 안전한 257, 258
  새끼고양이를 위한 292, 293
  일과 확립하기 256-57
  처음 며칠 **264-65**
가정용 화학 약품 258, 259, 291
가축화 14-15, 71
간 61
간식
  간식과 사회화 283
  기능 273
  보상으로서의 285, 288, 289
간질 303
갈증의 증대 300, 309
감각 42, 43, 44-45, 47, 50
감각모 50, 51
감염병 62, 63, 259, 302
감전사 305
갑상선기능항진증 303, 308
갑상선의 문제 300
개
  개로부터의 위협 261
  개를 위한 식품 272
  개와의 접촉 29, 290
  함께 사는 개와의 대면 265, 283
거미 305
《거울 나라의 앨리스》(캐럴) 30
《거장과 마르가리타》(불가코프) 31
거친 놀이 275, 282, 290
건강 296-309
  가정에서의 체크 298-99
  고령의 고양이 돌보기 **308-09**
  길고양이 21
  나쁜 건강의 신호 273, 299, **300-01**
  아프거나 다친 고양이 돌보기 306-07
  약 먹이기 306, 307
  유전성 질환 **296-97**
  응급 상황 300
  일상적인 체크 298-99
  체중 문제 273
건강 검진
  연례 268, 269, 299, 303
  최초 **268-69**
건식 271
건조기 257, 258
건포도 217
걸음걸이 54, 55
《검은 고양이》(포) 31
검은색 26, 52
검치호랑이 10, 11-12
게더스, 피터 156
견갑골 48-49
결막염 269, 300, 302
계통도 10
고갱, 폴 34
고고학 14-15
고기 270, 271
고령의 고양이
  건강 진단 303
  구조센터 67
  그루밍 276
  돌보기 **308-09**
  식이/식단 273
고양이
  가축화 14-15
  건강 296-309
  고양이와 문화 22-39
  길고양이 **20-21**
  다른 고양이에 대한/로부터의 공격성 260, 261, 290
  다른 고양이와의 대면 265, 281, 283
  단모종 70-183
  돌보기 254-309
  생물학 40-67
  선택 66-67, 256
  유전학 64-65
  이웃 고양이 257, 260, 261
  이해하기 **280-81**
  장모종 184-253
  전설적 기원 29
  전 세계의 고양잇과 동물 **8-9**
  조상 10-12
  진화 8, 10-12
  집고양이의 확산 **18-19**
  품종 64-65, 68-253
고양이 도둑 260
고양이면역결핍바이러스(FIV) 63
고양이 미스터리 31
고양이백혈병바이러스(FeLV) 63, 269
고양이범백혈구감소증 269
고양이 보호시설 67
고양이 복지단체 20, 21
고양이 서커스 39
고양이속(펠리스)의 동물 10, 12
《고양이 시집》 100, 104
고양이아과 8, 11, 12
고양이애호가협회(CFA) 64
〈고양이에게 바치는 소네트〉(키츠) 31
고양이용 식품 271, 272, 273
고양이용 풀 258, 260
고양이 인플루엔자 269
고양이장염 63
고양이전염성복막염(FIP) 269
고양이 접근 방지 스프레이 258
고양이칼리시바이러스(FCV) 63, 269
고양이코로나바이러스 269
〈고양이 프리츠〉 39
고양이헤르페스바이러스(FHV) 63, 269
고양이 혈통 등록기관 64, 65
고양잇과 8, 12, 64
고양잇과 동물 64-65
곡물 15
골격 **48-49**, 54
골격근 54
골든 샴 90
골반 49
골연골이형성증 297
골절 303, 304
곱슬곱슬한 털 67, 71, 178
  데번 렉스 **178-79**
  라펌 **173, 250-51**
  셀커크 렉스 **174-75, 248**
  우랄 렉스 **172, 249**
  저먼 렉스 **180**
  코니시 렉스 **176-77**
공 285
공격성 282, 290, 299
관절
  뻣뻣한 309
  유연한 48-49, 55
  질환 297
관절염 301, 303
광견병 269, 275
광고 39
광란의 시간 265, 284
교미
  교미 중 나는 소리 61, 281
  교배 상대의 선택 292
  생식 61
교잡종 19, 65, 67, 147
교통사고 21, 257, 260, 305
구강 소독제 278
구두 신호 288
구름무늬표범 8
구조센터/보호센터 26, 67, 256, 268, 282
구충 67, 268, 292, 299
구토 300, 302, 306
국제고양이협회(TICA) 64, 150
국제적 혈통 등록기관 64
귀
  귀가 나타내는 신호 45, 280
  귀 닦아주기 278
  귓바퀴 45
  독립적 회전 45
  말린 귀, 접힌 귀 → 해당 항목 참조
  문제 303
  물약 303, 306
  살피기 298, 299
  진드기 278
  청각 44-45
  형태 45, 67, 185
귀소본능 43
그레이, 토머스 31
그리스인, 고대 18
그림, 야코프와 빌헬름 28
《그저 그런 이야기》(키플링) 31
극장의 고양이 39
근골격계의 문제 303
근섬유 54-55
근육 48, 54-55, 57, 59
근육병증, 데번 렉스 297
근육 질환 296, 297
근친교배 64
《글로스터의 재봉사》(포터) 30
긁기/할퀴기/스크래칭
  만지거나 놀 때 265, 275, 282
  실내 256, 257, 259, 263, 288, 290-91
  피부 302
〈금붕어 어항에 빠져 익사한 총애하는 고양이에 부치는 시〉(그레이) 31
급식 **270-73**
  곤란 300
  새끼고양이 293
  식이/식단, 음식 → 해당 항목 참조
  아픈 고양이 306
  일과 256, 257, 265
  자동 급식기 262
급식 시간
  규칙적 256, 257, 272
  횟수 272
기관 58, 59
기관지 58
기도감염 269, 300, 303
기도 폐색 300, 301, 303, 305
기독교 25
기본 원칙 세우기 265
기생충 268, 276, 279, 298, 302, 303
기어오르기 55, 257, 284, 285, 288
기질과 품종 66
기침 300

기후
  기후와 긴 털 184, 185
  기후와 체형 49
긴 꼬리 49
길고양이 **20-21**, 247, 261
  다루기 275
길 찾기 45
깁스 307
까끄라기털 50, 51
까다로운 식성 270, 272
깨뜨리기 257
꼬리
  꼬리가 나타내는 신호 49, 280, 281
  꼬리 밑 닦기 279
  꼬리 밑 체크하기 298
  꼬리와 균형 49
  뼈 48
  유형 49
꼬리 없는 고양이
  맹크스 49, 165
  킴릭 246
꼬리 짧은 고양이 49
  메콩 밥테일 **162**
  아메리칸 밥테일 **163, 247**
  재패니즈 밥테일 **160, 241**
  쿠릴리안 밥테일 **161, 242-43**
  픽시밥 **166, 244-45**
끝이 둥근 귀 45
끝이 뾰족한 귀 45

ㄴ

나누스 렉스 → 램킨 드워프 참조
나쁜 습성 290-91
나침반 43
나트륨 270
나폴레옹 **236**
난청 91, 303
날카로운 소리 281
남미의 고양잇과 동물 12
납작한 얼굴 49
낯선 사람 대면시키기 282
내분비계 42
냄새를 생산하는 샘 50
냄새 표시 45, 281, 290, 291
네바 마스커레이드 **232**
네벨룽 **221**
노르웨이숲고양이 24, 67, 184, **222-25**
  유전성 질환 297
노턴 156
노폐물의 제거 59, 61, 303
놀이 시간 265, 275, 287, 288
  고령의 고양이를 위한 308
  규칙적인 256, 257, 258, 259
  놀이 중 깨물기와 할퀴기 275, 282, 290
  새끼고양이 293
  중요성 **284-85**, 290
농양 300, 302, 305
농장 고양이 15, 21
뇌 42-43, 59
뇌하수체 42, 43
눈
  눈이 나타내는 신호 280
  닦이기 278, 306
  문제 269, 300, 302-03, 305
  물약 306
  색깔과 모양 45, 292
  시력 44
  야간 시력 44
  체크하기 298, 299
  큰 눈 8, 44, 64
눈꼬리가 올라간 눈 45
눈물 넘쳐흐름 278
눈표범 8
뉴런 42, 43
님라비드 10, 11

ㄷ

다낭포성신장질환 296, 297
다루기 **274-75**, 282
  길고양이 275
  아프거나 다친 고양이 304, 306
  임신한 고양이 292
다리
  뒷다리 49, 55
  부상 305, 307
  앞다리 48-9, 55
다리 절기 300, 301
다리 짧은 고양이
  나폴레옹 **236**
  램킨 드워프 **153**
  먼치킨 49, **150-51, 233**
  민스킨 155
  밤비노 **154-55**
  스쿠컴 **235**
  킨카로 **152**
다빈치, 레오나르도 32
다지증 19, 166, 245
다툼 257, 280, 281, 290
  다툼과 감염 259, 261, 302
  다툼으로 인한 부상 300
닥터 수스(테오도르 가이젤) 31
단독 행동의 본성 282
단모종
  개량 71
  고양이의 선택 68
  관리 71
  목욕 279
  털 51
  털 손질 71, 276, 277
  품종 70-183
단백질 270, 272, 273
달걀 271
당뇨병 300, 303
당원축적증 297
대뇌 42
대뇌피질 43
대뇌피질의 주름 42, 43
대동맥 59
대변
  감염 269
  대변에 묻어나온 피 300
  묻기 261
  소화기계 61
  정상적인 배변 298
  통증을 동반하는 배변 299, 309
대서양 19
대식세포 62
대퇴동맥 304
대형 고양잇과 동물 8, 12, 59
덮치기 284
데번 렉스 71, 168, **178-79**, 185
  근육병증 297
  유전성 질환 297
  혈액형 58
데인 상처 305
도구/용품
  털 손질 276
  필수적 262-63
도로 260
독을 가진 동물 305
돈스코이(돈 스핑크스) **170**
돌연변이 64, 156, 185, 239
동공 44, 298
동굴사자 12
동맥 58
동양의 색 52
동화 28-29
두개골 48, 49
  기형 129
두꺼비 305
둥근 눈 45
둥근 얼굴 49
뒤쫓기 284
드라이 샴푸 279
드래곤 리 77
드워프(소형) 고양이
  램킨 드워프 **153**
  밤비노 **154-55**
  킨카로 **152**
디자이너 캣 67, 140, 152, 154-55
디킨스, 찰스 31
땀샘 50
떨어짐 55
뛰어오르기 55, 284, 285, 288
  내키지 않음/불능 300
뜨거운 물주머니 306

ㄹ

라가머핀 67, **217**
라거펠트, 칼 213
라일락 컬러 78
라임병 302
라펌
  단모종 **173**
  수염과 컬 251
  장모종 67, 185, **250-51**
랙돌 67, 185, **216**
  유전성 질환 296, 297
  체형 49
  털 색깔 53
램킨 드워프 66, 67, **153**
러시안 블루 67, 71, **116-17**
러시안 쇼트헤어 117
레오파데트 → 벵골 참조
로랜더 220
로마인, 고대 19, 25
로이드 웨버, 앤드루 39
롱, 에드윈 36-37
루소, 앙리 34
르네상스 미술 32-33
르누아르, 피에르 오귀스트 34
리소좀축적증 297
리어, 에드워드 31
리터 박스 262, 263, 264, 265
  문제 258, 291
  실례 308
  주기적 청소 298
  훈련 256
리터 박스 깔개의 선택 262, 265, 291
리틀 니키 214
리화 77
림프계 62, 63
링크스 컬러포인트 108
링테일 싱어링 → 아메리칸 링테일 참조

ㅁ

마네, 에두아르 34
마네키네코 26
마늘 271
마르크, 프란츠 34
마리아, 성모 25
마리 앙투아네트 214
마블살쾡이 9
마비 301
마술 25, 26-27
마야인 25
마우
  아라비안 **131**
  이집션 **130**
마이오세 10, 11
마이크로칩 이식 256, 261, 263, 268, 269
마취 307
마카이로두스아과 11
만달레이 **89**
만화 속 고양이 38-39
말린 귀 185

아메리칸 컬 **159, 238-39**
킨카로 **152**
하이랜더 **158**
말린 털 51, 71, 185
데번 렉스 **178-79**
라펌 **173, 250-51**
셀커크 렉스 **174-75, 248**
스쿠컴 **235**
아메리칸 와이어헤어 **181**
우랄 렉스 **172, 249**
저먼 렉스 **180**
코니시 렉스 **176-77**
킨카로 **152, 234**
말초신경계(PNS) 43
망막 44
망보기 260
매커럴 태비 53, 199
맥박 301, 304, 305
맥솔리, 폴 155
맹크스 29, 49, 64, **164-65**, 246
꼬리의 유형 49, 64, 164, 165
유전성 질환 297
맹크스증후군 297
머리의 형태 49
먹이 그릇과 물그릇 262, 263
공유 259, 262, 302
위생 271, 272
먹잇감/사냥감 256, 270, 305
먼치킨 64, 66, 67
단모종 49, **150-51**
장모종 49, **233**
메인 쿤 19, 64, 66, 185, **214-15**
유전성 질환 296, 297
털 색깔과 무늬 51, 52, 53, 64
털 손질 277
메콩 밥테일 **162**
멜라닌 51
면역결핍 63
면역계 50, **62-63**, 269
멸종 11-12
모계사회 20-21
모기 305
모래 261
모래 목욕 279
모세혈관 58, 59
《모자 쓴 고양이》(수스) 31
모체족 25
목 48
목걸이 260, 263
목욕 277, 279
몰래 뒤쫓기 55, 284
몰랜드, 조지 33
묘지, 애완동물 309
무기력증 300, 302
무늬 52-53
무함마드, 예언자 25
문과 안전 259
문학과 고양이 30-31
문화와 고양이 22-39
물 마시기 271, 298, 306
잦아진 299, 300, 309
물기 257, 258, 265, 275, 282, 284, 290
물린 상처, 동물/벌레에게 305
물약, 눈과 귀 303, 306
미각 45
미네랄 270
미도우, 할 86
미라화 15, 24, 27
미술과 고양이 32-7
미신 26-27
미신과 전설 26, 27, 28, 104, 165, 223
미아신 11
미아시드 10
민속 **28-29**
민스킨 150, 155
민첩성 26-27, 48, 57
민첩성의 쇠퇴 308

ㅂ

바늘땀, 수술 후 269, 307
바르톨로, 도메니코 디 32
바스테트 24, 37
바이러스 269
바이오피드백 회로 43
바이컬러 53, 101, 188, 197
바이킹족 214
바이털사인, 정상적인 305
박테리아 272
박해, 고양이에 대한 25, 26
반 226-28
발가락, 다지증의 166, 245
발레와 고양이 39
발리니즈 185, **206**
유전성 질환 297
털 손질 277
자바니즈 **207**
발성 8, 59, 281
발작 301, 303
발정기 61
발톱
고령의 고양이 308
깎기 278
꺼내기 281
집어넣을 수 있는 발톱 8, 54, 64
체크하기 298, 299
발톱 깎기 43, 45, 278
발톱깎이 276, 278
발튀스 34-35
밤비노 66, **154-55**
밥테일 19, 49, 185
메콩 **162**
아메리칸 **163, 247**
재패니즈 **160, 241**
쿠릴리안 **161, 242-43**
방광 61, 309
결석 270
방울 260, 263
방울 꼬리 243
배 드러내기 275
배변 훈련 256
배에 탄 고양이 19
배탈 272, 273, 306
백신 접종 63, 67, 261, 269, 293, 302
백악기 10, 11
백혈구 59, 62, 269
백혈병 → 고양이 백혈병 참조
뱀 257, 261, 305
뱃사람 26
버만 67, **212-13**
유전성 질환 297
버무아 79
버미즈 66, 71
아메리칸 88
유러피안 87
유전성 질환 297
버밀라 → 아시안 버밀라 참조
번식 292
생식 → 60, 61
선택적 번식 19
책임 있는 번식 **292-93**, 296
벌레에 물린 상처 305
벌에 쏘인 상처 305
벌 주기 288, 290
벗겨진 상처 304
벙어리장갑 53
베네딕틴 65
베레스포드 부인, 마커스 187
베로네세, 파올로 32-33
베링 육교 11, 12
베이살쾡이 계통 12
베인 상처 304
벵골 64, 65, 66, 67, 70, **142-43**
벼룩 62, 63, 268, 292, 299, 300, 302, 303
변비 303
병원체 50
보나르, 피에르 34
보디랭귀지 275, 280-81
보브캣 59, 64, 244
보상 288, 289
보스, 히에로니무스 32, 33
보호털 50-51, 277
복제 214
봄베이 66, 82, **84-85**
부신 43
부엌의 위험물 258
북미의 고양잇과 동물 11, 12
북유럽 신화 24-25
분만용 상자 292-93
분비물, 비정상적 278, 300, 307
불가코프, 미하일 31
불교 25
불꽃놀이 39, 261
불렀을 때 오기 288
불임 127
불임 수술 → 중성화 수술 참조
붕대 305, 307
브러시
빗살 278
털 손질 276, 277
《브레멘 음악대》 28-29
브리더
브리더 선택 67
브리더에게 동물병원 추천 받기 268
브리더에게 질문하기 67
브리더와 유전학 296
평판 좋은 브리더 66, 67
브리태니커 220
브리티시 롱헤어 **220**
브리티시 쇼트헤어 66, 67, 71, 122-23
바이컬러 **121**
솔리드 **118-19**
스모크 **124**
유전성 질환 297
체형 49
컬러포인티드 **120**
태비 **125**
털 53, 64, 123
토티 53, **127**
팁트 **126**
브리티시 앙고라 → 오리엔탈 롱헤어 참조
블레이크, 윌리엄 25
블로치드 태비 199
블루 친칠라 192
블루 컬러 52, 116-17, 182, 188, 192
비너스 28
비뇨기계 폐색 300
비닐봉지 285
비대성심근증 297
비만 273, 299, 300
비만 고양이의 식단 273
비버래빈 10, 11
비옥한 초승달 지대 14, 15, 18
비용, 고양이 기르는 데 필요한 262
비타민과 미량영양소 60, 270-71, 273
빈혈 269, 297, 301
빗 276
빙하기 12
빠른 움직임 48, 54, 55
뼈
골격 **48-49**
골절 303, 304
섭취 271

ㅅ

사고
도로 교통 21, 257, 260, 305
응급 상황 301
장/방광('실례') 309
사냥 8, 20, 43, 54, 55, 64, 71, 256, 259, 270, 284, 288

사바나 66, **146-47**
탄생 49, 65, 67
사실주의 34
〈사이먼의 고양이〉 39
사자 8, 25, 29, 59
사회화 20, 256, 282-83, 290
산소 58, 59
산전 관리 292-93
살무사 305
살쾡이/들고양이(*Felis Silvestris*) 9, 12
가축화 **14-15**
새끼 16-17
삼키기
곤란 309
이물질 257, 285
상자 306
상처 261, 298, 300, 301, 302, 303, 304
체크하기 307
치료 304-05, 306
상태 파악하기 272
새
멸종 위기의 새 21
새 사냥 55
새 쫓기 260-61
새 모이통 260
《새뮤얼 위스커스 이야기》(포터) 30
새끼고양이
건강 체크 268
급식 272-73, 293, 295
길고양이 20, 21
놀이 시간 284
다루기 274
면역계 62
백신 접종 268, 269
사냥 43
사회화 66, 282, 283
선택 67
성장의 단계 292-93
수유 292-93
얻기 67
입양처 구하기 256, 292, 293
잠 266
중성화 수술 269
처음 몇 주간 293
탄생 293
훈련 288
색깔 52-53
색소 51-53, 65
샘
냄새를 생산하는 50
땀샘 50
피지를 분비하는 50, 51
호르몬을 생산하는 303
생물학, 고양이의 40-67
생선
날생선 먹기 271
식이/식단 271
정원의 물고기 261
생식 60, 61
생식력 147
생활 양식 256
샤르트뢰 64, 65, 66, **115**
샤스티 25
샴 19, 29, 64, 65, 66, 67, 71, **104-09**
골든 90
새끼고양이 105, 106-07
솔리드 포인티드 53, **104-05**
실 포인트 104
얼굴형 104
유전성 질환 296, 297
장모종 206, 209
중장모 버전 185
체형 49, 104
태비 포인티드 **108**
털 무늬/색깔 52, 53, 107
토티 포인티드 **109**
혈액형 58
샴푸 279
샹티이/티파니 **211**
서골비기관(야콥슨기관) 45
서벌 64, 65, 147
서양의 색 52
선천성빈모증 297
선택적 번식 19
설골 48, 59
설사 273, 300, 302, 306
설사약 303
설치류 14, 15, 19, 118, 161, 214
성격과 고양이의 선택 256
성대 59
성묘
사회화 282-83
성묘 대 새끼고양이 67, 256
성묘와 새로운 새끼고양이 283
식이와 급식 273
성별과 고양이의 선택 256
성적 성숙 269, 292
성적 행위를 통한 감염 269
세기관지 58, 59
세렝게티 **148**
세이셸루아 111
세탁기 257, 258
셀레늄 270
셀커크 렉스 65
단모종 **174-75**
장모종 **185, 248**
셰이디드 털 51, 52
셰익스피어, 윌리엄 26
셸 카메오 126
셸 털 52
소뇌 42
소리 281
소말리 185, **218-19**
유전성 질환 297
소변
냄새 표시 281
소변과 중성화 수술 261
소화기계 60, 61
양의 증가 300
정상적인 배뇨 298
통증을 동반하는 배뇨 299, 300, 309
소용돌이 무늬 53
소코케 67, **139**
소통 280-81
소화기계 **60-61**, 270, 303
속털 71, 185, 277
솔리드 컬러 51, 52
솔리드 털 51, 52, 82, 94, 104-05, 118-19, 186-87
솔리드-화이트 털 52
솜털 50, 51
송곳니 8
송과체 42
쇼크 304, 305
수명 256, 308
길고양이 21
수분 공급, 긴급 301
수술 307
수염 44, 45, 47, 51
수염이 나타내는 신호 280
수의사
고령 고양이의 건강 검진 303, 308
동물병원 방문하기 302-03
동물병원의 선택 268
브리더에 관한 조언 67
새끼고양이를 수의사와 대면시키기 282
수의사와 번식 292
식이에 관한 조언 273
연례 건강 검진 269, 299, 303
응급 상황 301, 305
최초의 건강 검진 268-69
투약하기 306
순막이 드러나는 질환 298, 300, 302
순혈종 고양이 66, 67
번식 292
순환기계 **58-59**
숨기 285, 299
쉭쉭거리기 281
슈다일루루스 10, 11
슈페트 213
스노슈 **112**
스라소니 9, 12, 65
스모크 털 51, 52, 79, 96, 124, 196, 197
스밀로돈 11
스코티시 스트레이트 156
스코티시 폴드
귀의 형태 64, 65, 67
단모종 **156-57**
유전성 질환 65, 297
장모종 **237**
스쿡카트 **223**
스쿠컴 67, **235**
스크래칭 포스트 257, 259, 263, 264, 285, 288, 290-91
스탱랑, 테오필 35
스터브스, 조지 33
스트레스
고양이가 받는 62, 258, 259, 265, 284, 290, 291
고양이의 스트레스 감소 효과 274
스트레이드, 트루다 135
스트리피 19
스포팅 53
스프레잉 259, 268-69, 281, 291, 292
스핑크스 64, 67, 71, **168-69**
무모성 50, 51
털 손질 168, 277
슬레이, 바바라 31
슬리커 브러시 276, 277
습식 271
시(詩) 31
시각 43, 44
색채 감각 44
시력 감퇴 309
야간 시력 44, 47
움직임에 민감한 44
시나몬색 52, 95
시베리안 67, **230-31**, 232
시상하부 42
시판되는 식품 271, 272, 273
식물
고양이가 좋아하는 260
위험한 258, 261, 305
식물질 270
식민지화 19
식별 표시 21, 263
식욕
고령 고양이의 식욕 308
식욕의 변화 299, 300, 302, 309
식이/식단 **270-73**
고령의 고양이를 위한 308
균형 잡힌 272
식이/식단과 생활방식 273
식이/식단과 체중 문제 272-73
육식성 8, 270
일생에 걸친 변화 272-73
임신한 고양이를 위한 292
특별한 273
식이섬유 271
신경 43, 50
신경계 42, 43
〈신들과 그들의 창조자들〉(롱) 36-37
신석기 시대 14
신세계 19
신장 60, 61
질환 296, 297, 300
신호, 몸의 280-81
실내 고양이
선택 256
실내에서 살기 258-59
외출하기 258-59, 260-61
유전성 질환 91, 129, 203, 292, **296-97**, 303
이종교배 65
자극과 놀이 284

실내용 화초 258
실론 **136**
실베스터 38
실크로드 18
실크 생산 27
심근 54
심장
  순환기계 **58-59**
  질환 296, 297, 303
심혈관 질환 296, 297, 303
싱가푸라 49, 66, **86**
쌍방향 장난감 284
쌕쌕거림 300
쏘인 상처 305
쓰다듬기 274-75
쓰레기 뒤지기 20, 270
쓰레기봉투 261
쓸개 61
쓸개즙 61
씹기 257, 259, 265, 285, 290

ㅇ

아구티 털 51, 52
아기와 고양이 282-83
아나톨리안 128
아담 29
아드레날린 62
아라비안 마우 **131**
아메리칸 링테일 49, 167
아메리칸 밥테일
  단모종 **163**
  장모종 **247**
아메리칸 버미즈 **88**
아메리칸 쇼트헤어 71, **113**
아메리칸 와이어헤어 67, **181**
아메리칸 컬
  단모종 **159**
  장모종 **238-39**
아몬드 모양의 눈 45
아미노산 270
아비시니안 49, 64, 66, 70, **132-3**, 185
  유전성 질환 297
아시리아인 15
아시아의 고양잇과 동물 12
아시안
  버밀라 **78**, 79, 80-81
  솔리드, 토티 **82**
  스모크 **79**
  유전성 질환 297
  장모종 → 티파니 참조
  태비 **83**
  토티 **53**
아이
  고양이 다루는 법 배우기 265, 274, 283
  고양이 접하기 283
  놀이 시간 290
  새로운 고양이 마주하기 264, 265, 283
아크바르 대제 15
아크틱 컬 65
아파트에 살기 259
아프리카들고양이(*Felis silvestris lybica*) 13, 14, 65, 145
아프리카의 고양잇과 동물 12
아홉 개의 목숨 26-27
악마 25, 27
안는 자세 274
안락사 309
안아 올리기 274, 275
안전
  가정 257, 258
  실외 257, 260-61
안티플라크 용액 278-79
알레르기
  고양이에 대한 알레르기 256
  고양이의 알레르기 62-63, 305
  음식 알레르기 273
알루미늄 포일 257, 291
알약 먹이기 306, 307
암 63
  암과 중성화 수술 269
암내 61
앙고라 33, 65, 185, **229**
앞니 61
애완동물
  다른 애완동물과의 대면 265, 283
  쓰다듬기 274-75
  작은 258, 283
애완용으로 훌륭함 67
액티비티 센터 285
야간 시력 44
야생 고양잇과 동물
  집고양이와의 교배 64-65
  털 길이 71, 185
야생동물과의 마주침 260, 261
야생동물 보호 140
야옹거리기 59, 281
  신호에 따라 288
야옹이 30
약 먹이기 306, 307
양면테이프 257, 291
양파 먹기 271
어두워진 후의 외출 260
어린이용 수영장 261
어미
  어미와 사회화 282
  임신과 출산 292-93
얼굴
  씻기기 278
  표정 280
  형태 49
엉킨 털 276, 277
에너지 58
에오세 10
에피네프린 62
엔도르핀 62
엔터테인먼트와 고양이 **38-39**
엘리엇, T. S. 31, 39
엘리자베스 칼라 307
엘프 19
여우 257, 261
연골 48
연령
  고령의 고양이 308-09
  연령과 고양이 선택 256
연못 261
열사병 261, 300, 304
열성 유전자 64, 65, 178
열육치 61
영양 270-73
  길고양이 21
영역
  다툼 261, 280, 281
  영역으로서의 집 258, 283
  표시 45, 269, 281, 290, 291
영화와 고양이 38-39, 168
오드아이 45, 188
오리엔탈
  롱헤어 **209**
  바이컬러 **101**
  솔리드 **94**, 100
  셰이디드 **97**
  쇼트헤어 71, 94, 95, 102
  스모크 **96**
  시나몬, 폰 **95**
  유전성 질환 297
  태비 **98-99**
  토티 **100**
  포린 화이트 91, 99
오스트레일리아 19
오스트레일리안 미스트 **134-35**
오시캣 **137**
  클래식 **138**
오실롯 8, 12, 64, 140
오호스 아술레스 **129**
온실 257, 261
올리고세 11
〈올빼미와 새끼고양이〉(리어) 31
외양간 고양이 21
외출하는 고양이 256, 258-9, 260-61, 284
요로 감염 300, 302
요크 초콜릿 **208**
우랄 렉스
  단모종 **172**
  장모종 **249**
《우리 고양이》(위어) 119
우성 유전자 64, 65
우유
  마시기 271
  면역과 모유 62
  새끼고양이를 위한 292, 293
우타가와 구니요시 32
운동
  고령의 고양이 308
  실내 고양이 259
운동/움직임 54-55
워즈워스, 윌리엄 31
워홀, 앤디 34
원발성지루증 297
웨인, 루이스 35
위 60-61
위생
  리터 박스 298
  먹이 그릇과 물그릇 271, 272
  털 손질과 위생 276-79
위어, 해리슨 119
위장염 269
위험물
  가정 256, 257, 258, 259, 285
  실외 260-61
유대교 29
유라시안스라소니 9
유러피안 버미즈 **87**
유러피안 쇼트헤어 **114**
유럽동굴사자 12
유럽의 고양잇과 동물 12
유멜라닌 51
유문괄약근 61
유분, 몸의 277
유연성 48-49, 54, 55
유전성 질환 91, 129, 203, 292, 296-97, 303
  이종교배 65
유전자 스크리닝 296-97, 303
유전학 64-65, 292
유전학적 분석 12
유제품 271
육식동물 8, 10, 60, 64, 270
으르렁거리기 281
음경 61
음식
  거부 300
  고령의 고양이를 위한 273, 308
  규칙적인 급식 시간 256, 257, 272
  까다로운 식성 270, 272
  동기 부여로서의 음식 285
  새끼고양이를 위한 272
  시판되는 음식 271, 272, 273
  아픈 고양이를 위한 306
  알레르기 62-63, 273
  위험한 음식 271, 305
  유형 271
  음식과 건강 문제 298, 299
  음식과 급식 **270-73**
  음식과 재주 익히기 285
  음식과 훈련 288
  임신한 고양이를 위한 273, 292
  특별한 식단 273
  회복기의 음식 306
  훔치기 258
응급 상황 인지하기 301
응급 처치 300, 302, 304

응어리 298, 299, 301
의식 불명 304, 305
의식 상실 301
이그조틱 쇼트헤어 71, **72-73**
  유전성 질환 297
이동 263, 264
이름
  선택하기 288
  인식하기 288
이름표 256, 263
이물질
  상처 부위의 이물질 304
  피부 또는 털의 이물질 298
이빨 61, 64
  고령의 고양이 309
  닦기 61, 276, 277, 278-79, 302
  육식 60
  이빨과 체중 감소 273
  질환 302
  체크하기 298, 299
  치통 300
이산화탄소 58, 59
《이상한 나라의 앨리스》(캐럴) 30, 39, 123
《이솝 우화》 28
이슬람 25
이웃
  고양이 돌보기 282
  고양이 소개하기 282
  고양이에게 먹이 주기 273
  고양이에 대한 태도 261
이자 61
이종교배 65
이주 11, 12
이집션 마우 66, 67, **130**
이집트, 고대 14, 15, 18-19, 24, 32, 36-37, 130, 132, 168
인 270
인간과고양이의 수명 비교 308
인공 수유 293
인공호흡 304
인대 48, 303
인도 15
인도사막고양이 16-17
인상주의 34
인터넷 고양이 35, 38, 39
인형 얼굴 49
일본 26, 32, 33
일산화탄소 중독 301
일상
  일과 확립하기 256-57, 265
  일상의 변화 282, 283, 300, 302
임신 61, 292-93
  계획되지 않은 269
  식단 273
입 체크하기 298, 299
입양 수수료 67
잇몸
  노란 301
  빨간 301
  엷거나 흰 301, 305
  질환 302
  체크하기 278, 298, 299, 301
  파란 301, 305
잉글랜드 캣클럽 187
잉카인 25

ㅈ

자가면역질환 62, 63
자극
  고령의 고양이 308
  중요성 256, 284, 285, 288
자동 급식기 262
자세가 나타내는 신호 280, 281
자연선택 64
자연스럽게 발생한 품종 64
자연적 돌연변이 239
자유의 제한 260
잠 43, 266
잡종 고양이 64, 66
장 60, 61, 309
장난감 284-85, 290
  새끼고양이를 위한 293
  장난감과 사회화 282
  장난감과 자극 259
장내 기생충 298, 300, 302
장모종
  고양이의 선택 68
  기원 185
  목욕 279
  유전학 65
  유형 185
  털 51
  털 손질 185, 277
  품종 184-253
장애가 있는 고양이 67
《장화 신은 고양이》 28-29, 39
재규어 8
재채기 62, 300
재패니즈 밥테일
  단모종 **160**
  장모종 **241**
저먼 렉스 **180**
저칼륨성다발근육병증 297
적응 264-65
적혈구 58, 59, 269, 303
전갈 305
전선/코드 257, 258, 305
전신홍반성루푸스(SLE) 63
점액 278, 298
점토 리터 박스 262
접종 → 백신 접종 참조
접힌 귀 185
  스코티시 폴드 **156-57**, 237
정글살쾡이 65, 149
정원, 고양이 친화적인 257, 260-61
정향반사(정위반사) 55
젖떼기 292, 293
제라르, 마르그리트 33
제르트루다, 성녀 25
존슨, 새뮤얼 31
종(種) 8-9
종교 15, **24-25**
주걱 263
주의력 감퇴 300
주인의 책임 256, 302
줄라 132
줄무늬 53
중국 15, 19, 27
중독 305
중성화 수술 261, 268-69
  길고양이 21
  중성화 수술과 건강 269
  중성화 수술과 놀고 싶은 마음 284
  중성화 수술과 스프레잉 268-69, 291
  중성화 수술과 온순함 290
  중성화 수술과 행동·기질 256
중성화되지 않은 고양이 261, 268-69
중성화되지 않은 암컷 269
중세 19, 25, 26, 32
중추신경계 43
쥐 모양 인형 285
쥐 사냥꾼 → 설치류 참조
지루함 258, 284, 290
지방, 식이 273
지방산 270
지중해 18
《지혜로운 고양이가 되기 위한 지침서》(엘리엇) 31, 39
진드기 268, 278, 302, 303
진드기 제거기 276
진행성망막위축증 297
진화 8, **10-12**
질 61
질병 → 건강, 유전성 질환 참조
질식 257, 285, 305
질투 282, 283
집고양이 8, 65, 71
집고양이
  단모종 **182-83**
  야생 고양잇과 동물과의 교배 64-65
  장모종 **252-53**
  집고양이의 진화 12
  집고양이의 확산 **18-19**
집에서 직접 조리한 음식 270, 271
쭐랄롱꼰(라마 5세), 태국의 국왕 75

ㅊ

차고 261
차로 이동하기 263, 264
차이니즈 리화 77
차이콥스키, 표트르 39
찬장 257, 258
창고 257, 261
창문
  방충망 258
  창문에서의 추락 258, 259
  창문을 통한 탈출 259
창시자 효과 64
척수 42, 43
척수성근위축증 297
척추 42, 48, 55
척추 질환 165, 297
척추동물 48
천식 62, 300
천포창 63
청각 8, 44-45, 47
체내 기생충 302
체내 시계 43
체셔 고양이 30, 39, 123
체온 301, 305
체외 기생충 302, 303
체중
  감소 273, 299, 300, 308
  문제 299, 300, 308
  임신 중 292
  증가 273, 300, 308
  체중과 식이 272, 273
  체중과 체형 49
  측정하기/체크하기 272-73, 299
체형 48-49, 49
초상화 33, 34, 35
초콜릿색 208
초콜릿 섭취 271
촉각 45, 51
촉각털 51
촌충 302
쵸시 49, 64, 65, 67, **149**
출산 292
출혈 300, 304
  과다 출혈 304, 305
  내출혈 301
  출혈성 질환 297
치매 309
치아 관리/문제 300, 301, 302
치약 278
치타 12, 15, 59
친구, 고양이를 돌봐줄 282
친칠라 쇼트헤어 → 브리티시 쇼트헤어 팁트 참조
친칠라 털 52
친하게 지내기
  다른 고양이 258, 259, 283
  인간 256
침대와 침구 262, 263, 264, 265
  고령의 고양이를 위한 308
  아프거나 상처 입은 고양이를 위한 306
  임신과 출산을 위한 292-93
칭찬 282, 288

ㅋ

카나니 **144-45**
카독, 성 27
카드 35
카라칼 9, 12, 64
카라캣 64
카메오색 52, 126, 189, 193
《카보넬》(슬레이) 31
카오마니 **74-75**
칼로리 273
칼리벙커 176
칼슘 270-71
캐럴, 루이스 30
캐리어 263, 264, 268, 282
캐빗 165
캘리코색 53, 127
캘리포니아 스팽글드 67, **140**
캣닙 260, 284, 285, 291
캣쇼 64, 67, 119
〈캣츠〉(뮤지컬) 39
캣 팬시어 19
캣 플랩 256, 259, 260, 261, 288, 290
캣클럽 19, 67
캥거루 고양이 150
커튼 285
컬러포인트 쇼트헤어 110, **120**
케라틴 50, 51
케이시, 폴 140
케이지 263, 306
코
  씻기 278
  체크하기 298
  후각 45
코니시 렉스 66, 71, 168, **176-77**, 178, 180
  두 가지 유형 176
  털 51, 178, 277
코랫 **76**, 297
코르티솔 43, 62
코비 체형 49
콜럼버스 이전의 문명 25
쿠거 59
쿠릴리안 밥테일
  단모종 **161**
  방울꼬리 243
  장모종 67, **242-43**
크기 66
크레오돈트(육치류) 10, 11
크림 271
클라미도필라 펠리스 269
클래식 태비 53, 123
클레, 파울 34
클리커 훈련 288, 289
키몰레스테스 10, 11
키츠, 존 31
키프로스 14-15
키플링, 러디어드 31
킨카로
  단모종 67, **152**
  장모종 **234**
킴릭 165, **246**

ㅌ

타액 60, 302
타우린 60, 270
타이 **103**
타페툼 루키둠 44
탈수증 300-01, 306, 309
탈출 경로 257, 259, 260, 261
탐험하기 284, 285
태비 털 25, 51, 53, 64, 83, 98-99, 108, 125, 182, 195, 198-99
탤컴파우더 277
터키시 반 19, 53, 66, 128, **226-67**
터키시 반케디시 **228**
터키시 쇼트헤어 **128**
터키시 앙고라 19, 128, 185, **229**
턱 8
턱받이 53
털
  건강 체크 298
  고령 고양이의 털 308
  단일모 71
  말린 털, 장모종, 단모종 → 해당 항목 참조
  모간 51
  모낭 51
  빠짐 71, 185
  색깔과 무늬 51, **52-53**, 64
  속털 71, 185
  열에 민감한 효소와 포인트 색깔 53, 107
  오래된 털 떼어내기 276
  유전학 64-65
  유형 50-51
  이중으로 된 털 71
  질환 297
  털 손질/그루밍 276-79
  털에 붙은 이물질 298
  털의 변화 300
털 뭉치 276, 277
털 손질/그루밍 **276-79**
  고령의 고양이 308
  규칙적인 털 손질 256, 257, 265
  단모종 71, 276
  상호 259, 302
  스스로 그루밍하기 276, 279, 303
  습성의 변화 301
  아프거나 다친 고양이를 위한 306
  장모종 185, 277
  털 손질/그루밍과 유연성 48, 55
  필요한 시간 67
  헤어리스 고양이 155
털갈이 71, 185
테니얼, 존 30
테드 누드-젠트 168
테디 베어 캣 73
토이거 **141**
토터셸 → 토티 참조
토티 27, 53, 100, 109, 127, 202-03
토티 앤드 화이트 53, 182, 202-03
토티 태비 53, 198
〈톰과 제리〉 38
《톰 키튼 이야기》(포터) 30
통키니즈 쇼트헤어 66, 90, 92-93
트라이컬러 53, 188, 197
트로베츠코이, 나탈리 130
티파니 **210**
틱트 털 51, 52, 53
팁트 털 51, 52

ㅍ

파괴적인 행동 290-91
파나마 육교 12
파내기 258, 261
파르도펠리스 마르모라타 9
파티컬러 53
팔레오세 10
퍼즐 피더 285
페로몬 요법 259
페로, 샤를 28
페르시안 64, 67, 185, 186-205, 197
  골든 191
  바이컬러 **205**
  블루 아이드, 오드 아이드 바이컬러 **188**
  솔리드 **186-87**
  셰이디드 실버 **194**
  스모크 **196**
  스모크 바이컬러와 트라이컬러 **197**
  실버 태비 **195**
  얼굴형 203
  유전성 질환 186, 296, 297
  친칠라 **190**, 194
  카메오 **189**
  카메오 바이컬러 **193**
  컬러포인트 53, **205**
  태비, 토티 태비 **198**
  태비 트라이컬러 **199**
  털 색깔과 무늬 52, 53
  털 손질 186
  토티, 토티 앤드 화이트 202-03
  퓨터 **192**
페오멜라닌 51
페키니아인 18
펠리스 루넨시스 10, 12
펠리스 마눌 10
펠리스 실베스트리스 9, 12, 14-15, 16-17
펠리스 아티카 10, 12
펠릭스 38
평형 45
  평형의 문제 303
평활근 54
폐 58-59
폐포 58, 59
포, 에드거 앨런 31
포도 먹기 271
포도당, 대사 불능 297
포린 99
포스터 35
포인티드 패턴 53, 104-05, 107, 108, 109, 110, 120, 205
포터, 비어트릭스 30
포효 8, 59
폰색 52, 95
폴라체크, 도리스 145
표범 8, 140
표범살쾡이 9, 12, 65, 70, 142
표범아과 8, 11, 12
표피 50
풀 먹기 270, 272
품종
  교잡종과 미래 65
  단모종 70-183
  이종교배 65
  장모종 184-253
  특징 64
  품종 가이드 68-253
  품종과 건강 문제 296-97
  품종 만들기 64
  품종 선택 66-67
  품종의 개량 64
  품종의 이해 64-65
  품종의 정의 64
품종 등록 67
퓨마 8, 12
퓨마 신 25
프라고나르, 장 오노레 33
프랑스혁명 214
프레이야 24-25
프로아일루루스 11
프로이트, 루치안 35
프리오나일루루스 벵갈렌시스 9
플라스틱 시트 257
플라이오세 12
플레멘 반응 45
플레이 스테이션 285
피루브산키나아제결핍증 297
피부 50
피부
  각질 276
  구조 50
  상처 304-05
  색깔 52-53
  응어리 301
  질환 62, 63, 279, 297, 298, 303, 306
  헤어리스 고양이 170, 171
피부기름샘 50, 51
피신처 282
피카소, 파블로 34

피크 페이스트 고양이 203
피터볼드 67, 71, **171**
픽시 캣 → 데번 렉스 참조
픽시밥
단모종 **166**
장모종 **244-45**

ㅎ

하바나 66, 94, 95, **102**
하바나 브라운 94, 99, 102
하이랜더
단모종 49, 66, **158**
장모종 **240**
하인즈-도허티, 도로시 112
한배 새끼 61, 269
핥기, 과도하게 298, 302, 304
항산화제 271
항생제 306
항체 62, 63
항히스타민제 63
해먹 스타일 침대 262
해부학적 구조 42-63
햇볕에 의한 화상 261
행동
건강한 행동 298
문제 행동 257, 258, 259, 265, 281, 282, **290-91**
행동의 변화 290, 298, 299, 300, 301, 302
훈련 → 해당 항목 참조
행운 26
헤밍웨이, 어니스트 31
헤어드라이어 279
헤어리스 고양이 170, 171
헤어리스 고양이 67, 71
돈스코이 **170**
밤비노 **154-55**
스핑크스 71, **168-69**
털 손질 277
피터볼드 71, **171**
헤엄치기 55
혀 45
혈소판 59
혈액 59
혈관 58, 59, 303
혈액 검사 303
혈액 손실 301
혈액 질환 297, 303
혈액형 58
혈통 등록비 292
형태
귀 45
눈 45
머리 49
몸 49
얼굴 49
호가스, 윌리엄 33
호기심 257, 264
호너, 니키 84
호랑이 8, 59
호르몬 42, 62
질환 303, 308
호산구 62
호중구 62
호지 31
호크니, 데이비드 35
호흡
곤란 300, 301, 303, 305
불규칙적 301, 305
인공호흡 304
호흡기계 **58-59**
호흡기계 58
화상 305
화석 11, 12
화이트 스포팅 53
화장(火葬) 309
화학물질
가정 258, 259, 291
정원 260, 261
화학 약품에 의한 화상 305
환경문제 21
활동 정도의 변화 298, 299, 300
활동성 258
회복 306-07
횡격막 58
횡문근 → 골격근 참조
효소
결핍 297
온도에 민감한 53, 107
후각 45, 47, 280
후기인상주의 34
후두 48, 59
훈련 **288-89**
매 훈련의 길이 285, 288, 289
용납할 수 없는 행동 281
재주 285
휘팅턴, 딕 29
흉곽 48, 272
흰 털 26, 91, 261
히말라얀 205
힌두교 25
힘줄 54

기타

B림프구 62
CFA → 고양이애호가협회 참조
TICA → 국제고양이협회 참조
T세포 62, 63
V자형 얼굴 49
X선 303

감사의 말

이 책의 출간을 도와주신 이하 모든 분들에게 감사드립니다.

Suparna Sengupta, Vibha Malhotra for editorial assistance; Jacqui Swan, Chhaya Sajwan, Ganesh Sharma, Narender Kumar, Niyati Gosain, Rakesh Khundongbam, Cybermedia for design assistance; Saloni Talwar for work on the Jacket; Photographer Tracy Morgan, Animal Photography, and her assistants Susi Addiscot and Jemma Yates; Anthony Nichols, Quincunx LaPerms, for help and advice on some of the cat breeds. Caroline Hunt for proofreading; and Helen Peters for the index.

고양이 사진 촬영을 허락해주신 이하 모든 주인분들에게 감사드립니다.

Valerie and Rose King, Katsacute Burmese and Rose Valley: Australian Mist Cats (www.katsacute.co.uk); Liucija Januskeviciute, Sphynx Bastet: Bambino cats (www.sphynxbastet.co.uk); Chrissy Russell, Ayshazen: Burmese and Khao Manee cats (www.ayshazencats.co.uk); Anthony Nichols, Quincunx: LaPerm cats (www.quincunxcats.co.uk); Karen Toner: Munchkin Longhair and Shorthair, Kinkalow, and Pixibob cats (Kaztoner@aol.com); Fiona Peek, Nordligdrom: Norwegian Forest cats (www.nordligdrom.co.uk); Russell and Wendy Foskett, Bulgari Cats: Savannah cats (www.bulgaricats.co.uk); Maria Bunina, Musrafy Cats: Kurilian Bobtail – Longhair and Shorthair, and Siberian cats (www.musrafy.co.uk); Suzann Lloyd, Tansdale Pedigree Cats: Turkish Van and Vankedisi cats (www.tansdale.co.uk).

PICTURE CREDITS

사진을 사용할 수 있게 허락해주신 이하 모든 분들에게 감사드립니다.

(Key: a-above; b-below/bottom; c-centre; f-far; l-left; r-right; t-top)

2-3 Getty Images: o-che / Vetta. **4-5 Alamy Images:** Vincenzo Iacovoni. **6-7 Corbis:** Mother Image / SuperStock. **8 Dreamstime.com:** Nico Smit / Jeff Grabert (br). **9 Dreamstime.com:** Mirekphoto (tl). **FLPA:** Terry Whittaker (cr). **Getty Images:** Daryl Balfour / Gallo Images (ca). **Science Photo Library:** Art Wolfe (crb). **10 Science Photo Library:** Natural History Museum, London (cr). **11 Dorling Kindersley:** Jon Hughes and Russell Gooday (br); Natural History Museum, London (tc). **12 Science Photo Library:** Mark Hallett Paleoart (tr). **13 FLPA:** Ariadne Van Zandbergen. **14 Corbis:** Brooklyn Museum (tr); The Gallery Collection (b). **15 Alamy Images:** World History Archive / Image Asset Management Ltd. (tr). **Getty Images:** Gustavo Di Mario / The Image Bank (bl). **16-17 Corbis:** Terry Whittaker / Frank Lane Picture Agency. **19 Corbis:** Hulton-Deutsch Collection (cl). **http://nocoatkitty.com/:** (br). **20 Alamy Images:** Sorge / Caro (crb); Terry Harris (bl). **21 Alamy Images:** Larry Lefever / Grant Heilman Photography (tr); ZUMA Press, Inc. (cr). **Photoshot:** NHPA (bl). **22-23 SuperStock:** Robert Harding Picture Library. **24 Dorling Kindersley:** Christy Graham / The Trustees of the British Museum (r). **25 Alamy Images:** BonkersAboutAsia (br). **The Bridgeman Art Library:** Walker Art Gallery, National Museums Liverpool (tr). **Dorling Kindersley:** Museo Tumbas Reales de Sipan (c). **27 Alamy Images:** Mary Evans Picture Library (bl). **Mary Evans Picture Library:** (r). **28 Getty Images:** Universal History Archive / Universal Images Group (bl). **29 123RF.com:** Neftali77 (tc). **Getty Images:** British Library / Robana / Hulton Fine Art Collection (br). **30 Alamy Images:** Mary Evans Picture Library (tr); Pictorial Press Ltd (bl). **31 Alamy Images:** Mark Lucas (br). **Getty Images:** Tore

Johnson / TIME & LIFE Images (tr). **PENGUIN and the Penguin logo are trademarks of Penguin Books Ltd:** (bl). **32 Alamy Images:** Collection Dagli Orti / The Art Archive (cr). **The Bridgeman Art Library:** Utagawa Kuniyoshi / School of Oriental & African Studies Library, Uni. of London (bl). **Dorling Kindersley:** (tr). **33 The Bridgeman Art Library:** Marguerite Gerard / Musee Fragonard, Grasse, France (tr). **Corbis:** (bl); Blue Lantern Studio (crb). **34 akg-images:** Franz Marc / North Rhine-Westphalia Art Collection (tl). **Getty Images:** Henri J.F. Rousseau / The Bridgeman Art Library (br). **35 Corbis:** Found Image Press. **36-37 Getty Images:** DEA Picture Library. **38 Alamy Images:** AF archive (crb, bl). **39 The Advertising Archives:** (cra). **Alamy Images:** AF archive (bc). **40-41 Alamy Images:** Oberhaeuser / Caro. **46-47 Corbis:** Tim Macpherson / cultura. **49 Dorling Kindersley:** Natural History Museum, London (cla). **Dave Woodward:** (bc). **56-57 Alamy Images:** Juniors Bildarchiv GmbH. **65 Alamy Images:** Blickwinkel (br). **Dorling Kindersley:** Jerry Young (bl). **66 Getty Images:** Mehmet Salih Guler / Photodisc (b). **67 Alamy Images:** ZUMA Press, Inc. (cb). **Dreamstime.com:** Jura Vikulin (br). **68-69 Alamy Images:** Phongdech Kraisriphop. **70 Alamy Images:** Juniors Bildarchiv GmbH. **72 Alamy Images:** Arco Images / De Meester, J. **73 Dreamstime.com:** Isselee (c). **SuperStock:** Biosphoto (cl). **75 Corbis:** Luca Tettoni / Robert Harding World Imagery (tc). **77 Larry Johnson:** (cra, b, tr). **80-81 Animal Photography:** Alan Robinson. **84 Alamy Images:** Tierfotoagentur / R. Richter (ca). **SuperStock:** Biosphoto (cr). **85 Dreamstime.com:** Sheila Bottoms. **88 Ardea:** Jean-Michel Labat (cla, tr); Jean Michel Labat (b). **89 Alamy Images:** Tierfotoagentur (cra, tr, b). **92-93 SuperStock:** imagebroker.net. **97 Animal Photography:** Alan Robinson (cra, tr, b). **98 Alamy Images:** Top-Pet-Pics. **99 Alamy Images:** Juniors Bildarchiv GmbH (c). **102 Animal Photography:** Helmi Flick (cl, tr, b). **103 Alamy Images:** Juniors Bildarchiv GmbH (cla, b, tr). **104 Taken from *The Book of the Cat* by Frances Simpson (1903):** (bl). **106-107 Corbis:** D. Sheldon / F1 Online. **110 Chanan Photography:** (cl, b, tr). **111 Animal Photography:** Alan Robinson (cla, tr). **Chanan Photography:** (b). **113 Animal Photography:** Tetsu Yamazaki (b). **Dreamstime.com:** Vladyslav Starozhylov (cl, tr, cra). **115 Fotolia:** Callalloo Candcy (b). **116 123RF.com:** Nailia Schwarz. **117 Animal Photography:** Sally Anne Thompson (cr). **Dreamstime.com:** Anna Utekhina (c). **119 Image courtesy of Biodiversity Heritage Library. https://www.biodiversitylibrary.org:** Taken from *Our Cats and All About Them* by Harrison Weir (tc). **122-123 Alamy Images:** Juniors Bildarchiv GmbH. **128 Alamy Images:** Juniors Bildarchiv GmbH (cra); Tierfotoagentur (tr, b). **129 Animal Photography:** Tetsu Yamazaki (cra, tr, b). **131 Petra Mueller:** (cl, clb, br, tr). **133 SuperStock:** Biosphoto. **136 SuperStock:** Marka (b, cl, cra, tr). **137 Alamy Images:** Tierfotoagentur / R. Richter (cl). **138 Chanan Photography:** (cla, tr). **Robert Fox:** (b). **139 Animal Photography:** Helmi Flick (cra, tr, c, b). **141 Animal Photography:** Tetsu Yamazaki (cra, tr, b). **Dreamstime.com:** Sarahthexton (cl). **142 Alamy Images:** Sergey Komarov-Kohl (bc). **144 Alamy Images:** Juniors Bildarchiv GmbH. **145 Alamy Images:** Juniors Bildarchiv GmbH (cr, b). **naturepl.com:** Ulrike Schanz (bl). **Rex Features:** David Heerde (fcr). **147 Bulgari Cats / www.bulgaricats.co.uk:** (cla). **148 Animal Photography:** Helmi Flick (b, tr). **SuperStock:** Juniors (cla). **149 Animal Photography:** Helmi Flick (b). **Ardea:** Jean-Michel Labat (cra, tr). **150 Alamy Images:** Idamini (cra). **Barcroft Media Ltd:** (bl). **152 Animal Photography:** Helmi Flick (cra, b, tr). **153 Animal Photography:** Helmi Flick (cra, tr, b). **155 Fred Pappalardo / Paul McSorley:** (cr). **156 Alamy Images:** Life on white (clb). **The Random House Group Ltd:** EBury press (bc). **158 Animal Photography:** Helmi Flick (cla, tr, b). **159 Animal Photography:** Tetsu Yamazaki (cl, tr, b). **160 Animal Photography:** Alan Robinson (cra). **161 Animal Photography:** Helmi Flick (cra, tr, b). **162 Dreamstime.com:** Elena Platonova (tr, b); Nelli Shuyskaya (cla). **163 Animal Photography:** Helmi Flick (cla, b, tr). **164 Animal Photography:** Sally Anne Thompson. **165 Alamy Images:** Creative Element Photos (ca). **Taken from *An Historical and Statistical Account Of The Isle Of Man*:** (cl). **167 Dave Woodward:** (cla, b, tr). **168 Alamy Images:** AF archive (bl). **170 Fotolia:** Artem Furman (cla, tr, b). **171 Fotolia:** eSchmidt (cla, tr, b). **172 Alamy Images:** Tierfotoagentur (cla, tr, b). **173 FLPA:** S. Schwerdtfeger / Tierfotoagentur (b, cla, tr). **176 Animal Photography:** Helmi Flick (cl). **Dreamstime.com:** Oleg Kozlov (cr). **177 Dreamstime.com:** Sikth. **179 Dreamstime.com:** Jagodka (cla). **180 Alamy Images:** Juniors Bildarchiv GmbH (tr, b); Tierfotoagentur (cla). **181 Animal Photography:** Tetsu Yamazaki (cla, tr, b). **183 Dorling Kindersley:** Tracy Morgan. **184-185 Dorling Kindersley:** Tracy Morgan-Animal Photography. **184 Alamy Images:** Top-Pet-Pics. **187 Image courtesy of Biodiversity Heritage Library. http://www.biodiversitylibrary.org:** Taken from *Cats and All About Them*, by Frances Simpson (tc). **188 Chanan Photography:** (b, tr, cla). **193 Alamy Images:** Juniors Bildarchiv GmbH (b). **Dreamstime.com:** Petr Jilek (cla, tr). **195 Chanan Photography:** (b, cla, tr). **197 Dreamstime.com:** Isselee (cla, tr, b). **199 Chanan Photography:** (b, tr, cra). **200-201 Dreamstime.com:** Stratum. **202 Alamy Images:** Petra Wegner. **203 123RF.com:** Vasiliy Koval (c). **Getty Images:** Martin Harvey / Photodisc (cr). **208 Chanan Photography:** (tr, cra, b). **210 Alamy Images:** Petographer (clb). **212 Alamy Images:** PhotoAlto. **213 Corbis:** Maurizio Gambarini / epa (cra). **214 123RF.com:** Aleksej Zhagunov (cra). **Press Association Images:** Tony Gutierrez / AP (bl). **217 Animal Photography:** Tetsu Yamazaki (cla, tr, b). **218 Dreamstime.com:** Nataliya Kuznetsova (cr). **Photoshot:** MIXA (ca). **219 Getty Images:** Lisa Beattie / Flickr Open. **220 Alamy Images:** Petra Wegner (cra, tr, b). **221 Animal Photography:** Tetsu Yamazaki (cla, tr, b). **223 Alamy Images:** Juniors Bildarchiv GmbH (c). **Caters News Agency:** (cra). **224-225 Corbis:** Envision. **231 Image courtesy of Biodiversity Heritage Library. https://www.biodiversitylibrary.org:** Taken from *Our Cats and All About Them*, by Harrison Weir (cr). **232 Animal Photography:** Tetsu Yamazaki (cra, b, tr). **Dreamstime.com:** Jagodka (cla). **235 Alamy Images:** Idamini (cra, tr, b). **236 Animal Photography:** Helmi Flick (cra, tr, b). **239 Dreamstime.com:** Eugenesergeev (tr); Isselee (br). **240 Alamy Images:** Idamini (cla, tr, b). **241 Chanan Photography:** (cla, tr, b). **245 www.ansonroad.co.uk:** (tr). **247 Animal Photography:** Helmi Flick (tr, b); Tetsu Yamazaki (cra). **248 Animal Photography:** Tetsu Yamazaki (cla, tr, b). **249 Olga Ivanova:** (cla, tr, b). **251 Alamy Images:** Tierfotoagentur / L. West (ca). **Corbis:** Rachel McKenna / cultura (cra). **252 Dreamstime.com:** Nataliya Kuznetsova (cr). **253 Dreamstime.com:** Ijansempoi. **54-255 Corbis:** Silke Klewitz-Seemann / imagebroker. **256 Fotolia:** Tony Campbell (tr). **257 Alamy Images:** imagebroker (br). **258 Dorling Kindersley:** Kitten courtesy of The Mayhew Animal Home and Humane Education Centre (br). **Dreamstime.com:** Joyce Vincent (bl). **259 Getty Images:** Marcel ter Bekke / Flickr (b). **260 Dreamstime.com:** Celso Diniz (b). SuperStock: Biosphoto (tr). **261 Corbis:** Michael Kern / Visuals Unlimited (fbr). **Dorling Kindersley:** Rough Guides (bc/Fireworks); Jerry Young (br). **Getty Images:** Imagewerks / Imagewerks Japan (bc). **262 Dorling Kindersley:** Kitten courtesy Of Betty (tr). **Dreamstime.com:** Stuart Key (b). **264 Alamy Images:** Isobel Flynn (bl). **265 Corbis:** Image Source (tr). **266-267 Corbis:** C.O.T / a.collectionRF / amanaimages. **268 Getty Images:** Fuse (bl). **269 Photoshot:** Juniors Tierbildarchiv (cra). **270 Alamy Images:** Juniors Bildarchiv GmbH (b). **271 Dreamstime.com:** Llareggub (tr). **272 Alamy Images:** Tierfotoagentur / R. Richter (tl). Corbis: Splash News (cra). **273 Alamy Images:** Juniors Bildarchiv GmbH (crb). **274 Alamy Images:** Bill Bachman (bl). **275 Alamy Images:** Juniors Bildarchiv GmbH (crb). **280 Fotolia:** Callalloo Candcy (bl). **281 Alamy Images:** Juniors Bildarchiv GmbH (bl). **282 Alamy Images:** Tierfotoagentur / R. Richter (tr). **283 Alamy Images:** Juniors Bildarchiv GmbH (tr). **Dorling Kindersley:** Kitten courtesy of Betty (tl). **284 Dorling Kindersley:** Kitten courtesy of Helen (ca). **Dreamstime.com:** Miradrozdowski (bl). **286-287 Alamy Images:** Arco Images / Steimer, C. **288 Getty Images:** Les Hirondelles Photography (bl). **289 Alamy Images:** Juniors Bildarchiv GmbH. **290 Alamy Images:** Juniors Bildarchiv GmbH (b). **291 Alamy Images:** Juniors Bildarchiv GmbH (tr); Rodger Tamblyn (tl). **294-295 Corbis:** Mitsuaki Iwago / Minden Pictures. **296 Alamy Images:** Juniors Bildarchiv GmbH (b). **300 Fotolia:** Callalloo Candcy (bl). **301 Alamy Images:** Graham Jepson (tl). **Fotolia:** Kirill Kedrinski (tr). **302 Alamy Images:** FB-StockPhoto (bl). **303 Alamy Images:** Nigel Cattlin (tc/Tick); R. Richter / Tierfotoagentur (bl). **Corbis:** Bill Beatty / Visuals Unlimited (tc); Dennis Kunkel Microscopy, Inc. / Visuals Unlimited (tc/Ear Mite). **Dreamstime.com:** Tyler Olson (tr). **304 Alamy Images:** Brian Hoffman (tc). **306 Alamy Images:** FLPA (tc). **307 Getty Images:** Danielle Donders - Mothership Photography / Flickr Open (t). **308 Dreamstime.com:** Brenda Carson (ca). **309 Fotolia:** Urso Antonio (bl). **Getty Images:** Akimasa Harada / Flickr (t). **310 Animal Photography:** Tetsu Yamazaki